SYSTEMWISSEN FÜR DIE VERNETZTE ENERGIE- UND MOBILITÄTSWENDE

IMPRESSUM

Herausgeber

Vereinigung für Betriebliche Bildungsforschung e.V.
Institut für Betriebliche Bildungsforschung
Gubener Straße 47
10243 Berlin

www.ibbf.berlin

2022 IBBF, 2. aktualisierte Auflage

Redaktion
Karla Sorgato
Nikolas Hubel
Christine Schmidt

Lektorat
Mareike Gerhardt

Infografiken und Satz
Esther Gonstalla, Erdgeschoss Grafik

Gestaltung
Esther Gonstalla

Lizenz CC-BY-NC-ND

ISBN 978-3-9816861-8-0

Förderung
Die Senatsverwaltung für Integration, Arbeit und Soziales des Landes Berlin hat diese Veröffentlichung im Rahmen des Modellprojektes Pooling des E-Mobilitäts-Lernens gefördert.

INHALT

Vorwort der Senatorin Katja Kipping — 4
Geleitwort — 6

Entwicklungen für die Energie- und Mobilitätswende

20 Gigawatt Photovoltaik pro Jahr sind nicht genug
Prof. Dr. Volker Quaschning et al. — 10

Last- und Flexibilitätsmanagement von Elektrofahrzeugen aus energiewirtschaftsrechtlicher Sicht
Dr. Katharina Boesche — 28

Normung und Standardisierung – eine Säule der Elektromobilität
Corinna Scheu und Christian Goroncy — 52

Elektrochemische Energiespeicher in elektrisch angetriebenen Fahrzeugen
Prof. Dr. Julia Kowal — 64

2nd-Life-Batterie-Energiespeichersystemen durch Bereitstellung von Systemdienstleistungen für das Energiesystem
Dr. Michael Stöhr, et al. — 76

Multimodale E-Mobilitätskonzepte zur Mobilitätssicherung
Simon Mader, Rafael Oehme, Dr. Christian Scherf und Udo Wagner — 84

Leitplanken digitaler Transformationen

Digitalisierung, Energiewende, Mobilitätswende
Michael Reckordt — 108

Chancen und Risiken der Digitalisierung für den afrikanischen Kontinent
Felix Sühlmann-Faul — 129

Ressourcensicherung durch Recycling von Sekundärrohstoffen
Anja Rietig und Prof. Dr. Jörg Acker — 141

Zukunftsdesign

Autonome E-Mobilität in Stadtquartieren der Zukunft
Herwig Fischer — 156

Straßenleuchten mit integrierter Ladestation für Elektroautos
Prof. Dr. Peter Marx — 166

AccuSwap – Simulation des thermischen Verhaltens einer Wechselbatterie
Prof. Dr. Michael Lindemann, Sebastian Bollow — 176

Entwerfen mit Luft – Dandelion, das aufblasbare Auto
Jan Vietze und Ullrich Hoppe — 186

Learn & Work for Future

Elektromobile Arbeitswelt: Agilität in Methoden und innerer Haltung
Katharina Daniels — 194

Elektromobilität, ein moderner und junger Studiengang an der Berliner Hochschule für Technik
Prof. Dr. Georg Duschl-Graw — 210

Ziele für nachhaltige Entwicklung und deren Konflikte in der Lehre für die digital vernetzte Mobilitätswende
Christoph Wolter — 220

Transformierendes Arbeiten und Lernen
Christine Schmidt — 243

VORWORT DER SENATORIN
SYSTEMWISSEN FÜR DIE VERNETZTE ENERGIE- UND MOBILITÄTSWENDE

Berlin ist eine Stadt der Forschung, von Gründer:innen, der Kultur, Unternehmen und Zuwanderung. Auf die Zukunft gerichtet sind Berlins Strategien und Masterpläne sowie Umsetzungsmaßnahmen bspw. des Europäischen Green Deal, um klimapositives und zirkuläres Wirtschaften zu lernen.

Dass zumindest Klimaneutralität möglich ist, haben Machbarkeitsstudien wie Klimaneutrales Berlin 2050 und Berlin Paris-konform machen bereits belegt. Die Umsetzung erfolgt auf der Grundlage des Berliner Energiewende- und Mobilitätsgesetzes, aber auch mittels Masterplanes zur SolarCity Berlin.

Gemeinsam mit den Regeln bspw. zum Gesundheitsschutz durch Luftreinhaltung, haben diese Regeln weitreichende Wirkungen. Das Mobilitätsgesetz gibt dem Umweltverbund aus öffentlichem Personen-, Fuß- und Radverkehr den Vorrang vor motorisiertem Individualverkehr. Die autogerechte Stadt ist passé - sie wird nach und nach menschengerecht neu- und umgebaut.

Das bedeutet für die bereits tätigen Fachkräfte und Unternehmen große Umstellungen, nicht nur im Verkehr. Alle Flotten sind betroffen, Mobilitätskonzepte müssen entwickelt oder überprüft werden. Es werden neue Fahrzeuge und Komponenten sowie Ladestationen gebaut. Akkuwechselstationen stehen bereits. Sie könnten als weitere Infrastrukturkomponente zur Energienetzstabilität beitragen.

Diese und viele weitere Aspekte der Energie- und Mobilitätswende sind neu zu lernen. Wie die Beiträge des Kompendiums eindrucksvoll beschreiben, sind für die nachhaltigen Transformationen dieser Zeit viele neue technologische Entwicklungen, Normen und Regeln wichtig. Erfolgreich kann Elektromobilität jedoch erst dann zur nachhaltigen Entwicklung beitragen, wenn die Effekte und Zusammenhänge vermittelt und verstanden sind und zu entsprechenden Handlungsalternativen führen.

Woran es hierzu noch mangelt, sind Lehrpersonen mit entsprechenden Kompetenzen die Aus- und Weiterbildungen bzw. Lehrveranstaltungen bedarfsgerecht konzipieren entwickeln und umsetzen. Die hier in den Beiträgen vorgestellten Beispiele sind jedoch Best Practices für Visible Learning*. Sie engagieren sich seit Langem für die Energie- und Mobilitätswende in der eigenen Lehre und in teils (inter-)nationalen Projekten für Aus- und Weiterbildung von Azubis, Beschäftigten und Studierenden.

Die hier versammelten Beiträge können auch Impulse für neue Kompetenzzentren geben (wie dem am Oberstufenzentrum für Kraftfahrzeugtechnik in Berlin). Lernbedingungen und -inhalte müssen moderner werden, um die Aus- und Weiterbildung insgesamt attraktiver zu gestalten und ihnen einen grundsätzlich höheren Stellenwert in Unternehmen und Gesellschaft zu geben.

Um dem demografischen Wandel zu trotzen, genug Ausbildungswillige zu finden, sind neue Wege zur Sicherung der neuen Fachkräftebedarfe nötig. Grob gerechnet werden für die nachhaltigen Transformationen des Green Deal in Europa min. 10 Millionen zusätzliche Fachkräfte gebraucht. Allein in Deutschland werden wahrscheinlich in den nächsten Jahren weit über eine Million zusätzliche Fachkräfte gebraucht.
Der Aufbau einer neuen Energielandschaft, Fahrzeugproduktion, Infrastruktur sowie ein zirkulärer Umbau der Wirtschaft erfordern auch eine Einwanderungskultur.

Die Kollaboration aller Akteur:innen der beruflichen Bildung kann den erforderlichen Kompetenzaufbau bei den Beschäftigten, die Fachkräfte- und Nachwuchsgewinnung ermöglichen. In Modellprojekten wie dem Pooling des E-Mobilität-Lernens werden dafür neue Wege beschritten. Ich wünsche Ihnen eine interessante Lektüre, wertvolle Anregungen und den Akteur:innen weiterhin gutes Gelingen!

Katja Kipping
Senatorin für Integration,
Arbeit und Soziales Berlin

GELEITWORT FÜR DIE LESER:INNEN DES KOMPENDIUMS

Den Bezugsrahmen für das Systemwissen bilden Wertschöpfungsketten der Elektromobilität und ihre entstehenden Kreisläufe im Zusammenspiel mit sozio-ökologisch-ökonomischen Zielen wie auch Bedingungen. Das Systemwissen E-Mobility beschreibt dabei Strukturen, Beziehungen und Funktionen der Bestandteile der komplexen, dynamischen Systementwicklungen, die die Voraussetzungen bilden, um Problemlösungen zu ermöglichen. Kompetenzen zum Systemwissen sind grundlegend für den interdisziplinären Diskurs aller Fragen der Elektromobilität.

Systemwissen im Allgemeinen ist definiert als „Wissen über die komplexen Zusammenhänge lebensweltlicher Probleme auf sozialer, ökologischer und ökonomischer Ebene und zwischen den Dimensionen (Wissen darüber, was ist)". Gemeinsam mit dem sog. Zielwissen (Wissen darüber, was sein und nicht sein soll) und Transformationswissen (Wissen darüber, wie wir vom Ist- zum Soll-Zustand gelangen) bildet es die zentrale Grundlage zur Erlangung von Entscheidungs- und Handlungskompetenzen für Beschäftigte1. Das vorliegende Kompendium arbeitet den aktuellen Stand der Forschung und Diskussion mit Fachexpert:innen aus unterschiedlichen Disziplinen heraus und eröffnet damit eine ganzheitliche Betrachtungsweise auf das System(wissen) Elektromobilität.

Die Beiträge im ersten Themenschwerpunkt „Entwicklungen für die Energie- und Mobilitätswende" legen die zentralen Grundlagen für einen interdisziplinären Diskurs zur gelingenden Sektorenkopplung. Dabei werden die Potenziale aber auch Herausforderungen der Energiewende herausgearbeitet. Anschließend wird der Status Quo zur energiewirtschaftsrechtlichen Rahmensetzung sowie zu Verfahren der Normung und Standardisierung erläutert. Die Schlüsseltechnologie der Energie- und Mobilitätswende, die Lithium-Ionen-Batterie, wird beschrieben und es erfolgt eine Auseinandersetzung sowie Ableitung von Implikationen zur Veränderung bestehender Mobilitätsroutinen. Mit Berechnungen und Überlegungen zu den Netzstabilisierungs-Potenzialen von Fahrzeugbatterien schließt das Kapitel.

Im Schwerpunkt „Leitplanken digitaler Transformationen" wird umfassend erläutert, welchen Einfluss technologische Innovationen auf die Ressourcenverfügbarkeit haben und welche Bedeutung der Rohstoffwende zukommt. Eine techniksoziologische Auseinandersetzung zur Herkunft von Rohstoffen für Schlüsseltechnologien und die Auswirkungen auf den afrikanischen Kontinent stehen ebenso im Fokus. Abschließend wird die Frage der Ressourcensicherung durch das Recycling von Sekundärrohstoffen in Lithium-Ionen-Batterien aufgearbeitet.

Das Schwerpunktkapitel zum Thema „Zukunftsdesign" entwirft einen Ausblick auf zukünftige Innovationen im Kontext der Elektromobilität. Die Anforderungen und konkrete Umsetzungsszenarien für autonomes Fahren geben eine Antwort auf urbane Stau- und Emissionsprobleme. Der Prototyp für den Einsatz einer Wechselbatterie und Erkenntnisse zu thermischen Herausforderungen liefern wertvolle Erkenntnisse zum Einsatz in Elektrofahrzeugen. Andere Lösungsvorschläge mit Erklärungen zur technischen Umsetzung und Stadtraumgestaltung von Ladevorgängen der Elektrofahrzeuge schließen sich an. Ein Blick in die Zukunft entlang von komprimier- sowie aufblasbaren Leichtfahrzeugen bildet den Abschluss des Kapitels.

Das Zusammenspiel von Lern- und Arbeitswelt im Kontext der Energie- und Mobilitätswende bildet den Fokus im Kapitel „Learn & Work for Future". Um gesamtgesellschaftliche Veränderungen zu initiieren, bedarf es einen umfassenden Kulturwandel von Denk- und Handlungsmustern, die sich bereits in veränderten Formen der Zusammenarbeit (Stichwort Agilität) zeigen. Darüber hinaus bilden sich erste anwendungsorientierte Studiengänge mit dem Schwerpunkt E-Mobilität heraus und setzen damit Akzente für die Ausbildung von zukünftigen Fachexpert:innen. Gleichzeitig wird deutlich, dass das Bildungspersonal auf die aktuellen wie auch zukünftigen Anforderungen nicht ausreichend vorbereitet ist. Der Schlussartikel bildet ein Plädoyer für Gelingensbedingungen, um die Energie- und Mobilitätswende voranzubringen und arbeitet dabei den Stellenwert von Qualifizierung und beruflicher Bildung heraus.

Das IBBF-Herausgeberteam, Juni 2022

ENTWICKLUNGEN FÜR DIE ENERGIE- UND MOBILITÄTSWENDE

20 GIGAWATT PHOTOVOLTAIK PRO JAHR
SIND NICHT GENUG

Prof. Dr. Volker Quaschning, Dr. Johannes Weniger, Joseph Bergner, Nico Orth, Bernhard Siegel, Michaela Zoll
HTW Berlin, FB1, Wilhelminenhofstr. 75 A, 12459 Berlin

Spätestens seit dem Urteil des Bundesverfassungsgerichts im Frühjahr 2021 ist klar: Deutschland befindet sich derzeit nicht auf dem notwendigen Klimaschutzpfad. Die letzte Bundesregierung hat nach dem Urteil das deutsche Klimaschutzgesetz hektisch nachgebessert. Neues Zieljahr der Regierung für die Klimaneutralität ist derzeit 2045. Nach dem Budgetansatz des Sachverständigenrats für Umweltfragen (SRU) [1] müsste die Klimaneutralität zum Einhalten des Pariser Klimaschutzabkommens in Deutschland jedoch deutlich früher erreicht werden. Im Rahmen dieses Beitrags wurden die Berechnungen des SRU mit den deutschen Kohlendioxidemissionen aus dem Jahr 2021 aktualisiert und anschließend für verschiedene Klimaschutzziele der jeweils nötige jährliche Photovoltaikzubau bestimmt.

Abschließend wird ein klimaverträglicher Zubaukorridor für die Photovoltaik in Deutschland ermittelt. Zum Einhalten des Pariser Klimaschutzabkommens wird sich dieser im Bereich von 20 bis 40 GW/a bewegen. Es ist Aufgabe der deutschen Solarindustrie, sich der Herausforderung zu stellen und nötige Maßnahmen von der Politik zu fordern, damit sich diese Installationszahlen auch umsetzen lassen.

WANN MUSS DEUTSCHLAND CO_2-NEUTRAL WERDEN?

Im Frühjahr 2021 verfasste das Bundesverfassungsgericht einen historischen Beschluss zum Klimaschutz, der die Bedeutung des Pariser Klimaschutzabkommens herausstellt: „Das verfassungsrechtliche Klimaschutzziel des Art. 20a Grundgesetz ist dahingehend konkretisiert, den Anstieg der globalen Durchschnittstemperatur dem sogenannten „Paris-Ziel" entsprechend auf deutlich unter 2 °C und möglichst auf 1,5 °C gegenüber dem vorindustriellen Niveau zu begrenzen" [2].

Welchen Beitrag Deutschland dazu leisten muss und wann Deutschland kohlendioxidneutral (CO_2-neutral) werden muss, kann anhand des sogenannten Budgetansatzes bestimmt werden. Abbildung 1 stellt die Methodik zur Ermittlung des restlichen deutschen CO_2-Budgets dar, die auf der vom Sachverständigenrat für Umweltfragen (SRU) vorgeschlagenen Vorgehensweise aufbaut [1].

In dieser Studie wurde der Budgetansatz an die realen CO_2-Emissionen des Jahres 2020 unter Berücksichtigung des neuesten Berichts des Weltklimarats IPCC aus dem Jahr 2021 [3] angepasst. Der IPCC hat globale CO_2-Budgets ermittelt, die zum Einhalten bestimmter Temperaturgrenzen für die globale Erwärmung nicht überschritten werden dürfen. Das Pariser Klimaschutzabkommen wurde im Jahr 2015 beschlossen. Daher wurde das Jahr 2016 als Referenzjahr für die Berechnungen gewählt.

Um die Erwärmung deutlich unter 2 °C halten zu können, sollte die Temperaturgrenze von 1,7 °C noch mit einer relativ hohen Wahrscheinlichkeit von wenigstens 67 % eingehalten werden. Soll die Erwärmung möglichst auf 1,5 °C begrenzt werden, ist dies mit einer mittleren Wahrscheinlichkeit von 50 % anzustreben. Demnach liegt das ab 2016 verbleibende globale CO_2-Budget zum Einhalten des Pariser Klimaschutzabkommens zwischen 664 und 864 Milliarden Tonnen CO_2, wie Tabelle 1 zeigt [3].

Die jährlichen globalen CO_2-Emissionen lagen in den vergangenen Jahren bei etwa 41 Milliarden Tonnen. Im Coronajahr 2020 waren es knapp 40 Milliarden Tonnen. Damit sind die für das Bezugsjahr 2016 vom IPCC ermittelten CO_2-Budgets in den vergangenen 4 Jahren um 164 Milliarden Tonnen CO_2 ge-

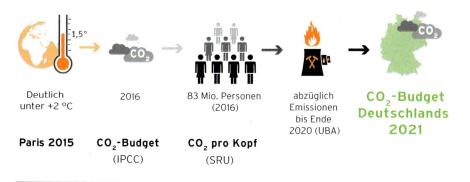

Abbildung 1 Schematische Darstellung der Methodik zur Ermittlung des restlichen deutschen CO_2-Budgets

sunken. Bis Ende 2020 sanken die verbleibenden CO_2-Budgets zum Einhalten der genannten Temperaturgrenzen somit auf 500 bis 700 Milliarden Tonnen CO_2.

Wird das CO_2-Budget aus dem Jahr 2016 gleichmäßig auf alle 7,753 Milliarden Menschen der Erde verteilt, liegt das restliche Pro-Kopf-CO_2-Budget zwischen 85,6 und 111,4 Tonnen CO_2. Für die 83,24 Millionen in Deutschland lebenden Menschen ergibt sich damit ein CO_2-Budget zwischen 7129 und 9276 Millionen Tonnen CO_2. Allerdings wurden nach Zahlen des Umweltbundesamts im Jahr 2020 in Deutschland bereits 644 Millionen Tonnen CO_2 und zwischen 2016 und 2021 insgesamt 3437 Millionen Tonnen CO_2 emittiert [4]. Damit hat sich Ende des Jahres 2020 das für Deutschland verbleibende Budget auf lediglich 3433 bis 5580 Millionen Tonnen CO_2 reduziert.

Unter der Annahme, dass sich der Ausstoß des Jahres 2020 weiter linear reduziert, ist das deutsche CO_2-Budget in einem Zeitraum von 11 bis 17 Jahren aufgebraucht. Demnach muss Deutschland im Zeitraum 2032 bis 2038 CO_2-neutral werden.

Nach dem Beschluss des Bundesverfassungsgerichts wurde das deutsche Klimaschutzgesetz durch die letzte Bundesregierung überarbeitet. Seitdem gilt 2045 als Zieljahr für die deutsche Klimaneutralität. In der Politik und in der Öffentlichkeit herrscht seitdem die weitverbreitete Auffassung, wir müssten erst 2045 unsere CO_2-Emissionen auf null reduzieren. Die Klimaneutralität umfasst allerdings auch andere Treibhausgase wie Methan oder Lachgas, deren Minimierung eine deutlich größere Herausforderung darstellt als die Reduktion von Kohlendioxid. Eine Verringerung der CO_2-Emissionen bis 2045 ist für das Einhalten des Pariser Klimaschutzabkommens daher nicht ausreichend.

Temperaturgrenze	Wahrscheinlichkeit zum Einhalten der Temperaturgrenze				
	17 %	33 %	50 %	67 %	83 %
1,5 °C	1064	814	664	564	464
1,7 °C	1614	1214	1014	864	714

Tabelle 1 Verbleibendes Kohlendioxidbudget in Milliarden Tonnen CO_2 zum Begrenzen der globalen Erwärmung auf 1,5 °C bzw. 1,7 °C, bezogen auf den Zeitraum 1850 bis 1900 ab Anfang 2016, basierend auf [3]

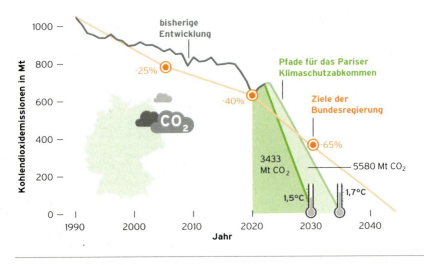

Abbildung 2 Entwicklung der Kohlendioxidemissionen in Deutschland zwischen 1990 und 2020, Ziele des Klimaschutzgesetzes und Pfade zum Einhalten des Pariser Klimaschutzabkommens gemäß des ermittelten CO_2-Budgets

Außerdem ist bereits heute absehbar, dass die CO_2-Emissionen in den Jahren 2021 und 2022 durch den wegfallenden Coronaeffekt, durch steigende Gaspreise und den deutschen Kernenergieausstieg tendenziell ansteigen werden. Dadurch wird das verbleibende CO_2-Budget noch schneller aufgebraucht sein. Unter Berücksichtigung dieser Effekte ergeben sich die Jahre 2030 und 2035 als Zieljahre zum Einhalten des Pariser Klimaschutzabkommens, was in Abbildung 2 visualisiert ist. In dieser Studie werden daher im Folgenden 2030 und 2035 als Referenzjahre für die CO_2-Neutralität betrachtet. Ergänzend dazu werden auch Ergebnisse für die Jahre 2040 und 2045 angegeben.

An dieser Stelle soll allerdings noch einmal ausdrücklich darauf hingewiesen werden, dass das Erreichen der CO_2-Neutralität nach dem Jahr 2035 nicht ausreichend ist, um das Pariser Klimaschutzabkommen einzuhalten. Vermutlich ist damit auch kein verfassungskonformer Klimaschutz möglich.

ENTWICKLUNG DES GESAMTENERGIEBEDARFS

Trotz der bisherigen Bemühungen im Rahmen der Energiewende ist der heutige Energiebedarf Deutschlands weiterhin stark von fossilen Energieträgern geprägt. Lediglich etwa 19,3 % des Endenergiebedarfs werden durch erneuerbare Energien gedeckt [5]. Zum Erreichen der Klimaschutzziele müssen die Sektoren Verkehr, Gebäude und Industrie vollständig durch erneuerbare Energien versorgt werden. Diese Studie stellt den Energiebedarf und dessen klimaneutrale Deckung für 3 Szenarien zu 4 unterschiedlichen Zeitpunkten gegenüber. Sie sind durch unterschiedlich antizipierte gesellschaftliche und politische Zielsetzungen charakterisiert und werden folglich mutlos, ambitioniert und visionär genannt. Abbildung 3 vergleicht die Rahmenbedingungen der Szenarien sowie zentrale Kenngrößen des Gebäude- und Verkehrssektors für eine Klimaneutralität im Jahr 2035. Zudem sind die relativen Änderungen des Energiebedarfs ausgewählter Bereiche von 2035 gegenüber heute dargestellt.

Energiebedarfspfade		mutlos	ambitioniert	visionär
Rahmenbedingungen	Zulassungsstopp für Verbrenner	2035	2025	2025
	Einbaustopp für fossile Kessel	2035	2025	2025
	Sanierungsquote	1 %/a	1,5 %/a	2 %/a
Anzahl	Wärmepumpen	8,1 Mio. / 31 %	11,6 Mio. / 44 %	11,6 Mio. / 44 %
	Elektroautos	18,9 Mio. / 43 %	31,0 Mio. / 70 %	23,3 Mio. / 66 %
Energiebedarf	Flug- und Güterverkehr	±0 % / -12 %	±0 % / -39 %	-25 % / -50 %
	Bahn- und Busverkehr	-3 % / -24 %	-3 % / -46 %	+21 % / -41 %
	Industrie	-4 %	-13 %	-22 %

Abbildung 3 Rahmenbedingungen der untersuchten Szenarien, zentrale Kenngrößen des Gebäude- und Verkehrssektors im Jahr 2035 und relative Änderungen der Energiebedarfe einzelner Bereiche von 2035 gegenüber heute

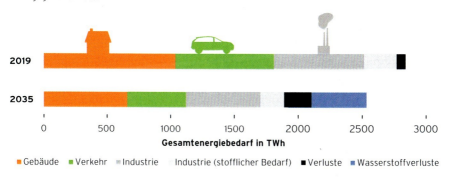

Abbildung 4 Sektorale Aufteilung des Energiebedarfs im Jahr 2019 und 2035 für das Szenario ambitioniert (Umwelt- und Abwärme sind nicht dargestellt, Wasserstoffverluste: Verluste bei der Herstellung von Wasserstoff und dessen Folgeprodukten; Daten für 2019 [6])

Im Szenario mutlos stagniert die Sanierungsrate im baulichen Wärmeschutz auf dem derzeitigen Niveau von etwa 1 %/a. In der ambitionierten Betrachtung wird eine mittlere Sanierungsquote von 1,5 %/a erreicht, wohingegen im Szenario visionär jährlich etwa 2 % der Gebäude saniert werden. In Verbindung mit den Sanierungsmaßnahmen erfolgt eine fundamentale Änderung der Beheizungsstruktur der Gebäude. Diese wird durch einen Einbaustopp von neuen Gas- und Ölkesseln im Jahr 2035 (mutlos) bzw. 2025 (ambitioniert und visionär) eingeleitet. Während aktuell rund 1 Mio. Wärmepumpen installiert sind, werden es im Jahr 2035 8,1 Mio. bis 11,6 Mio. sein.

Wie im Gebäudesektor unterscheiden sich die Szenarien im Verkehrssektor hinsichtlich des Zeitpunkts eines Zulassungsstopps von neuen Verbrennern im Jahr 2035 bzw. 2025. Aufgrund der später eingeführten Ordnungsmaßnahme im Szenario mutlos ist der Anteil der Elektrofahrzeuge im PKW-Bereich am Gesamtbestand um 28 bzw. 23 Prozentpunkte niedriger als in den ehrgeizigeren Szenarien. In der visionären Betrachtung geht darüber hinaus der Flugverkehr und damit der Bedarf auf 75 % des heutigen Niveaus zurück. Zudem wird bei diesem Szenario angenommen, dass die Neuzulassungen im LKW- und PKW-Bereich gegenüber den anderen Szenarien um 25 Prozentpunkte niedriger ausfallen. Dies hat direkte Auswirkungen auf den Energiebedarf dieser Verkehrsbereiche. Die zusätzliche Verlagerung des Individualverkehrs hin zum öffentlichen Nah- und Fernverkehr wird durch einen weiteren Anstieg im Bahn- und Busverkehr berücksichtigt.

Im Industriesektor unterscheiden sich die Szenarien in der Nutzung von Einsparungspotenzialen. So liegt der Gesamtenergiebedarf im Szenario mutlos etwa 10 Prozentpunkte über und im Szenario visionär ca. 10 Prozentpunkte unter dem Bedarf des Szenarios ambitioniert.

Abbildung 4 stellt die Aufteilung des Gesamtenergiebedarfs im Jahr 2019 dem Bedarf des Energieverbrauchspfads ambitioniert im Jahr 2035 gegenüber. Sanierungsmaßnahmen und die Umstellung der Beheizungsstruktur verringern den Energiebedarf im Gebäudesektor um ca. 36 %. Die Umstellung des PKW- und LKW-Bestands auf alternative, effizientere Antriebssysteme führt in Summe mit ca. 40 % gegenüber 2019 zu der größten Bedarfsreduktion. Im Industriesektor resultiert die Umstellung der Produktionstechniken und die prozessübergreifende Steigerung der Energieeffizienz in einem Rückgang des Bedarfs von ca. 13 %. Verschiedene Effizienzmaßnahmen in den einzelnen Sektoren tragen dazu bei, dass der Energiebedarf Deutschlands fortlaufend sinkt. Im Jahr 2045 ist dieser im Vergleich zum Jahr 2035 um ca. 15 Prozentpunkte niedriger.

Weiterhin ist der stoffliche bzw. nicht-energetische Bedarf dargestellt. Er findet z. B. in der chemischen Industrie Anwendung. Durch die Nutzung von Einsparungspotenzialen und Recycling-Prozessen ist mit zunehmender Zeit auch hier ein leichter Rückgang zu erwarten.

Mit der Elektrifizierung des Energiebedarfs und der Umstellung der Energiebereitstellung steigen die Verluste im Energiesystem Deutschlands an. In dieser Studie sind darin u. a. Netz- und Übertragungsverluste, Speicherverluste sowie Abregelungsverluste enthalten.

Tabelle 2 stellt den Energiebedarf inklusive des stofflichen Bedarfs sowie der angenommenen Verluste für die unterschiedlichen Szenarien in Abhängigkeit vom Zeitpunkt der Klimaneutralität dar (vgl. auch Abbildung 2). Aufgrund der verschiedenen Rahmenbedingungen variiert der Energiebedarf. Die Unterschiede zwischen den Szenarien mutlos und visionär liegen im Bereich von 550 TWh bis 710 TWh.

Szenario	2030	2035	2040	2045
mutlos	3258 TWh	2951 TWh	2649 TWh	2420 TWh
ambitioniert	2894 TWh	2536 TWh	2308 TWh	2159 TWh
visionär	2611 TWh	2244 TWh	2016 TWh	1869 TWh

Tabelle 2 Gesamtenergiebedarf der Szenarien in Abhängigkeit vom Zeitpunkt der Klimaneutralität (Umwelt- und Abwärme sind nicht enthalten, inkl. Verluste bei der Herstellung von Wasserstoff und dessen Folgeprodukten)

Um die gesamten Treibhausgasemissionen Deutschlands auf null zu senken, muss letztendlich der Energieverbrauch in allen Sektoren klimaneutral durch erneuerbare Energien gedeckt werden. Für ein rechtzeitiges Erreichen der Klimaneutralität in den Jahren 2030 und 2035 werden grüner Wasserstoff und dessen Folgeprodukte für den Weiterbetrieb der restlichen Verbrenner und Gaskessel benötigt oder finden Anwendung in der Industrie.

BEITRAG DER PHOTOVOLTAIK ZUR KLIMANEUTRALITÄT

Um die Klimaneutralität des Energiesektors in Deutschland zu realisieren, sind zahlreiche parallele Strategien notwendig. Neben dem ambitionierten Ausbau der erneuerbaren Energien müssen alle Sektoren möglichst weitgehend elektrifiziert werden. Dies geht mit einem hohen Bedarf an Fachkräften einher. Darüber hinaus müssen Elektrolyseure im In- und Ausland errichtet und Wasserstoffimportrouten etabliert werden.

Der nachfolgende Abschnitt soll der zentralen Fragestellung der Studie nachgehen: Wie viel Photovoltaik (PV) ist in Deutschland zum Erreichen des Pariser Klimaschutzabkommens erforderlich? Gleichzeitig zeigt er auf, welche Faktoren den erforderlichen Solarstromausbau beeinflussen. Sofern nicht anders angegeben, beziehen sich die Berechnungsergebnisse auf die Rahmenbedingungen des Referenzszenarios (Tabelle 3). Ausgehend von diesem Referenzszenario werden im Folgenden die Auswirkungen der davon abweichenden Rahmenbedingungen näher analysiert.

Zieljahr zum Erreichen der CO_2-Neutralität	2035
Energieverbrauchspfad	ambitioniert (vgl. Abbildung 3)
Windenergieausbau im Zieljahr	Erschließung des Potenzials der Windkraft an Land von 200 GW [7] und 70 GW Windkraft auf See [8]
Anteil des importierten Wasserstoffs am gesamten Wasserstoffbedarf	60 %

Tabelle 3 Annahmen des Referenzszenarios

20 Gigawatt Photovoltaik pro Jahr sind nicht genug

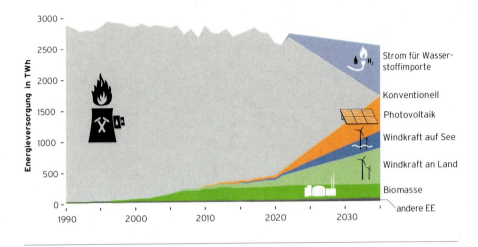

Abbildung 5 Entwicklung des Energieverbrauchs und der erneuerbaren Energieversorgung zum Erreichen der CO_2-Neutralität im Jahr 2035 (ohne Nutzung der thermischen Verluste in den Wärmekraftwerken, inkl. nicht-energetischem Bedarf, Referenzszenario)

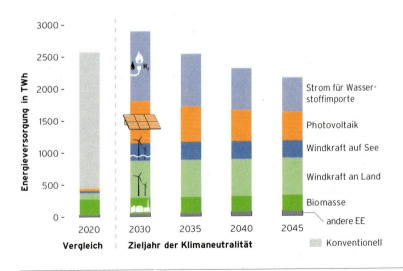

Abbildung 6 Deckung des Gesamtenergiebedarfs zu unterschiedlichen Zeitpunkten der CO_2-Neutralität im Referenzszenario

WAS SIND DIE SÄULEN EINER KLIMANEUTRALEN ENERGIEVERSORGUNG?

Die deutsche Energieversorgung basiert derzeit noch zu ca. 82 % auf fossilen Energieträgern, wie Abbildung 5 Entwicklung des Energieverbrauchs und der erneuerbaren Energieversorgung zum Erreichen der CO_2-Neutralität im Jahr 2035 (ohne Nutzung der thermischen Verluste in den Wärmekraftwerken, inkl. nicht-energetischem Bedarf, Referenzszenario)g 5 verdeutlicht. Mit etwa 74 % wird ein Großteil dieser Energieträger importiert [6]. Die erneuerbaren Energien deckten im Jahr 2020 lediglich 454 TWh der benötigten 2579 TWh. Die Stromerzeugung aus Windrädern und Solaranlagen lag bei 182 TWh. Auf die Biomasse, die in allen Sektoren genutzt wird und derzeit den Großteil der erneuerbaren Energieversorgung Deutschlands ausmacht, entfielen 243 TWh. Ähnlich wie bei den anderen erneuerbaren Energien Wasserkraft, Geo- oder Solarthermie stagnierte der Zubau der Bioenergie in den vergangenen 10 Jahren. Dies ist unter anderem auf das beschränkte Kostensenkungspotenzial dieser Technologien zurückzuführen. Ein deutlicher Anstieg der Nutzung dieser erneuerbaren Energien ist daher nicht zu erwarten.

Die zukünftige klimaneutrale Energieversorgung Deutschlands baut auf den Säulen Windkraft, Photovoltaik und Biomasse sowie auf dem Import von grünem Wasserstoff und dessen Folgeprodukten auf. Abbildung 6 stellt für die unterschiedlichen Zieljahre der Klimaneutralität den Beitrag der einzelnen Technologien zur Energieversorgung dar. Aufgrund der Kostenvorteile von Wind- und Solarstrom (vgl. [9], [10]) werden diese erneuerbaren Energien den größten Anteil an der Energieversorgung ausmachen. Wird das gesamte angenommene Potenzial der Windkraft erschlossen, kann diese ca. 850 TWh (580 TWh onshore und 273 TWh offshore) bereitstellen. Auf die Biomasse entfallen etwa 243 TWh. Die verbleibende Lücke zur vollständigen Deckung des Bedarfs in Höhe von 660 TWh (2030) bzw. 447 TWh (2045) muss durch die Photovoltaik gedeckt werden. Fossile Energietechnik, die in den nächsten 10 Jahren nicht getauscht werden kann, muss mit grünem Wasserstoff betrieben werden. Die erforderlichen Wasserstoffimportmengen sind umso größer, je früher die CO_2-Neutralität angestrebt wird.

WIE VIEL PHOTOVOLTAIKLEISTUNG WIRD ZUR CO_2-NEUTRALITÄT BENÖTIGT?

Um den Energiebedarf zu decken, müssen alle regenerativen Energiequellen genutzt werden. Photovoltaikanlagen haben im Vergleich zu anderen Technologien verschiedene Vorteile. Sie sind kostengünstig [9], flexibel skalierbar und haben eine hohe Akzeptanz [11]. Aus diesen Gründen fällt der Photovoltaik die Aufgabe zu, die Bedarfslücke zur CO_2-Neutralität zu schließen. Das technische Potenzial der Photovoltaik in Deutschland wird mit 530 GW bis 3100 GW abgeschätzt [12]-[14].

Aus den erforderlichen Solarstrommengen lässt sich die in Deutschland zu installierende Photovoltaikleistung bestimmen. Hierbei wird der mittlere jährliche Ertrag mit 950 kWh/kW veranschlagt [15]. Die daraus resultierende Photovoltaikleistung ist in Abbildung 7 Erforderliche Photovoltaikleistung in Deutschland zum Erreichen der CO2-Neutralität zwischen 2030 und 2045 im Referenzszenariog 7 für die verschiedenen Zieljahre im Szenario ambitioniert dargestellt. Als Vergleichswert dient die Ende 2020 installierte Photovoltaikleistung.

Während im Jahr 2030 knapp 700 GW Photovoltaikleistung erforderlich sind, um den Energiebedarf decken zu können, sinkt bei einem späteren Erreichen der CO_2-Neutralität die notwendige Leistung. Dies ist z. B. auf den

20 Gigawatt Photovoltaik pro Jahr sind nicht genug

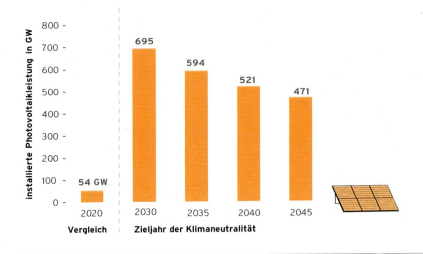

Abbildung 7 Erforderliche Photovoltaikleistung in Deutschland zum Erreichen der CO_2-Neutralität zwischen 2030 und 2045 im Referenzszenario

abnehmenden Energiebedarf aufgrund vermehrter Sanierungen oder auf den Austausch der fossilen Heizungen und Verbrennerfahrzeuge zurückzuführen. Bei einer noch Paris-konformen Dekarbonisierung bis zum Jahr 2035 beträgt die erforderliche Leistung 594 GW. Wird die CO_2-Neutralität erst 10 Jahre später angestrebt, werden rund 470 GW benötigt. Die Unterschiede in den erforderlichen Photovoltaikleistungen werden bei den späteren Zieljahren tendenziell kleiner.

WESHALB IST DIE ELEKTRIFIZIERUNG DES VERKEHRS- UND WÄRMESEKTORS WICHTIG?

Wie bereits beschrieben, muss Solarstrom die Bedarfslücke zwischen der Energiebereitstellung der anderen erneuerbaren Energiequellen und dem Energiebedarf decken. Neben dem Jahr zur Erreichung der klimaneutralen Energieproduktion hat auch der angenommene Energiebedarfspfad einen erheblichen Einfluss auf die zu installierende Photovoltaikleistung.

Bisher wurden lediglich die Ergebnisse für das Szenario ambitioniert betrachtet. Tabelle 4 Einfluss der Energieverbrauchspfade auf die in Deutschland erforderliche Photovoltaikleistung bei unterschiedlichen Zieljahren zum Erreichen der CO2-Neutralität (Rah-

Szenario	2030	2035	2040	2045
mutlos	823 GW	738 GW	655 GW	592 GW
ambitioniert	695 GW	594 GW	521 GW	471 GW
visionär	490 GW	372 GW	289 GW	232 GW

Tabelle 4 Einfluss der Energieverbrauchspfade auf die in Deutschland erforderliche Photovoltaikleistung bei unterschiedlichen Zieljahren zum Erreichen der CO_2-Neutralität (Rahmenbedingungen: max. Windenergieausbau, Wasserstoffimportanteil 60 %)

Szenario (2035)	Wasserstoffbedarf (H_2)	Strombedarf für H_2
mutlos	1207 TWh	1825 TWh
ambitioniert	906 TWh	1362 TWh
visionär	816 TWh	1227 TWh

Tabelle 5 Einfluss der Energieverbrauchspfade auf die in Deutschland erforderliche Mengen an Wasserstoff sowie der dafür notwendige regenerative Strombedarf (Zieljahr der CO_2-Neutralität: 2035, maximaler Windenergieausbau)

menbedingungen: max. Windenergieausbau, Wasserstoffimportanteil 60 %) stellt den notwendigen Photovoltaikausbau zusätzlich für die Energieverbrauchspfade mutlos und visionär in den jeweiligen Zieljahren dar. Für das Jahr 2035 resultiert ein Photovoltaikausbaubedarf von rund 370 GW (visionär) bis 740 GW (mutlos).

Das Szenario mutlos ist von einem geringen Technologiewechsel bei Fahrzeugen und bei der Heizungstechnik geprägt. Für die CO_2-Neutralität müssen die fossilen Brennstoffe durch umweltfreundliche Produkte, wie z. B. grünen Wasserstoff oder dessen Folgeprodukte, ersetzt werden. Deren Bedarf liegt im Vergleich zum Szenario ambitioniert um ca. 33 % höher. Dies wirkt sich direkt auf den erforderlichen Photovoltaikausbau aus. Die Elektrifizierung der Sektoren Mobilität und Wärme steigert dabei die Wandlungseffizienz und reduziert damit den Energiebedarf. Folglich ist auch eine geringere Photovoltaikleistung erforderlich. Gegenüber dem Szenario ambitioniert sinkt der Photovoltaikausbau beim Szenario visionär durch weitere Energieeinsparungen um knapp 30 %. Der Elektrifizierung aller Sektoren kommt somit eine besondere Bedeutung zu. Es ist daher zwingend notwendig, Öl- und Gaskessel überwiegend durch Wärmepumpen sowie Verbrennerfahrzeuge durch Elektroautos zu ersetzen. Dies hat einen direkten Einfluss auf die benötigte Photovoltaikleistung in den jeweiligen Zieljahren.

KANN DER WASSERSTOFF AUSSCHLIESSLICH IN DEUTSCHLAND

PRODUZIERT WERDEN?

Durch den sehr kurzen Zeitraum, der zum Umbau des Energiesystems bleibt, bilden der grüne Wasserstoff und dessen Folgeprodukte eine wichtige Brücke zwischen der bestehenden fossilen Anlagentechnik und der klimaneutralen Zukunft. Stofflich gebundene Energieträger haben heute einen Importanteil von 74 % [6]. Mit dem Aufbau einer Wasserstoffproduktion in Deutschland besteht die Chance, diesen Importanteil deutlich zu reduzieren. Der Wasserstoffbedarf in den einzelnen Szenarien ist in Tabelle 5 Einfluss der Energieverbrauchspfade auf die in Deutschland erforderliche Mengen an Wasserstoff sowie der dafür notwendige regenerative Strombedarf (Zieljahr der CO2-Neutralität: 2035, maximaler Windenergieausbau) dargestellt und dem dafür notwendigen Strombedarf zur CO_2-neutralen Produktion gegenübergestellt.

Dem Referenzszenario liegt die Annahme zugrunde, dass 60 % des benötigten Wasserstoffs und der darauf basierenden Folgeprodukte importiert werden. Dies entspricht einem Anteil von 24 % des Gesamtenergiebedarfs. Damit werden 40 % des Wasserstoffs in Deutschland produziert. Soll der Importanteil reduziert werden, steigt der zur Wasserstofferzeugung erforderliche Strombedarf in Deutschland. Kann die Windkraft nicht über das betrachtete Potenzial hinaus ausgebaut werden, kommt lediglich Photovoltaik zur weiteren Bedarfsdeckung in Frage.

Abbildung 8 Einfluss des Wasserstoffimpor-

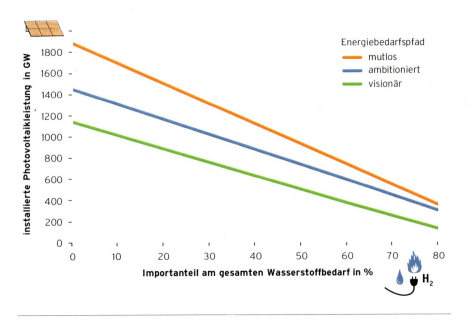

Abbildung 8 Einfluss des Wasserstoffimportanteils auf die erforderliche Photovoltaikleistung in Deutschland zum Erreichen der CO_2-Neutralität im Jahr 2035

tanteils auf die erforderliche Photovoltaikleistung in Deutschland zum Erreichen der CO2-Neutralität im Jahr 2035g 8 verdeutlicht, wie sehr die im Jahr 2035 erforderliche Photovoltaikleistung vom Wasserstoffimportanteil abhängt. Transportverluste beim Wasserstoff wurden hierbei vernachlässigt. Erfolgt die grüne Wasserstoffproduktion ausschließlich in Deutschland, beträgt der Importanteil 0 %. In dem Fall müsste der Photovoltaikausbau stark ansteigen, sodass je nach Szenario Photovoltaikanlagen mit einer Gesamtleistung von 1146 GW bis 1890 GW zu installieren wären. Dies entspricht etwa dem 2,5- bis 3-fachen des Ausbaubedarfs im Referenzszenario. Soll weniger als die Hälfte des Wasserstoffbedarfs importiert werden, muss im Referenzszenario eine Photovoltaikleistung von mehr als 700 GW bis 2035 installiert werden. Dies entspricht mehr als einer Verelffachung der im Jahr 2020 installierten Photovoltaikleistung.

Die globalen Erzeugungskapazitäten für die Herstellung von grünem Wasserstoff sind bisher gering und die Transportmöglichkeiten begrenzt. Daher sind derzeit keine großen Importmengen an grünem Wasserstoff verfügbar.

Um dies jedoch in den Zieljahren zu gewährleisten, müssen die Importländer bereits heute die dazu erforderlichen Investitionen tätigen und helfen, geeignete Strukturen zu etablieren. Gleichzeitig gilt es im Inland die Wasserstoffinfrastruktur aufzubauen. Mit den fluktuierenden erneuerbaren Energien werden zeitweise sehr hohe Stromüberschüsse anfallen, die auch zur Produktion von grünem Wasserstoff oder dessen Folgeprodukte genutzt werden können.

Je nach Höhe des Wasserstoffimportanteils verlagert Deutschland einen Teil seiner Verantwortung in die Importländer. Eine deutliche Steigerung des leitungsgebundenen

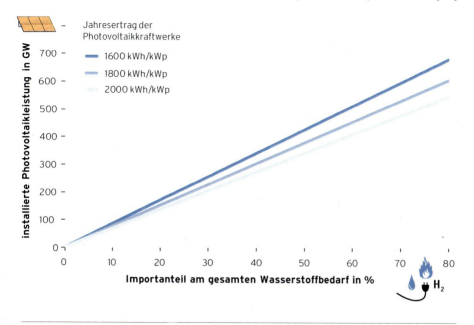

Abbildung 9 Einfluss des Wasserstoffimportanteils und des Ertrags auf die in den Exportländern erforderliche Photovoltaikleistung zum Erreichen der CO_2-Neutralität im Jahr 2035 (Referanzszenario)

Stromimports wird in dieser Studie für die gewählten Zieljahre als nicht realistisch angesehen. Die Realisierungszeiten für transeuropäische Übertragungsleitungen sind viel zu hoch und aufgrund der fehlenden Akzeptanz für diese Trassen ist ein Aufbau großer Übertragungskapazitäten zu Ländern des Sonnengürtels fraglich.

Die notwendigen Erzeugungskapazitäten zur Herstellung des grünen Wasserstoffs und dessen Folgeprodukte im Ausland sind beachtlich. Der Abbildung 9 sind beispielhaft die ausländischen Erzeugungskapazitäten für das Szenario ambitioniert zu entnehmen, die zur Produktion des nur nach Deutschland exportierten grünen Wasserstoffs notwendig werden. Je nach Standort variiert der erzielbare spezifische Ertrag. Während in Südspanien Werte von bis zu 1750 kWh/kWp erreichbar sind, liegt dieser Wert mit bis zu 2000 kWh/kWp in Saudi-Arabien nochmal höher. Dies hat direkte Auswirkungen auf die zu installierende Photovoltaikleistung im Exportland. Im Referenzfall mit einem deutschen Importanteil von 60 % variiert die Leistung zwischen etwa 400 GW und 500 GW. Dies entspricht einer Fläche von 4000 km² bis 5000 km², wenn den Photovoltaikkraftwerken ein Flächenbedarf von 10 km²/GW unterstellt wird. Dies entspricht rund ein Prozent der Landesfläche Marokkos, allein für die von Deutschland benötigten Wasserstoffimporte. Es bleibt festzuhalten, dass die in Deutschland notwendige Photovoltaikleistung stark vom Ort der Wasserstoffproduktion und damit von dessen Importanteil abhängig ist.

WESHALB MUSS DIE WINDKRAFT IN DEUTSCHLAND STARK AUSGEBAUT WERDEN?

Windenergie ist eine zentrale Säule der Energiewende. Da die Akzeptanz der Windenergie in den vergangenen Jahren immer wieder thematisiert wurde, soll in diesem Abschnitt

20 Gigawatt Photovoltaik pro Jahr sind nicht genug

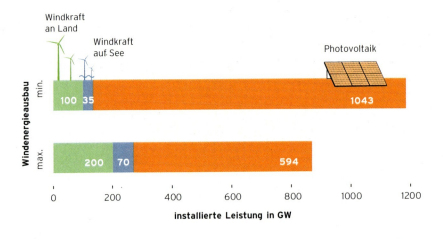

Abbildung 10 Einfluss des Windenergieausbaus auf die erforderliche Photovoltaikleistung in Deutschland zum Erreichen der CO_2-Neutralität im Jahr 2035 (Referenzszenario)

der Frage nachgegangen werden, wie ein stockender Windenergieausbau den erforderlichen Photovoltaikausbau beeinflusst. 2020 waren in Deutschland 29.608 Windkraftanlagen an Land mit einer Gesamtleistung von 55 GW installiert [16]. Dies entspricht 0,7 % der Landesfläche [17]. Es wird davon ausgegangen, dass etwa 5,3 % bis 13,8 % Deutschlands für die Nutzung durch Windkraft geeignet sind [7], [17], [18]. Dies ergibt bei 21 MW/km² ein Potenzial von etwa 400 GW bis 1000 GW an Land. Es besteht große Einigkeit darüber, dass davon 200 GW bzw. 2 % der Landesfläche gehoben werden können [18], [19]. Darüber hinaus besteht ein Potenzial für die Windkraft auf See von etwa 50 GW bis 70 GW [8]. In den Szenarien dieser Studie wird daher von einem Windpotenzial an Land von 200 GW und auf dem Meer von 70 GW ausgegangen.

Im Folgenden werden beispielhaft die Ergebnisse des Szenarios ambitioniert mit einem Wasserstoffimportanteil von 60 % für das Zieljahr 2035 betrachtet. Die Windkraft und Photovoltaik decken bis dahin 82 % des Energiebedarfs und erzeugen in Summe 1417 TWh. Der Großteil davon entfällt auf Windkraftanlagen an Land und auf See. Dies kann mit den unterschiedlichen Volllaststunden begründet werden. Während Solaranlagen im Mittel auf 950 h/a kommen, sind die Volllaststunden von Windkraftanlagen um ein Vielfaches höher. In dieser Studie wurden die zukünftigen Volllaststunden von Windkraftanlagen an Land mit 2900 h/a und die von Windkraftanlagen auf See mit 3900 h/a in Anlehnung an [12] abgeschätzt. Jedes Gigawatt Windkraft, das nicht errichtet wird, erfordert einen um 3 GW bis 4 GW höheren Photovoltaikausbau.

Dieser Zusammenhang wird auch in Abbildung 10 deutlich. Dargestellt ist die erforderliche Photovoltaikleistung, wenn lediglich die Hälfte der oben genannten potenziellen Windleistung installiert wird. Bei minimalem Ausbau der Windkraft muss fast die doppelte Photovoltaikleistung installiert werden.

Auch in anderen Studien herrscht Einigkeit darüber, dass die nahezu vollständige Erschließung des Windkraftpotenzials essentiell für das Gelingen der Energiewende ist. Ein schwächelnder Windenergieausbau ist nur schwer durch einen Solarenergieausbau im

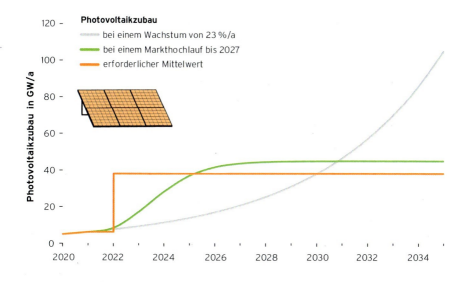

Abbildung 11 Pfade zur Steigerung des jährlichen Photovoltaikzubaus (netto) in Deutschland für das Referenzszenario (installierte Photovoltaikleistung im Zieljahr 2035: 594 GW, Rahmenbedingungen: max. Windenergieausbau, Wasserstoffimportanteil 60 %)

größeren Maßstab zu kompensieren.

WARUM IST EIN PHOTOVOLTAIKZUBAU UNTER 40 GW PRO JAHR UNZUREICHEND?

Je früher die CO_2-Neutralität erreicht werden soll, desto mehr Photovoltaikanlagen sind erforderlich. Wird die zusätzlich zum Bestand notwendige Photovoltaikleistung auf den bis zur CO_2-Neutralität verbleibenden Zeitraum gleichmäßig verteilt, ergibt sich ein mittlerer Photovoltaikzubau pro Jahr. Bisher wurden in Deutschland Photovoltaikanlagen mit einer Leistung von insgesamt 59 GW errichtet. Im Referenzszenario mit dem Energieverbrauchspfad ambitioniert muss die installierte Photovoltaikleistung in den nächsten 14 Jahren um 535 GW steigen. Dies entspricht einem mittleren Zubau von rund 38 GW/a. Für das Zieljahr 2030 ergibt sich hingegen ein mittlerer Photovoltaikzubau von rund 71 GW/a (Nettozubau). Beides sind ein Vielfaches des bisherigen Höchstwerts von 8,2 GW/a im Jahr 2012. Hinzu kommt der Ersatz von Photovoltaikanlagen, die das Ende ihrer Lebensdauer erreicht haben. Der Bruttozubau schließt neben dem Bau von Neuanlagen auch den Ersatz von Altanlagen ein.

In Abbildung 11 Pfade zur Steigerung des jährlichen Photovoltaikzubaus (netto) in Deutschland für das Referenzszenario (installierte Photovoltaikleistung im Zieljahr 2035: 594 GW, Rahmenbedingungen: max. Windenergieausbau, Wasserstoffimportanteil 60 %)11 sind unterschiedliche Verläufe des Photovoltaikzubaus dargestellt. Die Fläche unter allen Kurven entspricht der installierten Leistung von 594 GW im Zieljahr 2035. Der ab 2022 rechnerisch notwendige Photovoltaikzubau von 38 GW/a ist durch die orangefarbene Linie dargestellt. Da eine sprunghafte Änderung im Jahr 2022 unwahrscheinlich ist, muss ein Markthochlauf eingeplant werden. Verzögerungen im Photovoltaikausbau müssen später durch einen höheren Zubau kompensiert werden, um insgesamt noch auf einen Ausbaustand zu kommen, der mit den

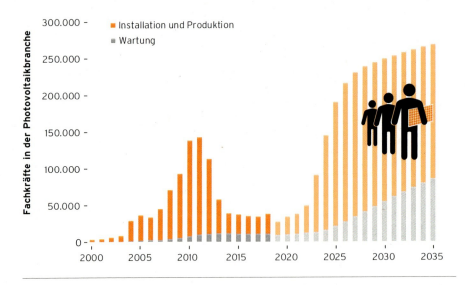

Abbildung 12 Fachkräfte für Installation, Produktion und Wartung der Photovoltaikanlagen. Historischer Verlauf der direkt und indirekt Beschäftigten nach [21] sowie künftiger Bedarf der direkt Beschäftigten für das Erreichen der CO_2-Neutralität im Jahr 2035 in Anlehnung an [20]

Pariser Klimazielen konform ist.

Der graue Verlauf zeigt einen exponentiellen Verlauf mit einem jährlichen Zuwachs von 23 %. Dieser ist durch einen zunächst geringen Anstieg des Zubaus gekennzeichnet, welcher allerdings den Großteil des erforderlichen Photovoltaikzubaus auf die letzten Jahre verschiebt. So steigt der jährliche Zubau ab dem Jahr 2032 auf über 50 GW/a an und erreicht im Zieljahr mit über 100 GW/a einen jährlichen Zubau, der weit über dem aktuellen Bestand liegt. Dieser Ausbaupfad ist aus mehreren Gründen nachteilig und nicht zu empfehlen. Zum einen steigt das Risiko der Verfehlung der Klimaschutzziele, wenn die immensen Zubauzahlen in den letzten Jahren nicht erreicht werden können. Zum anderen muss ein deutlicher Einbruch des Photovoltaikmarkts aufgrund eines Überangebots nach Erreichen der Klimaschutzziele vermieden werden.

Daher wird ein alternativer Photovoltaikausbaupfad mit einem Markthochlauf bis zum Jahr 2027 empfohlen (siehe grüne Linie in Abbildung 11 Pfade zur Steigerung des jährlichen Photovoltaikzubaus (netto) in Deutschland für das Referenzszenario (installierte Photovoltaikleistung im Zieljahr 2035: 594 GW, Rahmenbedingungen: max. Windenergieausbau, Wasserstoffimportanteil 60 %)11). Dieser ambitionierte Markthochlauf erfordert bereits im Jahr 2023 einen Zubau von 17 GW/a. Bis zum Jahr 2027 muss der Photovoltaikzubau weiter auf 45 GW/a ansteigen. Der Vorteil von einem zunächst sehr ambitionierten Photovoltaikausbau ist, dass die Zubauzahlen später auf einem annähernd konstanten Niveau verweilen können. Damit nimmt der Photovoltaikmarkt eine Größenordnung an, die langfristig auch für den Ersatz von Altanlagen erforderlich ist.

Für einen Paris-konformen Klimaschutz muss es der Bundesregierung daher gelingen, den Photovoltaikzubau noch in dieser Legislaturperiode auf ein Niveau von 40 GW/a zu steigern. Alle Zielsetzungen und Ambitionen der Parteien, die dahinter zurückbleiben, genügen vermutlich weder dem völkerrechtlich verbindlichen Pariser Klimaschutzabkommen noch dem Verfassungsrecht.

WIE VIELE FACHKRÄFTE WIRD DIE PHOTOVOLTAIKBRANCHE BESCHÄFTIGEN?
Die oben skizzierten Mengen an Photovoltaikanlagen stellen bereits aus technischer Sicht eine Herausforderung dar. Hinzu kommt der Bedarf an Fachkräften, der sich aus dem Zubau ergibt. In Anlehnung an [20] wird im Folgenden der erforderliche Fachkräftebedarf aufgezeigt. Dabei wurden wesentliche Annahmen übernommen, allerdings Abweichungen bei den Annahmen zur inländischen Produktion von Photovoltaikkomponenten getroffen. Damit ergeben sich für die Wartung des Bestands im Mittel etwa 170 Vollzeitäquivalente (VZÄ) je GW, etwa 4100 VZÄ je GW/a beim Zubau und zusätzlich etwa 1700 VZÄ je GW/a in der Herstellung von Photovoltaikkomponenten.

Der ermittelte Fachkräftebedarf ist in Abbildung 12 Fachkräfte für Installation, Produktion und Wartung der Photovoltaikanlagen. Historischer Verlauf der direkt und indirekt Beschäftigten nach [21] sowie künftiger Bedarf der direkt Beschäftigten für das Erreichen der CO2-Neutralität im Jahr 2035 in Anlehnung an [20]12 für das Szenario ambitioniert entsprechend dem im vorangegangenen Abschnitt beschriebenen Markthochlauf bis 2027 dem historischen Verlauf nach [21] gegenübergestellt. In den nächsten Jahren muss mit einem starken Anstieg der benötigten Fachkräfte insbesondere im Bereich der Planung und Installation gerechnet werden. Der Zubau von knapp 37 GW/a im Jahr 2025 ist mit einem Bedarf an etwa 190.000 Personalstellen verbunden. Durch den zunehmenden Bestand an Photovoltaikanlagen ergibt sich ein wachsender Personalbedarf für die Wartung und Betriebsführung. Während es im Jahr 2021 noch etwa 11.500 Fachkräfte sind, erhöht sich deren Anzahl auf etwa 86.000 im Jahr 2035, welche einen Bestand von etwa 590 GW installierter Photovoltaikleistung instand halten.

Hier liegt auch der Schlüssel zu einem nachhaltigen Photovoltaikmarkt in Deutschland: Im Gegensatz zum starken Einbruch der Beschäftigtenzahlen ab dem Jahr 2012, stellt der zwischen 2021 und 2035 aufgebaute Photovoltaikbestand eine langfristige Perspektive für die Branche dar. Neben der Wartung der Bestandsanlagen wird sich der Zubau ab Mitte der Dreißigerjahre perspektivisch auf einem Niveau von etwa 20 GW/a bis 30 GW/a für den Ersatz von Altanlagen stabilisieren (Repowering).

Des Weiteren werden Fachkräfte in der Produktion der Photovoltaikkomponenten tätig sein. Wenn nur ein Fünftel der erforderlichen Komponenten in Deutschland hergestellt wird, dann ergibt sich ein Bedarf von etwa 14.000 Arbeitsplätzen in der Industrie. Die aktuellen Schwierigkeiten der globalen Lieferketten und der bessere ökologische Fußabdruck sind weitere Argumente, die für einen forcierten Aufbau einer heimischen Photovoltaikindustrie sprechen.

Verglichen mit den absoluten Beschäftigtenzahlen im Jahr 2018 von ca. 38.000 [22] ist der Anstieg auf über 250.000 enorm. Allerdings arbeiteten bereits in den Jahren 2010 bis 2012 im Mittel über 130.000 Menschen direkt oder indirekt in der deutschen Photovoltaikbranche. Wenn es gelingt, schnellstmöglich an dieses Niveau wieder anzuknüpfen, kann auch ein deutlich erhöhter Photovoltaikzubau realisiert werden. Hierbei ist es zwingend notwendig, durch eine groß angelegte Solarjoboffensive mit neuen Aus- und Weiterbildungsangeboten Fachkräfte in der Photovoltaikbranche zu qualifizieren, die den technischen Strukturwandel begleiten.

SCHLUSSFOLGERUNGEN
1. Deutschland muss zwischen 2030 und

2035 kohlendioxidneutral werden, um das Pariser Klimaschutzabkommen einzuhalten. Dafür ist ein Photovoltaikausbau in Deutschland von 590 GW und eine Steigerung des jährlichen Zubaus auf 45 GW/a notwendig.

2. Die Energiebedarfssektoren Verkehr, Gebäude und Industrie müssen weitgehend elektrifiziert werden, um den Energiebedarf ausreichend senken zu können. Zusätzlich müssen Maßnahmen zur Steigerung der Energieeffizienz umgesetzt werden. Neuzulassungen von Verbrennerfahrzeugen sowie der Einbau von neuen Öl- und Gasheizungen müssen dafür möglichst schon im Jahr 2025 gestoppt werden.

3. Die Windkraft ist ein unersetzbarer Teil des Energiesystems. Das deutsche Windpotenzial mit 200 GW an Land und 70 GW offshore muss nahezu vollständig erschlossen werden. Maßnahmen zur Steigerung der Akzeptanz von Photovoltaik- und Windkraftanlagen in der Bevölkerung sind eine wesentliche Voraussetzung für das Gelingen der Energiewende.

4. Ohne importierten grünen Wasserstoff ist die Energiewende nicht realisierbar. Je schneller die CO_2-neutrale Energieversorgung erreicht werden soll, desto mehr wird sie von Wasserstoff und dessen Folgeprodukten geprägt sein. Mit dem Import von Wasserstoff verlagert Deutschland einen Teil seiner Verantwortung in die Exportländer. Der Importanteil sollte daher zukünftig so gering wie möglich gehalten werden. Diese Mengen haben einen großen Einfluss auf den notwendigen Photovoltaikausbau. Die Wasserstoffinfrastruktur ist zügig aufzubauen, um schnellstmöglich fossile Energieträger zu substituieren. Gleichzeitig müssen Importrouten etabliert werden.

5. Die Photovoltaik ist eine der tragenden Säulen der Energiewende und muss die Lücke zwischen dem zukünftigen Energiebedarf und den anderen Erneuerbaren schließen. Mit dem notwendigen Solarstromausbau wird die Photovoltaikbranche mit voraussichtlich mehr als 250.000 Arbeitsplätzen ein entscheidender Wirtschaftszweig Deutschlands. Umfangreiche Aus-, Um- und Weiterbildungsangebote müssen ausgebaut werden. Dies bietet auch vom Wandel betroffenen Wirtschaftszweigen eine neue Zukunftsperspektive.

6. Das Energiesystem braucht mehr Flexibilitätsoptionen. Zum Ausgleich der Erzeugung und der Nachfrage können beispielsweise Speicher oder intelligent gesteuerte Wärmepumpen und Elektrofahrzeuge notwendige Systemdienstleistungen erbringen. Es werden auch wasserstoffbasierte Langzeitspeicher für eine stabile Energieversorgung benötigt. Die dazu erforderlichen Speicherkapazitäten sind schnell aufzubauen.

Trotz der Widrigkeiten kann Deutschland noch zur Einhaltung des Pariser Klimaschutzabkommens beitragen. Dies erfordert allerdings eine sofortige Priorisierung des Klimaschutzes in der Politik und Gesellschaft. Es gilt, keine weitere Zeit mehr zu verlieren.

LITERATUR

[1] Sachverständigenrat für Umweltfragen, „Für eine entschlossene Umweltpolitik in Deutschland und Europa - Umweltgutachten 2020", Geschäftsstelle des Sachverständigenrates für Umweltfragen (SRU), Berlin, Gutachten, Jan. 2020.

[2] Bundesverfassungsgericht, Bundesverfassungsgericht (2021): Pressemitteilung vom 29.4.2021: Verfassungsbeschwerden gegen das Klimaschutzgesetz teilweise erfolgreich, Karlsruhe. S. 5. Zugegriffen: 15. Oktober 2021. [Online]. Verfügbar unter: https://www.bundesverfassungsgericht.de/SharedDocs/Pressemitteilungen/DE/2021/bvg21-031.html

[3] IPCC, Intergovernmental Panel on Climate Change (2021): "Climate Change 2021, Draft of 7 August 2021".

[4] S. Wilke, „Treibhausgas-Emissionen in Deutschland", Umweltbundesamt, 29. August 2013. https://www.umweltbundesamt.de/daten/klima/treibhausgas-emissionen-in-deutschland (zugegriffen 15. Oktober 2021).

[5] Umweltbundesamt, „Erneuerbare Energien in Zahlen", Umweltbundesamt, 4. März 2021. https://www.umweltbundesamt.de/themen/klima-energie/erneuerbare-energien/erneuerbare-energien-in-zahlen (zugegriffen 24. November 2021).

[6] Bundesministerium für Wirtschaft und Energie (BMWi), „Zahlen und Fakten: Energiedaten", BMWi, März 2021. Zugegriffen: 16. Oktober 2021. [Online]. Verfügbar unter: http://www.bmwi.de/Navigation/DE/Themen/energiedaten.html

[7] S. Bofinger, D. Callies, M. Scheibe, Y.-M. Saint-Drenan, und K. Rohrig, „Potenzial der Windenergienutzung an Land", Bundesverband WindEnergie BWE und Fraunhofer Institut für Windenergie Energiesystemtechnik (IWES) Abteilung Energiewirtschaft und Netzbetrieb, Studie Kurzfassung, Mai 2011.

[8] Agora Energiewende, Agora Verkehrswende, Technical University of Denmark, und Max-Planck-Institute for Biogeochemistry, „Making the Most of Offshore Wind: Re-Evaluating the Potential of Offshore Wind in the German North Sea", Agora Energiewende, Agora Verkehrswende, Technical University of Denmark and Max-Planck-Institute for Biogeochemistry, 2020.

[9] C. Kost, S. Shammungam, V. Fluri, D. Peper, A. D. Memar, und T. Schlegl, „Stromgestehungskosten Erneuerbare Energien", Fraunhofer - Institut für solare Energiesysteme ISE, Juni 2021.

[10] „Renewable Power Generation Costs in 2020", IRENA Internatiol Renewable Energy Agency, Abu Dhabi, 2021.

[11] I. Wolf, A.-K. Fischer, und J.-H. Huttarsch, „Soziales Nachhaltigkeitsbarometer der Energie- und Verkehrswende 2021", Kopernikus-Projekt Ariadne Potsdam-Institut für Klimafolgenforschung (PIK), Potsdam, Juli 2021.

[12] G. Luderer u. a., „Ariadne-Report. Deutschland auf dem Weg zur Klimaneutralität 2045 Szenarien und Pfade im Modellvergleich", Kopernikus-Projekt Ariadne Potsdam-Institut für Klimafolgenforschung (PIK), Potsdam, Okt. 2021.

[13] H. Wirth u. a., „Solaroffensive für Deutschland - Wie wir mit Sonnenenergie einen Wirtschaftsboom entfesseln und das Klima schützen", Fraunhofer-Institut für Solare Energiesysteme ISE und Greenpeace, Kurzstudie, Juli 2021.

[14] J. Brandes, M. Haun, C. Senkpiel, C. Kost, A. Bett, und H.-M. Henning, „Wege zu einem klimaneutralen Energiesystem - Die deutsche Energiewende im Kontext gesellschaftlicher Verhaltensweisen – Update für ein CO_2-Reduktionziel von 65% in 2030 und 100% in 2050", Fraunhofer-Institut für Solare Energiesysteme ISE, Freiburg, Dez. 2020.

LAST- UND FLEXIBILITÄTSMANAGEMENT VON ELEKTROFAHRZEUGEN
AUS ENERGIEWIRTSCHAFTSRECHTLICHER SICHT

Dr. Katharina Vera Boesche, Rechtsanwältin*

Die Vorschrift des § 14a EnWG wurde im Rahmen der Novellierung des EnWG vom August 2011 in das Gesetz aufgenommen und regelt in Verbindung mit einer noch durch die Bundesregierung zu erlassenden Rechtsverordnung die **Steuerung von unterbrechbaren Verbrauchseinrichtungen** in Niederspannungsnetzen. Mit der Vorschrift goss der Gesetzgeber erstmals Ansätze, die sich mit dem Begriff **Smart Grids**[1] verbanden, in ein Gesetz.

Im Zuge des **Gesetzes zur Digitalisierung der Energiewende vom 29.8.2016, welches das Messstellenbetriebsgesetz** (MsbG) enthält, wurde die Vorschrift geändert.[2] Eine entscheidende Änderung ist das Ersetzen der Voraussetzung „unterbrechbar" durch das Wort „steuerbar". Die relevanten Anlagen müssen nicht mehr zwingend unterbrechbar sein (was seitens der Verfasserin sehr begrüßt wird[3]), vielmehr genügen – so der Gesetzgeber – „ganz allgemein steuerbare (also nicht nur abschaltbare) Verbrauchseinrichtungen".[4] Der Gesetzgeber lässt bereits im Wortlaut anklingen, dass durchaus komplexere Steuerungsvorgänge erforderlich sind. So hat er die vorherige Fassung des „Unterbrechens", für das ein simples Ein-/Aus-Schaltens genügt, durch den Begriff des „Steuerns" ersetzt.

Gestrichen wurde durch die Novelle von 2016 auch der Begriff der „**Netzentlastung**", der sich als Zweck im letzten Teilsatz des Satz 1 verbarg. Ersetzt wurde der Zweck durch die Formulierung der „**netzdienlichen Steuerung**". Die Änderungen ermöglichen laut Gesetzesbegründung einen „noch breiteren Flexibilitätsansatz über eine Rechtsverordnung".[5] Unter dem Zweck der Netzdienlichkeit ist zu verstehen, dass sich bestimmte Netznutzer oder eine Gruppe von Netznutzern so verhalten, dass die von ihnen ausgehende Nachfrage – nach Unten – "moderiert" wird. Findet diese Moderation in einer Art und Weise statt, die dem Verteilnetzbetreiber zugutekommt, d. h. dessen Aufgabe der **Lastspitzenglättung** vereinfacht, kann sie als „netzdienlich" bezeichnet werden. Dies wird insbesondere der Fall sein, wenn das Netz entlastet wird. Eine solche (netzdienliche) Entlastung findet aus technischer Sicht regelmäßig statt, wenn die kapazitätstreibende Nachfrage vom Zeitpunkt der zeitgleichen Höchstlast herausverlagert wird. Analog zu § 33 MsbG kann erwartet werden, dass die Netzdienlichkeit nach dem Willen des Gesetzgebers einer Steuerung durch ein intelligentes Messsystem bedarf.[6]

Auch verzichtete der Gesetzgeber des MsbG auf das frühere Erfordernis der **Zumutbarkeit** der Steuerung für den Letztverbraucher und Lieferanten, was hier begrüßt wird, da der unbestimmte Rechtsbegriff der Zumutbarkeit sehr viel Spielraum für unterschiedliche Interpretationen lässt. Was dem einen Verbraucher noch als zumutbar erscheint, ist es für einen anderen möglicherweise schon lange nicht mehr.[7]

LETZTVERBRAUCHER ALS ADRESSAT DER STEUERUNG

Nach dem Sinn und Zweck des § 14a EnWG wie nach den tatsächlichen Gegebenheiten ist der **Letztverbraucher Adressat der Nachfrageflexibilität**. Logische Konsequenz ist, dass gerade seine Belange berücksichtigt werden müssen. Im Falle der Elektromobilität kommt es daher entscheidend darauf an, welcher Letztverbraucher adressiert wird: der Betreiber des Ladepunktes, der im Zuge des Strommarktgesetzes einem Letztverbraucher gleichgestellt wurde,[8] oder der Nutzer des Fahrzeugs, die bekanntlich auch beim privaten Laden (z. B. beim Arbeitgeber) zusammenfallen. Es wird letzten Endes immer ein Kunde bzw. eine in dessen Kontrolle befindliche Anlage sein, die die Quelle der im Rahmen der Anwendung des § 14a EnWG zu nutzenden Flexibilität sein wird. **Es bedarf somit des Einverständnisses des Kunden.** Ohne das Zutun des Kunden und sein Einverständnis zu Steuerungsmaßnahmen ist eine Steuerung der sich in seinem „Machtbereich" befindlichen Verbrauchsanlagen nicht zu bewerkstelligen. Grundlage für netzdienliche Steuerungen seien auf Grundlage der bisherigen Gesetzesfassung nach den Vorstellungen des Gesetzgebers hierbei stets „Vereinbarungen zwischen Netzbetreibern und dem Anschlussnutzer."[9] Erforderlich ist die Erklärung des Einverständnisses mit steuernden Managementhandlungen durch den Verteilnetzbetreiber seitens des Anschlussnutzers zu erteilen. Hier ist eine vergleichbare Regelung denkbar, wie sie sich bislang in § 5 MsbG für die Wahl des Messstellenbetreibers durch den Anschlussnutzer findet. Sind Eigentümer des Hausanschlusses (Anschlussnehmer) und der Inhaber der Steuerungseinheit (Anschlussnutzer) und des Energiemanagementsystems (EMS) identisch, dürfte sich das Einwilligungserfordernis ohne größere Komplexität handhaben lassen. Fallen Anschlussnutzer und Anschlussnehmer hingegen auseinander, wie das im Falle von Mehrfamilienhäusern gegeben ist, stellt sich die Frage, auf wessen Einwilligung es ankommt. § 6 Absatz 1 MsbG sieht bezüglich der Wahl des Messstellenbetreibers vor, dass statt des Anschlussnutzers ab dem 1. Januar 2021 der Anschlussnehmer einen Messstellenbetreiber auswählt, wenn dieser verbindlich anbietet,

1. dadurch alle Zählpunkte der Liegenschaft für Strom mit intelligenten Messsystemen auszustatten,

2. neben dem Messstellenbetrieb der Sparte Strom mindestens einen zusätzlichen Messstellenbetrieb der Sparten Gas, Fernwärme oder Heizwärme über das Smart-Meter-Gateway zu bündeln (Bündelangebot) und

3. den gebündelten Messstellenbetrieb für jeden betroffenen Anschlussnutzer der Liegenschaft ohne Mehrkosten im Vergleich zur Summe der Kosten für den bisherigen getrennten Messstellenbetrieb durchzuführen.

In vergleichbarer Weise ließe sich in einem zukünftig geänderten § 14a EnWG bzw. in einer zukünftigen § 14a EnWG-Rechtsverordnung aufnehmen, dass der Anschlussnehmer statt des Anschlussnutzers in Mehrfamilienhäusern die Auswahl trifft, ob alle steuerbaren Anlagen eines Hausanschlusses, insbes. verbaute Wallboxen, Stromspeicher und Wärmepumpen unter ein Lastmanagement im Sinne von § 14a EnWG fallen.

§ 48 MsbG sieht zwar indirekt eine Einbaupflicht intelligenter Messsysteme in Ladeeinrichtungen ab dem 1. Januar 2021 vor. Die Vorschrift des § 48 MsbG ist allerdings im Zusammenhang zu lesen mit der Regelung in § 19 Abs. 5 MsbG. Das Wort „mindestens" bezieht sich auch auf die „Elektromobilitätsfrist" des 31. Dezember 2020, d. h. Bestand genießen auch die Ladeeinrichtungen, die nach dem 1. Januar 2021 aufgebaut werden. Entscheidend ist der Zeitpunkt, zu dem das BSI die Marktverfügbarkeit intelligenter Messsysteme/SMGW für den Einsatz in der Elektromobilität feststellt. Erst ab diesem Zeitpunkt beginnt die 8-jährige Bestandsschutzfrist des § 19 Abs. 5 MsbG zu laufen. Mittlerweile ist der 1. Januar 2021 schon seit 15 Monaten überschritten. Da die technischen Anforderungen noch nicht fixiert sind, ist zu erwarten, dass sich auch der Entwicklungs- und Zertifizierungsprozess intelligenter Messsysteme für Ladeeinrichtungen noch etwas hinziehen wird. Sinnvoll wäre, § 48 MsbG so anzupassen, dass statt eines fixen Datums eine Formulierung aufgenommen wird, die auf den Zeitpunkt abgestellt wird, in dem das BSI die Marktverfügbarkeit intelligenter Messsysteme/SMGW für den Einsatz in der Elektromobilität feststellt, d. h. wenn mindestens von drei unabhängigen Marktanbietern zertifizierte intelligente Messsysteme für Ladeinfrastruktur auf dem Markt verfügbar sind.

Mit Eilbeschluss vom 4. März 2021 hat das Oberverwaltungsgericht Münster im einstweiligen Rechtsschutzverfahren auf die Beschwerde eines privaten Unternehmens, das auch andere Messsysteme vertreibt, die Vollziehung der Allgemeinverfügung (BSI Markterklärung zu SMGW für Haushalte) ausgesetzt.[10] Das hat zur Folge, dass nun vorläufig weiterhin andere Messsysteme eingebaut werden dürfen. Bereits – möglicherweise auch in Privathaushalten – verbaute intelligente Messsysteme müssen allerdings nicht ausgetauscht werden. Die Allgemeinverfügung mit der Feststellung der technischen Möglichkeit der Ausrüstung von Messstellen mit intelligenten Messsystemen sei voraussichtlich rechtswidrig. Die am Markt verfügbaren intelligenten Messsysteme genügten nicht den gesetzlichen Anforderungen des § 21 Absatz 1 MsbG. Sie seien hinsichtlich der Erfüllung der im MsbG und in Technischen Richtlinien normierten Interoperabilitätsanforderungen nicht, wie gesetzlich vorgeschrieben, zertifiziert. Diese Messsysteme könnten auch nicht zertifiziert werden, weil sie die Interoperabilitätsanforderungen nicht erfüllten. Dass sie den Anforderungen der Anlage VII der Technischen Richtlinie TR-03109-1 des BSI genügten, reiche nicht. Die Anlage VII sei nicht formell ordnungsgemäß zustande gekommen, weil die vorgeschriebene Anhörung des Ausschusses für Gateway-Standardisierung nicht erfolgt sei. Die Anlage VII sei auch materiell rechtswidrig, weil sie hinsichtlich der Interoperabilitätsanforderungen hinter den gesetzlich normierten Mindestanforderungen zurückbleibe. Bestimmte Funktionalitäten, die intelligente Messsysteme nach dem MsbG zwingend erfüllen müssten, sehe die Anlage VII nicht vor. Dies habe unter anderem zur Konsequenz, dass Betreiber von Stromerzeugungsanlagen, die nach dem MsbG mit intelligenten Messsystemen auszurüsten seien, nicht ausgestattet werden könnten. Die dem BSI zustehende Kompetenz, Technische Richtlinien entsprechend dem technischen Fortschritt abzuändern, gehe nicht so weit, dadurch gesetzlich festgelegte Mindestanforderungen zu unterschreiten. Seien die dortigen Mindestanforderungen nicht erfüllbar, müsse der Gesetzgeber tätig werden.

Durch die EnWG-Novelle vom 16. Juli 2021 wurden zur Heilung einige Änderungen eingebracht.[11] Ob diese den Anforderungen des Gerichts gerecht werden, bleibt abzuwarten.

Da es bislang keine Verträge über das Management steuerbarer Anlagen des Anschlussnutzers gibt, bedarf es einer vergleichbaren Regelung wie in § 6 Absatz 2 Satz 1 MsbG nicht für die Erstaufnahme der Managementhandlungen. Sollte es aber zu einem Wechsel kommen, bietet sich eine vergleichbare Regelung an. So enden nach § 6 Absatz 2 Satz 1 MsbG für den Fall, dass der Anschlussnehmer das Auswahlrecht aus Absatz 1 ausübt, laufende Verträge für den Messstellenbetrieb der betroffenen Sparten entschädigungslos, wenn deren Laufzeit mindestens zur Hälfte abgelaufen ist, frühestens jedoch nach einer Laufzeit von fünf Jahren. Auf Grundlage des zum 1. Oktober 2021 in Kraft getretenen „Faire Verbraucherverträge-Gesetz" sind für Anschlussnutzer jedoch längstens Bindefristen von zwei Jahren zulässig. Ein Anschlussnutzer muss sich daher an seine Bereitschaft, einzelne Anlagen als Teil eines Lastmanagements einzubringen, im Netzanschlussvertrag nicht länger als zwei Jahre binden lassen. Unter bestimmten Voraussetzungen an die Fristsetzung sind allerdings weiterhin automatische Vertragsverlängerungen auch bis zu einem Jahr möglich. Die längere Vertragsbindung gibt einen gewissen Grad an Verlässlichkeit hinsichtlich der dem Verteilnetzbetreiber zur Verfügung stehenden managebaren Anlagen.

Auch das weitere Procedere könnte angelehnt werden an das im MsbG etablierte Auswahlrecht des Anschlussnehmers, wenn dieser beispielsweise Eigentümer der Leitungsinfrastruktur, der Ladeeinrichtungen, des Stromspeichers und ggf. einer Wärmepumpe ist. Trifft der Anschlussnehmer die Wahl, dass die steuerbaren Anlagen hinter dem Hausanschluss in ein Lastmanagement eingebracht werden sollen, hat er den Anschlussnutzer spätestens einen Monat vor Ausübung seines Auswahlrechts nach Absatz 1 in Textform über die geplante Ausübung zu informieren (vgl. § 6 Absatz 3 Satz 1 MsbG). Die Information sollte eine Angabe (vergleichbar zu § 6 Absatz 3 Satz 2 Nummer 2 MsbG) zum Zeitpunkt ab dem die Anlagen steuerbar werden und damit auch die Netzentgeltreduktion greift, enthalten. Die Netzentgeltreduktion kommt nach der bisherigen Fassung des § 14a EnWG dem Netznutzer zugute. Es ist aber zu erwarten, dass dieser die Entgeltreduktion als Teil des Strompreises an den Anschlussnutzer weiterreicht, da dieser letztlich die Steuerbarkeit seiner Anlagen einräumen muss und dies aller Voraussicht nach nur tun wird, wenn er dafür im Gegenzug einen Flexibilitätsanreiz bekommt.

§ 6 Absatz 4 Satz 1 MsbG sieht für den Fall der Ausübung des Auswahlrechts des Anschlussnehmers bezüglich des Messstellenbetriebs vor, dass das Auswahlrecht des Anschlussnutzers nach § 5 Absatz 1 MsbG nur dann besteht, wenn der Anschlussnehmer in Textform zustimmt. Es ist fraglich, ob es Sinn ergibt, dass diese Regelung auf die Entscheidung des Anschlussnehmers, dass alle hinter dem Hausanschluss liegenden steuerbaren Anlagen gemanagt werden können, übertragbar ist. Wenn man annimmt, dass es zumindest für die Übergangszeit unflexible Einfamilienhauskunden (bei denen also die Rollen Anschlussnehmer und Anschlussnutzer zusammenfallen) geben wird, die nur für einzelne flexible Anlagen hinter dem Hausanschluss eine Steuerbarkeit wählen können, sollte dies vom Grundgedanken her auch auf Mehrfamilienhäuser übertragbar sein. Das heißt, trifft der Anschlussnehmer zunächst die Entscheidung, dass die Anlagen hinter dem Hausanschluss steuerbar sind, können einzelne Anschlussnutzer nach vorheriger schriftlicher Mitteilung gegenüber dem Anschlussnehmer entscheiden, dass seine Anlagen nicht gesteuert werden mögen. Dafür hat er im Gegenzug höhere Netzentgelte als Teil des Strompreises zu zahlen, als diejenigen Mieter (Anschlussnutzer) eines Mehrfamilienhauses, die ihre Anlagen steuern lassen. Diese Information der Bereitschaft zur Steuerbarkeit müsste nicht nur gegenüber dem Anschlussnehmer und Verteilnetzbetreiber, sondern auch gegenüber dem Stromlieferanten bzw. gegebenenfalls weiteren Rollen wie einem Aggregator transparent gemacht werden.

Handelt es sich um einen **Neuanschluss einer Liegenschaft,** für die der Anschlussnehmer die Entscheidung trifft, dass die hinter dem Hausanschluss befindlichen Anlagen steuerbar sein sollen und erhält er dafür im Gegenzug eine Reduzierung oder gar einen Erlass der Hausanschlusskosten, sollten die Anschlussnutzer an diese Entscheidung gebunden sein. Das Wissen um die Steuerbarkeit der Anlagen wird Bestandteil seiner Kauf- oder Mietentscheidung sein. Er hat damit die Wahl sich für oder gegen den Vertrag und die damit einhergehende Steuerbarkeit zu entscheiden. Es ergibt aber Sinn, über eine **Bindungsfrist** von beispielsweise fünf Jahren sowohl für den Anschlussnehmer wie auch für den Anschlussnutzer nachzudenken. Nach dieser Zeit kann der Anschlussnehmer sich neu bzw. der Anschlussnutzer sich erstmals entscheiden, ob er auch für die Zukunft eine Steuerbarkeit wünscht.

Im Falle eines **Eigentümer- oder Mieterwechsels** stellt sich die Frage, ob es eine Art Sonderkündigungsrecht in Bezug auf die Steuerbarkeit der Anlagen geben sollte, falls der zukünftige Anschlussnehmer bzw. Anschlussnutzer sich gegen eine solche entscheiden oder ob nicht auch in diesem Falle die Bindungsfrist von mindestens fünf Jahren fortdauern sollte. Für letzteres spricht zum einen, dass der Verteilnetzbetreiber sich auf die Entscheidung zumindest für einen gewissen Zeitraum verlassen können muss und auch die Investitionen in die Hardware (Energiemanagementsystem, intelligentes Messsystem, Steuerbox) sich nicht rentieren, wenn beispielsweise bereits nach einem Jahr ein Widerruf der Entscheidung zugelassen würde.

Entsprechend zu der Regelung in § 6 Absatz 4 Satz 2 MsbG bliebe auch im Falle der Flexibilitätsentscheidung die Freiheit des Anschlussnutzers zur Wahl eines Energielieferanten sowie eines Tarifs zur Energiebelieferung durch die Ausübung des Auswahlrechts des Anschlussnehmers nach Absatz 1 unberührt.

Überdies hat der Gesetzgeber kumulativ bestimmt, dass die steuerbare Verbrauchseinrichtung über einen **separaten Zählpunkt** verfügen muss.[12] Das Erfordernis eines separaten Zählpunkts dürfte i. d. R. bedeuten, dass dort ein **eigenes metrologisches Gerät (Zähler)** sowie ggf. eine dazu gehörige Kommunikationseinheit verbaut ist.

Dass zwingend ein separater Zählpunkt vorzuhalten ist, ist zunächst einmal verständlich, denn es führt dazu, dass die fragliche steuerbare Verbrauchseinrichtung aus Sicht des elektrischen Gesamtsystems sichtbar ist bzw. gemessen werden kann. Dabei ist davon auszugehen, dass der Gesetzgeber mit der Formulierung „**separat**" zugleich seiner Vorstellung Ausdruck geben wollte, dass es sich um einen physischen Zählpunkt (ggf. auch Unterzähler) zu handeln habe. Für diese Interpretation spricht, dass bei Vorhandensein eines **physischen Zählpunkts** davon auszugehen ist, dass die **Menge des Stroms**, die durch die unterbrechbare Verbrauchseinrichtung allein verbraucht worden ist, **eindeutig bestimmbar** ist. Mit dem MsbG hat der Gesetzgeber mit der Messstelle, welche „die Gesamtheit aller Mess-, Steuerungs-, und Kommunikationseinrichtungen (...) zur sicheren Anbindung von (...) steuerbaren Lasten an Zählpunkten eines Anschlussnutzers" umfasst[13], einen neuen Begriff eingeführt, der klarstellt, dass die Verbrauchsanlage nach § 14a EnWG i.d.R. nur ein Teil einer größeren und ggf. auch komplexeren elektrischen Anlage ist, wobei sich deren einzelne Teilsysteme ggf. durch Zählpunkte differenzieren lassen.

In einem **Zielsystem 2030** (s. dazu unten ausführlicher) ist gut vorstellbar, dass smartere Instrumente wie ein **Energiemanagementsystem** (EMS) die Steuerungsfunktion hinter dem Netzanknüpfungspunkt die Steuerung der dahinter liegenden Verbrauchsanlagen, wie im Idealfall neben einem Ladepunkt für elektrisch betriebene Fahrzeuge, Wärmepumpen, Speicher- und PV-Anlagen, übernehmen. Dass in diesem Falle zwingend jede einzelne Verbrauchsanlage über einen separaten Zähler verfügt (so war es aber mögliche Weise auch seitens des Gesetzgebers nie gemeint), neben dem bis dahin voraussichtlich verbauten intelligenten Messsystemen, wird hier nicht gesehen.

Unterscheidet man zumindest für einen längeren Übergangszeitraum – wie dies in dem BMWi-Projekt „Barometer/Digitale Energiewende"[14] zwischen

1. Kunden mit unflexiblen Anlagen,

2. Kunden, die überwiegend unflexibel sind, aber einzelne steuerbare Anlagen haben und

3. Kunden, deren Anlagen insgesamt steuerbar sind, wird man zumindest für die zweite Kundenfallgruppe zwei Zählpunkte als erforderlich ansehen müssen.

PFLICHTEINBAUFÄLLE

Das MsbG ordnet in § 29 Abs. 1 EnWG die Verwendung von intelligenten Messsystemen auch für die § 14a EnWG-Fälle an. Da der Referentenentwurf zur Spitzenglättung vom Dezember 2020 im Januar 2021 wieder „kassiert" wurde und es damit an einer Ausgestaltung des Lastmanagements nach § 14a EnWG weiterhin fehlt, kommt es auf die vertragliche und technische Gestaltung im Einzelfall an. Hat der Verteilnetzbetreiber mit einzelnen Netznutzern Verträge nach § 14a EnWG geschlossen, handelt es sich bei den fraglichen Anlagen um Pflichteinbaufälle nach dem MsbG. Bestehen solche Vereinbarungen nicht, besteht zunächst auch keine Roll-out-Pflicht, obwohl die Anlagen grundsätzlich zu einer netzdienlichen Steuerung geeignet sein mögen. Dies führt dazu, dass bei Anlagen, die mit heutiger Technologie steuerbar sind und bei denen aufgrund der hohen Jahresverbrauchsmengen i.S.d. MsbG zwar intelligente Messsysteme zu verbauen sind, jedoch nicht notwendigerweise zur Steuerung eingesetzt werden müssen. Die intelligenten Messsysteme müssen (vgl. §§ 21, 31 und 35 MsbG) grundsätzlich geeignet sein, netzdienliche Steuerungshandlungen bzw. ein „Wechseln des Schaltprofils" zu ermöglichen; das MsbG ordnet aber (im Gegensatz zu den Erwartungen zahlreicher Beobachter) nicht an, dass künftig ausschließlich über intelligente Messsysteme zu steuern sei.[15] Der Gesetzgeber war sich also grundsätzlich der Problematik bewusst, dass der technische Wandel im Messwesen Zeit brauchen würde und hat Möglichkeiten geschaffen, die es erlauben, in bestimmten Alt-Fällen zunächst keine Messsysteme einzusetzen. Maßgebend wird bei der Ausgestaltung des § 14a EnWG, welche **Übergangsregelungen und Ausnah**men für Bestandsanlagen geschaffen werden.[16]

HÖCHSTLAST, GLEICHZEITIGKEITSFAKTOR UND KAPAZITÄTSGRENZE

In elektrischen Netzen ist regelmäßig die **zeitgleiche Höchstlast**, also die zu einem bestimmten Zeitpunkt gemeinsam mit anderen Netznutzern, die an dasselbe (Teil-) Netz angeschlossen sind, „angeforderte" elektrische Leistung kapazitäts- und damit kostentreibend.[17] Die bezogene elektrische Leistung wird hierbei in Watt (oder bei größeren Lasten auch in kW oder MW) gemessen und ist von der elektrischen Arbeit, welche bspw. in kWh gemessen wird, zu unterscheiden. Zu beachten ist, dass sich die einzelnen Netznutzer bzw. deren Kapazitätsbedarfe „mischen". D. h. auch wenn ein Hausanschluss grundsätzlich eine Last von 30 kW ermöglicht, ist davon auszugehen, dass diese Kapazität nur höchst selten voll ausgeschöpft wird, da nie alle elektrischen Verbraucher in einem Haus gleichzeitig betrieben werden. Darüber hinaus wird zwar ein gewisses Parallelverhalten der angeschlossenen Kunden zu beobachten sein, dieses wird aber nicht zu einer vollständigen Überdeckung der Nachfrage führen. D. h. auch wenn es morgens in der Regel eine erkennbare Lastspitze geben wird, weil die meisten angeschlossenen Kunden ihren Tag beginnen, so geschieht dies doch nicht zu ein und demselben Zeitpunkt bzw. „beginnt" die Nachfrage bestimmter Gewerbebetriebe schon aus rein praktischen Gründen erst nachdem die Haushalte „aufgestanden" sind. Die **so entstehende Durchmischung** hat einen potenziell kostensenkenden Effekt in der Netzinfrastruktur, denn die Netzelemente, die den Hausanschlüssen vorgelagert sind (Kabel, Trafos, Leitungen), werden nicht für die Summe der potenziellen Volllast aller angeschlossenen Kunden ausgelegt, sondern auf die zu erwartende **zeitgleiche Höchstlast** dimensioniert.[18]

Dabei ist grundsätzlich davon auszugehen, dass ein existierendes elektrisches Netz eine im Wesentlichen **fixe Kapazitätsgrenze** hat, die sich aus den technischen Belastungsgrenzen der verbauten Netzelemente[19] ergibt, wobei im Allgemeinen das Element mit der geringsten Kapazität als begrenzender Faktor wirken wird. Ist dies das in der Straße verlegte Kabel bzw. dessen Querschnitt, so wird deutlich, dass eine Kapazitätserweiterung (Verlegung eines weiteren, parallelen Kabels) zwar möglich, aber kostenintensiv und zeitraubend ist.[20] Diese Kapazitätsgrenze lässt sich ggf. durch technische Maßnahmen (bspw. regelbare Trafos etc.) ausweiten und ist darüber hinaus von Umgebungsvariablen abhängig (so z. B. die Außentemperatur bei Freileitungen). Ab einer bestimmten zusätzlichen Anforderung an Kapazität aber muss das Netz, wenn eine Steuerung über § 14a EnWG die Lastspitzen und -bedarfe nicht mehr abzufedern vermag, als letzte mögliche Maßnahme ausgebaut werden. Entscheidend kommt es dabei nicht auf den individuellen Bedarf eines einzelnen Kunden, sondern auf den zur gleichen Zeit bestehenden Bedarf der anderen Kunden eines Ortsnetzstranges an. Klar ist jedoch, dass die Möglichkeit bestimmte (in etwas fernerer Zukunft die überwiegende Zahl der) Nachfrager zu steuern, es erlaubt, kapazitätserweiternde Netzausbauten zu unterlassen. Die Steuerung eröffnet die Möglichkeit, Einfluss auf die zeitgleiche Höchstlast zu nehmen, indem durch Schalthandlungen (des VNB) induziert bestimmte zeitlich verlagerbare Verbrauchseinrichtungen ihren Elektrizitätsbedarf nicht im Zeitpunkt der Höchstlast, sondern davor oder danach decken und die Netzinfrastruktur insofern entlasten. Die zuvor skizzierten technischen Zusammenhänge dürften ein wesentlicher Ausgangspunkt für die Überlegungen des Gesetzgebers gewesen sein, mit § 14a EnWG Steuerungspotenziale zu eröffnen.[21]

Eine rein „lastvermeidende" Netzsteuerung kann allerdings dort zu kurz greifen, wo ein Elektrizitätssystem durch **massive dezentrale Einspeisungen** gekennzeichnet ist. Grund dafür ist, dass die (zeitgleiche) Leistung insbesondere der dargebotsgetriebenen Erzeugungsanlagen (hier vor allem die Photovoltaik, aber auch Wind) weniger Durchmischung aufweist, als dies bei der Nachfrage nach Elektrizität der Fall ist.[22] Es ist davon auszugehen, dass (abgesehen von Verschattungsphänomenen) alle **Photovoltaik-Anlagen** in einem bestimmten kleinräumigen Gebiet, wie es z. B. ein Niederspannungsnetz darstellt, gleichzeitig und vergleichsweise gleichmäßig von der Einstrahlung der Sonne betroffen sind und insofern auch mehr oder weniger gleichzeitig ihr Produktionsmaximum erreichen bzw. einen **hohen Gleichzeitigkeitsfaktor** haben. Mit der sog. Spitzenkappung bzw. 3-Prozent-Regel, welche im Rahmen des Strommarktgesetzes in § 11 Abs. 2 EnWG eingefügt worden ist und welche den VNB erlaubt, Erzeugungsanlagen nach dem EEG zu „kappen", hat der Gesetzgeber diesem Umstand nunmehr Rechnung gezollt. In solchen Fällen kann sich der traditionelle Stromfluss im Netz umkehren, d. h. die Energie fließt nicht aus den höheren Netzebenen in Richtung der Niederspannung, sondern vielmehr aus der Nieder- oder Mittelspannung in Richtung der höheren Netzebenen (Überspeisung der Netzebene).[23] Aufgrund der erhöhten Gleichzeitigkeit und der Tatsache, dass die durchschnittliche Leistung einer Photovoltaik-Dachanlage höher sein kann als die durchschnittliche Nachfragelast eines Haushalts, ergibt sich eine erhöhte Wahrscheinlichkeit dafür, dass **kritische Netzelemente überlastet** werden.[24] In einem elektrischen System mit stark dezentraler Erzeugungsstruktur kann daher zunehmend und aus wenigstens zwei Gründen ein technisches Interesse an **Zuschaltungen** bestehen. So kann es, solange die Leistungsfähigkeit des verlegten Kabels nicht der limitierende Faktor ist, **hilfreich sein, wenn in unmittelbarer Nähe einer Photovoltaik-Anlage Lasten aktiviert werden können, um die**

Überlastung eines kritischen Netzelements zu verhindern bzw. **Spannungsprobleme zu mildern**. Ein koordiniertes Zuschalten kann zudem auch notwendig sein, um zu verhindern, dass alle Anlagen, die zuvor einem bestimmten „Abschaltkommando" genügt haben, zeitgleich und somit ggf. kapazitätstreibend wieder in das Netz zurückkehren. Manche Unzulänglichkeiten, die zuvor mit dem Begriff der Unterbrechbarkeit begleitet, von Ausführungen des Gesetzgebers lediglich zur Abschaltbarkeit (und nicht zur Zuschaltbarkeit) der Verbrauchsanlagen in der ursprünglichen Gesetzesbegründung verbunden waren, dürften auf der begrifflichen Ebene durch den auch die gesteuerte Zuschaltung behoben sein. Man wird daher zu dem Ergebnis kommen müssen und sollte dies auch in einer Verordnung zu § 14a anlegen, dass das notwendige Spiegelbild einer koordinierten, das Netz entlastenden Ab- oder Zuschaltung immer eine ebenfalls **koordinierte oder zumindest moderierte, jedenfalls aber nicht rein spontane Wiederzu- bzw. -abschaltung** sein muss.[25] Wird dies „wettbewerblich" begleitet durch variable Tarife im Sinne von § 40 Abs. 5 EnWG, können solche Angebote zu einer intelligenten Netzauslastung beitragen, indem bspw. die Stromabnahme zu windstarken Zeiten belohnt wird.[26]

ELEKTRISCH BETRIEBENE FAHRZEUGE ALS STEUERBARE „LAST"

In § 14a Satz 2 EnWG wird definiert, dass im Sinne der Vorschrift auch **elektrisch betriebene Fahrzeuge** als steuerbare Verbrauchseinrichtung „gelten". In der im zum 1. Januar 2022 in Kraft getretenen Zweiten Änderungsverordnung der Ladesäulenverordnung[27] ist nach § 2 Nr. 1 **sind betriebene Fahrzeuge solche der** Klassen M und N im Sinne von Artikel 4 Absatz 1 Buchstabe a und b der Verordnung (EU) 2018/858.[28] Adressiert sind also die genannten Fahrzeuge, die zumindest zeitweise zum Zwecke der Wiederaufladung ihrer Batterie – mithin eines **elektrischen Speichers** einer gewissen Größe – mit dem elektrischen Netz verbunden werden und in dieser Funktion als steuerbare Verbrauchseinrichtung im Sinne von Satz 1 gelten. Es handelt sich folglich um eine **gesetzliche Vermutungsregel**, die, jedenfalls soweit und solange keine verordnungsrechtliche Qualifikation dieser Regelung erfolgt, dazu führen soll, dass alle Fahrzeuge, die die Fähigkeit zu einer externen Beladung mit Elektrizität aus dem Netz der öffentlichen Versorgung haben, in den Genuss verminderter Netzentgelte kommen.

Der Gesetzgeber formuliert hier also eine **gesetzliche Fiktion**, die ohne weitere, klarstellende Regelungen in einer Verordnung dazu führt, dass elektrisch betriebene Fahrzeuge **grundsätzlich als steuerbare Verbrauchseinrichtungen** anzusehen sind und zwar unabhängig davon, ob die Fahrzeuge bzw. die von diesen genutzten Ladeinfrastrukturen tatsächlich gesteuert werden können oder nicht. Tatsächlich wird **je nach technischem Beladungskonzept die eigentliche Fähigkeit, den Ladevorgang zu moderieren, eher in der Ladeinfrastruktur angesiedelt** sein. Es fragt sich daher, ob der Begriff des „elektrisch betriebenen Fahrzeugs" als Adressat nicht zu unscharf ist, da eigentlich der **Betreiber des Ladepunktes adressiert ist**. Der Vertrag zur Abwicklung der Steuerungshandlung (netzdienliche Flexibilität) besteht zwischen dem Verteilnetzbetreiber bzw. einem Dritten und dem Ladepunktbetreiber (= Verbrauchseinrichtung). Vertragspartner wird daher sinnvollerweise nicht das einzelne Fahrzeug sein, sondern der Betreiber der **Ladeeinrichtung**, auch wenn der Ladepunktbetreiber im Falle einer Lasterhöhung (also Zuschaltung) das Fahrzeug benötigt, damit überhaupt ein Verbrauch stattfinden kann, der gesteuert werden kann. Der VNB bzw. der Dritte kennt aber nur den **Ladepunktbetreiber als „statische Einrichtung"**. Die „vagabundierenden" (s.u.) Fahrzeugnutzer (Firmenfahrzeuge eines Betriebes, Nutzer einer öffentlich zugänglichen Ladeeinrichtung in einem Parkhaus), auf einem Parkplatz sind ihm unbekannt. Selbst in den Fällen, in denen der Ladepunktbetreiber und Fahrzeugnutzer in einer Person zusammenfallen, wie das in den Fällen eines Einfamilienhauses ist, ist das tatsächlich angeschlossene Fahrzeug unerheblich (z. B. Privat- oder Dienstwagen, Gäste). In allen Fällen ist folglich für den Verteilnetzbetreiber der Fahrzeugnutzer irrelevant, er kennt ihn nicht, kann ihn auch nicht kennen und braucht ihn auch nicht zu kennen.[29]

Selbst in den Fällen, in denen sich der **Zähler im Kabel** befindet („vagabundierende Messstelle"), gibt es keine 1:1-Verknüpfung zwischen Fahrzeug und Kabel, so dass selbst diese Ausnahme nicht wirklich trägt. Von diesem Spezialfall abgesehen, kann der VNB/Dritte nur den Ladepunkt steuern (Zuschalten, Abschalten, Drosseln des Ladevorgangs) bzw. durch einen Lieferanten steuern lassen. Unabhängig davon bleibt die Option, Fahrzeugnutzern, die einen Ladepunkt reservieren wollen, Signale darüber zu senden, ob es sich um einen preislich günstigeren oder weniger günstigeren Lademoment handelt. Dies ist aber für das eigentliche Steuern, also die Eingriffshandlungen des § 14a EnWG irrelevant. Der Fahrzeugnutzer bleibt, wie der Gast eines Haushaltskunden, energiewirtschaftsrechtlich unsichtbar. Würden tatsächlich „Doppelverträge" gefordert (ein Vertrag zwischen dem VNB bzw. einem Dritten und dem Ladepunktbetreiber und ein Vertrag zwischen dem VNB/Dritten und dem Fahrzeugnutzer über die Laststeuerung, also zwei Verträge über den gleichen Vertragsinhalt), würde bei der Steuerung ein unlösbarer Konflikt der Zuständigkeiten im konkreten Steuerungsfall aufgrund dieser Doppelverträge auftreten.[30]

Um derartige Konflikte zu vermeiden, wäre eine **Klarstellung in der geplanten § 14a-EnWG Rechtsverordnung (Lastmanagement-VO) angezeigt,** wonach deutlich gemacht wird, dass in Einklang mit § 3 Nr. 25 EnWG und § 2 Nr. 3, 2. Hs. MsbG („für den Betrieb von Ladepunkten zur Versorgung von Elektromobilnutzern beziehen") Letztverbraucher im Sinne der RVO nur der Ladepunktbetreiber ist. Bei der nächsten Gesetzesänderung, die Auswirkungen auch auf das EnWG hat, könnte in der Fiktion des § 14a Satz 2 EnWG klargestellt werden, dass die **„Ladepunkte für elektrisch betriebene Fahrzeuge"** adressiert sind. Insofern wird bezüglich der tatsächlichen Verortung der technischen Einrichtung, die eine Steuerbarkeit im Sinne eines gedrosselten Aufladens sicherstellt, eine erste klarstellende Formulierung in der zu erlassenden Verordnung empfohlen. D. h. eine Entgeltreduktion sollte auch an der Steuerbarkeit der Ladeinfrastruktur festgemacht werden können.[31]

Nach diesem Verständnis müsste die **Entgeltreduzierung dem Ladepunkt-Betreiber (Charge Point Operator – CPO) zukommen.** Dieser erhält die reduzierten Entgelte beim Zusammenfallen des Ladepunktbetreibers mit dem Anschlussnutzer direkt oder würde sie etwa in den Fällen des halböffentlichen Ladens mit längeren Standzeiten über den Elektromobilitätsprovider (EMP) an den Fahrzeugnutzer weitergeben. Dabei ergibt es Sinn, dass der Fahrzeughalter und nicht der jeweilige Fahrzeugnutzer sozusagen als Belohnung für seine Teilnahme an der Laststeuerung ein reduziertes Ladeinfrastrukturnutzungs-Entgelt zu entrichten hat. Dies ist aber als Teil des Preismanagements des EMP nicht zwingend. Es bedarf daher dringend einer Schärfung, dass eigentlich der Ladepunktbetreiber für die in § 14a EnWG adressierte Steuerung von elektrisch betriebenen Fahrzeugen der eigentliche Adressat für die Fiktion ist.

Bei Herunterfahren der Ladeleistung sollte gewährleistet sein, dass eine **Mindestleistung** von bspw. 5 kW dem Fahrzeugnutzer garantiert wird. D. h., kehrt er mit seinem Fahrzeug am Abend nach Hause und geht man davon aus, dass das Fahrzeug nicht ohnehin vom Ladevorgang beim Arbeitgeber noch nahezu voll geladen ist, sondern, dass es eine längere Fahrstrecke hinter sich hat, wird man ihm vertraglich garantieren müssen, dass unter allen sonst beim Anschlussnutzer vorhandenen gesteuerten Verbrauchsanlagen (wie Wärmepumpe, Speicheranlage und/oder PV) zunächst sein Fahrzeug auf den SOC geladen wird.

Zugleich gilt es, das Flexibilitätspotential von elektrisch betriebenen Fahrzeugen als netzdienlich zu nutzen als gepoolte Einspeisung über einen Aggregator.

Ausweislich der ursprünglichen Gesetzesbegründung hat der Gesetzgeber mit der Fiktion zugunsten der elektrisch betriebenen Fahrzeuge eine Klarstellung beabsichtigt, der zudem eine besondere Wichtigkeit beigemessen wird.[32] Diese liegt nach Ansicht des Gesetzgebers zum einen in dem **nicht unerheblichen netzentlastenden Potenzial der elektrisch betriebenen Fahrzeuge** begründet, zum anderen wird die Gefahr gesehen, dass in besonderen Situationen das Nieder- und Mittelspannungsnetz in Einzelbereichen durch gleichzeitiges Aufladen einer Mehrzahl von elektrisch betriebenen Fahrzeugen an seine Leistungsgrenzen gebracht werden könne, was Last- und Flexibilitätsmanagement notwendig mache. Schließlich wird angeführt, dass elektrisch betriebene Fahrzeuge nicht unter die begünstigende Regelung des § 118 EnWG für ortsfeste Speicheranlagen fallen und insofern nicht in den Genuss der dort formulierten Aussetzung der Erhebung von Netzentgelten bei „neuen" Speicheranlagen kommen.[33]

Durch § 14a Satz 3, 4 EnWG wird die Bundesregierung zunächst ermächtigt, durch **Rechtsverordnung** mit Zustimmung des Bundesrates die Verpflichtung für Betreiber von Elektrizitätsverteilernetzen aus § 14a Satz 1 und 2 zu konkretisieren. Diese Möglichkeit, **konkretisierende Vorschriften** zu erlassen, zielt insbesondere auf einen Rahmen für die Reduzierung von Netzentgelten sowie die vertragliche Ausgestaltung der entsprechenden Vereinbarungen zwischen Netzbetreibern, Lieferanten und ggf. Letztverbrauchern.

Schaut man auf die Vertragsverhältnisse in den Anwendungsfällen des § 14a EnWG, so gibt es immer wenigstens **drei Beteiligte**, deren Absicht und Handeln miteinander koordiniert werden muss. Dies sind der **Netzbetreiber, der Letztverbraucher sowie dessen Lieferant.** Dies gilt wohlgemerkt auch dann, wenn der Letztverbraucher selbst einen Netznutzungsvertrag mit dem Netz abgeschlossen hat, da es sich in diesem Fall häufig um einen leistungsgemessenen Kunden handelt, dessen Lieferant nicht bereit sein wird, eventuelle Bilanzabweichungen, die aus den Schalthandlungen resultieren, zu tragen. Ebenso kann ein Lieferant, der den Netznutzungsvertrag hält, entsprechende Schaltpotenziale nur heben, in dem er sich an Letztverbraucher wendet, die sog. eingerollte Verträge haben, um dort entsprechende Anlagen so technisch auszustatten, dass es möglich wird, diese zu schalten oder zu unterbrechen.[34]

Für **Lieferanten** gibt die Vorschrift die Möglichkeit zu einer besseren Integration unterbrechbarer Verbrauchseinrichtungen in ein **attraktives Tarifangebot**. Die Netzentgeltreduzierung soll/kann dazu führen, dass Verbrauchern mit unterbrechbaren Verbrauchseinrichtungen besonders **attraktive Vertragsangebote über die Belieferung von Strom gemacht** werden können. Diese Möglichkeit für Lieferanten wird durch das MsbG insofern unterstützt, als dass der Gesetzgeber für Anlagen nach § 14a EnWG (unabhängig von dem jeweiligen Jahresstromverbrauch) eine Bilanzierung im Wege der Zählerstandsgangmessung, d. h. in 1/4h-Zeitscheiben vorgegeben hat (vgl. § 55 Abs. 1 Nr. 3 MsbG i. V. m. §12 und

§ 18 StromNZV). Diese genaue Nachverfolgung der tatsächlichen Verbrauchsmengen löst die bisherige profil-orientierte Belieferung solcher Anlagen in Niederspannung ab und ermöglicht und erfordert grundsätzlich eine an den tatsächlichen Verbräuchen orientierte Beschaffung der Elektrizität. Diese wiederum ist aber der Schlüssel zu jeglicher Art von Belieferung, die sich stärker an den tatsächlichen Gegebenheiten auf dem Elektrizitätsmarkt orientiert. Mithin steigt das Prognoserisiko aus Sicht der Lieferanten.[35]

Es ist davon auszugehen, dass – wenngleich die Begründung zu § 14a keinerlei Hinweise zu diesem Fragekomplex enthält – der Gesetzgeber hier davon ausgegangen ist, dass die **Intensität des Wettbewerbs** zwischen den Lieferanten im Allgemeinen inzwischen hoch genug ist, um aus Sicht der betroffenen Kunden **nachteilige Arrangements** gar nicht erst entstehen zu lassen oder relativ schnell wieder vom Markt zu verdrängen. Für ein „Einkalkulieren" der wettbewerblichen Wirkungen durch den Gesetzgeber bzw. einen bewussten Versuch, durch die Regelung den Wettbewerb in bestimmten Segmenten durch die Regelung zu beleben, spricht nicht zuletzt, dass die Begründung sehr wohl davon spricht, dass die „Netzentgeltreduzierung (...) dazu führen (soll), dass Verbrauchern mit steuerbaren Verbrauchseinrichtungen besonders interessante Verträge über die Belieferung von Strom angeboten werden können."

Zunächst sah der Referentenentwurf der ursprünglichen Fassung des § 14a EnWG vor, dass die Steuerung der Anlagen für einen **„längeren Zeitraum"** einzuräumen ist. Diese Vorgabe ist in den endgültigen Gesetzestext nicht aufgenommen worden – wohl um Missverständnisse zu verhindern, allzu große Hoffnungen der Lieferanten zu bremsen, vor allem aber um deutlich zu machen, dass das Kartellrecht nicht ausgehebelt werden soll. In der Vergangenheit war verschiedentlich beklagt worden, dass gerade Wärmekunden sich keinem ausreichenden Angebot an möglichen Belieferungen gegenübersehen.[36] § 14a EnWG könnte nun Abhilfe schaffen für diese, wie vergleichbare Anlagen.

Auch, wenn die Gestaltung der Rechtsverhältnisse zwischen den Beteiligten derzeit noch unklar erscheint und vom Gesetzgeber bewusst einer detaillierten Regelung im Rahmen der zu erlassenden Verordnung überlassen worden ist, trifft § 14a EnWG doch schon eine Reihe von relevanten, und das sich abzeichnende Regime prägenden, Vorentscheidungen.

In der Rechtsverordnungsermächtigung (Satz 3) ist durch die Novelle von 2016 präzise ausformuliert worden, dass zur Konkretisierung der Sätze 1 und 2 „Steuerungshandlungen zu benennen" sind, „die dem Netzbetreiber vorbehalten sind, und Steuerungshandlungen zu benennen" sind, „die Dritten, insbesondere dem Lieferanten, vorbehalten sind." Eine Klassifizierung in „direkt" und „indirekt", wie in der ursprünglichen Fassung, wird an dieser Stelle nicht mehr vorgenommen. Mit Blick auf die heute Anwendung findenden Tonfrequenz-Rundsteuerungen kann festgestellt werden, dass diese zumeist entweder durch den Netzbetreiber selbst oder durch eine vom Netzbetreiber beauftragte (Netzservice-)Gesellschaft betrieben werden. Insofern ist der Fall, dass ein Dritter auf Geheiß des Netzbetreibers die Steuerung durchführt, auch jetzt schon keinesfalls unüblich.

Sowohl die Entnahme von Elektrizität durch steuerbare Verbrauchseinrichtungen sowie die Rückspeisung durch mobile Stromspeicher (Elektrofahrzeugbatterien) – gepoolt über einen Aggregator – in das Verteilnetz kann netzdienlich eingesetzt werden. An den VNB wie an den Dritten werden bestimmte technische Mindestanforderungen zu stellen sein. Diese betreffen einerseits die Schalteinrichtung selbst, aber auch deren kommunikative Anbindung. Allerdings hat der Gesetzgeber davon abgesehen, in den letzten Novellen des EnWG und EEG sowie im MsbG eine Steuerung über das intelligente Messsystem zur allein möglichen Alternative zu bestimmen. Vielmehr scheinen die Vorschriften mit Blick auf den Regelungskomplex Steuerung von der Erkenntnis geprägt zu sein, dass sich hier noch viele Detailfragen stellen.[37]

Welche Konsequenzen ergeben sich nun, falls um die Nutzung der Flexibilität zwischen den VNB und anderen wirtschaftlichen Akteuren **Konkurrenz** besteht? Hierzu kann festgestellt werden, dass auf Seiten der Lieferanten und Letztverbraucher mit Netznutzungsvertrag **kein Kontrahierungszwang** besteht.[38] D. h. entsprechende Potenziale zur Netzentlastung können dem VNB angedient werden, müssen dies aber nicht. Vor diesem Hintergrund wird davon auszugehen sein, dass eine an den VNB kontrahierte Flexibilität zunächst auch (nur) in dessen Zugriff ist. Dies muss aber nicht heißen, dass sie damit jeder anderen möglichen Nutzung entzogen sind, denn der VNB wird sich gezwungen sehen, mit einigem Vorlauf seine Eingriffe bzw. Restriktionen in zeitlicher Hinsicht aber auch in anderen Dimensionen zu benennen. Zugleich müssen die Eingriffe des VNB auch einem Maximum unterfallen, d. h. das Netz muss auch in Zukunft ausgebaut werden, wenn bestimmte Engpässe den Nutzen der Letztverbraucher aus der Netznutzung zu stark einzuschränken beginnen.[39]

Anzunehmen ist daher, dass außerhalb der Steuerung durch den Netzbetreiber zumindest **bei einem Teil der Anlagen Potenzial zu einer marktlich optimierten Steuerung verbleibt, die explizit vom Gesetzgeber gewünscht** wird. Diese wird aber notwendigerweise wiederum **Rücksicht auf gewisse Restriktionen seitens der VNB** nehmen müssen, denn es kann nicht zielführend sein, zunächst Potenziale zur netzentlastenden Steuerung von Verbrauchsanlagen zu kontrahieren, nur um dann das Netz doch ausbauen zu müssen, wenn das Steuerungspotenzial kommerziell so eingesetzt wird, dass der Netzausbau doch unvermeidlich wird.

AUSDEHNUNG AUF ERZEUGUNGSANLAGEN

Angezeigt erscheint, die in § 14a EnWG bislang vorgesehene Beschränkung auf „Verbrauchseinrichtungen" zukünftig **auszudehnen auf Erzeugungsanlagen.** Nur so lassen sich in einer etwas ferneren Zukunft PV-Anlagen einerseits und Verbrauchsanlagen wie Wärmepumpen, Ladeeinrichtungen und Speicheranlagen andererseits optimiert steuern. Dazu passt, dass der Gesetzgeber auch für neu an das elektrische Netz anzuschließende Erzeugungsanlagen mit einer Leistung von mehr als 7 kW nach § 29 Abs. 1 Nr. 2 MsbG eine Anbindung an ein intelligentes Messsystem verlangt. Diese Regelung, die sich wortgleich zuvor in § 21c Abs. 3 EnWG a.F. fand, bestand ausweislich der damaligen Gesetzesbegründung, da „sie (. . .) dem Betreiber des Verteilernetzes wichtige Daten liefern (kann), aus denen sich Belastungszustände des Netzes herleiten lassen, was zu einem optimierten Netzbetrieb beitragen kann."[40] Der Gesetzgeber versteht die Vorschrift auch als eine notwendige Ergänzung des im EEG angelegten Eigenverbrauchsprivilegs und als einen wichtigen Wegbereiter für eine standardisierte, massengeschäftstaugliche Kommunikation in Bezug auf Kleinerzeugungsanlagen.[41] Zu bedenken ist bei einer Ausdehnung des § 14a EnWG allerdings, dass die Erzeuger im heutigen Marktmodell keine Netzentgelte zahlen; also durch ein reduziertes Entgelt keine Vorteile zu erwarten hätten.[42] Dies könnte ein weiterer Grund dafür sein, statt einer echten Netzentgeltreduktion, die Verbrauchsanlagen über Flexibilitätsprämien zu adressieren (s. dazu sogleich).

AUSDEHNUNG AUF MITTELSPANNUNGSEBENE

Eine **weitere Ausdehnung des Wortlauts** erscheint angezeigt: Beschränkt sich diese bislang explizit auf das Niederspannungsnetz, erscheint zukünftig ein Erfassen auch der Verbrauchs- und Erzeugungsanlagen der **Mittelspannungsebene** angezeigt. Die bisherige Beschränkung auf die Niederspannungsebene ist einerseits verständlich, da viele heute existierende unterbrechbare Verbrauchseinrichtungen (vor allem Wärmeanwendungen) bei kleinen und kleinsten Letztverbrauchern verbaut sind, die wiederum häufig in der Niederspannung an das elektrische Netz angeschlossen sind. Andererseits ist festzustellen, dass der **Nutzen**, den ein Netzbetreiber **aus der Steuerbarkeit einer Verbrauchseinrichtung** ziehen kann, **mit deren Größe** (genauer ihrer Last im Zeitpunkt der Höchstlast) **wächst**. Größere Verbraucher haben, wenn sie prinzipiell unterbrechbar sind, mithin auch ein größeres Potenzial zur Netzentlastung.[43]

Mit Blick auf sehr große Einheiten (Industriebetriebe etc.), die direkt an das Übertragungsnetz oder das unterlagerte 110-kV-Netz angeschlossen sind, muss mit Blick auf **§ 13 Abs. 1 Nr. 2 EnWG** (marktbezogene Maßnahmen) aber festgestellt werden, dass diese ihr **Abschaltpotenzial ggf. bereits an einen Übertragungsnetzbetreiber (ÜNB) kontrahiert** haben.[44] Insofern hat der Gesetzgeber in der Kombination der Vorschriften gewissermaßen eine Vorentscheidung dergestalt getroffen, dass das **größeren Lasten ggf. innewohnende Potenzial eher den ÜNB „zugewiesen"** wird bzw. zunächst von diesen für die Sicherheit und Zuverlässigkeit des Elektrizitätsversorgungssystems genutzt werden können soll. Zu fragen ist folglich, ob in der Mittelspannung Potenziale verbleiben, die bisher noch nicht adressiert wurden, was zu bejahen sein wird.[45]

RELEVANTE ANWENDUNGSFÄLLE DES § 14A ENWG IN BEZUG AUF ELEKTRISCH BETRIEBENE FAHRZEUGE

Unter den Mitgliedern der von der Verfasserin geleiteten Task Force Lastmanagement[46] besteht Einigkeit, dass das **private Laden** (Laden zu Hause über Nacht und beim Arbeitgeber am Tag) **im Fokus eines gesteuerten, lastspitzenvermeidenden Ladens** und dem damit im Zusammenhang stehenden Strombezug aus EE-Anlagen unter Vermeidung von hohen Abschaltquoten steht. Daneben eignen sich durchaus auch **manche Konstellationen des öffentlichen Ladens**, allerdings in erster Linie nur in den Ausgestaltungen, welche vor Aufnahme der Definition des öffentlich zugänglichen Ladepunktes durch die Ladesäulenverordnung (§ 2 Ziff. 5 LSV) als „halböffentlich" bezeichnet wurden, und zwar nur die Fälle, in denen es zu längeren Standzeiten kommt. Gemeint ist das Laden an öffentlich zugänglichen Ladepunkten mit längeren Standzeiten in Parkhäusern, am Flughafen, an Bahnhöfen, an der Laterne über Nacht (letzteres unterfällt dem öffentlichen Laden). Diese taugen für die Abfederung der Mittags- und Abendpeaks für eine Teilnahme am Lastmanagement. Grundsätzlich ergibt es daher Sinn, in Bezug auf das Lastmanagement zu unterscheiden zwischen kurzen Standzeiten mit kurzen Ladezeiten im öffentlichen Straßenraum (mit höherem Tarif), die nicht bzw. nur sehr begrenzt relevant sind für ein gesteuertes Lastmanagement und längeren/langen Stand- und Ladezeiten, auf denen der Schwerpunkt eines gesteuerten Ladens liegt. In den letzteren Fällen ist es irrelevant, ob es sich um öffentlich zugängliche oder private Ladepunkte im Sinne der LSV handelt. Die Nutzung solcher Ladepunkte könnte über attraktive Tarife zusätzlich angereizt werden.

Lange Stand-/ Ladezeiten Schwerpunkt für Lastmanagemen	
Öffentlich zugängliche Ladepunkte („halböffentlich")	Private Ladepunkte
Laden für viele Stunden am Tag und ggf. auch über Nacht in Parkhäusern, am Flughafen, an Bahnhöfen, an der Laterne über Nacht, auf Hotelparkplätzen	Laden zu Hause („Laden über Nacht"), Laden beim Arbeitgeber („Laden am Tag")

Tabelle Skizzierung eines möglichen Zielmodells für das Jahr 2030

ZIELSETZUNG

Im Folgenden wird ein, seitens der überwiegenden Anzahl der Mitglieder der Task Force Lastmanagement des Förderprojektes „IKT für Elektromobilität"[47] für sinnvoll erachtetes, Zielmodell eines Kundensystems ab dem Kalenderjahr 2030 beschrieben, in dem Szenarien für die Ausgestaltung einer Anreizwirkung in Anlehnung an den heutigen § 14a EnWG entwickelt wurden.[48] Das Kalenderjahr 2030 wurde ausgewählt, um frei von aktuellen Restriktionen bezüglich der Verfügbarkeit technischer Komponenten bzw. gesetzlicher Vorgaben zu agieren. Selbstverständlich können die folgenden Ausführungen auch für einen früheren Zeitpunkt zutreffen.

NOTWENDIGKEIT EINES MANAGEMENTS VON LADEVORGÄNGEN

Mit zunehmender Marktdurchdringung der Elektromobilität im Privatkundensektor steigt auch gleichzeitig der Wunsch bzw. Bedarf nach Lademöglichkeiten auf dem eigenen Grundstück. Wallboxen für den Privatkundenbereich erreichen heute Leistungsstufen von bis zu 22 kW. Aktuell erfolgt der überwiegende Anteil der Ladevorgänge an Ladepunkten im privaten Umfeld oder beim Arbeitgeber. Verteilnetze in Deutschland sind i. d. R. jedoch auf die haushaltsübliche Nutzung ausgelegt, bei der Elektromobilität noch keine Berücksichtigung findet. Der Leistungsbezug für Ladevorgänge erstreckt sich konstant über die komplette Dauer des Ladevorgangs. Dieser Vorgang kann bis zu mehreren Stunden andauern. Die gleichzeitige Leistungsbeanspruchung durch eine Mehrzahl von Wallboxen in einem Straßenzug könnte zur Folge haben, dass Netzausbaumaßnahmen erfolgen müssen. Damit verbundene Investitionen würden über die Netzentgelte auf alle Kunden im jeweiligen Netzgebiet umgelegt werden. Dies würde die Verursachungsgerechtigkeit in Frage stellen.

Eine kostensenkende Abhilfe könnte hier der Einsatz von Technologien zum Managen von Ladevorgängen schaffen. Im privaten Umfeld besteht i. d. R. genügend zeitliche Flexibilität (ist immer dann gegeben, wenn die Standzeit größer ist als die erforderliche Ladezeit), um z. B. den täglichen Energiebedarf beim Laden eines Elektrofahrzeuges netzdienlich zu gestalten.

Vor dem Hintergrund, dass in zahlreichen Großstädten ein Fahrverbot für Fahrzeuge mit älteren Verbrennungsmotoren verhandelt wird, wird im Gewerbekundensektor ebenfalls mit einem steigenden Einsatz von Elektrofahrzeugen gerechnet. Im Gegensatz zum Privatkundensektor werden die Netzanschlüsse für Gewerbekunden, wie z. B. dem öffentlichen Personennahverkehr maßgeschneidert an die Bedürfnisse des jeweiligen Kunden errichtet. D. h. die erforderliche Leistung in kW wird i. d. R. durchgängig als feste Kapazität zugesichert und bereitgestellt. Eine externe Beeinflussung der Leistung wäre hier mit komplexen Restriktionen verbunden; so müssten die Produktions- bzw. Betriebsprozesse berücksichtigt werden, um extreme wirtschaftliche Auswirkungen zu vermeiden. Einzig, um einen drohenden Blackout zu vermeiden, wäre eine externe Beeinflussung durch den VNB die letzte Maßnahme. **Selbstverständlich würde die Möglichkeit demjenigen Gewerbekunden offenstehen, seine „Lasten" managen zu lassen, dessen betriebliche Vorgänge dies zulassen. Diese Kunden könnten sich am Flexibilitätsmarkt beteiligen und dort ihre Kapazitäten anbieten.** Bislang ist durch § 14 EnWG nur die Niederspannungsebene adressiert. Zukünftig ist auch eine Einbeziehung der Mittelspannungsebene und damit eine Adressierung nicht nur kleiner Gewerbekunden denkbar (s. dazu das Kapitel zum Anwendungsbereich).

VORTEILE EINES EXTERNEN MANAGEMENTS VON LADEVORGÄNGEN

Bis 2030 würden nicht nur die Netzausbaukosten bei einer angenommenen Steuerbarkeit als Regelfall reduziert, sondern auch das Ziel erreicht werden, die Aufnahmeverträglichkeit der Erneuerbaren Energien zu steigern und damit die Einspeisemanagementmaßnahmen zu reduzieren. Von einer Reduzierung der EEG-Umlage würden alle Kunden profitieren. Erreicht werden kann dies durch intelligente Lösungen zur externen Beeinflussung von flexiblen, fernsteuerbaren (d. h. durch digitale Signale erreichbare) Verbrauchseinrichtungen und Energiespeichern.

Die Zunahme extern beeinflussbarer Anlagen bringt sowohl für den Verteilnetzbetreiber echte Vorteile (Abfederung von Lastspitzen, bessere Prognosen, reduzierter Netzausbau) als auch für die **Stromvertriebe, durch die Schaffung weiterer Flexibilitätsoptionen,** neuer Kundenprodukte und damit insgesamt einen volkswirtschaftlichen Mehrwert.

Ab einer Massenmarktdurchdringung sollte Last- und Flexibilitätsmanagement etabliert sein, vor allem wenn steuerbare Verbrauchs- und Einspeiseeinrichtungen durch Marktsignale bzw. Preistabellen der Stromvertriebe im Schwarm koordiniert ein- oder ausspeisen. Dadurch, dass mehr Flexibilität in den Markt kommt, wird der Markt insgesamt größer (intrinsisch). Vor der Erreichung dieser Marktdurchdringung, kann es trotzdem zu „Hotspots" und somit zu lokalen Netzengpässen („Zahnarzt-Allee"[49]) kommen.

Der Komfortgewinn des Ladens zu Hause statt an einer öffentlichen Tankstelle ist Kunden gegenüber zu kommunizieren. **Auch müssten seitens der Energievertriebe die Kunden über die Auswirkungen auf die Netzentgelte einer rein marktgesteuerten Ladesteuerung oder einer jederzeitigen, dauerhaften Verfügbarkeit von Ladeleistungen bis 22 kW an jedem Haushaltsanschluss aufgeklärt werden. Dies käme einer Ver-x-fachung des heutigen Verteilnetzes gleich.** Dem Kunden ist auch zu verdeutlichen, dass er von einem Management seiner Anlagen nichts spürt, da dies automatisiert ablaufen wird und er insofern auch keine durch ihn wahrnehmbaren Komforteinbußen haben wird. Neben dem rationalen Verständnis des Kunden für diesen notwendigen Beitrag zur Energiewende, mag ein zusätzlicher finanzieller Anreiz darin bestehen, dass das von ihm gezahlte Netzentgelt deutlich günstiger ausfallen wird als das eines Kunden, der seine neuen, flexiblen Lasten nicht managen lässt. Die Gewährung eines reduzierten Netzentgeltes gemäß der heutigen § 14a EnWG-Regelung wird dann obsolet. Will der Kunde ein Schnellladen jederzeit, ist ihm dies nur gegen einen Aufpreis einzuräumen, z. B. über die Bestellung zusätzlicher Leistungskapazität. Damit werden die erforderlichen Netzstabilisierungsmaßnahmen beglichen.

Die Stromvertriebe müssen ihr Portfolio managen, dies gehört zu den typischen von den

Vertrieben auch bislang schon wahrgenommenen Aufgaben. Die Alternative statischer Zeitfenster als Übergangsmodell würde die Stromvertriebe hierbei deutlich stärker einschränken als eine seltene externe Managementhandlung durch den VNB. Der genaue Handlungszeitpunkt für Steuerungsmaßnahmen durch die VNB lässt sich in der Niederspannung bei geplanten Wartungs-, Instandhaltungs- oder Erweiterungsmaßnahmen mit teilweise längerer Vorlaufzeit ankündigen. Ungeplante Steuerungsmaßnahmen sind hingegen von vielen externen Faktoren abhängig, wie z. B. dem volatilen, tagesindividuellen Verhalten der Kunden in einem Netzstrang. Exakte, verbindliche Vorhersagen sind hierzu auf Seiten der VNB in der Niederspannung nicht realisierbar. Die Stromvertriebe können aus ihrem Tätigkeitsfeld, dem Portfoliomanagement, heraus eigene Prognosen aus Erfahrungswerten, Wahrscheinlichkeiten und Wettervorhersagen erstellen und damit das Risiko von erforderlichen Steuerungsmaßnahmen durch den VNB eingrenzen.

Die Annahme, dass für 2030 aktuell eine Marktdurchdringung von 24,4 % Elektrofahrzeugen erwartet wird,[50] deren Nutzer bei Zulassung eines gesteuerten Netzanschlusses ggf. geringere Netzentgelte zu zahlen haben, wirft die Frage auf, ob auf die anderen Netznutzer höhere Netzentgelte zukommen und wie dies zu rechtfertigen ist. Hier ist in Betracht zu ziehen, dass die Elektrifizierung des Verkehrssektors politisch erklärtes Ziel ist. Bliebe der Weg über die Steuerung neuer Lasten (Ladeeinrichtung, Wärmepumpe etc.) verwehrt, würde ein Netzausbau in erheblichem Maße erforderlich werden, der höhere Netzentgelte für jeden Kunden zur Folge hätte.

Somit ist eine Umkehr der bisherigen Logik des § 14a EnWG vom Ausnahme- zum Regel- und Allgemeinfall ohne eine Netzentgeltreduzierung denkbar. Andernfalls könnten in einem Massenmarkt dadurch die Netzentgelte für Kunden ohne steuerbare Verbrauchseinrichtungen deutlich ansteigen. Hier ist abzuwiegen, ob die volkswirtschaftlichen Kosteneinsparungen eines reduzierten Netzausbaus inkl. intelligenter Netztechniken eine Incentivierung der Kunden mit steuerbaren Verbrauchseinrichtungen (z. B. reduzierte Netzentgelte) rechtfertigt.

ANNAHMEN FÜR DAS ZIELMODELL 2030

Für 2030 wird laut Statista eine Marktdurchdringung von 11,55 Millionen Elektrofahrzeugen (EV) vorhergesagt, dies entspricht 24,4 % der Kraftfahrzeuge. Die Nationale Plattform Mobilität (NPM) rechnet noch ehrgeiziger mit 14 Millionen Elektrofahrzeugen (das wären 80 % der Neuzulassungen).[51] Es wird die Annahme zugrunde gelegt und als ideal angenommen, dass sich neben dem Ladepunkt für Elektrofahrzeuge auch Einspeiser (Photovoltaik-Anlage ohne EEG-Förderung) und weitere steuerbare Verbrauchseinrichtungen wie z. B. eine Wärmepumpe beim Kunden befinden. Auch wenn sich stationäre Speicher am Markt etabliert haben, kann der Kunde gleichermaßen ein Eigenheimbesitzer, der Mieter eines Wohnhauses / Mehrfamilienhauses, der Betreiber von Ladeeinrichtungen am Arbeitsplatz oder der Betreiber von Ladeeinrichtungen eines Fuhr- oder Gewerbeparks sein.

In diesem Zielmodell wird der Fokus auf ein Kundensystem gelegt, das im Idealfall über einen stationären Speicher und/oder eine Erzeugungsanlage und ein lokales Energiemanagementsystem (EMS) verfügt. Das Modell ist skalierbar und eignet sich sinngemäß für Ein- und Mehrfamilienhäuser mit nur einer steuerbaren Verbrauchseinrichtung, wie z. B. den Ladepunkt für Elektrofahrzeuge. Hier wird seitens des VNB nicht direkt die Leistungsaufnahme einzelner Anlagen (Ladepunkt, WP) reglementiert, sondern das EMS ist in der Verantwortung, den aktuell maxi-

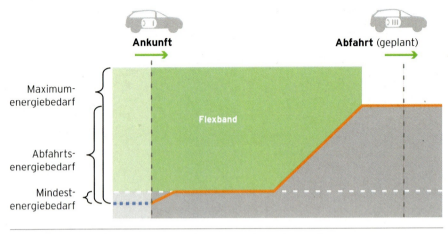

Abbildung 1 Entwicklung grünes Feld, basierend auf der Grafik von Gunnar Steg

mal möglichen Netzbezug/die maximal mögliche Netzeinspeisung durch entsprechende Regelung einzuhalten. Die Steuerbarkeit des Ladepunktes erfolgt dabei implizit. Vorrangig wird der Arbeitspunkt des Netzanschlusses durch den VNB /die marktseitige Kommunikation beeinflusst. Unter der Beachtung und Einhaltung eventueller Netzrestriktionen besteht hier insbesondere für die Energievertriebe die Option, an der Flexibilität des Kunden zu partizipieren.

Über eine Voreinstellung des Kunden am EMS, legt dieser fest, welche Anlagen, z.B. Elektrofahrzeug (EV), Wärmepumpe (WP) etc., im Falle eines Engpasses mit Priorität versorgt werden sollen. So lässt sich beispielsweise festlegen, dass das Fahrzeug beim Eintreffen als erstes bis zur Gewährleistung einer definierten Mindestreichweite geladen wird, die je nach Fahrzeug variiert. Wichtig ist der Umkehr der Entscheidungshoheit: Nicht das EMS teilt die Leistung zu sondern die Anlagen entnehmen nach eigener Entscheidung im Rahmen der verfügbaren Leistung. Was nicht bedeutet, dass automatisch die Versorgung der Anlage zuerst erfolgt, die in der Voreinstellung als Rangerste benannt ist. Der Kunde gibt die gewünschte Reichweite und einen geplanten Abfahrtszeitpunkt ein. Trifft das Fahrzeug mit nahezu leerer Batterie ein, wird zunächst die Mindestenergiemenge als Sofortladung geladen. Bis zum Abfahrtszeitpunkt wird dieser erreichte Mindestladezustand nicht mehr unterschritten.

PROZESSBESCHREIBUNG FÜR DAS ZIELMODELL 2030
MARKT- UND NETZKAPAZITÄTSSIGNALE

Die Marktsignale (diese können sich auch regional unterscheiden), z.B. in Form von Tarif-Tabellen über die kommenden 24 h, werden über eine Steuerungseinheit an den Netzanschlusspunkt (NAP) gesendet und durch das EMS berücksichtigt. Ebenso wird über die Steuerungseinheit die aktuell vorliegende Netzkapazität im jeweiligen Netzsegment empfangen und der Leistungsbezug aus dem Netz durch das EMS entsprechend begrenzt.

In der Darstellung des Zielmodells für 2030 sind Stromflüsse orange, Kommunikationsflüsse grün gezeichnet. Das System des Flexumers ist gekennzeichnet durch folgende Eigenschaften:

- Es befindet sich eine Steuerungseinheit, z.B. ein intelligentes Messsystem (iMSys)

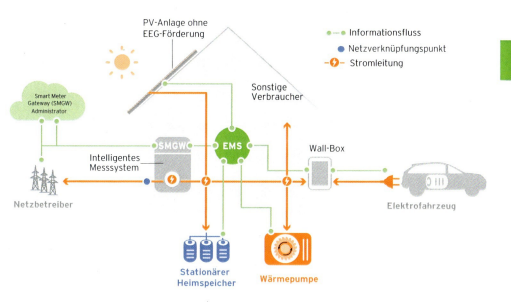

Abbildung 2 Zielmodell 2030 – Haus mit Energiemanagementsystem (EMS), basierend auf der Grafik von Gunnar Steg: Kundensystem als aktives Element im Energiesystem („Flexumer")

im Kundensystem des Flexumers. Je nach Anschlussszenario und Messkonzept können weitere Unterzähler (moderne Messeinrichtungen) notwendig sein.

- Über die Steuerungseinheit wird die aktuell vorliegende Netzkapazität im jeweiligen Netzsegment empfangen und der Leistungsbezug aus dem Netz durch das EMS entsprechend begrenzt.

- Das EMS kann perspektivisch die Funktion der Controllable Local System-Schnittstelle (CLS) übernehmen, ohne dabei harte Schalthandlungen vorzunehmen und ist als solche als Teil der Steuerungseinheit anzusehen.

- Regional spezifische Marktsignale erreichen das EMS und werden an Kunden weitergeleitet, die ihren Strombezug managen lassen.

- Die Kommunikation zwischen Steuerungseinheit und EMS ist noch unklar, diese ist zu standardisieren. Gleiches gilt für die Kommunikation zwischen Energiemarkt / Netzbetreiber und der Steuerungseinheit.

- Die Anlagenkombination ist skalierbar.

- Die heutige Funkrundsteuerung wird nicht mehr erforderlich sein, da hiermit keine intelligente Beeinflussung möglich ist.

Flexibilität ist ein erforderlicher Bestandteil der Energiewende und bringt einen positiven Nutzen für Kunden. Das Zielsystem kann ein Maximum an Flexibilität bereitstellen, da es über ein integriertes Energiemanagement verfügt und damit alle einzelnen Komponenten gesamthaft konzentriert und gleichzeitig die Kundenbedürfnisse erfüllt.

MÖGLICHE NETZNUTZUNGS- UND TARIFIERUNGS-SZENARIEN

Innerhalb des Mitgliederkreises der erwähnten Task Force Lastmanagement wurden folgende mögliche Netznutzungs- und Tarifierungs-Szenarien entwickelt:

Die nachfolgenden Modelle stehen unabhängig voneinander. Die Kombination bzw. ein dynamischer Wechsel zwischen den Modellen ist nicht vorgesehen bzw. aufgrund der jeweiligen Eigenschaften (z. B. einmalige Netzanschlussertüchtigung) nicht sinnvoll. Es ist vorstellbar, dass Einmalkosten über mehrere Jahre umgelegt werden und dadurch eine Bindung an das Modell bestehen würde. Auch ergibt es Sinn, die Wahlentscheidung des Kunden, seine „neuen" steuerbaren Lasten managen zu lassen, für einen Zeitraum von z. B. fünf Jahre zu befristen, so dass der Kunde (Anschlussnutzer) oder auch ein zukünftiger an seiner Stelle eingetretener neuer Anschlussnutzer am Ende dieser Frist diese Entscheidung verlängern oder wahlweise beenden kann.

1) UNBEDINGTE NUTZUNG („CAP AND PAY")

Ein Mindestleistungswert von z. B. 5 kW[52] wird immer fest garantiert. Wer immer mehr will, muss auch bei der Erstellung des Anschlusses oder bei dessen nachträglicher Erweiterung (Anschlussertüchtigung) mehr zahlen. Das Modell ist auf alle Kunden anwendbar. Das Netzentgelt wird auf den Mindestleistungswert von z. B. 5 kW bzw. auf den höheren Anschlusswert gezahlt. § 14a EnWG ist in der aktuellen Fassung unnötig.

Zusätzliches Potential kann durch Teilnahme am Flexmarkt (Speicher bietet Kapazität an gegenüber VNB/Markt) entstehen. Dafür ist eine intelligente Kommunikation erforderlich, ansonsten kann das hausinterne Management der Energiebedarfe über das EMS erfolgen, d. h. intelligente Kommunikation ist ansonsten für den Fall 1 nicht erforderlich.

Eine ggf. vorliegende Bindung durch die Beauftragung zusätzlicher Kapazität geht bei einem Wechsel des Anschlussnehmers für die Restlaufzeit auf den Neuen über. Die Verrechnung der anfallenden Kosten ist ggf. zwischen Vermieter (Anschlussnehmer) und Mieter (Anschlussnutzer) zu vereinbaren.

2) BEDINGTE NUTZUNG („CAP AND PRAY")

Wie beim ersten Modell „unbedingte Nutzung" wird der Mindestleistungswert von z. B. 5 kW immer fest zugesagt. Darüber hinaus ist der Leistungsbezug bis zur technischen Anschlussleistung ohne weitere Mehrkosten möglich, aber nicht unbedingt garantiert. Die Leistung oberhalb des Mindestleistungswerts von z. B. 5 kW wird in diesem Fall als steuerbare Kapazität bereitgestellt. Dieses Modell setzt auf intelligente Kommunikation und Steuerung. Es ist keine Incentivierung erforderlich (wie ein reduziertes Netzentgelt beim heutigen § 14a EnWG), aber z. B. ein einmaliger Kostenzuschuss vorstellbar. Für Kunden mit gesteuerten, flexiblen Lasten („Flexumer"), wie Ladeeinrichtungen, Wärmepumpen, Speicheranlagen, stellt es eine Umkehr des § 14a EnWG von der Ausnahme zum Regelfall dar.

Zusätzliches Potential besteht durch eine Teilnahme am Flexibilitätsmarkt (Speicher bietet Kapazität an gegenüber dem VNB/Markt). Dafür ist der Einsatz eines intelligenten Messsystems erforderlich. Die Inhouse-Steuerung könnten die Energievertriebe in Eigenregie, z. B. durch Preissignale, übernehmen.

3) § 14A ENWG „STATUS QUO EXTENDED"

§ 14a EnWG bleibt wie er ist. Die gesamte Energiemenge bezogen auf den Netzanschluss etc. erhält im Gegenzug zur eingeräumten Steuerbarkeit (ohne garantierte Mindestleistung) ein reduziertes Netzentgelt nach kWh-Menge. Aufgrund der Tatsache, dass das EMS den aktuell zulässigen maximalen Netzbezug ausregelt, erhält das gesamte Kundensystem für die Kundenflexibilität ein reduziertes Netzentgelt, unabhängig von der Häufigkeit der Regelungsvorgänge durch den VNB.

4) § 14A ENWG „RELOADED"
Der Kunde erhält einen einmaligen Investitionszuschuss. Als Anreiz wird keine Reduzierung auf das Netzentgelt, sondern eine **Pauschale pro Ereignis** (Flexabruf) gewährt, für den flexibel steuerbaren Leistungsanteil.

EMPFEHLUNGEN DER VERFASSER DES ZIELMODELLS 2030
Die Verfasser des Zielmodellbilds 2030 favorisieren das Szenario „**Bedingte Nutzung (Cap & Pray)**" aus folgenden Gründen:

- Es bildet eine verursachungsgerechte Kostenverteilung ab.

- Netzausbaumaßnahmen und -kosten werden bezogen auf den einzelnen Hausanschluss vermieden und, volkswirtschaftlich betrachtet, verringert.

- Die garantierte unbedingte Kapazität deckt den üblichen Haushaltsbedarf ab und bietet zudem Reserven.

- Die optionale Teilnahme am Flexibilitätsmarkt wird gewährleistet, da die externe Managementhandlung durch die VNB nur als selten angenommen werden und die Stromvertriebe (Flexibilitätsvermarkter) durch das Management ihres Portfolios heraus eigene Prognosen aus Erfahrungswerten, Wahrscheinlichkeiten und Wettervorhersagen erstellen und damit das Risiko einer erforderlichen externen Beeinflussung durch den VNB stärker eingrenzen können.

- Eine Incentivierung für die Anschaffung erforderlicher Steuerungskomponenten und für die Bereitschaft, die Verbrauchsanlagen hinter dem Netzanschluss steuern zu lassen, ist optional denkbar.

RECHTSFOLGE: REDUZIERTES NETZENTGELT
Durch den Wortlaut (**„Gegenzug"**) ist klargestellt, dass der Steuerung ein **Geschäft auf Gegenseitigkeit** zugrunde liegt, bei dem die jeweiligen Pflichten der Parteien sich synallagmatisch gegenüberstehen. Die eine Partei (VNB) gewährt bestimmten „Kunden" ein vermindertes Entgelt, das sich bei den Kunden als Teil des Strompreises, der an den Lieferanten zu entrichten ist, niederschlägt, sofern die andere Partei (Inhaber der Verbrauchsanlagen) der einen Partei **als Gegenleistung** gestattet und technisch ermöglicht, auf das Verhalten bestimmter (größerer) elektrischer vollständig unterbrechbarer Verbrauchseinrichtungen Einfluss zu nehmen.[53]

Die Vorschrift **verpflichtet** die VNB, denjenigen Lieferanten und Verbrauchern, mit denen sie Netznutzungsverträge abgeschlossen haben und die, ohne dazu gesetzlich verpflichtet zu sein, eine Steuerung ihrer unterbrechbaren Verbrauchseinrichtungen technisch ermöglichen, ein reduziertes Netzentgelt einrichtungsbezogen zu gewähren. Nach dem Wortlaut haben VNB ein „reduziertes Netzentgelt zu berechnen", d.h. wird ihnen die Steuerung eines Verbrauchsgerätes durch einen Kunden eingeräumt, ist er dazu verpflichtet („haben ... zu berechnen"), lediglich ein reduziertes Netzentgelt zu erheben, welches Teil des vom Kunden zu entrichtenden Strompreises ist. Dabei handelt es sich um ein gesetzliches Schuldverhältnis, denn liegen die Voraussetzungen vor, bleibt dem VNB kein Verhandlungsspielraum mehr.[54] Eine andere Auslegung stünde im Widerspruch zu dem expliziten Wortlaut. Diese Pflicht der Erhebung eines reduzierten Entgeltes greift jedoch nur, wenn tatsächlich sämtliche Tatbestandsvoraussetzungen erfüllt sind.

ZUSAMMENFASSUNG

Eine der spannendsten Herausforderungen der Elektromobilität ist die Integration von Elektrofahrzeugen in das Energieversorgungsnetz. Das deutsche Energiewirtschaftsgesetz sieht mit § 14a EnWG eine Regelung vor, wonach Elektrofahrzeuge als steuerbares Verbrauchsgerät in der Niederspannung eingestuft werden. Im Gegenzug hat der Verteilnetzbetreiber ein reduziertes Netzentgelt zu gewähren. Das ist die Rechtsgrundlage. Es ist jedoch unklar, wie im Einzelnen die Gestaltung und Umsetzung dieser Verordnung aussehen wird und sollte. Adressierte Steuereinheit ist nach Auffassung der Autorin die Ladeeinrichtung und nicht das Elektrofahrzeug. Hier wäre eine gesetzgeberische Klarstellung hilfreich. Nach Ansicht der Autorin scheint eine Ausweitung auf Erneuerbare-Energien-Erzeugungsanlagen und eine Ausdehnung auf die Mittelspannungsebene angezeigt zu sein. Relevante Anwendungsgebiete sind vor allem das Ladeverhalten zu Hause und am Arbeitsplatz, also das private Laden. Bei längeren Parkzeiten kann auch ein Aufladen eines Elektrofahrzeugs in halböffentlichen Bereichen (auf Parkplätzen an Bahnhöfen, Flughäfen) oder sogar in öffentlichen Bereichen (Laternenparken über Nacht) relevant sein.

Der freiwillige Charakter der bisherigen Fassung des § 14a EnWG könnte wie in dem skizzierten Zielmodell 2030 beschrieben, zu einer „Pflicht" werden, sich am Last- und Flexibilitätsmanagement zu beteiligen, wenn es zu dem erwarteten Markthochlauf kommt (14 Mio. Elektrofahrzeuge in 2030). Durch ein kluges Last- und Flexibilitätsmanagement können Spitzenlasten abgefedert und Netzengpässe vermieden werden. Letztlich wird dies aber nur gelingen, wenn der Elektrofahrzeugnutzer für einen solchen Einsatz seines Fahrzeugs gewonnen wird. Dies wird nicht gelingen mit Szenarien von 2 h-verpflichtenden „Abschaltungen" pro Tag. Statt einer ggf. komplexeren Reduzierung der Netzentgelte könnte ein einfach handhabbarer Hebel darin bestehen, die Fahrzeugnutzer durch eine Flexibilitätsprämie zur Teilnahme an einem Last- und Flexibilitätsmanagement zu gewinnen.

*Frau Dr. Boesche ist Partnerin der Kanzlei Boesche Rechtsanwälte Partnerschaftsgesellschaft mbB mit Sitz in Berlin. Sie befasst sich seit 2009 mit Rechtsfragen der Elektromobilität und hat zehn Jahre die Fachgruppe Recht Elektromobilität des BMWi (jetzt BMWK)-Projekts IKT für Elektromobilität geleitet (seit 2021 gemeinsam mit Christian Mayer).

LITERATUR

1 Zum Begriff Smart Grids vgl. EURELECTIC, Smart Grids and Networks of the Future, EURELECTRIC Views, 2009, S. 7; VDE/DKE, Die deutsche Normungsroadmap E-Energy/Smart Grids, 2010, S. 13.

2 In Kraft getreten am 2.9.2016, BGBl. I 2034.

3 Hatte sie dies doch bereits in der Kommentierung des § 14a EnWG in der 3. Auflage des Berliner Kommentars zum EnWG aus dem Jahr 2014 angeregt.

4 BT-Drs.18/7555, S. 1111.

5 BT-Drs.18/7555, S. 1111.

6 Im EnWG wird der Begriff der „Netzdienlichkeit" nicht definiert. In § 33 MsbG finden sich hingegen Anforderungen an einen „netzdienlichen und marktorientierten Einsatz". Dort ist u.a. die Ausstattung der Messstelle mit einem intelligenten Messsystem und Steuerung derselben über ein intelligentes Messsystem vorgesehen. So auch Franz/Boesche, in Säcker, Berliner Kommentar zum EnWG, 4. Aufl. 2019, § 14 Rn.13.

7 So schon Franz/Boesche, in: Säcker, Kommentar zum EnWG, 3. Aufl., § 14a Rn.21 f.

8 Strommarktgesetz vom 26.7.2016 BGBl. I 2016, S. 1786.

9 BT-Drs.18/7555, S. 1111.

10 OVG Münster, Beschluss vom 4. 3. 2021, AZ 21 B 1162/20, I. Instanz: Verwaltungsgericht Köln, Aktenzeichen 9 L 663/20, Pressemitteilung und Volltextveröffentlichung:https://dejure.org/dienste/vernetzung/rechtsprechung?Gericht=OVG%20Nordrhein-Westfalen&Datum=04.03.2021&Aktenzeichen=21%20B%201162%2F20

11 BGBl. I S. 3026 m. W. v. 01.10.2021.

12 Zählpunkt ist in der Energiewirtschaft die Bezeichnung für den Punkt, an dem Versorgungsleistungen durch Energielieferanten an Verbraucher geleistet werden. Dem Zählpunkt wird eine eindeutige Bezeichnung, die Zählpunktbezeichnung zugeordnet. Die Vergabe der Bezeichnung wird in Deutschland im deregulierten Energiemarkt nach dem MeteringCode vorgenommen. Ein Zählpunkt kann dabei genau einen Zähler, z. B. den Stromzähler eines Hauses repräsentieren. Es können aber auch mehrere Messstellen zu einem virtuellen Zählpunkt zusammengefasst werden. Dies kann z.B. ein Unternehmen mit mehreren Übergabestellen sein. Die Netzbetreiber verwalten die Lieferbeziehungen zu den verschiedenen Zählpunkten in ihrem Netzgebiet, vgl. u. a. MeteringCode 2006, Ausgabe Mai 2008 vom Bundesverband der Energie- und Wasserwirtschaft e. V. (BDEW).

13 Vgl. § 3 Nr. 10 MsbG.

14 Vgl. Foliensatz des Projektes, vorgestellt auf der Beiratssitzung am 26.9.2018 im BMWi. Das vollständige Gutachten wird zum Download ab dem 14.12.2018 auf der Website des BMWi bereitgestellt werden.

15 Vielmehr ermächtigt § 46 Nr. 10 MsbG die Bundesregierung durch Rechtsverordnung ohne Zustimmung des Bundesrats soweit es für ein Funktionieren der Marktkommunikation mit intelligenten Messsystemen oder zur wettbewerblichen Stärkung der Rolle des Messstellenbetreibers erforderlich ist, die „Anforderungen an die kommunikative Einbindung und den Messstellenbetrieb bei unterbrechbaren [sic] hier hat der Gesetzgeber seine eigene Gesetzesanpassung im Wege des MsbG übersehen, es hätte auch hier „steuerbar" heißen müssen) Verbrauchseinrichtungen nach § 14a EnWG aufzustellen und vorzugeben, dass kommunikative Anbindung und Steuerung ausschließlich über das Smart-Meter-Gateway zu erfolgen haben". Bis zu dem Zeitpunkt, an dem der Gesetzgeber von diesem Recht Gebrauch macht, bleiben Steuerungen, die auf anderen technischen Lösungen beruhen, daher möglich, auch wenn an dem fraglichen Zählpunkt ein intelligentes Messsystem installiert worden ist – dies jedenfalls solange und soweit wie keine (bilaterale) Vereinbarung nach § 14a EnWG besteht.

16 Zu einem Bestandsschutz s. auch Franz/Boesche, in Säcker, Berliner Kommentar zum EnWG, 4. Aufl. 2019, § 14 Rn.12.

17 Haubrich, Elektrische Energieversorgungssysteme. Technische und wirtschaftliche Zusammenhänge, 1996.

18 So auch Franz/Boesche, in Säcker, Berliner Kommentar zum EnWG, 4. Aufl. 2019, § 14 Rn.14.

19 Auch jenseits der hier als „fix" bezeichneten Kapazitätsgrenze können Netzelemente theoretisch kurzfristig wieder belastet werden, jedoch nur um den Preis eines höheren Verschleißes bzw. einer kürzeren Lebensdauer.

20 So auch Franz/Boesche, in Säcker, Berliner Kommentar zum EnWG, 4. Aufl. 2019, § 14 Rn.15.

21 So auch Franz/Boesche, in Säcker, Berliner Kommentar zum EnWG, 4. Aufl. 2019, § 14 Rn.16.

22 Vgl. Angenendt/Boesche/Franz, RdE 2011, 117; Franz/Boesche, in Säcker, Berliner Kommentar zum EnWG, 4. Aufl. 2019, § 14 Rn.17.

23 Franz/Boesche, in Säcker, Berliner Kommentar zum EnWG, 4. Aufl. 2019, § 14 Rn.18.

24 Die in das EEG eingefügten Regelungen der §§ 20, 20a adressieren alle mehr oder weniger die hier geschilderte Problematik. Orientiert man den Netzausbau an der möglichen Spitzenlast einer PV-Anlage, auch wenn diese selten erreicht wird, so muss mehr ausgebaut werden, als wenn der Bedarf sich nur an einer häufig tatsächlich erreichten Last (etwa 80 % am Netzverknüpfungspunkt) orientiert.

25 Franz/Boesche, in Säcker, Berliner Kommentar zum EnWG, 4. Aufl. 2019, § 14 Rn.18.

26 BT-Drs. 17/6072, S. 73 f.

27 BGBl. I 2021, 4788.

28 Verordnung (EU) 2018/858 des Europäischen Parlaments und des Rates vom 30. Mai 2018 über die Genehmigung und die Marktüberwachung von Kraftfahrzeugen und Kraftfahrzeuganhängern sowie von Systemen, Bauteilen und selbstständigen technischen Einheiten für diese Fahrzeuge, zur Änderung der Verordnungen (EG) Nr. 715/2007 und (EG) Nr. 595/2009 und zur Aufhebung der Richtlinie 2007/46/EG (ABl. L 151 vom 14.6.2018, S. 1.

29 Vgl. Franz/Boesche, in Säcker, Berliner Kommentar zum EnWG, 4. Aufl. 2019, § 14 Rn.20.

30 Franz/Boesche, in Säcker, Berliner Kommentar zum EnWG, 4. Aufl. 2019, § 14 Rn.22.

31 So auch Franz/Boesche, in Säcker, Berliner Kommentar zum EnWG, 4. Aufl. 2019, § 14 Rn.23.

32 Vgl. hierzu und zu den folgenden Erwägungen BT-Drs.17/6072, S. 73 f.

33 Franz/Boesche, in Säcker, Berliner Kommentar zum EnWG, 4. Aufl. 2019, § 14 Rn.24.

34 Franz/Boesche, in Säcker, Berliner Kommentar zum EnWG, 4. Aufl. 2019, § 14 Rn.29.

35 Damit sind die gesetzlichen Voraussetzungen für variable Stromprodukte geschaffen. Ob diese sich aber im Zeitablauf auch als zum wirtschaftlichen Vorteil der Lieferanten und Letztverbraucher erweisen werden, bleibt abzuwarten.

36 Vgl. bspw. BT-Drs. 16/13354 „Antwort der Bundesregierung auf die Kleine Anfrage der Abgeordneten Gudrun Kopp, Michael Kauch, Jens Akkermann, weiterer Abgeordneter und der Fraktion der FDP – Drucksache 16/13239 – in der ebenfalls davon die Rede ist, dass "Ein Wechsel des Stromlieferanten für Letztverbraucher grundsätzlich möglich (ist), jedoch für "Wärmespeicherstrom" (sog. Nachtstromspeicherheizungen) und Wärmepumpenstrom oftmals aus Mangel an entsprechenden Angeboten nicht realisierbar", ebenda S. 2.

37 Hinzuweisen ist auch darauf, dass die BSI TR 3109-1 als wesentliches technisches Dokument zum intelligenten Messsystem, welches durch das MsbG verrechtlicht wurde, den Anwendungsfall „steuern" derzeit (noch) nicht regelt bzw. bestimmte Regelungen eine sinnvolle Umsetzung der Steuerung über das intelligente Messsystem noch verhindern. Bspw. kann aktuell nicht sichergestellt werden, dass ein Schaltsignal, welches durch den gesicherten Kanal (TLS) des intelligenten Messsystems übertragen wurde, und dem eine technische Einrichtung in der Kundenanlage Folge leistet, auch gleichzeitig dazu führt, dass ein Wechsel der Tarifierung im intelligenten Messsystem erfolgt.

38 Vgl. Franz/Boesche, in Säcker, Berliner Kommentar zum EnWG, 4. Aufl. 2019, § 14 Rn.38.

39 So auch Franz/Boesche, in Säcker, Berliner Kommentar zum EnWG, 4. Aufl., 2019 § 14 Rn.30.

40 Vgl. BT-Drs.17/6072, S. 79.

41 Vgl. BT-Drs.17/6072, ebenda.

42 Ob es ggf. auch negative Entgelte geben könnte und ob diese als Reduktion eines Entgelts von Null gelten könnten, soll an dieser Stelle zunächst nicht diskutiert werden.

43 So Franz/Boesche, in Säcker, Berliner Kommentar zum EnWG, 4. Aufl. 2019, § 14 Rn.48 sowie in den Vorauflagen.

44 Vgl. hierzu auch Eckpunktepapier „Redispatch" BK6-11-098.

45 Vgl. Franz/Boesche, in Säcker, Berliner Kommentar zum EnWG, 4. Aufl. 2019, § 14 Rn.49.

46 Die Task Force Lastmanagement ist eine Untergruppe der von der Verf. geleiteten Fachgruppe Recht der Begleitforschung des Förderprojektes des Bundesministeriums für Wirtschaft und Technologie „IKT für Elektromobilität III", https://www.bmwk.de/Redaktion/DE/Artikel/Industrie/elektromobilitaet-foerderung-ikt-fuer-elektromobilitaet.

47 Die Task Force Lastmanagement ist eine Untergruppe der Fachgruppe Recht des Förderprojektes des Bundesministeriums für Wirtschaft und Energie „IKT für Elektromobilität", https://www.bmwk.de/Redaktion/DE/Artikel/Industrie/elektromobilitaet-foerderung-ikt-fuer-elektromobilitaet.

48 Das Zielmodell eines Kundensystems wurde von den Mitglieder der AG 1 der zuvor genannten Task Force entwickelt, diese sind Herr Gunnar Steg (VW), Herr Michael Tomaszuk (EWE Netzvertrieb), Herr Michael Westerburg (EWE Netz) und die Verfasserin.

49 Gemeint ist eine Straße, in der mehrere Nachbarn beispielsweise 22 kW-Ladeeinrichtungen installieren und deren gleichzeitige Nutzung beispielsweise am Abend um 18.00 h wünschen.

50 https://de.statista.com/statistik/daten/studie/1202904/umfrage/anteil-der-elektroautos-am-pkw-bestand-in-deutschland/

51 Ergebnis-Bericht der NPM vom Oktober 2021, https://www.plattform-zukunft-mobilitaet.de/wp-content/uploads/2021/10/20211011-NPM-EB21-DE-digital-final.pdf, S. 9.

52 Nach Erkenntnissen des BET in dem Projekt Barometer/Digitale Energiewende, Gutachten Topthema 2, verbraucht ein durchschnittlicher drei Personen-Haushalt in Deutschland 2.600 kWh im Jahr, die maximal nachgefragte Leistung liegt bei Haushalten ohne Durchlauferhitzer bei etwa 5 kW (Wertangabe gemäß Foliensatz des BMWi-Projektes Barometer - Digitale Energiewende zum Präsenztermin „Expertenworkshop" vom 09.07.2018 in Bonn). Dabei sind die 5 kW beispielhaft zu verstehen, es könnten auch 4 oder 6 kW sein.

53 So auch Franz/Boesche, in Säcker, Berliner Kommentar zum EnWG, 4. Aufl. 2019, § 14 Rn.51.

54 Vgl. Franz/Boesche, in Säcker, Berliner Kommentar zum EnWG, 4. Aufl. 2019, § 14 Rn.51.

NORMUNG UND STANDARDISIERUNG –
EINE SÄULE DER ELEKTROMOBILITÄT

Corinna Scheu und Christian Goroncy – DIN-Geschäftsstelle Mobilität, DIN e. V.

Ob Papierformat oder Babyschnuller, Treppe oder Schraube, Leiter oder Zahnbürste – fast alles in unserem Alltag ist von Normen und Standards erfasst. Die Anwendung und aktive Teilnahme an Normung und Standardisierung bringt Unternehmen jeder Größe viele Vorteile. Normen helfen bei der Klärung der Produkteigenschaften und fördern die Zusammenarbeit der Marktteilnehmer:innen. Normen und Standards sind somit die Lingua franca von Technologie und Innovation, die Lösungen für den freien globalen Handel mit Waren und Dienstleistungen bieten. Europäische Normen öffnen den EU-Binnenmarkt, während internationale Normen den Zugang zu globalen Märkten ermöglichen. Standardisierung kann zudem als Katalysator für Innovationen dienen und hilft, Lösungen auf den Markt zu bringen. Daher sind Normung und Standardisierung auch für das komplexe Thema Elektromobilität eine wesentliche Säule für die Stabilität, den Ausbau und die erfolgreiche Positionierung der deutschen Wirtschaft – national als auch international. Der folgende Artikel gibt einen Einblick in den Nutzen von Normung und Standardisierung, die Entstehung von Normen sowie in die nationalen als auch internationalen Normungs- und Standardisierungsaktivitäten im Kontext Elektromobilität.

1. NORMUNG UND STANDARDISIERUNG
1.1. NUTZEN VON NORMUNG UND STANDARDISIERUNG

Die aktive Teilnahme am Normungs- und Standardisierungsprozess sowie die Anwendung von Normen und Standards ist stets eine strategische Entscheidung. Für Nutzer:innen ergeben sich jedoch viele Vorteile wie u. a. Wissensvorsprung, Effizienzsteigerung, erleichterter Marktzugang, Einbringung der eigenen Interessen und der Austausch mit anderen interessierten Kreisen.

Gut für die Wirtschaft

Wirtschaftswachstum wird nicht allein durch Forschung und Entwicklung generiert. Entscheidend ist, dass das neue Wissen verbreitet und von möglichst vielen Unternehmen und Anwender:innen genutzt wird. Normen und Standards eignen sich für diesen Zweck ideal, denn das in ihnen enthaltene Wissen von Expert:innen ist für jeden zugänglich. Der gesamtwirtschaftliche Nutzen der Normung wird für Deutschland auf 17 Mrd. Euro im Jahr geschätzt.[1]

Wissensvorsprung durch die Beteiligung am Normungs- und Standardisierungsprozess

Normung auf Basis der Freiwilligkeit stärkt die wirtschaftlich-gesellschaftliche Selbstverwaltung und entlastet den Gesetzgeber. Unternehmen können durch aktive Beteiligung an der Normung technische Regeln nach eigenen Interessen und Vorstellungen mitgestalten, aber auch Festlegungen zur Sicherheit etwa in den Bereichen Arbeits-, Umwelt-, Verbraucher:innen- oder Gesundheitsschutz treffen. Die Normungs- und Standardisierungsarbeit ermöglicht darüber hinaus einen direkten Informationsaustausch mit Experten:innen anderer Interessensgruppen. Ein an der Normung beteiligtes Unternehmen hat Wettbewerbsvorteile, weil es die Inhalte der Normen frühzeitig mitgestalten und so einen Wissensvorsprung vor seinen Mitbewerber:innen am Markt erzielen kann. Dies trägt zur Investitionssicherheit für das Unternehmen bei. Durch die frühzeitige Einbeziehung von Wissenschaft und Forschung in den Normungsgremien können ebenso frühzeitig Weichen für die Umsetzung neuer Technologien am Markt gestellt werden.

Nutzen durch die Anwendung von Normen

Die Anwendung von Normen durch Unternehmen steigert die Effizienz, minimiert das

Haftungsrisiko, erleichtert den Marktzugang und verbessert die Produktsicherheit. Die Anwendung von Normen ist jedoch freiwillig. Bindend werden Normen nur dann, wenn sie Gegenstand von Verträgen sind, oder wenn der Gesetzgeber ihre Einhaltung, wie z. B. beim Inhalt des Verbandkastens im Auto, zwingend vorschreibt. Normen sind eindeutige und anerkannte Regeln der Technik, daher bietet der Bezug auf Normen in Verträgen Rechtssicherheit und kann Auftragsverhandlungen vereinfachen. Auch wenn die Einhaltung von DIN-Normen kein Haftungsfreibrief ist, so stellt sie einen wichtigen Schritt beim Nachweis ordnungsgemäßen Verhaltens dar und verschafft im Umkehrschluss Vertrauen gegenüber den Kund:innen durch Einhaltung von Qualitätsanforderungen.

Globaler Marktzugang

Normen sind die weltweite Sprache der Technik und liefern anerkannte Lösungen für den Schutz von Gesundheit, Sicherheit und Umwelt. Mit Blick auf den internationalen Geschäftsverkehr können sie dazu beitragen, das Vertrauen zwischen Kund:innen und Zulieferinnen über mögliche Sprachbarrieren hinweg zu schaffen, Kompatibilität sowie Qualität zu garantieren, Handelshemmnisse zu reduzieren und internationale Handelsabkommen einfacher umzusetzen. So können Unternehmen weltweit aktiv werden, ohne ihre Produkte landesspezifischen Forderungen anpassen zu müssen. In Europa gilt heute: Eine Norm – ein Test – überall akzeptiert. Einheitliche europäische Normen haben technische Handelshemmnisse in der Europäischen Union weitestgehend beseitigt.

Normung und Standardisierung als Katalysator für Innovationen

Die Fähigkeit, systematisch neue Erkenntnisse und Ideen in Produkte, Verfahren und Dienstleistungen umzusetzen, ist entscheidend für die Wettbewerbsfähigkeit der deutschen Wirtschaft. Normung und Standardisierung können dabei als ein Katalysator für Innovationen dienen und helfen, Lösungen nachhaltig am Markt zu etablieren. Denn Normen und Standards definieren auch Schnittstellen und Kompatibilitätsanforderungen. Auch bei der schnellen Etablierung neuer Innovationsfelder wie z. B. Elektromobilität, Smart Cities, Circular Economy oder Wasserstoffindustrie und der Entwicklung neuer Produkte und Dienstleistungen sind Normen und Standards gefragt. Sie sorgen für Transparenz und Akzeptanz bei Anwender:innen und Marktteilnehmer:innen. Innovationsstarke Unternehmen nutzen Normung und Standardisierung daher als strategisches Instrument zur Erlangung der Marktfähigkeit ihrer Innovationen. Es kann entscheidend für den Markterfolg sein, Aspekte einer Innovation in die Normung und Standardisierung einzubringen, um den Markt dafür vorzubereiten. Ein Beispiel hierfür ist der Typ2-Ladestecker, welcher bewusst in die Normung eingebracht wurde und so zu seiner Verbreitung als Universalstecker in Europa geführt hat (DIN EN 62196-2). Welche Aspekte einer Innovation durch Normen und Standards offengelegt, und welche Lösungen durch Patente geschützt werden sollen, sind jedoch grundlegende unternehmensstrategische Entscheidungen.

1.2 WIE NORMEN UND STANDARDS ENTSTEHEN

Gemäß der deutschen Normungsstrategie[2], wird unter Normung die vollkonsensbasierte Erarbeitung von Regeln, Leitlinien und Merkmalen für Tätigkeiten zur allgemeinen oder wiederkehrenden Anwendung durch eine anerkannte Organisation verstanden. Die Standardisierung hingegen wird als eigentlicher Erarbeitungsprozess von Standards beschrieben und bezeichnet. Im Gegensatz zur Normung sind der Konsens aller Beteiligten, die Einbeziehung aller interessierten Kreise sowie eine Entwurfsveröffentlichung nicht zwingend erforderlich. Eines der bekanntesten Beispiele für Normen sind sicherlich die DIN-Formate. Jeder kennt DIN A4. Die Norm sorgt unter anderem dafür, dass Papier in jeden Drucker, Kopierer oder Hefter passt.

Die A-Formate wurden bereits im Jahr 1922 als DIN 476 veröffentlicht und sind heute ein internationaler Klassiker: DIN EN ISO 216. Aktuell bilden rund 34.500 Normen das Deutsche Normenwerk und werden über den Beuth Verlag veröffentlicht.

1.2.1. ENTSTEHUNG EINER NORM

Die Erarbeitung nationaler, europäischer oder internationaler Normen erfolgt stets nach dem gleichen Prinzip:

1. Vorlegen eines Normungsantrages
2. Annahme des Normungsantrages durch den relevanten Ausschuss
3. Erarbeitung des Normungsinhaltes im relevanten Ausschuss
4. Veröffentlichung eines Normentwurfs zur Kommentierung durch die Öffentlichkeit
5. Bearbeitung der eingegangenen Stellungnahmen zum Normentwurf
6. Annahme der Norm durch den zuständigen Ausschuss
7. Veröffentlichung der Norm
8. regelmäßige Überprüfung der Aktualität der Norm und gegebenenfalls Überarbeitung dieser.

Die Normungsarbeit beginnt mit einem Normungsantrag, den jede:r formlos schriftlich bei DIN stellen kann, wobei die treibenden Kräfte sowohl die Wirtschaft, als auch die Gesellschaft sind. Nach Eingang des Antrages klärt der zuständige Ausschuss bei DIN, ob ein Bedarf für dieses Thema besteht, und ob eine Finanzierung des Projekts sichergestellt ist. Außerdem wird überprüft, ob hierzu schon Normungsaktivitäten laufen, ob es nicht bereits eine ähnliche Norm gibt oder ob das geplante Normungsvorhaben im

Widerspruch zu einer bereits existierenden Norm steht. Fällt im zuständigen Ausschuss die Entscheidung zugunsten der Erarbeitung einer nationalen Norm und stimmt das zuständige Lenkungsgremium dem zu, erarbeiten die von den interessierten Kreisen entsandten Experten:innen des Ausschusses einen Norm-Entwurf. Dieser wird dann kostenlos im Norm-Entwurfs-Portal von DIN zur Kommentierung zur Verfügung gestellt. Die Expert:innen beraten im Anschluss der Kommentierungsphase die eingegangenen Stellungnahmen und verabschieden, nachdem alle Einwände und offenen Punkte gelöst werden konnten, den Normentext. Anschließend wird die Norm veröffentlicht und spätestens alle fünf Jahre überprüft. Die Erstellung einer nationalen Norm soll innerhalb von 18 Monaten abgeschlossen sein. Beispielhaft sind hier die vier Erarbeitungsschritte einer DIN-Norm erläutert:

01

Jeder kann einen Normungsantrag stellen.

Der zuständige Ausschuss prüft den **Bedarf** in der Branche.

02

Im Norm-Projekt erarbeiten alle Interessensgruppen die Inhalte der Norm im Konsens.

Insgesamt **36.000 Experten:innen** aus Wirtschaft, Forschung, Politik und von Verbraucherseite unterstützen dabei.

Abbildung 1 Entstehung einer DIN-Norm

Die Erarbeitung europäischer Normen findet auf europäischer Ebene unter dem Dach der Normungsorganisationen CEN, CENELEC und ETSI statt. Alle im Text genannten Abkürzungen sind in einem Abkürzungsverzeichnis am Ende des Textes erläutert. Bei CEN und CENELEC gilt das nationale Delegationsprinzip. Sogenannte Spiegelgremien erarbeiten in jedem Mitgliedsland, in Deutschland bei DIN und DKE, die nationale Stellungnahme. Auf diese Weise können alle an einem Normungsthema Interessierten ihre Meinung ohne Sprachbarrieren über die nationale Ebene einbringen. Aus den Spiegelgremien wiederum werden Expert:innen in das europäische Arbeitsgremium entsandt. Sie vertreten dort die nationale Meinung und können die inhaltliche Federführung für europäische Normungsvorhaben übernehmen. Für die Ausgestaltung von Normen ist es oft von entscheidender Bedeutung, dass die nationalen Interessen im Erarbeitungsprozess qualifiziert und frühzeitig vertreten werden. Die Erarbeitung internationaler Normen findet unter dem Dach der internationalen Normungsorganisationen ISO und IEC statt, hier gilt ebenfalls das nationale Delegationsprinzip. Die Spiegelgremien entscheiden zusätzlich über die Übernahme internationaler Normen in das nationale Normenwerk, die im Gegensatz zur Übernahme europäischer Normen freiwillig ist.

1.2.2. ENTSTEHUNG EINES STANDARDS

Im Gegensatz zu einer Norm wird der Inhalt eines nationalen Standards, einer sogenannten DIN SPEC, durch ein temporär zusammengestelltes Gremium erstellt. Konsens und die Einbeziehung aller interessierten Kreise sind auch hier angestrebt, aber nicht zwingend erforderlich. DIN SPEC sind als Ergebnisse von Standardisierungsprozessen bewährte strategische Mittel, um innovative Lösungen schnell und unkompliziert am Markt zu etablieren und zu verbreiten. Die DIN SPEC ist der kürzeste Weg von der Forschung zum Produkt. Eine DIN SPEC kann innerhalb weniger Monate unkompliziert in kleinen Arbeitsgruppen erarbeitet und anschließend kostenlos über den Beuth Verlag bezogen werden. Damit fördern DIN SPEC den Austausch mit anderen Marktteilnehmer:innen. DIN achtet darauf, dass die DIN SPEC nicht mit bestehenden Normen kollidiert und veröffentlicht sie – auch international. Die DIN SPEC ist ein hochwirksames Marketinginstrument, das dank der anerkannten Marke DIN für eine große Akzeptanz bei Kund:innen und Partner:innen sorgt. Eine DIN SPEC kann zudem die Basis für die Erarbeitung einer Norm sein. Die Erarbeitung einer DIN SPEC erfolgt in drei Schritten (Abbildung 2).

1.3. STRUKTUR DER NORMUNGS- UND STANDARDISIERUNGSLANDSCHAFT

Normen und Standards entstehen durch die Arbeit verschiedener Organisationen auf in-

03

Die Öffentlichkeit kommentiert den Norm-Entwurf.

Anhand der Kommentare überarbeiten alle am Norm-Projekt Beteiligten den Entwurf.

04

DIN veröffentlicht die fertige DIN-Norm …

… und **überprüft** sie spätestens alle fünf Jahre.

01
Jeder kann eine DIN SPEC initiieren.

DIN SPEC ist der **kürzeste Weg**, Standards direkt aus der Forschung am Markt zu etablieren.

02
Während der Workshop-Phase erarbeiten mindestens drei Parteien die Inhalte.

Für die DIN SPEC gilt **keine Konsenspflicht**, nicht alle Interessensgruppen müssen beteiligt werden. Die Workshop-Teilnehmenden entscheiden, ob die Öffentlichkeit den Entwurf lesen und kommentieren soll.

03
DIN veröffentlicht die DIN SPEC ...

... damit sie schnell am Markt implementiert werden kann. Eine DIN SPEC kann auch **Grundlage für eine DIN-Norm** sein.

Abbildung 2 Entstehung einer DIN SPEC

---

ternationaler, europäischer und nationaler Ebene. Eine entsprechende Übersicht, wie die Entwicklung von Normen und Standards auf nationaler, europäischer und internationaler Ebene organisiert ist, gibt nachstehende Abbildung der Normungsorganisationen und deren Zusammenwirken (Abbildung 3).

Im Sinne der vollkonsensbasierten internationalen Normung sind die Stränge ISO und IEC die maßgeblichen Normungsorganisationen. Die zugehörigen, auf europäischer und nationaler Ebene verantwortlichen Normungsorganisationen sind CEN und DIN sowie CENELEC, ETSI und die DKE. Mitglieder von ISO, IEC, CEN und CENELEC sind die jeweils nationalen Normungsorganisationen.

Die Normungsarbeit ist heute zu rund 85 % europäisch und international ausgerichtet, wobei DIN und DKE den gesamten Prozess der Normung auf nationaler Ebene organi-

sieren und über die entsprechenden nationalen Spiegelgremien die deutsche Beteiligung auf europäischer und internationaler Ebene sicherstellen.

1.3.1. DIN, CEN UND ISO

Das Deutsche Institut für Normung e. V. (DIN) ist seit über 100 Jahren die unabhängige Plattform für Normung und Standardisierung in Deutschland. Als Partner von Wirtschaft, Forschung und Gesellschaft trägt DIN wesentlich dazu bei, Innovationen zur Marktreife zu entwickeln und Zukunftsfelder wie Elektromobilität, Circular Economy und Smart Cities zu erschließen. Mehr als 36.000 Expert:innen aus Wirtschaft und Forschung, von Verbraucher:innenseite und der öffentlichen Hand bringen ihr Fachwissen in den Normungsprozess ein. Die Hauptaufgabe von DIN besteht darin, gemeinsam mit Vertreter:innen der interessierten Kreise konsensbasierte Normen markt- und zeitgerecht sowie kartellrechtlich unbedenklich zu erar-

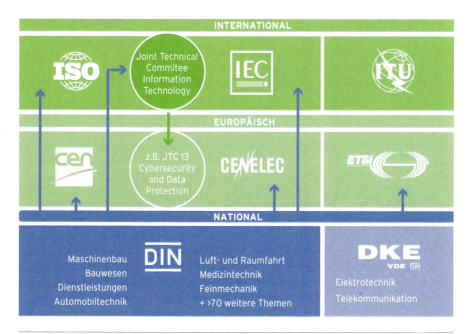

Abbildung 3 Überblick Normungsorganisationen

beiten. Aufgrund eines Vertrags mit der Bundesrepublik Deutschland ist DIN als nationale Normungsorganisation in den europäischen und internationalen Normungsorganisationen anerkannt. Die Mitarbeiter:innen von DIN organisieren den gesamten Prozess der nicht elektrotechnischen Normung auf nationaler Ebene und stellen über die entsprechenden nationalen Gremien die deutsche Beteiligung auf europäischer und internationaler Ebene sicher. DIN vertritt somit die Normungsinteressen Deutschlands als Mitglied im Europäischen Komitee für Normung (CEN) sowie als Mitglied in der Internationalen Organisation für Normung (ISO). Der Normenausschuss Automobiltechnik (NAAutomobil) in DIN wird vom VDA getragen und verantwortet die Normung rund um das Automobil einschließlich der Zubehör- und Zulieferteile und -systeme. Der NAAutomobil spiegelt die für die Elektromobilität relevanten Gremien im ISO/TC 22 Straßenfahrzeuge und CEN/TC 301 Straßenfahrzeuge und somit die konzentrierte internationale und nationale Normung zum Automobil.

1.3.2 DKE, CENELEC UND IEC

Die Deutsche Kommission Elektrotechnik Elektronik Informationstechnik in DIN und VDE (DKE) nimmt die Interessen der Elektrotechnik, Elektronik und Informationstechnik auf dem Gebiet der nationalen, europäischen und internationalen elektrotechnischen Normungsarbeit wahr und wird vom VDE getragen. Sie ist zuständig für die elektrotechnischen Normungsarbeiten, die in den entsprechenden internationalen und europäischen Organisationen (vor allem IEC, CENELEC und ETSI) behandelt werden. Sie vertritt somit die deutschen Interessen sowohl im Europäischen Komitee für elektrotechnische Normung (CENELEC) als auch in der Internationalen Elektrotechnischen Kommission (IEC). Auch hier werden die Arbeiten über Spiegelgremien betreut. Die Aufgabe der DKE ist es, Normen im Bereich der

Elektrotechnik, Elektronik und Informationstechnik zu erarbeiten und zu veröffentlichen. Die Ergebnisse der elektrotechnischen Normungsarbeit der DKE werden in DIN-Normen niedergelegt, die als deutsche Normen in das deutsche Normenwerk von DIN und, wenn sie sicherheitstechnische Festlegungen enthalten, gleichzeitig als VDE-Bestimmungen in das VDE-Vorschriftenwerk aufgenommen werden.

2. NORMUNG UND STANDARDISIERUNG IM KONTEXT ELEKTROMOBILITÄT
2.1 NATIONALE ABSTIMMUNG ZUR ELEKTROMOBILITÄT

Nationale Plattform Elektromobilität
Um den Ausbau der Elektromobilität voranzubringen wurde 2010 die Nationale Plattform Elektromobilität (NPE) gegründet, welche als Berater:innengremium der Bundesregierung 150 Vertreter:innen aus Industrie, Wissenschaft, Politik und Verbände zum strategischen Dialog zusammenbrachte. Gemeinsam berieten sie über die wirtschaftlichen, sozialen und ökologischen Potenziale der Elektromobilität und sprachen Handlungsempfehlungen für Politik und Wirtschaft aus. Die NPE betrachtete Elektromobilität als Gesamtsystem aus den Komponenten Fahrzeug, Energieversorgung, Verkehrsinfrastruktur und Stadtplanung, welches über die Grenzen traditioneller Industriebranchen hinweg wirkt. Dazu behandelten die sechs Arbeitsgruppen verschiedene Schwerpunktthemen, wobei Normung, Standardisierung und Zertifizierung in einer eigenen Arbeitsgruppe (AG 4) betrachtet wurden. Die Expert:innen in den Arbeitsgruppen entwickelten gemeinsame Positionen und bildeten diese in Statusanalysen, Roadmaps und Empfehlungspapieren ab, die den Handlungsbedarf bei der Etablierung der Elektromobilität zusammenfassten. Hervorzuheben ist hier die Deutsche Normungs-Roadmap Elektromobilität 2020[3], welche konkrete Normungsergebnisse kommunizierte und klare Empfehlungen an Entscheidungsträger:innen in Wirtschaft und Politik aussprach. DIN leitete den Steuerkreis der AG 4 und unterstützte dabei die Koordinierung der inhaltlichen Beiträge und war wesentlich an der Erarbeitung der darzustellenden Inhalte beteiligt.

Nationale Plattform Zukunft der Mobilität
Nachdem die Nationale Plattform Elektromobilität ihre Arbeiten beendet hatte, wurde sie 2018 in die Plattform Mobilität der Zukunft (NPM) integriert, wobei der Fokus durch neue Themen wie z. B. Klimaschutz, Digitalisierung und alternative Antriebssysteme im Kontext der Mobilität erweitert wurde. Auch wenn die NPM nicht mehr nur ausschließlich Elektromobilität betrachtete, so hat diese aufgrund ihrer Markreife auch in der NPM eine herausragende Rolle. Innerhalb der NPM kamen 240 Vertreter:innen aus Industrie, Wissenschaft, Politik und Verbänden zum strategischen Dialog zusammen und berieten die Bundesregierung über die wirtschaftlichen, sozialen und ökologischen Potenziale der Mobilität der Zukunft. Auch hier wurde Normung und Standardisierung in einer eigenen Arbeitsgruppe (AG 6) adressiert. Die beteiligten Expert:innen entwickelten Roadmaps und Empfehlungspapiere, die den Handlungsbedarf bei der Mobilität der Zukunft zusammenfassten. DIN leitete auch hier den Steuerkreis (AG 6).

Zum Abschluss der Arbeiten der NPM AG 6 wurde das Kompendium Standards und Normen für die Mobilität der Zukunft[4] entwickelt, welche auch Empfehlungen für die zukünftigen notwendigen Handlungen zusammenfasste. Es zeigte sich, dass durch eine übergreifende Betrachtung, z. B. durch Zusammenarbeit mit der AG 5 (Verknüpfung der Verkehrs- und Energienetze, Sektorkopplung) die Herausforderungen bei der Etablierung der Elektromobilität besser adressiert werden können. Auch wenn die Arbeiten der NPM im Dezember 2021 endeten[5], so ermöglichte die NPM eine ganzheitliche Betrachtung und sollte auch in Zukunft in ähnlicher Konstellation fortgeführt werden.

Gemeinsame Aktivitäten von DIN, DKE und dem Normenausschuss Automobil (VDA)
Damit die Anstrengungen in den verschiedenen Bereichen der Elektromobilität wie z. B. neue Fahrzeugtechnik, Ladeschnittstellen oder Informations- und Kommunikationstechnik weltweit zu einem Erfolgsmodell werden, muss eine breite Akzeptanz in Wirtschaft und Gesellschaft für die Einführung neuer Technologien und Konzepte geschaffen werden. Grundstein für jegliches Wachstum sind die Fortschritte und Ergebnisse, die in der Forschung und Entwicklung erzielt werden. Für eine länderübergreifende Elektromobilität bedarf es jedoch in gleichem Maße auch einheitlicher Normen und Standards, um so z. B. einen einheitlichen Zugang zu Ladestrom und -stationen, konsistente und verbraucher:innenfreundliche Abrechnungssysteme, aber auch die Sicherheit der Fahrzeuge und von sensiblen Daten sicherzustellen.

Die Erarbeitung entsprechender europa- und weltweit geltender Normen und Standards erfordert eine Vorgehensweise, die sicherstellt, dass bedeutsame Themen frühzeitig und unter Vermeidung unnötiger Doppelarbeit gemeinsam, ganzheitlich und koordiniert angegangen werden. Die Einbeziehung aller Interessenskreise sowie die Berücksichtigung der in der Forschung und Entwicklung gewonnen Erkenntnisse sind dabei von grundlegender Bedeutung. Um diese Arbeiten voranzutreiben, hat DIN die Geschäftsstelle Elektromobilität eingerichtet und später zur Geschäftsstelle Mobilität entwickelt, welche als zentrale Kontaktstelle für Fragestellungen rund um die Normung und Standardisierung agiert. Dabei erfolgt eine enge Zusammenarbeit mit der DKE und dem externen Normenausschuss Automobiltechnik im VDA.

Dabei verantwortet die DKE im Kontext Elektromobilität alle relevanten Themen, die die Ladeinfrastruktur betreffen. Sie betreut beispielsweise im nationalen Gremium DKE/UK 542.4 die Normenreihe IEC 62196, welche die Steckvorrichtungen für das kabelgebundene Laden spezifiziert.

Der Normenausschuss Automobiltechnik betreut alle relevanten Themen der Fahrzeugseite. Ein Handlungsfeld ist beispielsweise das kabellose Laden von Elektrofahrzeugen. Die ISO 19363 beschreibt den fahrzeugseitigen Ladeanschluss, die spezifischen Sicherheitsanforderungen im Fahrzeug sowie die fahrzeugseitigen Anforderungen an die Laderegelung. Die deutschen Interessen werden hierfür im zuständigen Spiegelgremium, dem NA 052-00-37-51 GAK, gebündelt.

Die Beispiele zeigen nur exemplarisch die Notwendigkeit der frühzeitigen Abstimmung von Normen und Standards im Kontext Elektromobilität, um den Markthochlauf weiter zu unterstützen, die Entwicklungskosten zu reduzieren sowie anwender:innenfreundliche Lösungen bereitzustellen. Eine aktuelle Übersicht über alle relevanten Gremien[6] sowie relevanten Normen und Standards[7] werden auf der DIN-Webseite bereitgestellt.

2.2 INTERNATIONALE ABSTIMMUNG ZUR ELEKTROMOBILITÄT

Ein wesentlicher Treiber für eine global agierende und international stark vernetzte deutsche Automobilindustrie sind einheitliche Normen und Standards. Bei der Zusammenarbeit mit den internationalen Partnerorganisationen lautet daher das oberste Ziel, ein weltweit gültiges Normenwerk für die Elektromobilität zu schaffen. Um dieses Ziel zu erreichen, ist neben den nationalen Aktivitäten auch ein Austausch auf internationaler Ebene entscheidend. Wie unter Abschnitt 1.3 erläutert, ist die Normungsarbeit heute zu rund 85 % europäisch und international ausgerichtet. Darüber hinaus gibt es weitere

Aktivitäten und Kooperation, um die Elektromobilität sowohl national als auch international voranzubringen.

CHINA
Deutsch-Chinesische Unterarbeitsgruppe Elektromobilität

Gegründet im Jahr 2011 für den Austausch normungsrelevanter Themen im Bereich Elektromobilität, bietet die Deutsch-Chinesische Unterarbeitsgruppe Elektromobilität, unter dem Dach der Deutschen-Chinesischen Kommission unter Leitung von SAC und BMWK, eine Plattform auf Expert:innenebene. Ziel ist es dabei, gemeinsame Lösungen im Rahmen der internationalen Normung zu finden sowie die Zusammenarbeit zwischen Experten:innen und Institutionen zu vertiefen. Neben der Koordinierung von Normungsaktivitäten und dem strategischen Dialog im Rahmen der jährlich stattfindenden Plenarsitzung findet so auch ein regelmäßiger Austausch auf Expert:innenebene statt. Dies erfolgt durch die Durchführung von Fachworkshops, u. a. zu den Themenbereichen Sicherheit sowie dem DC-Charging bzw. dem Megawatt Charging System. Die Expert:innen beider Länder werden auch in den nächsten Jahren den Informationsaustausch fortsetzen, die bilaterale Zusammenarbeit weiter vertiefen sowie die Koordination in den internationalen Normungsaktivitäten intensivieren.

USA

In den USA gehören ANSI (American National Standards Institute) und SAE International (Society of Automotive Engineers) zu den wichtigsten Normungsorganisationen. ANSI ist das amerikanische Mitglied in internationalen Organisationen wie z. B. ISO und IEC. ANSI entwickelt jedoch selbst keine Normen. Es greift hierfür auf durch ANSI akkreditierte Organisationen zurück. Bei SAE handelt es sich um eine Organisation, die hauptsächlich auf dem amerikanischen Kontinent vertreten ist. Deren im Sinne des ISO/IEC-Normenerarbeitungsprozesses nicht vollkonsensbasierte Normen – also Standards – können grundsätzlich eine internationale Ausrichtung haben, sind jedoch insbesondere für den nordamerikanischen Raum von Bedeutung. Für einen Marktzugang in Nordamerika für die deutsche Automobilindustrie und deren Zulieferer ist die Einhaltung von SAE-Standards zum Teil vorgeschrieben.

Die Ziele der Zusammenarbeit mit den USA bei der Normung sind der Abbau von Handelsbarrieren auf internationaler Ebene. Als Meilenstein konnte erreicht werden, dass wie in Europa auch in den USA das Ladesystem CCS etabliert wurde. Seit 2016 regelt zudem eine Vereinbarung zwischen ISO und SAE die Zusammenarbeit beider Organisationen. Sie ermöglicht die Erstellung gemeinsamer Normen im Fahrzeugbereich und verbessert die Akzeptanz und Anwendung internationaler Normen von ISO und IEC in den USA. Eine erste Zusammenarbeit erfolgt seit 2017 im Rahmen der Erstellung der ISO/SAE 21434 zum Thema „Road Vehicles – Cybersecurity Engineering".

2.3 NORMUNGSAKTIVITÄTEN IM KONTEXT ELEKTROMOBILITÄT

Bereits 2009 wurden erste Normungs- und Standardisierungsarbeiten im Kontext Elektromobilität initiiert oder intensiviert. Derzeit gibt es rund 160 Normen, die die Elektromobilität betreffen, von denen einige hier beispielhaft erläutert werden. Diese sind aktuell in folgende Themenfelder untergliedert[8]:

- Allgemeine Anforderungen;
- Fahrzeugtechnik;
- Ladeschnittstelle;
- Kabelgebundenes Laden von Elektrofahrzeugen;
- Kabelgebundenes Laden mit höheren Ladeleistungen;
- Kabelloses Laden Elektrofahrzeuge und
- Informations- und Kommunikationstechnologie.

Allgemeine Anforderungen

Zu den allgemeinen Anforderungen im Kontext Elektromobilität gehören die Anforderungen an die fahrzeugseitige Ladeschnittstelle, Anforderungen an Ladeinfrastruktur und Ladeschnittstellen, elektromagnetische Verträglichkeit und einheitliche grafische Symbole. Die fahrzeugseitig sicherheitstechnischen Anforderungen an den Anschluss an eine externe Stromversorgung sind in der ISO 17409 festgelegt, welche gerade durch die ISO 5474-Reihe ersetzt wird, um mit den kontinuierlichen Entwicklungen Schritt zu halten. Eine weitere wichtige Norm ist die IEC 61851-1, in den allgemeinen Anforderungen an kabelgebundene Ladesysteme beschrieben werden. Auch diese Norm wird kontinuierlich angepasst, um so den aktuellen Stand von Wissenschaft und Technik für Anwender:innen sicherzustellen.

Fahrzeugtechnik

Die Normung im Bereich der Fahrzeugtechnik befasst sich u. a. mit dem elektrischen Antrieb, Energiespeichern und dem Hochvolt-Bordnetz. Obwohl die Anwendung von Elektromotoren aus unterschiedlichen Industriezweigen bekannt ist, sind für deren Einsatz für den Fahrzeugantrieb spezielle Anforderungen zu definieren, welche in der ISO 21782-Reihe festgelegt sind. Eine weitere Fahrzeugtechnik-Norm im Kontext Elektromobilität ist die DIN 91252. Mit dem Ziel die Kosten für Batteriezellen zu senken, listet diese die von der Fahrzeugindustrie verwendeten Abmessungen von Lithium-Ionen-Zellen auf und spezifiziert Lage und Festigkeit der Anschlüsse. Ein noch offenes Themenfeld zur Sicherstellung der Nachhaltigkeit ist die Normung und Standardisierung für das ressourcenschonende Recyceln von Batteriesystemen.

Ladeschnittstelle

Kund:innen stehen bereits heute zum Laden unterschiedliche, standardisierte Lademöglichkeiten zur Verfügung, die ein länderübergreifendes, interoperables Laden von Elektrofahrzeugen ermöglichen. Für das kabelgebundene Laden hat sich CCS etabliert, welches im Wesentlichen das AC-Laden, das DC-Laden und die dazugehörige Kommunikationsschnittstelle zwischen Elektrofahrzeug und Ladestation beschreibt und in der EU-Richtlinie 2014/94/EU zum Aufbau der Ladeinfrastruktur als Mindeststandard festgeschrieben wurde. Die dazugehörigen Normen sind IEC 61851-1, IEC 61851-23, IEC 62196-1 bis -3 und ISO 17409.

Kabelgebundenes Laden von Elektrofahrzeugen

Die Basisnormung zum kabelgebundenen Laden mit Wechselstrom (AC) und Gleichstrom (DC) ist abgeschlossen und ermöglicht Kund:innen Interoperabilität und schafft zudem Investitionssicherheit. Die allgemeinen sicherheitstechnischen Anforderungen für die Ladeinfrastruktur werden bspw. in der Norm IEC 61851-1 beschrieben. Neben den benötigten standardisierten Anforderungen an technische Komponenten wie z. B. die Ladesäule ist eine standardisierte Kommunikation zwischen Fahrzeug und Ladeinfrastruktur erforderlich. In der Normenreihe ISO 15118 werden die Hardware, der Ablauf und das Protokoll zur Kommunikation für verschiedene Anwendungsszenarien spezifiziert. Dazu gehören unter anderem das Lastmanagement, die automatische Authentifizierung der Kund:innen und die Datenübertragung zur Rechnungserstellung.

Kabelgebundenes Laden mit höheren Ladeleistungen

Um eine bessere Langstreckentauglichkeit von Elektrofahrzeugen sicherzustellen, wurden schnell aufladbare Batteriesysteme mit höheren Kapazitäten entwickelt. Die Ladeleistung wurde in den zugehörigen Normen auf 350 kW angehoben. Technologisch brachte dies jedoch einige Herausforderungen mit sich, da die Steckvorrichtungen nicht größer und schwerer werden sollten, um weiterhin eine bequeme Handhabung zu ermöglichen. Dafür wurde auf internationaler Ebene die IEC 62196-3-1 erarbeitet. Perspektivisch mit der Einführung des Megawatt Charging Systems weitere Festlegungen in Rahmen von Normen und Standards getroffen werden.

Kabelloses Laden von Elektrofahrzeugen
Das kabellose Laden von Elektrofahrzeugen ist eine weitere Möglichkeit, die Elektromobilität kund:innenfreundlicher zu gestalten. Auch hier wurden daher Normen und Standards erarbeitet. Ein Normungsthema ist die Erarbeitung eines standardisierten Ablaufs zur Fahrzeugpositionierung bis hin zur Feinpositionierung über der infrastrukturseitigen Ladeeinrichtung und die anschließende Steuerung der Energieübertragung (IEC 62980-2). Dadurch wird sichergestellt, dass jedes Fahrzeug, welches die Technologie anbietet, kabellos an einem Ladepunkt laden kann. Fahrzeugseitige Anforderungen an das induktive Laden werden in der ISO 19363 festgelegt.

Informations- und Kommunikationstechnologie
Um die Elektromobilität durch Normung und Standardisierung zu unterstützen, sind auch Anforderungen an die Informations- und Kommunikationstechnologie (IKT) festzulegen. Sie steuert das Laden an zugänglichen Ladepunkten und ermöglicht die Kommunikation der Elektrofahrzeuge mit intelligenten Stromnetzen (Smart Grid) und dem intelligenten privaten Haushalt (Smart Home). Die meisten Anforderungen werden ebenfalls in der ISO 15118-Reihe festgelegt.

2.4 NORMUNGS- UND STANDARDISIERUNGSAKTIVITÄTEN IM RAHMEN VON FÖRDERPROJEKTEN

Derzeit gibt es zur Förderung der Elektromobilität eine Vielzahl von Aktivitäten: Neben Pilot- und Modellprojekten werden auch Forschungsprojekte in verschiedenen Themenfeldern durchgeführt. Eines der geförderten Projekte ist ELSTA „Förderung der Elektromobilität durch Normung und Standardisierung". Das Verbundprojekt zwischen DIN, DKE und NAAutomobil (VDA) wird vom Bundesministerium für Wirtschaft und Klimaschutz (BMWK) gefördert und läuft bis Mitte 2023. Der Ansatz von ELSTA besteht darin, die führende Rolle Deutschlands bei der Festlegung von Normen und Standards für Elektromobilität durch geeignete koordinierte Maßnahmen und die gezielte Unterstützung der deutschen Industrie und Forschungseinrichtungen weiter auszubauen.

Folgende Hauptaufgaben werden dabei von den Verbundpartner:innen betreut und durchgeführt:

1. Mitwirkung an der Weiterentwicklung der deutschen Normungsstrategie Elektromobilität und daraus resultierender spezifischer Maßnahmen z. B. Projektkooperationen oder internationale Zusammenarbeit,

2. Initiierung und Umsetzung von Standardisierungsprojekten z. B. zum induktiven Laden oder intelligenten Lastmanagement,

3. Durchführung normungsbegleitender Maßnahmen z. B. Entwicklung von Prüfverfahren oder Konformitätstests im Bereich der Fahrzeugtechnik,

4. Umsetzung von Kommunikationsmaßnahmen z. B. Teilnahme oder Organisation von Workshops/ Konferenzen zur Vernetzung und Identifizierung von Standardisierungsbedarfen.

WEITERE INFORMATIONEN
Erfahren Sie mehr über das Projekt und die aktuell geförderten Teilprojekte:
www.elsta-mobilitaet.de.

Alle Normen rund um das Thema Elektromobilität finden Sie unter:
www.din.de/go/standards_e-mob

ABKÜRZUNGSVERZEICHNIS

ANSI	American National Standards Institute	NPM	Nationale Plattform Mobilität
BMWK	Bundesministerium für Wirtschaft und Klimaschutz	SAC	Standardization Administration of China
CCS	Combined Charging System	SAE	Society of Automotive Engineers
CEN	Comité Européen de Normalisation (Europäisches Komitee für Normung)	VDA	Verband der Automobilindustrie e. V.
CENELEC	Comité Européen de Normalisation Électrotechnique (Europäisches Komitee für elektrotechnische Normung)		
DIN	Deutsches Institut für Normung e. V.		
DKE	Deutsche Kommission Elektrotechnik Elektronik Informationstechnik in DIN und VDE		
EN	Europäische Norm		
ETSI	European Telecommunications Standards Institute (Europäisches Institut für Telekommunikationsnormen)		
GAK	Gemeinschaftsarbeitskreis		
IEC	International Electrotechnical Commission (Internationale Elektrotechnische Kommission)		
ISO	International Organization for Standardization (Internationale Organisation für Normung)		
ITU	International Telecommunication Union (Intl. Fernmeldeunion)		
MCS	Megawatt Charging System		
NA	Normenausschuss		
NPE	Nationale Plattform Elektromobilität		

LITERATUR

1 vgl. „Der gesamtwirtschaftliche Nutzen der Normung" (2011)

2 https://www.din.de/de/din-und-seine-partner/din-e-v/deutsche-normungsstrategie

3 http://nationale-plattform-elektromobilitaet.de/fileadmin/user_upload/Redaktion/Publikationen/NormungsRoadmap_Elektromobilitaet_2020_bf.pdf

4 https://www.plattform-zukunft-mobilitaet.de/wp-content/uploads/2021/10/NPM_AG6_Kompendium.pdf

5 https://www.plattform-zukunft-mobilitaet.de/2download/mobilitaet-von-morgen-ganzheitlich-gestalten-ergebnisse-aus-drei-jahren-npm-2018-2021/

6 www.din.de/go/gremien_e-mob

7 www.din.de/go/standards_e-mob

8 www.din.de/go/standards_e-mob

ELEKTROCHEMISCHE ENERGIESPEICHER
IN ELEKTRISCH ANGETRIEBENEN FAHRZEUGEN

Prof. Dr.-Ing. Julia Kowal
Elektrische Energiespeichertechnik, TU Berlin,
Einsteinufer 11, 10587 Berlin

Lithium-Ionen-Batterien wurden in den 1980er Jahren entwickelt und werden seit den 1990er Jahren in vielen Anwendungen verbaut. In batteriebetriebenen Elektrofahrzeugen und in Hybridfahrzeugen werden heute fast ausschließlich Lithium-Ionen-Batterien als Antriebsbatterie verwendet.

In diesem Beitrag werden verschiedene Aspekte der Forschung und Anwendung von Lithium-Ionen-Batterien in Elektrofahrzeugen beschrieben. Es wird der Aufbau und die Funktionsweise von Lithium-Ionen Zellen erklärt und auf die verwendeten Materialien eingegangen. Elektrochemische Reaktionen sind wie andere chemische Reaktionen stark von der Temperatur abhängig und führen langfristig zu einer Alterung, deshalb ist beides auch für den Betrieb von Batterien sehr wichtig ebenso wie die Sicherheit. Es wird das Ladeverfahren vorgestellt und es werden verschiedene Aspekte der Nutzung im Fahrzeug sowie der Nachnutzung in stationären Anwendungen betrachtet. Im Anschluss werden Forschungsaktivitäten in Bezug auf neue Batterietechnologien beschrieben und es wird auf den Kompetenzaufbau in Deutschland eingegangen. Bevor zum Schluss einige für Batterien gebräuchliche und in diesem Beitrag verwendete Begriffe erklärt werden, wird der Inhalt des Beitrags zusammengefasst.

AUFBAU UND FUNKTIONSWEISE

Abbildung 1 zeigt den Aufbau und die Vorgänge beim Entladen einer Lithium-Ionen-Batterie. Die verwendeten Materialien sind in Tabelle 1 aufgelistet. Beide Aktivmassen bilden geschichtete Kristallstrukturen, die auch in Abbildung 1 durch die waagerechten Striche bzw. Kreise angedeutet sind.

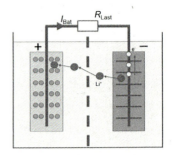

Abbildung 1 Aufbau und Entladeprozess einer Lithium-Ionen-Batterie

Stromableiter positive Elektrode	Aluminium
Stromableiter negative Elektrode	Kupfer
Aktivmasse positive Elektrode	Meistens Lithium-Metalloxid oder -phosphat, z. B. $LiCoO_2$ (Lithium-Cobalt-Oxid) oder $LiFePO_4$ (Lithium-Eisen-Phosphat)
Aktivmasse negative Elektrode	Meistens Graphit
Elektrolyt	Organisches Lösungsmittel mit Leitsalz
Separator	Kunststoff oder Keramik
Gehäuse	Metall, oft Aluminium oder Stahl

Tabelle 1 Typische Materialien einer Lithium-Ionen-Batterie

Die in Lithium-Ionen-Batterien ablaufenden Reaktionen verändern die Elektroden nicht so stark wie bei anderen Batterietechnologien, deshalb sind Lithium-Ionen-Batterien vergleichsweise langlebig und zyklenfest. Es gibt keine direkten Reaktionsprodukte, sondern die Reaktion besteht aus einem Ein- und Ausbauen von Lithium in die Kristallgitter der positiven und negativen Elektrode. Diesen Vorgang nennt man Interkalation. Beim Entladen werden Lithium-Ionen aus der negativen Aktivmasse (Graphit) ausgebaut. Die Lithium-Ionen werden durch den Elektrolyten und Separator zur positiven Elektrode transportiert und dort eingebaut. Mit jedem ausgebauten Lithium-Ion entsteht an der negativen Elektrode ein Elektron, das über den Stromableiter und die angeschlossene Last zur positiven Elektrode fließt und sich dort wieder mit einem Lithium-Ion im Kristallgitter verbindet. Der Ladevorgang passiert umgekehrt: Durch den Ladestrom fließen Elektronen von der positiven über das Ladegerät in die negative Elektrode. Lithium-Ionen werden aus der positiven Elektrode ausgebaut, zur negativen Elektrode transportiert und dort eingebaut.

MATERIALFORSCHUNG

Wie in Tabelle 1 erkennbar, gibt es vor allem für die Aktivmassen mehrere mögliche Materialien mit teilweise sehr unterschiedlichen Eigenschaften. Deshalb ist und bleibt die Entwicklung und das Erproben neuer Aktivmaterialien ein wichtiger Teil der Forschung an Lithium-Ionen-Batterien. Beim Aktivmaterial der positiven Elektrode gibt es die größte Auswahl. Als Lithium-Metalloxide werden vor allem Lithium-Cobaltoxid, Lithium-Nickeloxid, Lithium-Mangan-Spinell und Lithium-Aluminiumoxid bzw. Mischungen aus diesen vier Materialien verwendet. Besonders häufig verwendet wird zurzeit die Mischung aus jeweils einem Drittel Lithium-Cobaltoxid, Lithium-Nickeloxid und Lithium-Mangan-Spinell, die sogenannte Drittelmischung oder auch NMC111 genannt. Auch eine Mischung aus Lithium-Cobaltoxid, Lithium-Nickeloxid und Lithium-Aluminiumoxid, abgekürzt NCA, wird gerne verwendet. Daneben gibt es noch Lithium-Metallphosphate wie Lithium-Eisenphosphat. Alle haben unterschiedliche Eigenschaften bezüglich Kosten, Sicherheit, Lebensdauer sowie Energie- und Leistungsdichte, also wieviel Energie gespeichert bzw. Leistung abgerufen werden kann pro Gewicht oder Volumen (s. auch Abschnitt „Zukünftige Batterietechnologien"). Durch geschickte Mischungskombinationen können die Eigenschaften in die eine oder andere Richtung optimiert werden. Aktuelle Forschung und Entwicklung geht vor allem in Richtung Reduktion des Cobaltanteils, da Cobalt einen Engpass in der Verfügbarkeit darstellen könnte, die Kosten im Vergleich zu den anderen Materialien hoch sind und auch der Abbau von Cobalt umwelt- und gesundheitsschädlich ist. Dies wird aktuell durch Erhöhung des Nickelanteils versucht, mit den Mischungsverhältnissen wie NMC811 oder NMC622. Die Zahlen geben dabei den Anteil des jeweiligen Metalls an.

An der negativen Elektrode können neben Graphit auch andere Materialien verwendet werden, am populärsten sind aktuell Lithiumtitanat oder Silizium. Zellen mit Lithiumtitanat als negative Elektrode sind kommerziell verfügbar, sie werden oft mit LTO abgekürzt. Silizium hat den Nachteil, dass die Einlagerung von Lithium das Volumen des Aktivmaterials um den Faktor vier vergrößert, was eine große Herausforderung für die Produktionstechnik darstellt. Da Silizium aber viel mehr Lithium aufnehmen kann und damit im gleichen Gewicht und Volumen viel mehr Energie gespeichert werden kann, ist es ein interessantes Material für die Forschung. Auch Mischungen aus Graphit und Silizium werden untersucht und sind teilweise auch in kommerziellen Zellen bereits verfügbar. Prinzipiell wäre auch reines Lithium als Elektrode möglich, was die Energiedichte deutlich erhöhen würde, aber einige Nachteile in Bezug

auf Lebensdauer und Sicherheit hat.
Auch beim Elektrolyt und bei den Separatoren gibt es Möglichkeiten, durch Verwendung anderer Materialien die Eigenschaften zu verbessern. Beim Elektrolyt geht die Forschung dahin, zum einen durch Wahl anderer Materialien höhere Zellspannungen erreichen zu können und zum anderen den bisher flüssigen Elektrolyten durch einen Feststoff zu ersetzen. Der Feststoff hat den Vorteil, dass einige Alterungsprozesse weniger oder gar nicht auftreten, wodurch es prinzipiell auch möglich würde, Lithium als negative Elektrode einzusetzen. Gleichzeitig haben Feststoffelektrolyte aber eine schlechtere Leitfähigkeit und die Herstellung der Zellen wird komplizierter.

Die Aufgabe des Separators ist es, einen Kurzschluss zwischen positiver und negativer Elektrode zu verhindern, aber gleichzeitig den Ionentransport nicht zu sehr zu behindern. Verschiedene Materialien und Beschichtungen können diese Eigenschaften verändern.

THERMISCHES VERHALTEN UND ALTERUNG

Die Temperatur hat einen sehr großen Einfluss auf alle Batterien und so auch auf Lithium-Ionen-Batterien, weil chemische Reaktionen meistens bei höheren Temperaturen schneller ablaufen. Daraus folgt einerseits, dass die Lade-/Entladereaktion schneller abläuft und damit bei gleicher Spannung größere Ströme (und größere Leistungen) möglich sind und die entnehmbare Kapazität größer wird. Andererseits bedeutet es aber auch, dass die Batterie schneller altert, weil auch ungewollte Reaktionen, die die Kapazität langfristig reduzieren, schneller ablaufen. Daher sollten Batterien nicht bei zu hohen Temperaturen gelagert und betrieben werden. Im Datenblatt finden sich normalerweise ein Temperaturbereich, in dem die Batterie dauerhaft betrieben werden darf, und eine Lebensdauer unter Nennbedingungen. Als Faustformel gilt folgendes: Je Temperaturerhöhung um 10 °C halbiert sich die Lebensdauer. Wenn also die Lebensdauer bei Nenntemperatur (z. B. 25 °C) 10 Jahre beträgt, kann sie für 10 °C mehr (im Beispiel 35 °C) zu 5 Jahre angenommen werden und für 20 °C mehr (45 °C) nur noch 2,5 Jahre. Diese Faustformel ist aus dem sogenannten Arrhenius-Gesetz abgeleitet, wonach sich die Reaktionsgeschwindigkeit von chemischen Reaktionen je 10 °C Temperaturerhöhung verdoppelt.

Neben der Umgebungstemperatur hat auch die Belastung einen Einfluss auf die Batterietemperatur. Bei Stromfluss durch Laden oder Entladen erwärmt sich die Batterie. Dabei gilt: je größer der Strom, desto größer die Erwärmung, unabhängig davon, ob geladen oder entladen wird. Falls die Batterie nicht entsprechend gekühlt wird, sorgt also auch ein großer Strom für eine schnellere Alterung.

Die Alterung von Batterien kann in zwei verschiedene Arten unterteilt werden: Die kalendarische Alterung beschreibt die Alterung ohne Benutzung, während die Zyklenalterung die Alterung durch Benutzung darstellt. Beide überlagern und beeinflussen sich. Folgen jeglicher Alterung sind ein Absinken der verfügbaren Kapazität und ein Anstieg des Innenwiderstands mit zunehmender Alterung. Das Ende der Lebensdauer wird über das Erreichen einer vorher festgelegten minimalen Kapazität oder eines maximalen Widerstands bestimmt. Die Kapazität ist gebräuchlicher, aber schwerer im Betrieb zu bestimmen. Häufig wird für Fahrzeugbatterien das Absinken der Kapazität auf 80 % der Anfangskapazität als Lebensende definiert. Da die Batterien aber auch danach noch weiter benutzbar sind, nur nicht mehr die gewünschte Reichweite ermöglichen, wird vielfach über eine Nachnutzung solcher Batterien in einer sogenannten Second-Life-Anwendung (Nachnutzung von Fahrzeugbatterien) diskutiert. Solche Anwendungen und

was dabei beachtet werden muss, wird in Abschnitt 7 beschrieben.
Die kalendarische Alterung wird, wie oben beschrieben, durch die Temperatur beeinflusst. Ein weiterer Einflussfaktor ist die Spannung bzw. der Ladezustand. Er ist allerdings je nach Batterietechnologie unterschiedlich. Bei Lithium-Ionen-Batterien gilt meistens: Je höher die Spannung / der Ladezustand, desto schneller ist die Alterung. Daher ist ein dauerhafter Betrieb von Laptops oder Mobiltelefonen am Netz und damit bei ständiger Ladung negativ für die Lebensdauer der Batterie. Allerdings ist vor allem das dauerhafte Verweilen im komplett vollgeladenen Zustand schlecht für die Lebensdauer, ein Beenden des Ladevorgangs und Halten bei z. B. nur 90 % hat weitaus weniger schlechte Auswirkung auf die Lebensdauer. Da dieser Umstand inzwischen weitläufig bekannt ist, wird in vielen Anwendungen und vor allem auch vielen Elektrofahrzeugen der obere Ladezustandsbereich dem Nutzer gar nicht freigegeben.

Die Zyklenalterung hat weitaus mehr Einflussfaktoren. Die wichtigsten sind dabei die Stromstärke und die Zyklentiefe, also wieviel der Kapazität in einer Entladung entnommen wird. Die Stromstärke wirkt vor allem indirekt darüber, dass größere Ströme die Batterie stärker erwärmen und das wiederum zur kalendarischen Alterung beiträgt. Es ist aber auch so, dass durch höhere Ströme Alterungsprozesse verstärkt werden. Bei der Zyklentiefe gilt allgemein, dass die Batterie weniger stark altert, je kleiner die Zyklen sind, auch wenn der Wert auf die gleiche genutzte Kapazität bezogen wird. Eine Batterie wird also weniger altern, je kleiner der für die Anwendung freigegebene Anteil der Kapazität ist. Sollen z. B. 50 Ah genutzt werden, wird eine Batterie, die genau diese 50 Ah hat, deutlich schneller altern und muss schneller ausgetauscht werden als eine Batterie mit z. B. 100 oder 500 Ah. Es ist allerdings dagegen zu rechnen, dass eine Batterie mit 100 oder 500 Ah natürlich auch deutlich mehr in der Anschaffung kostet als eine 50 Ah Batterie und deutlich mehr Gewicht und Volumen hat, was eine Überdimensionierung vor allem im Fahrzeugbereich stark einschränkt.

Die ablaufenden Alterungsprozesse finden vor allem an den Aktivmaterialien statt, aber auch die Stromableiter und der Elektrolyt können sich verändern. Dabei handelt es sich meistens um die Reaktion der Materialien untereinander oder um Ablagerungen auf den Elektroden. Die beiden in der Praxis wichtigsten Alterungsmechanismen, SEI-Wachstum und Lithium-Plating finden an der negativen Graphitelektrode statt. Sie werden im Folgenden beschrieben:
SEI steht für Solid Electrolyte Interphase, also eine Schicht zwischen Feststoff (Graphit) und Elektrolyt. Diese Schicht besteht aus Verbindungen von Lithium mit Anteilen aus dem Elektrolyten. Sie entsteht bei der ersten Ladung der Zelle und wächst im Betrieb immer weiter. Je dicker die Schicht, desto größer wird der Innenwiderstand der Zelle. Da die Schichtbildung auch Lithium benötigt, geht beim Wachstum auch Lithium verloren, was die Kapazität reduziert. Das Wachstum wird vor allem durch hohe Temperaturen und Ladezustände begünstigt; d. h. die kalendarische Alterung hat vor allem SEI-Wachstum zur Folge. Aber auch große Ströme und große Zyklentiefen können die SEI beeinflussen, da sie für ein Aufbrechen und Neubilden der Schicht sorgen können.

Lithium-Plating bedeutet ein Ablagern von metallischem Lithium unterhalb der SEI. Das kann beim Laden bei tiefen Temperaturen und hohen Strömen passieren. Dabei ist vor allem die Kombination aus Temperatur und Strom entscheidend. Je nach Temperatur gibt es einen Grenzstrom, ab dem Plating stattfindet. Je tiefer die Temperatur desto kleiner der Grenzstrom. Dieser Grenzstrom ist aber auch vom Aufbau und den verwendeten Materialien abhängig und kann sich auch über die Benutzung der Zelle ändern. Da vor allem tiefe Temperaturen ein Risiko darstellen, ist das Laden bei tiefen Umgebungstemperaturen betroffen. So wird in den meisten Elektrofahrzeugen das Laden nur oberhalb von z. B. 0 °C oder 10 °C erlaubt. Unterhalb der genannten Temperaturbereiche muss die Zelle erst durch eine Heizung oder durch Entladen erwärmt werden, wobei das Entladen unkritisch ist.

SICHERHEIT

Aufgrund ihrer großen gespeicherten Energie und der immer anliegenden Gleichspannung müssen einige Sicherheitsvorkehrungen beim Betrieb von Batterien getroffen werden. Es gibt verschiedene Gefahrenpotentiale, die je nach Batterietechnologie unterschiedlich ausgeprägt sind.

Für alle Batterien gilt, dass sie generell nicht spannungsfrei[1] sind. Einzelzellspannungen von Lithium-Ionen-Zellen liegen im Bereich 2,5 – 4,5 V und stellen damit an sich keine Gefahr dar. Bei Reihenschaltungen von mehreren Zellen sind ab 60 V größere Sicherheitsvorkehrungen zu treffen. Bei einem versehentlichen Kurzschluss, z. B. mit einem nicht isolierten Werkzeug, kann aber je nach Größe auch schon bei einzelnen Zellen ein sehr großer Strom fließen, der vor allem durch die große entstehende Wärme eine Gefahr durch Verbrennungen darstellt.

Lithium-Ionen-Batterien haben zusätzlich ein erhöhtes Gefahrenpotential, da im Gegensatz zu anderen Technologien eine Überladereaktion fehlt, die bei falschem Betrieb die Energie aufnimmt. Kommt es zu einer Überladung oder einer zu großen Wärmeentwicklung, kann die Batterie sehr warm werden und im Extremfall explodieren, wenn nicht im Zelldesign Sollbruchstellen vorgesehen werden. Dieses Fehlen einer Überladereaktion bedeutet, dass Spannung, Strom und Temperatur jeder einzelnen Zelle sehr genau überwacht und begrenzt werden müssen. Dies erfordert ein aufwändiges Batteriemanagementsystem. Große Rückrufaktionen von Laptop- und Handyakkus sowie Brände in Flugzeugen oder von Elektroautobatterien haben in der Vergangenheit die Wichtigkeit von gutem Zelldesign und Batteriemanagement demonstriert.

Eine zentrale Rolle spielt dabei auch das Ladegerät und das Ladeverfahren, welches im nächsten Abschnitt beschrieben wird.

LADEVERFAHREN

Abbildung 2 zeigt schematisch den Verlauf von Strom und Spannung beim sogenannten IU-Ladeverfahren, das einzige mögliche Ladeverfahren bei Lithium-Ionen-Batterien. Zunächst wird mit einem konstanten Strom geladen bis die Ladeschlussspannung erreicht wird. Daher kommt das I im Namen. Dann wird die Spannung noch für einige Zeit oder bis ein festgelegter minimaler Strom erreicht wird konstant gehalten, daher das U im Namen. Da aus Sicherheitsgründen sowohl Strom als auch Spannung bei Lithium-Ionen-Batterien in engen Grenzen gehalten werden müssen, stellt dieses Ladeverfahren beides sicher.

Dabei ist es egal, in welchem Ausgangsladezustand sich die Batterie befindet, da das Ladeverfahren unabhängig von der eingeladenen Ladungsmenge bis zu der vorgegebenen Ladespannung lädt. Daher ist (im Gegensatz zu vielen nickelbasierten Batterien, die meist ein anderes Ladeverfahren verwenden, das auf einer bestimmten Ladungsmenge basiert) eine Entladung vor einer Volladung nicht nötig und würde nur zu einer zusätzlichen Alterung der Batterie führen.

Das bisher beschriebene Ladeverfahren stellt die Normalladung dar. Sie dauert mehrere Stunden und ist die einzige Möglichkeit, eine Lithium-Ionen-Zelle vollständig zu laden. Beschleunigen lässt sich nur die erste Phase mit dem konstanten Strom. Wird der Strom in

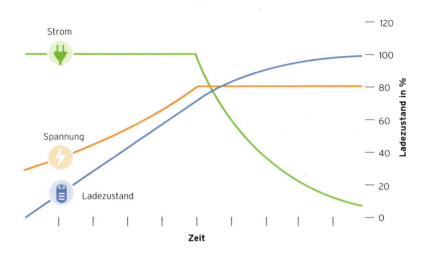

Abbildung 2 Schematischer Verlauf von Strom, Spannung und Ladezustand über der Zeit beim IU-Ladeverfahren

dieser Phase erhöht (in den zulässigen Grenzen), verkürzt sich diese Phase. Die in dieser Phase eingeladene Lademenge lässt sich über das Produkt aus Strom und Zeitdauer berechnen. Wird der Strom erhöht, verkürzt sich die Zeit, in der die gleiche Ladungsmenge in die Zelle geladen wird. Die zweite Phase lässt sich allerdings nicht verkürzen, sie dauert typischerweise eine bis drei Stunden und wird meistens entweder nach Ablauf einer bestimmten Zeit oder durch Erreichen eines minimalen Stroms beendet.

Die sogenannte Schnellladung, die bei vielen batteriebetriebenen Werkzeugen etc. angewandt wird und auch für Elektrofahrzeuge teilweise angeboten wird, bricht die Ladung nach der ersten Phase ab und verzichtet auf die Konstantspannungsphase. In der ersten Phase wird ein möglichst hoher Strom verwendet, um die Zeit möglichst kurz zu halten. Das bedeutet bei Fahrzeugen einen großen Installationsaufwand für die Ladesäule, da die typischerweise verwendeten Ströme nicht mehr mit einem normalen einphasigen Anschluss erreicht werden können, sondern eine höhere Leistung durch einen Drehstromanschluss notwendig ist. Außerdem müssen aufgrund der hohen Ströme sowohl Batterie als auch Ladeelektronik stark gekühlt werden. Beides entfällt bei Werkzeugen, da die Batterien und damit auch die Leistung deutlich kleiner sind. Betrachtet man den Ladezustandsverlauf in Abbildung 2, fällt auf, dass am Ende der ersten Phase der Ladezustand nur etwas unter 80 % beträgt. Je nach Zelle und verwendeter Stromstärke kann der Ladezustand auch etwas höhere Werte erreichen, aber selten über 85 %. Schnellladung lädt also die Batterie nicht komplett auf, aber dieser Nachteil wird bei Fahrzeugen gerne in Kauf genommen, weil die Reichweite in der Regel trotzdem für die nächste Fahrt ausreicht und die Ladung dann nicht so lange dauert. Oft wird dieser Bereich aufgrund der sonst stark beschleunigten Alterung ohnehin nicht freigegeben. Die Auswirkung einer Schnellladung auf die Alterung wird immer wieder diskutiert und untersucht. Einerseits verursachen die hohen Ströme eine verstärkte Alterung, andererseits trägt der niedrigere Ladezustand am Ende der Ladung zu einer geringeren Alterung bei (s. Abschnitt 3, thermisches Verhalten und Alterung).

NUTZUNG VON BATTERIEN IM FAHRZEUG

Es gibt zwei Aufgaben von Batterien in Fahrzeugen: 1) Die Bereitstellung von Energie und Leistung zum Fahren und Beschleunigen sowie die Aufnahme von Bremsenergie. Diese Aufgabe wird von Traktionsbatterien übernommen. 2) Die Versorgung des Bordnetzes und den Start des Verbrennungsmotors, soweit diese vorhanden sind. Diese Aufgabe übernimmt die Starterbatterie oder Bordnetzbatterie.

Traktionsbatterien sind heute nahezu ausschließlich Lithium-Ionen-Batterien. Verwendet werden meistens NMC (Lithium-Nickel-Mangan-Cobalt-Oxid mit Graphit) Zellen, aber auch andere Materialkombinationen, die zu größeren Modulen und Packs zusammengeschaltet werden. Da eine Zelle nur ca. 4 V hat, sind Reihenschaltungen notwendig. Typische Spannungen liegen im Bereich von mehreren 100 V. Weiterhin werden meistens auch Parallelschaltungen verwendet, zum einen, um eine höhere Ausfallsicherheit zu bekommen und zum anderen, um die Kapazität der Gesamtbatterie und damit die Energie zu erhöhen. Die Kapazität könnte auch durch größere Zellen erreicht werden, die allerdings meistens schwerer zu kühlen sind.

Zur Sicherstellung eines sicheren Betriebs ist es bei Lithium-Ionen-Batterien unerlässlich, ein Batteriemanagementsystem (BMS) einzusetzen, das Strom, Spannung und Temperatur jeder Zelle überwacht. Insbesondere ist das auch bei Traktionsbatterien notwendig und wichtig, um die Sicherheit während der Fahrt und im Stillstand zu gewährleisten. Das BMS hat dabei zum einen die Aufgabe, von jeder Zelle Strom, Spannung und Temperatur zu erfassen und zum anderen, daraus den Zustand der Batterie abzuleiten und wenn nötig Maßnahmen vorzunehmen und Meldungen an die Fahrzeugsteuerung zu senden. Der Batteriezustand besteht aus dem Ladezustand SOC und dem Alterungszustand SOH (s. Abschnitt zukünftige Batterietechnologien), aber auch der Überprüfung, ob bestimmte Funktionen aktuell genutzt werden können, z. B. ob ein Motorstart möglich wäre, wie viel Beschleunigungs- oder Bremsleistung möglich sind etc. Letzteres wird häufig unter SOF (state of function) oder SOAP (state of available power) zusammengefasst. Alle Zustände werden aus den gemessenen Größen bestimmt, was aber häufig nicht ganz einfach ist und deshalb durch Simulationsmodelle und Verfahren der künstlichen Intelligenz unterstützt wird. Maßnahmen durch das BMS können beispielsweise sein, dass die verfügbare Leistung bei Erreichen eines minimalen Ladezustands oder einer maximalen Temperatur gesenkt wird, oder dass die Kühlleistung aufgrund von zu hoher Temperatur erhöht wird. Da hohe Temperaturen einen großen Einfluss auf die Batterie haben und ein Sicherheitsrisiko darstellen, gehört zu jeder Traktionsbatterie auch eine aktive Kühlung und evtl. auch Heizung (um das Laden bei niedrigen Temperaturen zu ermöglichen) mit entsprechendem Thermomanagement. Eine weitere Komponente, die durch das BMS gesteuert wird, ist der Zellausgleich oder auch Balancing. Da die verbauten Zellen aufgrund von Herstellungstoleranzen oder durch unterschiedliche Alterung innerhalb eines Batteriepacks Unterschiede aufweisen, ist es unvermeidbar, dass sich Ladezustandsunterschiede ergeben, die dazu führen, dass nicht mehr die komplette Kapazität des Verbunds genutzt werden kann. Dies kann durch den Zellausgleich behoben werden, indem die einzelnen Zellen untereinander im Ladezustand angeglichen werden. In der Regel wird dafür ein sogenanntes passives Ausgleichssystem verwendet, das die Zellen, die einen höheren Ladezustand haben, über einen Widerstand leicht entlädt bis die anderen sich angeglichen haben. Dabei geht Energie verloren. Alternativ kann ein aktives Ausgleichssystem verwendet werden, das die Energie in Zellen mit einem niedrigeren Ladezustand umleitet, was aber deutlich teurer ist und deshalb seltener eingesetzt wird.

Starter- oder Bordnetzbatterien sind nach wie vor in fast allen Fällen Bleibatterien, es wird aber auch intensiv daran gearbeitet, sie durch Lithium-Eisenphosphat-Batterien (LFP) zu ersetzen. Diese eignen sich besonders gut, weil sie eine Zellenspannung haben, die gut zu der bisher verwendeten Bordnetzspannung von ca. 14 V passt. Vier LFP-Zellen haben in etwa die gleiche Spannung wie sechs Bleizellen und können damit nahezu ohne weitere Änderungen an der Spannungslage übernommen werden. Der Nachteil der LFP-Zellen, die niedrige Energiedichte im Vergleich zu anderen Lithium-Ionen-Zellen, ist dabei nicht relevant, zum einen weil es bei dieser Aufgabe weniger um hohe Energie geht (eher um hohe Leistungen beim Motorstart sofern ein Verbrennungsmotor vorhanden ist), zum anderen weil auch die Energiedichte von LFP-Zellen trotzdem noch größer ist als die von Bleibatterien. Starterbatterien sind normalerweise auch an ein Batteriemanagementsystem angeschlossen, das über Strom-, Spannungs- und Temperaturmessung den Zustand der Batterie überwacht und an das Fahrzeug weitergibt. So kann z. B. der Start-Stopp-Funktion mitgeteilt werden, ob der Batteriezustand es zulässt, den Motor an der Ampel auszuschalten. Sofern Lithium-Ionen-Batterien verwendet werden, ist zusätzlich eine Einzelzellüberwachung notwendig.

NACHNUTZUNG
VON FAHRZEUGBATTERIEN

Wie in Abschnitt 3 (thermisches Verhalten und Alterung) beschrieben, sind Fahrzeugbatterien in der Regel bei Erreichen ihres definierten Lebensendes nicht kaputt, sondern haben lediglich Kapazität und Leistungsfähigkeit verloren. Sie können damit nicht mehr die ursprüngliche Reichweite erreichen und meistens nicht mehr so schnell beschleunigen. Wenn das den Fahrzeugbesitzer nicht stört, spricht normalerweise nichts dagegen, die Batterie auch weiter zu nutzen. Alternativ wird vielfach über eine Nachnutzung von Fahrzeugbatterien in stationären Anlagen diskutiert, in einem sogenannten Second Life. In stationären Anlagen spielen Gewicht und Platz normalerweise eine untergeordnete Rolle, wichtiger ist die verfügbare Energie, die einfach über die Zusammenschaltung von einer passenden Anzahl von Fahrzeugbatterien erreicht werden kann. Weiterhin sind auch die Kosten relevant, so dass solche Nachnutzungsbatterien konkurrenzfähige Preise gegenüber neuen Batterien und auch noch sinnvolle Restlebensdauern haben müssen. Die Bestimmung des Restwerts einer gebrauchten Batterie ist allerdings nicht ganz einfach. Einige Daten könnten aus dem Batteriemanagementsystem ausgelesen werden, wenn es vom Automobilhersteller entsprechend freigegeben wird (was in der Regel nicht der Fall ist). Ansonsten kann die verbleibende Kapazität wirklich sicher nur durch eine vollständige Aufladung und dann komplette Entladung bestimmt werden, was relativ aufwändig ist. Idealerweise müsste das auch mit jeder einzelnen Zelle gemacht werden, da die einzelnen Zellen in einem Batteriepack deutlich unterschiedlich gealtert sein können, z. B. durch unterschiedliche Temperaturen während der Benutzung. Dazu müssten die Zellen erst auseinandergebaut werden, was den Test wiederum aufwändiger macht, da die Zellen häufig verschweißt und verklebt sind. Damit erhöht sich auch der Weiterverkaufspreis und die Nachnutzung wird weniger wirtschaftlich. Weniger aufwändig, aber auch weniger genau, ist eine Vermessung des Innenwiderstands und anschließend Ableitung der Kapazität aus dem Innenwiderstandswert. Es wird daher aktuell nach Methoden gesucht, wie der Alterungszustand schnell und zuverlässig bestimmt werden kann (Materialforschung).

ZUKÜNFTIGE BATTERIETECHNOLOGIEN

In Abschnitt 2 wurde bereits auf die Forschung und Entwicklung in Bezug auf Lithium-Ionen-Batterien eingegangen. Neben der Weiterentwicklung von Lithium-Ionen-Batterien wird aber auch an vielen anderen Technologien geforscht. Das Ziel für die Elektromobilität aber teilweise auch für andere Anwendungen ist dabei vor allem eine Steigerung der gravimetrischen und volumetrischen Energiedichte (s. auch Abschnitt Kompetenzaufbau), am besten bei gleichen oder geringeren Kosten und höherer Sicherheit. Aktuelle Elektrofahrzeuge erreichen Reichweiten von mehreren hundert Kilometern, gleichzeitig kostet die Batterie bei vielen Fahrzeugen ähnlich viel wie der gesamte Rest des Fahrzeugs, was Elektrofahrzeuge in der Regel merklich teurer macht als herkömmliche Fahrzeuge. Die Kosten für Lithium-Ionen-Zellen fallen derzeit[2] moderat, aber trotzdem werden die Batterien ein relevanter Anteil der Anschaffungskosten bleiben.

Höhere Energiedichten versprechen vor allem Metall-Luft-Batterien, aber auch Lithium-Schwefel-Batterien und Lithium-Feststoff-Batterien, auch „All-Solid-State-Batterien" genannt. Letztere werden als die nächste folgende marktreife Technologie angesehen, auch wenn es noch viele offene Fragen zu klären gibt und die serienmäßige Einführung vermutlich noch ein paar Jahre dauern wird. Es gibt vereinzelt Hersteller, die solche Zellen bauen, aber sie haben sich bisher nicht durchgesetzt. Auch gibt es immer wieder Ankündigungen von Fahrzeugen mit solchen Zellen. Es gibt verschiedene Ausführungen davon, die unterschiedlich weit entwickelt sind. Sie setzen zunächst dabei an, den flüssigen Elektrolyten der Lithium-Ionen-Batterie durch einen Feststoff zu ersetzen, mit dem Ziel, die Batterien sicherer und langlebiger zu machen, weil dann SEI-Wachstum und Lithium-Plating und die damit verbundene Kurzschlussgefahr (s. Abschnitt 3 – thermisches Verhalten und Alterung) zumindest deutlich reduziert, wenn nicht sogar komplett verhindert werden, weil in den Feststoff nichts „hineinwachsen" kann. Wenn nach wie vor die gleichen Aktivmaterialien verwendet werden, reduziert sich vermutlich allerdings die Energiedichte im Vergleich zu bisherigen Zellen, da der Feststoff schwerer ist. Durch die Reduktion von SEI und Kurzschlussgefahr wird aber erwartet, dass an der negativen Elektrode auch metallisches Lithium anstelle von Graphit verwendet werden kann, was wiederum einen deutlichen Gewinn an Energiedichte bedeuten würde. Aktuell wird aber vor allem am Elektrolyten gearbeitet. Wenn es funktionierende Zellen mit Feststoffelektrolyt und Graphit gibt, wird der Umstieg auf Lithium angegangen.

Lithium-Schwefel-Batterien werden ebenfalls am Markt angeboten, allerdings auch nur von wenigen Herstellern. Fahrzeuge, die damit ausgestattet sind, gibt es nicht. Sie haben an der negativen Elektrode metallisches Lithium und an der positiven Schwefel; der Elektrolyt ist ähnlich zu dem von Lithium-Ionen-Batterien. Aufgrund der Lithium-Elektrode haben sie eine hohe Energiedichte, aber auch Probleme mit möglichen Kurzschlüssen durch Dendritenwachstum[3]. Auch die Zyklenlebensdauer ist bisher noch nicht besonders gut. Sie könnten aber mittelfristig auch für Fahrzeuge interessant werden.

Metall-Luft-Batterien gibt es in Form von nicht wiederaufladbaren Zink-Luft-Batterien schon sehr lange. Sie werden als Knopfzellen für Hörgeräte eingesetzt. Der Aufbau einer Metall-Luft-Batterie ist an der negativen Elektrode ein Metall, z. B. Lithium, Zink, Aluminium etc., und an der positiven Elektrode eine gasdurchlässige Membran, durch die Sauerstoff in die Zelle gelangt. Der Elektrolyt ist in der

Regel flüssig; bei Zink-Luft meistens Kalilauge, bei Lithium-Luft ein ähnlicher Elektrolyt wie in Lithium-Ionen-Batterien. Der Sauerstoff reagiert mit dem Metall, so dass sich als Reaktionsprodukt ein Metalloxid bildet. Bei den meisten Metallen gibt es allerdings mehrere mögliche Verbindungen mit Sauerstoff, die leider unterschiedlich gut leitfähig und wieder auflösbar sind. Hier liegt eins der bisher weitgehend ungelösten Probleme von Metall-Luft-Batterien, nämlich die Zyklisierbarkeit und Wiederaufladbarkeit. Ein anderes Problem ist, dass für eine gute Zyklisierbarkeit und lange Lebensdauer reiner Sauerstoff verwendet werden muss, was dazu führt, dass ein Sauerstofftank notwendig ist und den Umgang mit der Batterie deutlich komplizierter macht. Prinzipiell ist auch ein Betrieb mit dem Sauerstoff aus der Luft möglich, aber die enthaltene Feuchtigkeit und auch CO_2 sowie weitere Verunreinigungen können die Zelle schädigen bzw. mit den Aktivmaterialien reagieren und damit die verfügbare Kapazität reduzieren. Weiterhin wurden bisher nur Knopfzellen gebaut, eine Konstruktion für größere Zellen ist bisher nicht entwickelt worden. In der Regel haben Metall-Luft-Batterien Löcher für die Zuführung der Gase, was in anderen Zellen bisher nicht nötig und nicht vorhanden ist. Bei allen beschriebenen Problemen besteht noch ein großer Forschungsbedarf, so dass es kurzfristig nicht zu erwarten ist, dass Metall-Luft-Batterien außer als Primärbatterien (nicht wiederaufladbare Batterien), in großem Maße eingesetzt werden.

KOMPETENZAUFBAU

In Deutschland ist in den letzten Jahren sehr viel Kompetenz zu Materialien, Produktion und Betriebsführung bis hin zum Recycling auf- und ausgebaut worden. Einige Bereiche sind allerdings vor allem an Universitäten und Forschungseinrichtungen vertreten. Über gezielte Förderung durch die Bundesregierung und die EU gibt es inzwischen auch einige Firmen, die in Deutschland und Europa Lithium-Ionen-Zellen herstellen, Tendenz steigend. Das sind sowohl asiatische Hersteller, die in Europa Niederlassungen eröffnet haben, Automobil- oder Batteriehersteller, die ihr Portfolio erweitern, als auch Neugründungen. Insgesamt ist das Thema Batterie von der Herstellung über die Nutzung bis hin zum Recycling sehr interdisziplinär und erfordert viele Kompetenzen aus unterschiedlichen Bereichen wie Materialwissenschaften, Chemie, Physik, Produktionstechnik, Elektrotechnik, Verfahrenstechnik, Maschinenbau etc. Für einen noch besseren Kompetenzaufbau in Deutschland wäre es daher wünschenswert, wenn in allen diesen Studiengängen auch Aspekte von Batterien vorkommen, um Absolventen für die Thematik zu begeistern und auszubilden. Inzwischen gibt es aber auch viele Universitäten und Hochschulen, die sich in verschiedenster Weise mit Batterien beschäftigen und die Themen auch in der Lehre unterbringen.

ZUSAMMENFASSUNG

Lithium-Ionen-Batterien sind zurzeit fast die einzige Batterietechnologie, die in Elektrofahrzeugen eingesetzt wird. Es gibt eine Vielzahl von möglichen alternativen Materialien mit unterschiedlichen Eigenschaften. Im Betrieb ist es wichtig, die vorgegebenen Betriebsgrenzen sehr genau einzuhalten und auch jede einzelne Zelle zu überwachen, da sonst die Sicherheit nicht gewährleistet ist. Das macht den Einsatz von Lithium-Ionen-Batterien vergleichsweise aufwändig. Durch geschickte weitere Einschränkung des Betriebsbereichs und durch Freigabe oder Beschränkung des Stroms kann gezielt Einfluss auf die Lebensdauer genommen werden. Da Traktionsbatterien meistens nach Absinken der Kapazität auf einen bestimmten Wert, z.B. 80 % der ursprünglichen Kapazität, ausgetauscht werden, die Batterien dann aber noch lange nicht kaputt sind, gibt es Überlegungen, sie in einer weiteren, meist stationären Anwendung weiter zu nutzen. Dazu ist aber vor allem notwendig, schnelle und aussagekräftige Tests zur Ermittlung des Restwerts zu entwickeln. Das Ziel der Batterieforschung geht vor allem in Richtung größere Energiedichte zur Erhöhung der Reichweite.

BEGRIFFSERKLÄRUNGEN

Für Batterien werden verschiedene Definitionen und Begriffe verwendet, die im Folgenden erklärt werden.

Kapazität

In der Batterietechnik wird das Wort Kapazität eigentlich für eine Ladungsmenge verwendet, nämlich die Menge an Ladung, die einer vollgeladenen Batterie durch eine komplette Entladung entnommen werden kann. Sie wird meistens in Amperestunden (Ah) angegeben, als Formelzeichen wird meistens C verwendet. Diese Doppelverwendung führt häufig zu Verwechslungen mit der Kapazität eines Kondensators in Farad (F), was allerdings eine Ladung pro anliegender Spannung ist. Die Kapazität in Farad spielt in der Batterietechnik normalerweise keine Rolle.

Die Restladungsmenge Q gibt an, welche Ladungsmenge der Batterie im aktuellen (teilentladenen) Zustand entnommen werden kann. Sie wird analog in Ah gemessen.

Ladezustand, Entladetiefe und Alterungszustand

Der Ladezustand gibt an, wie viel der Gesamtkapazität aktuell in der Batterie vorhanden ist. Als Formelzeichen wird meistens die englische Abkürzung SOC (für State of Charge) verwendet. Er kann aus dem Verhältnis von Q und C oder durch Integration des Stroms berechnet werden:

$$SOC(t) = \frac{Q(t)}{C}$$

$$SOC(t) = SOC(t=0) + \frac{1}{C}\int_0^t I_{Bat}(\tau)d\tau$$

Der Ladezustand wird meistens in % angegeben.

Manchmal wird auch anstelle des Ladezustands die Entladetiefe DOD (engl. Depth of Discharge) verwendet. Sie wird ebenfalls in % angegeben und ist definiert als:

$$DOD(t) = 100\% - SOC(t)$$

Der Alterungszustand beschreibt, wie sich eine gealterte Batterie im Vergleich zu einer neuen Batterie verhält. Auch hier wird die Abkürzung aus dem englischen Begriff abgeleitet: SOH für State of Health, also Gesundheitszustand. Es gibt mehrere Definitionen, am gebräuchlichsten ist die Berechnung wieviel Kapazität die Batterie im vollgeladenen Zustand verglichen mit einer neuen Batterie noch hat:

$$SOH(t) = \frac{C_{aktuell}}{C_{neu}}$$

Relative Strombezeichnungen

Die Stromstärke, mit der Batterien geladen oder entladen werden, wird häufig relativ zur Batteriekapazität angegeben, weil sich Batterien unterschiedlicher Größe in der Regel ähnlich verhalten, wenn sie mit dem gleichen relativen Strom (absoluter Strom unterschiedlich hoch skaliert mit der Kapazität) verwendet werden. Eine gängige Definition ist bei Lithium-Ionen-Batterien die sogenannte C-Rate: C steht dabei für die Kapazität der Batterie in Ah. Alle Ströme werden dann relativ zu dem Strom angegeben, mit dem die Batterie in einer Stunde komplett entladen werden kann. Dieser Strom wird 1 C genannt. Setzt man für C den Wert der Kapazität in Ah ein, bekommt man den Strom in A, z. B. für eine Batterie mit 10 Ah ist der Strom 1 C = 10 A. Der doppelte Strom, 2 C (im Beispiel 20 A), entlädt die Batterie entsprechend in einer halben Stunde, während der halbe Strom, $\frac{1}{2}$ C (im Beispiel 5 A), die Batterie in zwei Stunden entlädt.

Energie- und Leistungsdichte

Vor allem bei mobilen Anwendungen wie Elektrofahrzeugen sind Gewicht und Platz stark zu berücksichtigen. Die Kombination aus Energie/Leistung und Gewicht/Platz nennt man Energie- bzw. Leistungsdichte. Mit diesen Größen ist es möglich, diese beiden wichtigen Anforderungen gemeinsam zu vergleichen. Je nachdem, ob auf Masse oder Volumen bezogen wird, bezeichnet man die Größen mit gravimetrisch (auf die Masse bezogen) oder volumetrisch (auf das Volumen bezogen). Die verschiedenen Definitionen und zugehörigen typischen Einheiten sind in Tabelle 2 aufgelistet.

Gravimetrische Energiedichte	Energie pro Masse, Einheit Wh/kg
Volumetrische Energiedichte	Energie pro Volumen, Einheit Wh/l
Gravimetrische Leistungsdichte	Leistung pro Masse, Einheit W/kg
Volumetrische Leistungsdichte	Leistung pro Volumen, Einheit W/l

Tabelle 2 Bedeutung und Einheiten der verschiedenen Energie- und Leistungsdichten

Die gravimetrische Energiedichte ist relativ gut aus Materialgrößen berechenbar, sie ergibt sich aus dem Produkt aus der Gleichgewichtsspannung und der spezifischen Kapazität der verwendeten Elektroden. Dieses Produkt wird theoretische Energiedichte genannt, weil dieser Wert in der Praxis nicht erreichbar ist.

Für die Berechnung der theoretischen Energiedichte wird nur die Masse der Reaktionspartner angenommen und es wird davon ausgegangen, dass die komplette Masse an der Reaktion teilnimmt. Für reale Zellen und Batteriepacks kommen allerdings weitere Massen hinzu, ohne dass mehr Energie gespeichert werden kann, so dass sich die Energiedichte verringert.

Für eine Zelle kommt als zusätzliche Masse hinzu: die des Elektrolyten, der Stromableiter, Kontakte, des Gehäuses sowie auch überschüssiger Aktivmasse oder Zusätze, die für die Stabilität der Elektroden notwendig sind, aber nicht zur Energiespeicherung verwendet werden. Als Abschätzung kann man in etwa die theoretische Energiedichte durch drei teilen, um die praktische Energiedichte auf Zellebene zu bekommen.

Für ein Batteriepack erhöht sich die Masse um Zellverbinder, Elektronik und Sensoren für das Batteriemanagementsystem, das Packgehäuse und evtl. ein Kühlsystem. Wiederum erhöht sich die speicherbare Energie nicht, so dass es zu einer weiteren Reduktion der Energiedichte kommt, diesmal um einen Faktor 1,5 bis 2. Insgesamt ergibt sich ein Faktor 4,5 bis 6 zwischen der praktischen Energiedichte eines Batteriesystems und der theoretischen Energiedichte für diese Materialkombination.

Für die häufig in Lithium-Ionen-Batterien verwendete Materialkombination $LiNi_{1/3}Mn_{1/3}Co_{1/3}O_2$ mit Graphit ergibt sich als theoretische Energiedichte 581 Wh/kg, praktisch sind für Zellen etwa 170 – 250 Wh/kg erreichbar und für Batteriepacks etwa 90 – 150 Wh/kg.

Über die praktische Energiedichte lässt sich bei der Auslegung abschätzen, wie schwer eine Batterie wird, die eine gewünschte Energiemenge bzw. eine gewünschte Reichweite liefert.

LITERATUR

1 Tatsächlich kann man alle Batterien auf 0 V entladen, was sie allerdings in der Regel dauerhaft schädigt und daher vermieden werden sollte.

2 Stand Januar 2022.

3 Dendriten sind lange spitze Strukturen, die sich an der Elektrodenoberfläche bilden können. Wenn sie den Separator durchbrechen, kann es zu einem Kurzschluss kommen.

ERSCHLIESSUNG DES VOLKSWIRTSCHAFTLICHEN POTENZIALS UND UMWELTNUTZENS VON 2ND-LIFE-BATTERIE-ENERGIESPEICHERSYSTEMEN DURCH BEREITSTELLUNG VON SYSTEMDIENSTLEISTUNGEN FÜR DAS ENERGIESYSTEM

Stöhr, M., von Jagwitz, A., B.A.U.M. Consult GmbH, Gotzinger Str. 48, 81371 München

Der Wert geeignet betriebener dezentraler netzgekoppelter stationärer Batterieenergiespeichersysteme (BESS) für den Energiesektor kann deren Kosten deutlich übertreffen. Dies tritt zum Beispiel ein, wenn durch BESS die Abregelung von Elektrizitätserzeugung aus volatilen erneuerbaren Quellen und damit die fossile Elektrizitätserzeugung entsprechend reduziert werden. Elektrizitätserzeugung mit hohen Grenzkosten und betriebsbedingten Umweltauswirkungen wird dabei durch solche ohne betriebsbedingte Umweltauswirkungen mit Grenzkosten nahe null ersetzt. Die Reduktion der Umweltauswirkungen des Betriebs fossiler Kraftwerke kann dabei die Umweltauswirkungen der BESS-Produktion mindestens teilweise kompensieren. Dies gilt insbesondere für das Treibhauspotenzial.

Diese Effekte werden gesteigert, wenn für die stationäre Nutzung keine neu produzierten, sondern 2nd-Life-Batterien aus Elektrofahrzeugen verwendet werden, deren Kapazität nach einigen Betriebsjahren so weit gesunken ist, dass sie nicht weiter mobil, wohl aber noch stationär genutzt werden können. Das Recycling dieser 2nd-Life-Batterien verschiebt sich dabei um die Dauer der stationären Weiternutzung. Selbst bei einem geringen Elektrifizierungsgrad der Fahrzeugflotte ist das technische Potenzial der dann verfügbaren 2nd-Life-BESS enorm: Der gesamte Bedarf an Momentanreserve und Primärregelleistung könnte mehr oder weniger nebenbei gedeckt und die Flexibilität des Elektrizitätssektors deutlich erhöht werden, sodass auch bei einem hohen Anteil fluktuierender erneuerbarer Elektrizitätserzeugung ein stabiler Netzbetrieb gewährleistet werden könnte.

Der bestehende Rechtsrahmen bietet potenziellen Betreibern von BESS nun kaum einen Anreiz zu einem solchen systemdienlichen Betrieb. Damit bleibt ein Potenzial unerschlossen, von dem sowohl der Energiesektor und die Volkswirtschaft, als auch Klima- und Umweltschutz profitieren könnten. BESS werden nicht optimal betrieben oder erst gar nicht installiert, 2nd-Life-Batterien werden dem Recycling zugeführt, obwohl sie noch weitergenutzt werden könnten.

Diese Arbeit gibt einen Überblick über das technische Potenzial von 2nd-Life-BESS für den Energiesektor, sowie für Klima- und Umweltschutz, und skizziert, wie potenzielle Betreiber angeregt werden könnten, dieses Potenzial zu erschließen, indem ihnen ermöglicht wird, an der Wertschöpfung teilzuhaben. Sie basiert auf Ergebnissen, die im Rahmen der EU-H2020-Projekte ELSA und GOFLEX erzielt wurden.

1. ANZAHL, KAPAZITÄT UND LEISTUNG VERFÜGBARER 2ND-LIFE-BATTERIEN AUS ELEKTROFAHRZEUGEN

Die Anzahl NBESS der 2nd-Life-Batterien, die für stationäre Batterieenergiespeichersysteme (BESS) zur Verfügung stehen, ist durch (1) gegeben, wobei n_{veh} die Anzahl der Fahrzeuge in der betrachteten Region ist, z.B. der EU, und r_{2nd} die 2nd-Life-Verfügbarkeitsquote. Diese ist gemäß (2) definiert als das Produkt aus rel, der Elektrifizierungsrate der Fahrzeugflotte, und r_{reuse}, der Rate, mit der gebrauchte, aus Elektrofahrzeugen entnommene Batterien in stationären BESS weiterverwendet werden. t_{veh} ist die durchschnittliche Nutzungsdauer im Fahrzeug und tstat die durchschnittliche Nutzungsdauer der stationären Anwendung. Die gesamte Energiespeicherkapazität der verfügbaren Batterien ist durch (3) und ihre Gesamtleistung durch (4) gegeben, wobei e die durchschnittliche garantierte Kapazität und p die durchschnittliche garantierte Leistung der Batterien während der stationären Nutzungsphase ist. Für die Zwecke der folgenden Berechnungen wird der Fahrzeugbestand als 100 % elektrisch definiert, wenn jedes Fahrzeug im Durchschnitt über eine Batterie verfügt, deren garantierte Kapazität im Falle der Weiterverwendung für eine zweite Nutzungsphase gleich e ist. Dies muss nicht durch einen rein vollelektrischen Fahrzeugbestand mit exakt gleicher Batteriekapazität je Fahrzeug realisiert sein, vielmehr kann dies auch ein Fahrzeugbestand sein, der aus vollelektrischen Fahrzeugen und Hybridfahrzeugen mit Batterien unterschiedlicher Größe und einigen verbleibenden fossil betriebenen Fahrzeugen besteht. In solch einem Fall haben die Batterien aus den vollelektrischen Fahrzeugen im Mittel eine größere Restkapazität für die stationäre Nutzung als e.

(1) $N_{BESS} = n_{veh} \cdot r_{2nd} \cdot \frac{t_{stat}}{t_{veh}}$

(2) $r_{2nd} = r_{el} \cdot r_{reuse}$

(3) $E = e \cdot N_{BESS}$

(4) $P = p \cdot N_{BESS}$

Nimmt man für n_{veh} die Anzahl der Fahrzeuge in der EU28, 300 Millionen im Jahr 2016 [1], geht von einer stationären Weiterverwendungsrate rreuse von 50 % aus, und nimmt für die anderen Parameter die Werte des im EU-H2020-Projekt ELSA entwickelten BESS: 10 Jahre für t_{veh}, 5 Jahre für t_{stat}, 11 kWh für e und 12 kW für p, dann sind die Anzahl, die Kapazität und die Leistung der dauerhaft verfügbaren Batterien der stationären Nutzungsphase in Abhängigkeit von der Elektrifizierung des Fahrzeugbestands, bzw. von der 2nd-Life-Verfügbarkeitsquote so wie in Tabelle 1 dargestellt. Wenn nur 5 % der Fahrzeugflotte in der EU elektrisch sind und die Hälfte der Batterien wiederverwendet wird, haben diese Batterien eine Leistung von 45 GW, was der Leistung aller Pumpspeicher-

Elektrifizierungsrate des Fahrzeugbestands, r_{el}	0.33%	1.0%	2.0%	5.0%	10%	20%	50%	100%
2nd-Life-Verfügbarkeitsquote, r_{2nd}	0.17%	0.5%	1.0%	2.5%	5%	10%	25%	50%
verfügbare 2nd-Life-Batterien, N (mio.)	0.25	0.75	1.5	3.75	7.5	15	37.5	75
Verfügbare 2nd-Life-Batteriekapazität, E [GWh]	2.75	8.25	16.5	41.25	82.5	165	412.5	825
Maximale Leistung verfügbarer 2nd-Life-Batterien, P [GW]	3.0	9.0	18	45	90	180	450	900

Tabelle 1 Anzahl, Kapazität und Leistung in der EU verfügbarer 2nd-Life-BESS bei einer Wiederverwendungsrate von 50 % und verschiedenen Raten der Elektrifizierung des Fahrzeugbestands

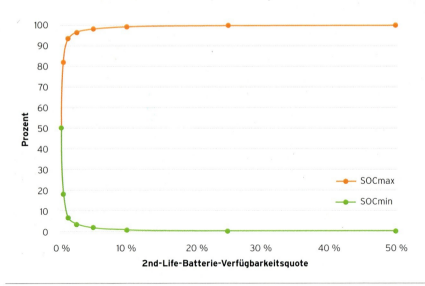

Abbildung 1 Maximaler (obere Kurve) und minimaler (untere Kurve) Wert des durchschnittlichen SOC, der für die Bereitstellung aller im ENTSO-E benötigten PR eingehalten werden muss

kraftwerke in der EU im Jahr 2011 entspricht [2], die derzeit die wichtigste Speichertechnologie im Elektrizitätssektor sind. [3] BESS mit den hier angenommenen Eigenschaften werden im Folgenden als BESS vom Typ ELSA bezeichnet.

2. MOMENTANRESERVE UND PRIMÄRREGELLEISTUNG ALS ZUSATZLEISTUNG VON BESS

Zu den derzeit interessantesten Geschäftsmodellen für BESS gehört die Bereitstellung von Momentanreserve und Primärregelleistung [4]. Die Betreiber von BESS können selbst oder über Aggregatoren auf die jeweiligen Ausschreibungen auf nationaler Ebene reagieren. Das technische Potenzial für Momentanreserve- und Primärregelleistungbereitstellung von 2nd-Life BESS ist jedoch so groß, dass diese Netzdienstleistungen in Zukunft mehr oder weniger nebenbei von BESS erbracht werden könnten, die zu einem ganz anderen Zweck installiert werden.

Zur Veranschaulichung dieses Potenzials wurde der Bereich des Ladezustands (state of charge, SOC) berechnet, in dem sich alle BESS, die an der Bereitstellung von Primärregelleistung (PR) beteiligt sind, im Durchschnitt befinden müssen, um sicherzustellen, dass die gesamte PR, die derzeit in der Zone des Europäischen Netzes der Übertragungsnetzbetreiber (ENTSO-E) benötigt wird, d.h. + 3.000 MW für bis zu 30 Minuten [5], von ihnen bereitgestellt werden kann. Diese Berechnung wurde für BESS vom Typ ELSA für verschiedene Werte der 2nd-Life-Verfügbarkeitsquote durchgeführt. Die Ergebnisse sind in Abb. 1 dargestellt.

Die obere Kurve zeigt den maximalen SOC und die untere Kurve den minimalen SOC an. Wenn die BESS so betrieben werden, dass ihr SOC im Durchschnitt immer zwischen beiden Kurven liegt bzw. innerhalb von 2 Stunden nach Bereitstellung der PR in diesen Bereich zurückkehrt, kann immer die gesamte in der ENTSO-E Zone benötigte PR bereitgestellt werden. Bei einer 2nd-Life-Verfügbarkeitsquote von 0,17 % liegen der minimale und der maximale SOC jeweils bei 50 %. Das bedeutet, dass die gesamte BESS-Kapazität bis zu dieser 2nd-Life-Verfügbarkeitsquote zu gering ist, um den gesamten PR-Bedarf in

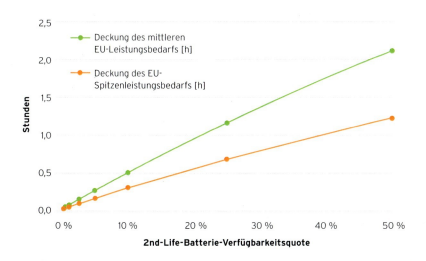

Abbildung 2 Anzahl der Stunden, in denen der durchschnittliche (obere Kurve) beziehungsweise der Spitzenbedarf an elektrischer Energie (untere Kurve) der EU aus 2nd-Life-BESS gedeckt werden kann

der ENTSO-E-Zone zu decken. Dennoch könnte ein Bruchteil davon bereitgestellt werden. Bei höheren Werten der 2nd-Life-Verfügbarkeitsquote kann die gesamte PR bereitgestellt werden, wenn der SOC im Durchschnitt in einem bestimmten Bereich bleibt. Dieser Bereich des geeigneten SOC vergrößert sich schnell, wenn die 2nd-Life-Verfügbarkeitsquote steigt. Da davon ausgegangen werden kann, dass alle BESS mit hoher Wahrscheinlichkeit in einem SOC-Bereich liegen, der von wenigen Prozent bis knapp unter 100 % reicht, kann alle im ENTSO-E-Gebiet benötigte PR für eine 2nd-Life-Verfügbarkeitsquote von wenigen Prozent mit sehr hoher Wahrscheinlichkeit bereitgestellt werden, auch wenn die BESS ansonsten zu einem anderen Zweck betrieben werden.

In dem sehr seltenen Fall, dass die maximale PR oder ein erheblicher Teil davon tatsächlich benötigt wird, wird dies den SOC des BESS so verändern, dass es ausnahmsweise nicht in der Lage sein könnte, seinen ursprünglichen Zweck voll zu erfüllen. Daher muss sichergestellt werden, dass diese Einschränkung dem ursprünglichen Zweck nicht abträglich ist, oder es muss ein angemessener Ausgleich dafür geschaffen werden. Eine an den BESS-Betreiber als Ausgleich gezahlte Vergütung kann jedoch niedriger sein als die Vergütung, die für ausschließlich zur PR-Versorgung betriebene BESS erforderlich ist, da das BESS überwiegend durch ihren ursprünglichen Zweck refinanziert wird.

3. TECHNISCHES POTENZIAL ZUR BEREITSTELLUNG VON ELEKTRIZITÄT IM FALLE VON VERSORGUNGSENGPÄSSEN

Wenn die Elektrizitätsversorgung zunehmend aus volatilen erneuerbaren Quellen sichergestellt wird, könnte es Zeiträume geben, in denen BESS zur Versorgungssicherheit beitragen müssen. Zur Veranschaulichung des technischen Potenzials von BESS der stationären Nutzungsphase wurden wiederum BESS des Typs ELSA als Beispiel herangezogen und die Dauer berechnet, für die der Durchschnitts- beziehungsweise der Spitzenelektrizitätsbedarf der EU durch voll aufgeladene BESS gedeckt werden kann. Die Berechnung wurde für verschiedene Werte der 2nd-Life-Verfügbarkeitsquote unter den oben genannten Annahmen durchgeführt. Die Ergebnisse sind in Abb. 2 dargestellt.

Bei niedrigen 2nd-Life-Verfügbarkeitsquoten kann der Elektrizitätsbedarf in der EU einige Minuten lang vollständig durch die verfügbaren BESS gedeckt werden, sofern diese ausreichend geladen sind, was ein erhebliches Potenzial zur Überbrückung kurzer Elektrizitätsausfälle und zur Unterstützung des Schwarzstarts von Kraftwerken nach einem Elektrizitätsausfall bietet. Bei mittleren 2nd-Life-Verfügbarkeitsquoten, z. B. wenn die Hälfte des Fahrzeugbestands elektrisch ist und die meisten Batterien für eine stationäre Weiterverwendung gesammelt werden, kann der EU-Elektrizitätsbedarf etwa eine Stunde lang durch ausreichend geladene BESS gedeckt werden. Die leichte Biegung der Kurven nach unten spiegelt den Anstieg des Elektrizitätsbedarfs mit zunehmender Elektrifizierung des Fahrzeugbestands wider.

4. TECHNISCHES POTENZIAL FÜR EINE 100 %-VERSORGUNG MIT ERNEUERBAREN ENERGIEN

Es wurden weitere Berechnungen durchgeführt, um das technische Potenzial von BESS des Typs ELSA zu bewerten, einen Beitrag zur Energiespeicherkapazität zu leisten, die für eine 100 %-Versorgung der EU28 + Norwegen + Island + Schweiz + Balkanländer + Ukraine + Türkei mit erneuerbaren Energien erforderlich ist. In einem solchen Fall werden BESS mit einer Kapazität von 3.320 GWh benötigt [6]. Wenn alle Fahrzeuge in der EU28 elektrisch betrieben werden und alle Fahrzeugbatterien nach Verwendung im Fahrzeug in netzgekoppelten stationären BESS weiterverwendet werden, entspricht die dann verfügbare Speicherkapazität 50 % der in der genannten Region benötigten Batteriespeicher beziehungsweise mehr als 50 % der in der EU benötigten Batteriespeicher.

5. KOSTEN DEZENTRALER 2 ND-LIFE-BESS UND WERT FÜR DEN ENERGIESEKTOR

Es wird davon ausgegangen, dass BESS des Typs ELSA für die mobile Nutzung im Fahrzeug zu einem Preis von 580 €/kWh verkauft werden, eine Lebensdauer von 10 Jahren haben, die Batterie nach 5 Jahren zu Kosten von 151 €/kWh ausgetauscht wird und die Betriebskosten pro Jahr 58 €/kWh betragen. Bei gewichteten durchschnittlichen Kapitalkosten von 15 % betragen die jährlichen Gesamtkosten 189 €/kWh oder 173 €/kW. Die jährlichen Kosten wurden in Beziehung zu den Ergebnissen gesetzt, die für das Vereinigte Königreich über den optimalen Einsatz von BESS und die Wertschöpfung für den Energiesektor in Abhängigkeit von den jährlichen BESS-Kosten erzielt wurden [7]. Diesen Ergebnissen zufolge stellen 4,3 GW dezentraler BESS das volkswirtschaftliche Optimum dar, um das Ziel von durchschnittlichen Elektrizitätserzeugungsemissionen von 130 g CO_2/kWh im Jahr 2030 hauptsächlich durch den Ausbau der Elektrizitätserzeugung aus erneuerbaren Energien zu erreichen. Dies entspricht 4 % des Fahrzeugbestands im Vereinigten Königreich, der elektrisch betrieben wird, bei einer Weiterverwendungsquote der Batterien von 50 % oder 2 % des Fahrzeugbestands, der elektrisch betrieben wird, bei einer Weiterverwendungsquote von 100 %. Der Wert, der im Wesentlichen durch die vermiedene Abregelung der Elektrizitätserzeugung aus erneuerbaren Energien und die vermiedene Erzeugung in Gaskraftwerken geschaffen wird, beträgt 404 €/kW jährlich, also das 2,4-fache der jährlichen Gesamtkosten.

Ungefähr das gleiche Verhältnis von Bruttowertschöpfung zu BESS-Kosten gilt, wenn die BESS-Kosten variiert werden [7]. Dies bedeutet, dass der Einsatz von BESS mit 2nd-Life-Batterien, deren Kosten niedriger sind als die Kosten von BESS mit neuen Batterien, zu einer größeren Kapazität der installierten BESS und damit zu einem höheren wirtschaftlichen Bruttonutzen führt.

6. VERMIEDENE UMWELTSCHÄDEN

Die vermiedene Abregelung der Elektrizitätserzeugung aus erneuerbaren Quellen und die vermiedene Elektrizitätserzeugung in Gas- oder anderen fossilen Kraftwerken sind auch die Hauptgründe für den Umweltnutzen von BESS. Im Fall von 2nd-Life-BESS entfallen die gegenzurechnenden Umweltauswirkungen der Batterieproduktion. Anzurechnen sind jedoch die Umweltauswirkungen der Komponenten und Prozesse, die ausschließlich durch die stationäre Nutzung bedingt sind. Für BESS des Typs ELSA wurde eine vollständige Lebenszyklusbewertung (LCA) durchgeführt. Die Umweltauswirkungen, die durch den Einsatz eines BESS vom Typ ELSA anstelle eines BESS mit einer neuen Batterie vermieden werden, belaufen sich auf etwa 6,7 kg CO_2äq/kW/Jahr in Bezug auf das Treibhauspotenzial, 0,04 kg SO_2äq/kW/Jahr in Bezug auf das Versauerungspotenzial und 104 MJ/kW/Jahr an nicht-erneuerbarer Primärenergienutzung. Dieser Effekt ist fast ausschließlich auf die vermiedene Batterieproduktion zurückzuführen.

Wenn die Umweltauswirkungen der Produktion und Logistik der Batterie vollständig auf die mobile Nutzung im Fahrzeug und die Auswirkungen der übrigen BESS-Komponenten auf die stationäre Nutzung angerechnet werden und das BESS des Typs ELSA so betrieben wird, dass in einem Szenario mit einer lokalen Photovoltaik-Eigenversorgung von 43 % und einem Elektrizitätsmix ähnlich dem in Deutschland (40 % erneuerbare Energien, Rest kohlenstofffrei) die verbleibende Nachfrage gedeckt wird, betragen die vermiedenen Netto-Umweltauswirkungen 304 kg CO_2äq/kW/Jahr, 0,15 kg SO_2äq/kW/Jahr und 2.506 MJnon-RPE/kW/Jahr. Dieser Effekt ist auf die vermiedene Abregelung von Elektrizitätserzeugung aus Photovoltaikanlagen und entsprechend vermiedener Erzeugung in Gaskraftwerken zurückzuführen. [8]

7. ANREIZE ZUR ERSCHLIESSUNG DES VOLKSWIRTSCHAFTLICHEN POTENZIALS UND UMWELTNUTZENS VON BESS

Der bestehende Rechtsrahmen stellt für Betreiber von BESS ein Hindernis dar, mit diesen Systemdienstleistungen wie Momentanreserve oder PR zu erbringen und an der Wertschöpfung teilzuhaben, die sie damit für den Energiesektor schaffen könnten [4]. Für weitere potentielle Betreiber von BESS ist deren Betrieb von vornherein nicht wirtschaftlich darstellbar. Infolgedessen werden aufgrund mangelnder Geschäftsmöglichkeiten weniger BESS installiert, und der Betrieb installierter BESS wird im Hinblick auf volkswirtschaftliche Wertschöpfung, sowie Klima- und Umweltschutz nicht optimiert. Grundsätzlich sind Mechanismen erforderlich, die die BESS-Betreiber an einem Teil des Wertes, den sie für das Energiesystem schaffen, teilhaben lassen, sodass (1) mehr potenzielle BESS-Betreiber damit ein Geschäft machen können und (2) sie ermutigt werden, BESS in einer Weise zu betreiben, die dem Energiesektor als Ganzem dient.

Die Autoren schlagen vor, zunächst geeignete Mechanismen für diejenigen Systemdienstleistungen einzuführen, die von BESS, die in erster Linie für einen anderen Zweck installiert wurden, lediglich als Nebenleistung erbracht werden können, d. h. für Momentanreserve und PR. Beispielsweise könnten Betreiber, die ein BESS in erster Linie zur Optimierung ihres eigenen Verbrauchs nutzen, z. B. durch Peak Shaving oder durch Maximierung ihrer Eigenversorgung aus erneuerbaren Energien, eine geringe Vergütung für den Betrieb des BESS erhalten, sodass es an der Bereitstellung von Momentanreserve und PR teilnimmt. Die Vergütung für die Erbringung solcher Dienstleistungen als Nebenleistung kann deutlich unter dem Durchschnittspreis liegen, der bei Ausschreibungen erzielt wird. Dennoch hat eine solche Regelung das Potenzial, die installierte Kapazität von BESS und den damit verbundenen Nutzen für das

Energiesystem, sowie Klima- und Umweltschutz zu erhöhen. In einem nächsten Schritt könnte ein solcher Mechanismus auf Sekundär- und Tertiärregelleistung und Redispatch ausgedehnt werden.

8. SCHLUSSFOLGERUNGEN

BESS mit Batterien, die in Elektrofahrzeugen verwendet wurden und aus diesen entnommen werden, um für stationäre Anwendungen genutzt zu werden, nachdem ihre Kapazität unter den für die mobile Nutzung erforderlichen Mindestwert gesunken ist, haben ein enormes technisches Potenzial, um Dienstleistungen für den Elektrizitätssektor zu erbringen, die das Zwei- bis Dreifache der Kosten für solche 2nd-Life-BESS betragen. Darüber hinaus wird ein Umweltnutzen geschaffen, der die Umweltauswirkungen der BESS-Produktion überkompensiert.

Bruttowertschöpfung und Umweltnutzen gehen Hand in Hand und hängen beide von der Art und Weise ab, wie BESS betrieben werden. Im Wesentlichen sind beide eine Folge der vermiedenen Abregelung der Elektrizitätserzeugung aus erneuerbaren Quellen und der vermiedenen Elektrizitätserzeugung in fossilen Kraftwerken. Wenn eine Abregelung der Elektrizitätserzeugung aus erneuerbaren Quellen von einigen Prozent und die damit verbundene fossile Elektrizitätserzeugung vermieden werden, kompensieren die Umweltvorteile die Auswirkungen der BESS-Produktion mindestens teilweise. Wenn darüber hinaus 2nd-Life-Batterien anstelle von neuen Batterien verwendet werden, verstärkt dies den Effekt und der durch den BESS-Betrieb erzeugte Nutzen für Klima und Umwelt überwiegt die Belastung durch die BESS-Produktion vor allem im Hinblick auf das Treibhauspotenzial.

Regelungen, die es BESS-Betreibern erlauben, eine kleine Vergütung für die Teilnahme an der Bereitstellung von Momentanreserve und PR zu erhalten, könnten den Spielraum für Geschäftsmöglichkeiten und damit die installierte Kapazität von BESS erhöhen. Bei Erfolg könnten solche Regelungen auf die Sekundär- und Tertiärregelleistung sowie auf Redispatch ausgedehnt werden. Wenn nur ein paar Prozent des Fahrzeugbestands elektrifiziert und die Hälfte der Batterien in BESS netzgekoppelt weiterverwendet werden, kann der gesamte Bedarf an Momentanreserve und PR, und möglicherweise auch an Redispatch, allein mit 2nd-Life-BESS gedeckt werden. Wenn diese Dienstleistungen als Nebeneffekt zusätzlich zu einem anderen Zweck erbracht werden, kann die Vergütung dafür auch niedriger sein als die Preise, die heute für Systemdienstleistungen über Ausschreibungen erzielt werden.

DANKSAGUNG

Die in dieser Veröffentlichung vorgestellten Ergebnisse wurden im Rahmen der EU-H2020-Forschungsprojekte ELSA und GOFLEX erzielt, die durch das Forschungs- und Innovationsprogramm der Europäischen Union unter den Vertragsnummern Nr. 646125 bzw. Nr. 731232 gefördert wurden. Eine Veröffentlichung in englischer Sprache erfolgte bereits im Rahmen der IRES 2019.

HINWEISE ZUR DEUTSCHEN VERÖFFENTLICHUNG

Seit der Durchführung der hier vorgestellten Arbeiten und ihrer englischsprachigen Veröffentlichung [9] sind 3-5 Jahre vergangen. BESS können seitdem erheblich kostengünstiger und mit geringeren Umweltauswirkungen produziert werden. Die Aussagen zum technischen Potential von 2nd-Life-BESS bleiben davon unberührt. Die Kosten- und Umweltvorteile gegenüber BESS mit neuen Batterien sind aktuell stark gesunken, aber nicht verschwunden. Es ist nach wie vor sehr sinnvoll und vor allem zur Beschleunigung der Umstellung des Energiesektors auf erneuerbare Energien wünschenswert, Batterien aus elektrischen Fahrzeugen mit gesunkener Kapazität stationär weiter zu nutzen.

Bei den Berechnungen zu den Kosten von BESS vom Typ ELSA waren Kapitalkosten von 15 % angesetzt worden, die für börsennotierte Unternehmen typisch sind. Bürgerenergiegemeinschaften erwarten eine erheblich geringere Eigenkapitalrendite und rechnen darum mit geringeren Kapitalkosten. Entsprechend sind die Kosten von BESS für Bürgerenergiegemeinschaften auch deutlich geringer. Ein gesetzlicher Rahmen, der ihnen ermöglicht unkompliziert Systemdienstleistungen anzubieten, würde ein sehr großes Potenzial sehr günstiger Systemdienstleistungen von großem volkswirtschaftlichem Nutzen erschließen helfen.

LITERATUR

[1] EUROSTAT, http://appsso.eurostat.ec.europa.eu/nui/show.do?dataset=tran_r_vehst&lang=en [retrieved on 16 July 2018].

[2] European Commission, https://setis.ec.europa.eu/setis-reports/setis-magazine/power-storage/europe-experience-pumped-storage-boom [retrieved on 19 July 2018].

[3] Jahn, Christopher, et al. 2018. Energy Local Storage Advanced System - D5.4 Second study of the economic impact in the local and national grid related to all demo sites. München: ELSA consortium, https://elsa-h2020.eu/results.

[4] Neyron, Cédric, et al. 2018. Energy Local Storage Advanced System - D5.6 Final report with the best possible scenarios for the business models. Paris: ELSA consortium, confidential internal deliverable.

[5] VDE, 2015. Batteriespeicher in der Nieder- und Mittelspannungsebene, Anwendungen und Wirtschaftlichkeit sowie Auswirkungen auf die elektrischen Netze. Frankfurt am Main.

[6] Child, Michael, Bogdanov, Dmitrii & Breyer, Christian. The role of storage technologies for the transition to a 100% renewable energy system in Europe. IRES 2018.

[7] Strbac, Goran et al. 2012. Strategic Assessment of the Role and Value of Energy Storage Systems in the UK Low Carbon Energy Future. London: Energy Futures Lab, Imperial College.

[8] Stöhr, Michael and Schneiker, Janina. 2018. Energy Local Advanced System - D5.5 Final assessment of the environmental impact at local level related to all demo sites. München: ELSA consortium, https://elsa-h2020.eu/results.

[9] Stöhr, M., von Jagwitz, A., Exploiting Potential Gross Economic and Environmental Benefits of 2nd-Life Battery Energy Storage Systems by Mechanisms Allowing Operators to Share in the Value Creation, IRES 2019.

MULTIMODALE E-MOBILITÄTSKONZEPTE
ZUR MOBILITÄTSSICHERUNG

Simon Mader*, Rafael Oehme*, Dr. Christian Scherf*, Marcel Streif*, Udo Wagner, *M-Five GmbH Mobility, Futures, Innovation, Economics Karlsruhe, März 2022

Die Versorgung durch Verkehrsmittel sichert das Grundrecht auf gesellschaftliche Teilhabe und stellt eine Grundvoraussetzung für die geistige, seelische und soziale Entwicklung der Bevölkerung dar. Die dadurch realisierte Verkehrsteilnahme von Personen ermöglicht, als verbindendes Element, die Erfüllung der grundlegenden Daseinsfunktionen. Abbildung 2 gibt Ergebnisse einer Umfrage über Entscheidungsfaktoren zur Verkehrsmittelwahl wieder, die das Meinungsforschungsinstitut Quotas 2016 im Auftrag des Verkehrsclubs Deutschland e.V. unter mindestens 18-jährigen Bewohner:innen und Angestellten in Städten mit mindestens 100.000 Einwohner:innen durchgeführt hat.

Grundbedürfnisse sind im Wesentlichen:

Abbildung 1 Grunddaseinsfunktionen (Quelle: eigene Darstellung, M-Five)

Es wird deutlich, dass „weiche Faktoren" wie Sicherheit, Privatsphäre und die eigene Tagesform gegenüber der Erreichbarkeit des Ziels, Einfachheit, Flexibilität und Zuverlässigkeit eine untergeordnete Rolle spielen.

Als **Multimodalität** wird die Nutzung verschiedener Verkehrsmittel innerhalb eines bestimmten Zeitraums bezeichnet. Sie ist der Gegenpol zur ausschließlichen Nutzung eines einzelnen Verkehrsmittels (Monomodalität) und umfasst die Intermodalität als besondere Unterform, bei der innerhalb eines „Weges" (= Bewegung von einer Aktivität zur anderen, vgl. Nobis/Köhler 2018) mehrere Verkehrsmittel verkettet werden. Multimodalität ist, durch die Nutzung der spezifischen Vorteile jedes Verkehrsmittels, die zentrale Lösung für ein nachhaltigeres Mobilitätssystem. Dies gilt gerade vor dem Hintergrund der anhaltenden Debatten um die Reduktion der Treibhausgasemissionen sowie die Aufenthalts- und Luftqualität in den urbanen Zentren, stark steigenden Energiepreisen und der Mobilitätswende.

Die **Verkehrsmittelwahl** zur Sicherung dieser Grundbedürfnisse hängt dabei von vielfältigen Faktoren ab, wie etwa dem Alter einer Person, deren Fitness/Gesundheit, dem ÖV-Angebot, Verfügbarkeit von Fahrzeugen (Pkw, Fahrrad), Entfernung, Einsatzzweck und persönlichen Präferenzen oder Gewohnheiten. Nicht zuletzt betrifft dies auch die Sicherheit, sei es aus verkehrlicher oder, wie im Zuge der SARS-CoV-2-Pandemie zu erkennen, aus gesundheitlicher Sicht.

Es wird immer wichtiger, nachhaltige Personenverkehrskonzepte mit elektrifiziertem Antrieb zu kombinieren und ihre Verbreitung zu fördern. Nicht zuletzt kann Multimodalität, durch geringeren Pkw-Besitz, auch zu einer Aufwertung des durch den ruhenden Pkw-Verkehr dominierten öffentlichen Raumes führen. Aus diesen Gründen ist Multimodalität (zusammen mit Infrastruktur) ei-

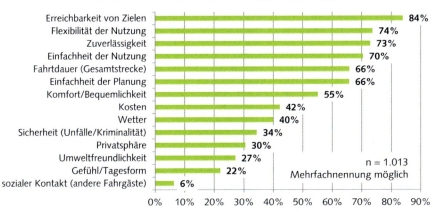

Abbildung 2 Ausschlaggebende Merkmale der Verkehrsmittel (Quelle: VCD e.V., 2016)

ner der fünf Punkte der Grazer Deklaration vom 29./30. Oktober 2018.

Beispielsweise verbreiten sich in Deutschland der Besitz und die Vermietung von Pedelecs, Elektroautos und E-Rollern. Mit Inkrafttreten der Elektrokleinstfahrzeug-Verordnung (eKFV) 2019 sind E-Scooter (Tretroller) ein Teil des städtischen Verkehrsangebotes geworden. Als Elektrokleinstfahrzeug gelten der Verordnung zufolge Kraftfahrzeuge mit elektrischem Antrieb, die Geschwindigkeiten von 6-20 km/h erreichen. Da E-Longboards, Hoverboards und Solowheels selbstbalancierend sind und nicht über eine Lenk- oder Haltestange verfügen, schließt die eKFV solche Fahrzeuge aus.

Verkehrsangebote wie E-Scooter oder Pedelecs lassen sich optimal mit anderen Verkehrsmitteln kombinieren. Wenn diese Verkehrsmittel in Verbindung mit dem ÖPNV für die sogenannte erste/letzte Meile genutzt werden, kann die Nahverkehrsattraktivität gesteigert werden. Die Vernetzung unterschiedlicher Verkehrsmittel wird in Deutschland derzeit (noch?) insbesondere von den Verkehrsverbünden und regionalen Partnern vorangetrieben, welche zunehmend mit lokalen Anbietern von Leihfahrzeugen kooperieren. Seitens der Landkreise könnte es in den kommenden Jahren zu verstärktem Engagement für regionales Mobilitätsmanagement kommen. In der Schweiz hingegen wird diese Vernetzung maßgeblich von den Schweizerischen Bundesbahnen vorangetrieben. Die multimodalen Verkehrsangebote stellen eine attraktive Alternative zum herkömmlichen Pkw dar, wodurch negative Externalitäten der städtischen Mobilität minimiert werden könnten.

Gleichzeitig vollzieht sich ein **soziostruktureller Wandel,** geprägt durch Alterung der Arbeitnehmerschaft und ihrer Familien, Schrumpfung und Urbanisierung. Durch die SARS-CoV-2-Pandemie werden zusätzlich langjährig geltende Gegebenheiten umgeworfen. Die Gesellschaft steht daher vor der Herausforderung, die in diesen Veränderungen enthaltenen Chancen zur Steigerung oder zumindest Aufrechterhaltung der Lebensqualität und Nachhaltigkeit zu nutzen. Gleichzeitig gilt es, die Risiken frühzeitig zu identifizieren und entsprechend gegenzusteuern. Multimodalität, Shared Mobility und E-Mobilitätskonzepte können helfen, die Lebensqualität aller Teile der Bevölkerung, einschließlich der jüngsten und ältesten, zu sichern und zu fördern und dies – so weit wie möglich – unabhängig von der gesundheitlichen Verfassung.

Dies führt zu folgenden Fragestellungen:
- Wie können Multimodalität und E-Mobilität für Beschäftigte attraktiver werden?

- Inwiefern können die Konzepte helfen, Fachkräften und ihren Familien die Mobilität in ländlichen Räumen zu erleichtern?

- Welche Anwendungsbeispiele werden bereits in öffentlichen und zivilgesellschaftlichen Initiativen gefördert?

Im Folgenden werden neben den konkreten Beispielen insbesondere auch die praktische Realisierbarkeit und Alltagstauglichkeit der Konzepte berücksichtigt. Hierzu zählt u.a. die Finanzierbarkeit und technische Möglichkeit, aber auch soziokulturelle Herausforderungen wie die individuelle Bereitschaft zur Verhaltensveränderung und unterschiedliche Interessen zwischen den relevanten Akteuren.

DIE INTEGRATION VON MULTIMODALITÄT UND E-MOBILITÄT IN DEN BETRIEB

Die Nutzung verschiedener elektromobiler Angebote wird für die Mehrheit der Menschen in Deutschland immer mehr zum Alltag. Dennoch sind die vorherrschenden Mobilitätsroutinen noch immer monomodal ausgerichtet, d.h. die meisten Personen nutzen überwiegend ein bestimmtes Verkehrsmittel. Ab der Volljährigkeit ist dieses Verkehrsmittel oft der private Pkw, auch wenn in bestimmten Regionen und Bevölkerungsgruppen alternative Verkehrsmittel, z. B. das eigene Fahrrad, der öffentliche Verkehr oder zunehmend auch gemeinschaftlich genutzte Fahrzeuge (z. B. Carsharing), diesen Platz eingenommen haben. Alternative Nutzungskonzepte und elektrische Antriebe stellen jedoch an die Bevölkerungsmehrheit insgesamt neue Anforderungen.

In ihrer heutigen Form eignen sich gemeinschaftliche Nutzungsmodelle und Elektrofahrzeuge weitaus weniger zur Universalnutzung als herkömmliche Fahrzeuge. Dies hat zum einen technische, zum anderen aber auch organisatorische Gründe: Das Angebot an gemeinschaftlichen Fahrzeugen und die Reichweiten heutiger Elektrofahrzeuge sind zwar statistisch gesehen für die allermeisten Alltagsanlässe ausreichend, aber es bleibt die Sorge der Fahrer:innen, wie mit unvorhergesehenen Bedarfen und weiteren Strecken umgegangen werden kann. Wie kann die Mobilität in Räumen gesichert werden, in denen sich mangels Nachfrage keine Gemeinschaftsangebote rentieren? Wie können spontan größere Entfernungen zurückgelegt werden, die keine Zeit zum zwischenzeitlichen Nachladen der Batterien lassen – etwa bei einer spontanen Dienstreise? Habe ich als Arbeitnehmer:in die Gewähr, ein Sharing-Fahrzeug oder eine freie Ladestation am Arbeitsplatz vorzufinden? Es gibt also eine Reihe von Gründen, die eine direkte Übertragung monomodaler Mobilitätsroutinen auf alternative Angebote und die Elektromobilität schwierig machen. Nicht jeder Beschäftigte hat die Gelegenheit und das Geld, sich prophylaktisch bei diversen Sharing-Diensten anzumelden, das jeweils reichweitenstärkste Elektroauto zu nutzen und auf exklusive Lademöglichkeiten zuzugreifen. Alternative Angebote und elektrische Antriebe legen es daher von sich aus nahe, über multimodale Nutzungsweisen nachzudenken, bei denen eine Vielfalt an Verkehrsmitteln in Kombinationen eingesetzt wird, die öffentlich zugänglich und gemeinschaftlich nutzbar sind sowie mit Strom aus regenerativen Quellen fahren.

Das damit verbundene Nutzer:innenverhalten kann vielleicht am ehesten mit der außeralltäglichen Mobilität verglichen werden, wie sie an Urlaubsorten herrscht: per Bahn zum Zielort, per Taxi ins Hotel, per Mietrad auf Fahrradtour usw. Ein solches Mobilitätsverhalten ist für viele Menschen im beruflichen und privaten Alltag aber nicht üblich. Es bedarf daher unterschiedlicher Mittel, um es alltagstauglich zu machen. Im Folgenden werden mehrere solcher Integrationsmittel vorgestellt, wobei die Möglichkeiten in Bezug auf Arbeitsstätten und betriebliche E-Mobilitätskonzepte im Fokus stehen. Die genannten Konzepte bauen aufeinander auf, indem zunächst auf die allgemeinen Voraussetzungen für E-Mobilitätskonzepte im betrieblichen Kontext eingegangen wird und abschließend auf konkretere Implikationen für die Alltagsmobilität der Beschäftigten.

POLITISCHE INTEGRATIONSKONZEPTE

Mit den politischen Mitteln der Integration werden oft staatliche oder kommunale Maßnahmen zur Förderung bestimmter Mobilitätsformen verbunden. Sie sind aber teilweise auch auf die Ebene der Unternehmenspolitik übertragbar. Die Konzepte beziehen sich dann darauf, wie die Nutzung elektromobiler Angebote in den betrieblichen Alltag eingebaut wird. Ob Alternativen zur monomodalen bzw. nichtelektrischen Verkehrsmittelnutzung überhaupt in Betracht gezogen werden, hat sehr viel mit den betrieblichen Gepflogenheiten und auch dem Vorbild der Unternehmensführung und Kollegen:innen-Kreise zu tun. Dies kann schon in der Einladung zum Bewerbungsgespräch zum Ausdruck kommen, in welcher ein kostenloser Parkplatz angeboten, eine sonstige Übernahme der Reisekosten hingegen abgelehnt wird. Die Mobilitätsforschung hat gezeigt, dass Menschen ihr Verhalten üblicherweise dann verändern, wenn biografische Änderungen eintreten. Der Wechsel der Arbeitsstelle, womit oft auch eine Wohnortwechsel verbunden ist, bildet

genau eine solche Änderung. Hier kann die unternehmenspolitische Integration eines E-Mobilitätskonzepts in betriebliche Prozesse seinen Ausgang nehmen. Mobilitätsangebote unter Einbezug von Elektromobilität können zu einem Element der Außendarstellung des Arbeitgebers werden, das bereits in Ausschreibungen für neue Bewerber:innen genannt wird. So kann etwa als Anreiz für Neueinsteigende neben der Verfügbarkeit von Jobtickets und Auszeichnungen wie „fahrradfreundliche Arbeitgeber:innen" auf den Entleih elektrischer Firmenfahrzeuge (E-Autos, E-Fahrräder) hingewiesen werden oder der Hinweis eingestreut werden, dass Lademöglichkeiten vorhanden sind. Die Besonderheit solcher Angebote von Arbeitgeber:innen an ihre Beschäftigten erhöht die Alleinstellung. Als Imageträger:innen können sie insbesondere umweltbewusste, gesundheitsaffine, multimodal orientierte und jüngere Arbeitnehmer:innen ansprechen. Voraussetzung ist allerdings, dass diese Formen der (E-)Mobilität im Betrieb dann auch tatsächlich gelebt werden.

Für innerbetriebliche Verkehrswenden sind meistens Mentalitätswechsel und zusätzliche Mittel erforderlich, was einzelne Unternehmen oft nicht alleine bewältigen können. Es ist daher ratsam, ein Netzwerk aufzubauen. Dies kann etwa ein benachbartes lokales Carsharing- oder Bikesharing-Unternehmen sein, das Elektrofahrzeuge einsetzt.

Dass dies nicht nur in Großstädten und Großunternehmen funktioniert, zeigt ein Beispiel aus Osnabrück. Dort kooperiert ein Carsharing-Unternehmen – an dem die kommunalen Stadtwerke beteiligt sind – mit einem mittelständischen Logistikdienstleister, indem beide im Rahmen eines „Corporate Carsharing" zusammenarbeiten. Das bedeutet, dass die Fahrzeuge nicht nur durch einzelne Privatpersonen angemietet werden, sondern auch durch ein ganzes Unternehmen, das den Umfang seiner Firmenwagenflotte reduzieren kann, indem es als Dienstwagen auch Autos aus der Carsharing-Flotte einsetzt. Zudem wird das elektronische Buchungssystem des Carsharing-Anbieters genutzt (Meyer & Meyer 2017). Das Osnabrücker Beispiel zeigt außerdem, dass „Corporate Carsharing" auch andersherum funktioniert: Firmenfahrzeuge werden zu bestimmten Zeiten in die Carsharing-Flotte gegeben und erweitern somit das Angebot an öffentlich nutzbaren Pkw auch gegenüber firmenexternen Carsharing-Mitglieder:innen. Zwar basiert der Ansatz in Osnabrück weitgehend auf konventionellen Autos, aber eine solche Partnerschaft bildet eine geeignete Basis für die Integration von Elektrofahrzeugen.

Bereits heute bietet Stadtteilauto Osnabrück die Elektroautos seiner Flotte auch Geschäftskund:innen an (Stadtteilauto 2022). Ein solches Modell ist auch für Neuanschaffungen interessant: Da sich der Carsharing-Anbieter und die Unternehmen die Investitionskosten unter sich aufteilen und durch den Verleih schneller refinanzieren können, sind die teureren Anschaffungskosten leichte abzufedern. Wenn die Unternehmen über eigene Parkplatzflächen verfügen, kann dort mit Unterstützung der Partner die Ladeinfrastruktur errichtet werden. Öffentlich zugängliche Entleihstationen auf privatem Grund sind wiederum für Carsharing-Anbieter interessant, da Carsharing-Stationen im öffentlichen Straßenraum aufwändiger geplant und genehmigt werden müssen.

Auch die örtliche Kommune ist eine mögliche Partnerschaft für Unternehmen, da es für öffentliche Akteur:innen einerseits einfacher sein kann, an staatliche Fördermittel zum Aufbau elektromobiler Infrastrukturen zu gelangen und Kommunen andererseits nach Anknüpfungspunkten suchen, um öffentliche Maßnahmen sichtbar und erlebbar zu machen. Zusätzlich zum Aufbau lokaler Netzwerke profitiert die Entwicklung betrieblicher E-Mobilitätskonzepte auch von überregionalen Partnerschaften. In Betracht kommt beispielsweise eine Mitgliedschaft in den einschlägigen Verbänden wie dem Bundesverband E-Mobilität (BEM), dem Bundesverband solare Mobilität (bsm) oder – für Einzelmitglieder:innen – dem Verkehrsclub Deutschland (VCD). Die Verbände verfügen über langjährige Expertise und Beispiele für erfolgreiche E-Mobilitätskonzepte, die dabei helfen, typische Starthemmnisse zu umgehen.

Schließlich gibt es politische Konzepte, bei denen die Kooperation zwischen öffentlicher Hand und privaten Unternehmen der Daseinsvorsorge dient. In bestimmten ländliche Regionen fällt es schwer, den öffentlichen Personennahverkehr zum Zwecke der Herstellung gleichwertiger Lebensverhältnisse im gesamten Bundesgebiet aufrechtzuerhalten. Durch den Wegzug von Auszubildenden und Berufseinsteiger:innen sowie der rückläufigen Zahl an schulpflichtigen Kindern und Jugendlichen wird die Basis der ÖPNV-Nutzenden in diesen Regionen immer dünner. Das Abflachen der Morgen- und Abendspitze im ÖPNV, vorangetrieben durch flächendeckendere Homeoffice-Möglichkeiten und weniger Schulkinder, stellt den Einsatz großer Beförderungsgefäße mit Verbrennungsmotor infrage. Dennoch gibt es weiterhin Bevölkerungsgruppen, die aus unterschiedlichen Gründen keinen eigenen Pkw besitzen und daher zur Überbrückung längerer Wege auf öffentliche Angebote angewiesen sind oder diese bewusst bevorzugen. Dabei scheitert die private Anschaffung kleinerer Elektrofahrzeuge häufig an deren Verfügbarkeit und der Finanzierung der Ladeinfrastruktur. Daher wird auf dem Land stellenweise versucht, die Daseinsvorsorge im öffentlichen Verkehr durch kleinere und elektrische Fahrzeuge zu gewährleisten. Warum sollte etwa ein 40-sitziger Dieselbus eingesetzt werden, wenn auf freie Kapazitäten in sonstigen Fahrzeugen zurückgegriffen werden kann, die aus anderen Gründen regelmäßig verkehren? In Betracht kommen z. B. Fahrzeuge von Außendienstmitarbeitenden, Postbot:innen, Landärzt:innen, Geistlichen oder Pendler:innen. Über eine telefonische Mobilitätszentrale bzw. eine digitale Onlineplattform können Bewohner:innen Fahrtwünsche angeben und bekommen ggf. passende Mitfahroptionen angeboten. Eine Aufwandsentschädigung für die Personenmitnahme kann umgekehrt private Unternehmen dazu animieren, freie Plätze in ihren Fahrzeugen für Mitfahrten anzubieten. Die Zentrale bzw. Plattform selbst wird in der Regel von einem öffentlichen Träger bereitgestellt, der die Integration in den örtlichen Nahverkehr vornimmt und für etwaige Ersatzfahrten sorgt, wenn z. B. für einen Fahrtwunsch aktuell kein Mitfahrangebot vorliegt.

Ein solches Konzept wurde beispielsweise im Projekt „Mobilfalt" durch den Nordhessischen Verkehrsverbund getestet (NVV 2018). Das Projekt startete im April 2013 und wurde im Rahmen des Nachfolgeprojekts „GetMobil" von 2015 bis 2018 evaluiert (FONA 2021). Als zentrale Herausforderung wurde dabei das seltene Übereinkommen zwischen Angebot und Nachfrage festgestellt. Die Fahrtanbieter:innen mussten sich an Fahrpläne halten und ihre Aufwandsentschädigung war aus rechtlichen Gründen gering. Unter diesen Umständen kam oft keine Mitfahrt zustande. Daher wurden für den Großteil der Fahrten statt Privatfahrzeuge Taxis gerufen. Schon geringe Abweichungen zwischen Fahrtwunsch und Fahrtangebot konnten dazu führen, dass vom Buchungssystem nur ein Taxi vorgeschlagen wurde. Da die Taxipreise durch den Projektträger vergünstigt wurden, bestand für Nutzer:innen kein finanzieller Nachteil. Die Subventionierung des Taxis ist immer noch günstiger als Leerfahrten mit Bussen (Winkelkotte 2015: 28f.). Kritiker:innen hinterfragten allerdings, ob es sich bei so wenig passenden Mitfahrangeboten überhaupt noch um ein Mitfahrsystem handelt (ebd.).

Da besonders im ländlichen Raum auch kleinere Fahrzeuge als die im Nahverkehr häufig eingesetzten 12-Meter-Busse für die Personenbeförderung in Frage kommen und diese nicht den gesamten Tag zu fahren brauchen, bieten sich Einsatzoptionen für Elektrofahrzeuge. Ein E-Auto als öffentliches Gemeindefahrzeug – etwa wie im Projekt „Emma" am Bodensee – kommt auch örtlichen Gewerbetreibenden und Selbständigen zugute. Nach dem Prinzip „Bürger fahren für Bürger" bot das Projekt „Emma" ein Elektroauto von ehrenamtlich tätigen Bürger:innen als Fahrdienst innerhalb der Region. Die Bewohner:innen meldeten ihre Fahrtwünsche bis zu einer Stunde vorher an und werden an einem Haltepunkt in ihrer Nähe abgeholt. Das Konzept bestand auch nach Ende des Förderzeitraumes fort (BUND 2022).

INFORMATORISCHE INTEGRATIONSKONZEPTE

Das tatsächliche Aufgreifen alternativer Konzepte durch die Beschäftigten gelingt jedoch nur, wenn sie überhaupt davon erfahren und vom Nutzen überzeugt werden. Diesbezüglich Maßnahmen beginnen beispielsweise mit Informationsmaterial für Neueinsteiger:innen zum Stellenantritt oder auf Betriebsversammlungen.

Die einmalige Benachrichtigung über neue oder alternative Angebote kann jedoch nur ein erster Schritt sein. Die Neigung zum Rückfall in die gewohnten Mobilitätsmuster ist im Allgemeinen sehr ausgeprägt. Wichtig ist es daher, Informationsmedien zu nutzen, die regelmäßig frequentiert werden, z. B. das „schwarze Brett" in der Kantine, die Startseite des Intranets oder ein firmeninterner Newsletter.

Die Informationen brauchen sich aber nicht nur an die eigenen Beschäftigten zu richten, sondern können auch an externe Gäste oder Zulieferer:innen des Unternehmens adressiert sein. Eine Möglichkeit, Informationen über E-Mobilitätskonzepte nach außen zu tragen, ist die Anpassung der Anreiseinformationen auf der Unternehmenswebseite, in der explizit auf Abstell-, Lade- und Entleihmöglichkeiten für und von Elektrofahrzeugen hingewiesen wird. Selbstverständlich empfiehlt es sich, erst dann mit der Außenkommu-nikation zu beginnen, wenn die Konzepte firmenintern weit genug erprobt sind, um die Funktionsfähigkeit weitest möglich zu gewährleisten. Bei der Erprobung durch die Beschäftigten muss zwar auch schon ein Mindestmaß an Funktionssicherheit gewährleistet sein, aber der vorhergehende, firmeninterne Test schafft eine Möglichkeit zur Beseitigung technischer „Kinderkrankheiten" und erster Akzeptanzhürden.

Nicht zuletzt spielen auch Details wie die Aufschriften auf Firmenschildern und, sofern vorhanden, Firmenfahrzeugen eine Rolle, die auch im übertragenen Sinne mögliche „Aushängeschilder" für die Unterstützung der Elektromobilität sind. Bei der Gestaltung der Informationsmaterialien bieten vergleichbare Initiativen in ähnlichen Unternehmen Orientierungshilfe. Eventuell kann hierzu ein neu entstehendes oder zu initiierendes Partnernetzwerk zur Förderung der Elektromobilität hilfreich sein, denn auch für informationelle Konzepte sind Kooperationen zwischen Unternehmen und externen Einrichtungen von hoher Bedeutung.

Sofern im Einzugsgebiet des Unternehmens vorhanden, sind Mobilitätszentralen vielversprechende Kooperationspartner für die Einholung und Verbreitung von verkehrsrelevanten Informationen für die Beschäftigten. Mobilitätszentralen informieren über Mobilitätsangebote auf städtischer oder regionaler Ebene. Im Unterschied zu Kundenzentren des öffentlichen Nahverkehrs beraten Mobilitätszentralen über eine größere Bandbreite unterschiedlicher Angebote, wie z.B. Fahrradinfrastruktur, Mitfahr- und Sharing-Dienste sowie über Tarife und Tickets für Busse und Bahnen. Sie bieten Onlineauskünfte, aber auch persönliche Beratung an öffentlich zugänglichen Anlaufpunkten (EPOMM 2019).

Unternehmen können in doppelter Hinsicht von Mobilitätszentralen profitieren: Sie können sich Informationen über Mobilitätsangebote an ihren Unternehmensstandorten einholen und diese an ihre Beschäftigten weitergeben. Umgekehrt können Unternehmen ihrerseits Bedarfe der Beschäftigten und Wünsche der Firmenleitung an Mobilitätszentralen weitergeben, die diese wiederum an öffentliche Behörden und Träger vermitteln.

Der Wunsch nach mehr Mobilitätsangeboten und Elektromobilität ist eine der möglichen Mitteilungen, die Unternehmen an Mobilitätszentralen richten können. Eine nutzer:innen-orientierte Mobilitätszentrale wird an diesen Rückmeldungen ein besonderes Interesse haben, denn die Kenntnis der Nachfrageseite steigert letztlich ihre Auskunftsqualität. Für Mobilitätszentralen haben Kontakte zu Unternehmen gegenüber Kontakten zu Einzelnutzern den Vorzug, eine größere Zahl potenzieller Interessenten auf einmal anzusprechen bzw. auf einen Schlag zahlreiche Bedarfe und Wünsche zu erfahren.

Durch Kooperationen mit Dienstleistenden bieten einzelne Mobilitätszentralen über die reine Information hinaus Zugang zu Diensten und Leistungen. Sie können beispielsweise kostengünstige Komplettpakete aus Nahverkehrsabonnement, Bike- und Carsharing oder Chauffeurdienste für Firmenkunden zusammenstellen.

Auch dabei hilft die Bündelung durch Kontakte zu Betrieben und ihren Beschäftigten, da sich Rabatte und Vorzugkonditionen umso leichter aushandeln lassen, je größer der erreichbare Nutzer:innen-Kreis ist. Aufgrund ihres Nachfragepotenzials befinden sich besonders größere Unternehmen gegenüber Mobilitätsanbietern in der Position, konkrete Vorschläge zu formulieren. So kann eine Firma mit Verweis auf die Wünsche der Beschäftigten z. B. ein ÖPNV-Jobticket oder einen Carsharing-Rabatt unter Nutzung von Elektrofahrzeugen und regenerativem Strom vorschlagen. Unternehmen können Mobilitätszentralen damit Argumente liefern, um bei den örtlichen Nahverkehrsbetrieben oder Carsharing-Anbietern auf einen verstärkten Einsatz nachhaltiger Elektromobilität hinzuwirken.

Digitale Informationswege sind auch ein elementarer Integrationsbaustein für E-Mobilitätskonzepte im öffentlichen Verkehr. Bisher scheiterte die multimodale Praxis oft an der mangelnden informationellen Vernetzung zwischen unterschiedlichen Mobilitätsanbietern. Und selbst dort, wo diese Integration bereits aufwändig umgesetzt wurde, ist mit deutlichen Anlaufschwierigkeiten zu rechnen. Im öffentlichen Nahverkehr steht auf vielen Verbindungen oft nur ein bestimmtes Verkehrsmittel zur Verfügung über dessen Verspätung und Ausfall Fahrgäste teilweise zu spät oder gar nicht informiert werden. Fährt beispielsweise ein:e Pendler:in morgens per Bus zum Bahnhof, kann die Verspätung des Busses das Nichterreichen des Anschlusszuges nach sich ziehen. Ein rechtzeitiges Alternativangebot für Beschäftigte setzt eine frühzeitige Information über Ausweichoptionen voraus. Die dazu notwendigen Elemente wurden im Projekt „Smart Station" erforscht, das von 2015 bis 2018 im Auftrag des Bundesverkehrsministeriums durchgeführt wurde. Eine Smart Station wurde dabei als intelligente Haltestelle im öffentlichen Raum konzipiert, über die via Smartphone bevorstehende Verspätungen an Reisende gesendet, alternative Reisemöglichkeite vorgeschlagen und auch Buchungen ermöglicht werden. In einem fiktiven Fallbeispiel wurde detailliert durchgespielt, welche Prozesse und Schnittstellen erforderlich wären, um z. B.

einem morgendlichen Pendler den Standort eines elektrischen Carsharing Autos sowie eine Parkplatzreservierung am Bahnhof anzubieten (Kindl et al. 2018: 39).

Abbildung 3 Beispiel für eine öffentliche Elektrofahrrad-Tankstelle in Ulm (Quelle: Wikimedia Commons, https://commons.wikimedia.org/wiki/File:Elektrofahrrad-Tankstelle_Ulm_IMG_3141.jpg, Lizenz CC BY-SA 3.0 DE)

TECHNISCHE INTEGRATIONSKONZEPTE

Auch ausgefeilte Kooperations- und Informationskampagnen dürften aber erfolglos bleiben, wenn nachfolgend nicht auch die tatsächliche Machbarkeit der Angebote und Alternativen unter Beweis gestellt wird. Spätestens an dieser Stelle sollten sich die Betriebe und Beschäftigten mit konkreten technischen und infrastrukturellen Erfordernissen auseinandersetzen. Für die Realisierung von Ladesäulen an Firmenparkplätzen sowie Abstell- und Anschlussmöglichkeiten für elektrische Kleinfahrzeuge sind ggf. auch baurechtliche Genehmigungen einzuholen. Ein gewöhnli-

Abbildung 4 Bosch Li-Ion-Akku „Powerpack 400" für Bosch Pedelecs. 36 V, 11 Ah, 400 Wh (Quelle: Wikimedia Commons, https://commons.wikimedia.org/wiki/File:Bosch_Pedelec_Battery.JPG, Lizenz WTFPL)

Arbeitstätigkeit berücksichtigt werden, um zu prüfen, wo genau infrastrukturelle und technische Anpassungen erforderlich sind. Hinzukommen diejenigen elektrischen Verkehrsmittel, die erst allmählich Verbreitung finden, etwa elektrische (E-)Falträder oder (E-)Kick-Scooter. Einerseits lassen sie sich aufgrund ihrer geringen Größe gut in Verbindung mit anderen Verkehrsmitteln nutzen, etwa bei der Mitnahme im öffentlichen Nahverkehr. So bieten diverse Verkehrsverbünde in Kooperation mit dem Allgemeinen Deutschen Fahrradclub (ADFC) ein vergünstigtes Klapprad an. Ähnliche Kooperationen könnten auch größere Unternehmen und örtliche Nahverkehrsbetriebe eingehen.

ches Fahrrad lässt ein:e Beschäftigte:r möglicherweise noch bei Wind und Wetter im Regen stehen, aber bei einem teuren E-Fahrrad mit Tretunterstützung (Pedelec) kann ein Witterungsschutz mit Beleuchtung und Diebstahlsicherung eine wichtige Voraussetzung sein. Öffentliche Ladestationen für E-Fahrräder wirken zum Teil noch lieblos und ungeschützt (siehe Abbildung 3). Im betrieblichen Kontext besteht die Chance, das Design mehr an die Bedürfnisse der Beschäftigten anzupassen.

Die Akkus der E-Fahrräder können bei vielen Modellen einfach abmontiert und extern aufgeladen werden (siehe Abbildung 4). Doch wenn nicht nur einzelne Mitarbeiter:innen per Pedelec zur Arbeit fahren, sondern Dutzende, empfiehlt es sich, bauliche Vorsorge zu schaffen. Die Anpassungen können dabei auch die Betriebsgebäude selbst betreffen, indem z. B. Ablageorte und Anschlüsse für die Pedelec-Akkus eingerichtet werden. Auch Nutzer:innen von E-Fahrrädern betätigen sich auf der Fahrt körperlich, geraten ins Schwitzen und könnten daher auf Duschen am Arbeitsplatz angewiesen sein.

Letztlich muss die gesamte Aktivitätskette von der Fahrt über die Ankunft am Arbeitsplatz bis zur Aufnahme der eigentlichen

Andererseits können bei verstärkter Inanspruchnahme solcher Angebote wiederum bauliche Engpässe auftreten, wenn die vorhandenen Infrastrukturen noch nicht an die neuen Verkehrsmittel angepasst sind. Auch kleine Verkehrsmittel brauchen zusätzliche Flächen, wenn sie in größeren Mengen genutzt werden. Dies betrifft z. B. Bushaltestellen und Businnenräume bei starker Radmitnahme sowie Einfahrten, Absperrungen und Beschilderungen. An erster Stelle steht bei den Umgestaltungen allerdings die Sicherheit der Nutzer:innen wie auch Unbeteiligten für welche zumindest auf dem Firmengelände die Unternehmensleitung verantwortlich ist. Dabei ist auch dafür Sorge zu tragen, dass durch etwaige bauliche Veränderungen keine neuen Hindernisse für mobilitätseingeschränkte Personen entstehen.

Für das Angebot von Elektrofahrzeugen ist nicht zuletzt die Ladeinfrastruktur und die Stromversorgung entscheidend. Hierzu haben Unternehmen die Möglichkeit, öffentliche Förderungen in Anspruch zu nehmen, denn die Installation von Stromanschlüssen in Form von Ladesäulen ist – neben ggf. gesonderten Parkplätzen – ein besonders investitionsintensiver Kostenpunkt bei der Integration von E-Mobilitätskonzepten in den

Abbildung 5 Ein fahrerloser und elektrischer Shuttlebus auf dem Berliner EUREF-Campus, 2017 (Quelle: InnoZ GmbH/MaxPowerPhoto)

Betrieb. Der zusätzliche Stromverbrauch selbst hängt stark vom jeweiligen Fahrzeug ab: Für E-Fahrräder (Pedelecs) und Elektrokleinstfahrzeuge wie E-Scooter dürften die firmeninternen Stromnetze in der Regel ausreichend ausgelegt sein. Anders kann es sich ggf. beim Einsatz einer größeren Firmenflotte aus Elektroautos oder -transportern verhalten. In diesem Fall empfiehlt es sich, vorab eine fachliche Expertise hinsichtlich der erforderlichen Netzkapazität, Sicherungen und ggf. notwendigen Aggregate einzuholen.

Besonders hohe Ansprüche an die technische und bauliche Gestaltung stellt schließlich das automatisierte Fahren, für das bisher auf betrieblicher Ebene nur wenige Fallbeispiele vorliegen. Hierzu zählte etwa der Test eines automatisierten, elektrischen Shuttlebusses auf dem Berliner EUREF-Campus. Auf dem halböffentlichen Areal in Berlin-Schöneberg wurde von 2016 bis 2019 eine ca. 800 Meter lange Teststrecke mit einem fahrerlosen Fahrzeug und mehreren Haltestellen betrieben. Aus rechtlichen und sicherheitstechnischen Gründen fanden die Fahrten unter Begleitung von Sicherheitspersonal statt, welches im Bedarfsfall eingriff. Die Versuchsanordnung zielte insbesondere auf die Einbindung der örtlichen Unternehmen des Campus-Areals ab. Zwar erfüllte der Shuttle aufgrund seiner geringen Fahrstrecke noch kein echtes Verkehrsbedürfnis, doch für die angesiedelten Firmen bot das futuristische Fahrzeuge einen willkommenen Anlass, Beschäftigten und Gästen zukünftige Optionen der verkehrstechnischen Anbindung ihres Standortes zu demonstrieren. Einer der nächsten Schritte ist der Einsatz von fahrerlosen Shuttles zur Überbrückung der sogenannten „letzten Meile", z. B. zwischen Bahnhof und Arbeitsort. Aufgrund der Personalkosten lohnt es sich für die Nahverkehrsbetriebe oft nicht, Zubringerbusse auf relativ kurzen Strecken einzusetzen. Mit zunehmender Alltagstauglichkeit fahrerloser E-Busse könnte sich dies ändern.

FINANZIELLE UND NICHT-MONETÄRE ANREIZSYSTEME

Auch wenn Informationen über alternative Wege zur Arbeit verankert sind und die Angebote in ausreichender Zahl funktionstüchtig vorhanden sind, ist dies keine Gewähr für die Inanspruchnahme. Die Erkenntnisse der Mobilitätsforschung zeigen, dass Nutzer:innen dazu neigen, nach einmaligen Mobilitätserfahrungen häufig wieder in die alten Routinemuster zurückzufallen, wenn keine dauerhaften Anreize zur weiteren Nutzung bestehen.

Ein übliches Mittel sind finanzielle Anreize, etwa die vergünstigte Nutzung elektrischer Leihfahrzeuge von Firmenangehörigen durch Zuschuss der Firmenleitung. Im September 2018 meldete der Münchner Betriebsrat von BMW beispielsweise, dass die 40.000 Mitarbeiter:innen ab sofort Dienstfahrräder leasen können. Die Kosten dafür wurden mit der Erfolgsvergütung verrechnet. Es ist aber wichtig, darauf hinzuweisen, dass monetäre Mittel nicht der einzige Anreizfaktor sind und sich ihre Wirkung mit der Zeit abschwächen kann, wenn nicht weitere handlungserleichternde Hilfestellungen hinzukommen.

In der Fachliteratur wird seit einigen Jahren das sogenannte Nudging kontrovers diskutiert (Thaler/Sunstein 2009). Der Begriff stammt aus dem Englischen und bedeutet ungefähr „Stups" oder „Anstoß". Gemeint sind unterschwellige Anreize zu gewünschtem Handeln – oder auch kleine Hürden für unerwünschtes Handeln –, um die Wahrscheinlichkeit zu erhöhen, dass bestimmte Optionen von den Adressaten aufgegriffen werden. Dies können scheinbare Nebensächlichkeiten wie die Standardeinstellung des Kopierers zum doppelseitigen Ausdruck sein oder die bequeme Griffhöhe gesunder Lebensmittel in der Kantine. Für das Nudging-Konzept ist es elementar, dass es keinen Zwang darstellt: Den Nutzer:innen wird grundsätzlich die Wahl gelassen, für welche Option sie oder er sich entscheidet. Die gewünschte Option wird aber so gestaltet, dass sie möglichst einfach und intuitiv wahrzunehmen ist. Daher steht das Konzept in der Kritik, normierend bzw. bevormundend zu sein. Um den Eindruck einer besserwissenden Steuerung „von oben" zu vermeiden, sollten solche Ansätze daher unter Einbezug der Beschäftigten entwickelt werden und die Entscheidungsoptionen möglichst transparent bleiben.

Was heißt Nudging im Zusammenhang mit multimodalen E-Mobilitätskonzepten?
Es beginnt mit der Wahl der Abstellplätze: Eine Pedelec-Box oder eine Carsharing-Station werden voraussichtlich nicht genutzt, wenn sie sich an einem abgelegenen und unbeleuchteten Ort auf dem Firmengelände befinden. Sie sollten ins Zentrum, dorthin wo die beliebtesten Mitarbeiterparkplätze sind. Gleiches gilt für die Integration in die betrieblichen Regelungen: Wenn den Beschäftigten z. B. zuerst und standardmäßig ein eigenes Dienstfahrzeug angeboten wird, werden Alternativen nicht wahrgenommen.

Eine Alternative dazu ist das Mobilitätsbudget, das bereits in einigen Großunternehmen getestet wurde (Steindl/Inninger 2016): Statt eines Dienstwagens erhielten die Beschäftigten einen vereinbarten Betrag zur Verfügung gestellt, den sie wahlweise für unterschiedliche Mobilitätsangebote wie Bahnreisen (inklusive BahnCard), Taxifahrten und Leihfahrzeuge einsetzen durften. Es liegt nahe, ein solches Budget zunächst auf den Preisen basieren zu lassen, es also mit einer finanziellen Obergrenze zu versehen. Perspektivisch ist es aber denkbar, auch andere Maßeinheiten wie z. B. Streckenkilometer, CO_2-Emissionen oder die Nutzung von „Grünstrom" einzusetzen. Dies würde bedeuten, dass Beschäftigte beispielsweise das firmeneigene E-Fahrrad nahezu unbegrenzt verwenden dürfen, da es wenig Streckenkilometer verbraucht, kaum CO_2-Emissionen verursacht und sich mit „grünem Strom" laden lässt. Bei der Nutzung eines konventionell angetriebenen Dienstfahrzeuges mit Verbrennungsmotor oder einer Flugreise wäre das Budget hingegen nach wenigen Nutzungen aufgebraucht. Durch solche Steuerungsinstrumente wird die nachhaltige Gestaltung der Wegeketten durch ein größeres Maß an individuell verfügbarer Mobilität belohnt.

Im Kontext einer nachhaltigen Mobilität ist Multimodalität kein Selbstzweck, sondern sollte so gestaltet sein, dass ökologische, soziale und ökonomische Ziele erreicht werden. Mit dem Mobilitätsbudget können auch ökonomische Ziele eines Unternehmens erreicht werden. Denn langfristig kann ein umweltfreundliches Verkehrsmittel auch ein kostengünstiges sein, da weniger Kraftstoffkosten entstehen, etwaige Fahrverbote umgangen werden und innovative und gesundheitsbewusste Mitarbeitende angelockt werden. Damit wird die übliche Anreizlogik gleichsam umgedreht: Statt die Mitarbeitenden durch steuervergünstige Firmenwagen zu einem autozentrierten Lebensstil anzuregen, werden Experimentierräume geschaffen, in welchen die Beschäftigten selbst erleben können, welcher Verkehrsmittelmix für welche Situation am besten geeignet ist. Hierbei besteht noch hohes, bislang weitgehend ungenutztes Gestaltungspotenzial.

Auf der betrieblichen Ebene lassen sich manche Konzepte testen, die sich gesamtgesellschaftlich derzeit aus rechtlichen oder politischen Gründen (noch) nicht für die breite Masse umsetzen lassen. Beispielsweise wäre es denkbar, den Beschäftigten zwar Dienstwagen anzubieten, aber nur dann, wenn diese einerseits elektrisch sind und andererseits beim Peer-to-Peer-Carsharing angemeldet werden. Peer-to-Peer bedeutet, dass die Fahrzeuge zwischen zwei Privatpersonen verliehen werden. Das Carsharing-Unternehmen übernimmt nur die Vermittlung.

Im Frühjahr 2018 kooperierten etwa der Mietwagenanbieter Europcar und das Peer-to-Peer-Carsharing SnappCar, indem Mietfahrzeuge ab einem Jahr Mindestlaufzeit einem „Hauptmieter" bzw. einer Hauptmieterin zur Verfügung gestellt werden (John 2018). Der Hauptmieter bzw. die Hauptmieterin kann die monatlichen Raten reduzieren, indem er bzw. sie sein Fahrzeug über die Plattform von Snappcar an „Untermieter:innen" weitergibt. Die Rolle des Mietwagenanbieters könnte auch ein Unternehmen mit elektrischer Firmenwagenflotte übernehmen. Die Hauptmieter:innen wären dann die Firmenangehörigen, die die Fahrzeuge an firmenexterne „Untermieter:innen", weitergeben können, wenn sie diese gerade nicht brauchen. Der Verleih würde also nicht nur zentral vom Firmengelände aus funktionieren, wie in Osnabrück, sondern auch dezentral vom jeweiligen Standort des Fahrzeugs aus. Die Beschäftigten und ihre Angehörigen könnten dadurch schrittweise auf ein Leben ohne privaten (Verbrenner-)Pkw vorbereitet werden.

INTEGRATION IN DEN PRIVATEN ALLTAG DER BESCHÄFTIGTEN

Wie praxistauglich die multimodalen E-Mobilitätskonzepte tatsächlich sind, erweist sich letztlich erst im privaten Alltag der Beschäftigten. Erst wenn den Mitarbeitenden die Übertragung von beruflichen in private Routinen gelingt, bieten die Konzepte die notwendige Flexibilität für unterschiedliche Lebensbereiche. Zugleich ist diese Übertragung ein Indikator dafür, dass die Beschäftigten selbst von den Angeboten und Alternativen überzeugt sind und ihre Nutzung nicht etwa nur als Dienstanweisung oder Gefälligkeit für die Geschäftsleitung verstehen.

Ein möglicher Ansatzpunkt für größere Unternehmen könnte beispielsweise das Angebot von Hol- und Bringdiensten für Firmenkindergärten sein. Anstelle der separaten Fahrt der Kinder in den Privatautos der Beschäftigten könnten elektrische Shuttlebusse eingerichtet werden.

Somit entfällt für die Eltern ein Grund zur Nutzung des Privatautos, was die Annahme elektromobiler Firmenangebote wesentlich erleichtern kann. Sicherlich sind dies Idealbedingungen, aber der Sprung vom Berufs- ins Privatleben der Beschäftigten kann auch schon durch kleinere Initiativen unterstützt werden. Sind z. B. erst einmal elektrische Leihfahrzeuge für Dienstfahrten angeschafft worden, können diese am Wochenende an Mitarbeitende zur Freizeitnutzung verliehen werden. Damit kommen auch die Familien und Freundeskreise der Beschäftigten mit den E-Mobilitätskonzepten in Kontakt. Dies schafft einen zwanglosen, kostengünstigen Rahmen, die Alternativen auch in anderen Alltagskontexten zu testen und es kann nebenbei die Bindung an das Unternehmen stärken.

RAUMSPEZIFISCHE CHANCEN UND HERAUSFORDERUNGEN

Die Anforderungen für multimodale E-Mobilitätskonzepte unterscheiden sich je nach Raumtyp erheblich (Jacoby/Wappelhorst 2016). Zur räumlichen Abgrenzung dient das Merkmal der siedlungsstrukturellen Regionstypen des Bundesinstituts für Bau-, Stadt- und Raumforschung (BBSR)[1]. Abhängig von Einwohnerzahl und Bevölkerungsdichte wird hier unterschieden nach ländlichen Räumen, verstädterten Räumen und Agglomerationsräumen.

AGGLOMERATIONSRÄUME

Der Großteil der deutschen Gesamtbevölkerung und ein noch höherer Anteil von Beschäftigten entfallen auf Agglomerationsräume (Regionen mit großen Verdichtungsräumen). Mit einer höheren Dichte an ÖPNV-Haltestellen, dichterem Takt öffentlicher Verkehrsmittel und einer geringeren Pkw-Verfügbarkeit (Pkw pro Einwohner:in) nutzen Verkehrsteilnehmende häufiger Verkehrsmittel des Umweltverbunds (ÖV sowie Fuß- und Radverkehr) als in den übrigen Raumtypen. Dennoch ist dieser Raumtyp in besonders hohem Maße von einer starken Verkehrsbelastung durch Pkw betroffen – Zeitverluste durch Stau, schlechte Luftqualität und Lärm sind die Folgen. Für Wege innerhalb der betroffenen Zentren stehen – je nach Wegezweck – oft gute Alternativen zum konventionellen Pkw zur Verfügung. Hemmnisse zur intermodalen oder multimodalen Nutzung dieser Angebote bestehen hier zunächst in tariflicher Hinsicht (Abrechnung der Kosten nach Nutzung mehrerer Angebote, z. B. Car-Sharing und ÖPNV), wobei vereinzelt schon Lösungen aus einer Hand angeboten werden (z. B. die App regiomove im Karlsruher Verkehrsverbund oder die App Free Now in mehreren Städten). Dies setzt jedoch voraus, dass die potenziellen Nutzer:innen das Angebot kennen, bereit sind, sich mit der Nutzung vertraut zu machen und den Tarif als angemessen empfinden. Die beim E-Scooter- oder Bike-Sharing verbreiteten free-floating Systeme erlauben es den Nutzer:innen, das gemietete Fahrzeug beliebig im Straßenraum (i. d. R. auf dem Gehweg) zu parken. Allerdings entstehen hierdurch andere Problematiken, wenn der oft knappe Raum für Fußgänger:innen durch die Sharing-Fahrzeuge blockiert wird. Dies trifft sowohl für Wege ins Zentrum als auch für Wege zwischen verschiedenen urbanen Zentren zu. Bike- oder E-Scooter-Sharing könnte sich auch dazu eignen, Angebotslücken im ÖPNV zu schließen. Insbesondere bei Betriebsstörungen oder in Randzeiten können Leihfahrzeuge das Mobilitätsangebot sinnvoll ergänzen. Hier könnte die Integration von Ride-Sharing-Angeboten in einen entsprechenden Tarif bei intermodalen Wegketten sinnvoll sein. Grundgedanke ist, dass man als Inhaber einer ÖPNV-Zeitkarte zu manchen Uhrzeiten auf kein geeignetes Angebot zurückgreifen kann. Daher könnte eine entsprechende Erweiterung des Angebots außerhalb der vom ÖPNV bedienten Zeiten auch Mitfahrgelegenheiten in nicht-öffentlichen Fahrzeugen vermitteln. Potenzial hätten hier (vor allem wegen der Unfall-Haftung) E-Pkw von Firmen, Car-Sharing- oder Mietwagenanbietern. Das setzt voraus, dass die jeweiligen Verkehrsverbünde entsprechende Vertragspartner:innen vor Ort finden.

Wege zwischen einem städtischen Zentrum und Orten außerhalb der Agglomerationsräume werden häufig mit dem konventionellen Pkw zurückgelegt. Gründe dafür sind auch, aber nicht nur, in der gewohnheitsmäßigen Nutzung dieses Verkehrsmittels zu sehen. Um die städtischen Räume vom Pkw-Verkehr zu entlasten, müssen entsprechende Angebote die potenziellen Kunden:innen von deren Nutzung überzeugen. Im einfachsten Fall können dies klassische Park-and-Ride-Angebote sein: Der private Pkw wird in einem Parkhaus am Rand der Stadt abgestellt und der Parkschein beinhaltet die Möglichkeit zur Nutzung des ÖPNV. Denkbar sind jedoch auch ÖPNV-Angebote in Verbindung mit elektrifiziertem Individualverkehr oder elektrifizierten Shuttles (Sammeltaxis) auf Teilstrecken, die nicht oder nur unzureichend von öffentlichen Verkehrsmitteln bedient werden und so eine komfortable intermodale Wegekette mit aufeinander abgestimmten Anschlüssen und barrierefreien Umsteigemöglichkeiten garantieren.

VERSTÄDTERTE RÄUME

Auf verstädterte Räume (Regionen mit Verdichtungsansätzen) entfällt etwa ein Drittel der deutschen Gesamtbevölkerung. Abhängig vom Grad der Verflechtung und der relativen Lage zu benachbarten Zentren unterscheiden sich die Rahmenbedingungen zur Nutzung verschiedener Mobilitätsformen. So kann für manche Gemeinden dieses Raumtyps das relativ ausgewogene Verhältnis von Bevölkerung zu Arbeitsplätzen bedeuten, dass viele Beschäftigte vor Ort wohnen und nur wenig – im günstigsten Fall sogar nichtmotorisierten Verkehr – erzeugen.

Bei zunehmender Verflechtung von Aktivitäten und abhängig von der Umgebung treten in unterschiedlichem Ausmaß Zielverkehre aus dem benachbarten Raum sowie Durchgangsverkehre auf. Damit diese Verkehre möglichst umweltverträglich abgewickelt werden können, müssen die vielschichtigen und für jede Gemeinde unterschiedlichen Gegebenheiten berücksichtigt und intermodale Wegketten zuverlässig aufeinander abgestimmt werden.

Allein das Vorhandensein öffentlicher Verkehrsangebote zwischen zwei Punkten ist oft nicht ausreichend, um bedeutende Verlagerungen vom privat genutzten Pkw auf den Umweltverbund (zumindest für eine Teilstrecke) zu erreichen. Vielmehr sind möglichst umsteigefreie Verbindungen zwischen den auf einer Strecke genutzten Bahnhöfen oder Haltestellen anzustreben. Sofern keine umsteigefreie ÖPNV-Verbindung möglich ist, sind zuverlässige Echtzeitinformationen zu Anschlussverbindungen und ggf. zu Alternativrouten in Form von Ersatzbussen bzw. -bahnen oder Shuttles erforderlich, um die Nutzerakzeptanz und Kundenzufriedenheit langfristig zu gewährleisten.

Attraktive, sichere und saubere Bahnhöfe und Haltestellen mit geeigneten Abstellmöglichkeiten für (privat genutzte und geteilte) Fahrzeuge aller Art, die als Mittel für den Weitertransport in Frage kommen, bieten ein weiteres Potenzial zur Mobilitätssicherung jenseits des privat genutzten Pkws.

Da das Angebot an öffentlichen Verkehrsmitteln im verstädterten Raum im Vergleich zu den Agglomerationsräumen überschaubarer ist, können gerade hier die Mobilitätsstationen durch kurze und barrierefreie Wege zwischen den Verkehrsmitteln besonders nutzerfreundlich gestaltet werden. Der renommierte Blog „Zukunft Mobilität" hat sich in einer Artikelserie[2] mit solchen Mobilitätsstationen auseinandergesetzt. Außerdem behandelt der VCD e.V. solche Mobilitätsstationen als ein Schwerpunktthema und hält auf seiner betreffenden Internetseite[3] Links zu Hand- und Konzeptbüchern bereit. Eine weitere Voraussetzung zur Akzeptanz solcher Angebote ist, dass auch innerhalb der Wohngebiete im verstädterten Raum entsprechende Infrastrukturen zum Abstellen und Laden von (gemeinschaftlich genutzten) E-Bikes und E-Pkw bereitgestellt und sichere Fuß- und Radwege für Verkehrsteilnehmer:innen aller Altersklassen eingerichtet werden.

LÄNDLICHE RÄUME

Mehr als die Hälfte der deutschen Gesamtfläche, aber nur ein kleiner Teil der Bevölkerung und ein noch kleinerer Teil der Erwerbstätigen entfällt auf den ländlichen Raum. Stärker als in den anderen Raumtypen ist die Bevölkerung durch Menschen gekennzeichnet, die der Haus- und Familienarbeit oder ehrenamtlichen Tätigkeiten nachgehen und sich häufig als Fahrer:in oder Mitfahrer:in mit dem Pkw fortbewegen. Für diese Menschen entfällt der Ansatz der betrieblichen Integration und muss durch öffentliche oder zivilgesellschaftliche Initiativen ersetzt werden, welche im betreffenden Kapitel beschrieben werden.

Die gewohnheitsmäßige Nutzung des Pkws macht es außerdem schwieriger, diesen Menschen über etablierte Plattformen alternative Verkehrsmittel anzubieten. Umso härter trifft es diese Menschen, wenn das Führen eines Fahrzeuges beispielsweise aus Altersgründen nicht mehr möglich ist. Der Abschied vom eigenen Pkw kann als Stigma sozialer Ausgrenzung wahrgenommen werden, insbesondere wenn keine Routinen im Umgang mit alternativen Verkehrsmitteln und den digitalen Portalen dazu bestehen. Während die Kompetenz zur Nutzung digitaler Medien auch bei Senior:innen unter 70 zunimmt, stellt sie für große Teile der über 70-jährigen bisher eine beträchtliche Barriere dar.

Mangels öffentlicher Kapazität springen in ländlichen Räumen oft zivilgesellschaftliche Initiativen wie ehrenamtlich betriebene Bürgerbusse ein. Der Verkehrsclub Deutschland e.V. (VCD) engagiert sich insbesondere mittels des Arbeitskreises „Mobil bleiben" und dem Verbundprojekt „Klimaverträglich mobil 60+" zusammen mit dem Deutschen Mieterbund und der Bundesarbeitsgemeinschaft der Seniorenorganisationen für eine Sicherung der Mobilität im Alter. Außerdem setzt sich der VCD e.V. durch Mobilitätsbildung für Jung und Alt, durch Präsenz in Kitas, Schulen, Hochschulen, berufsbildenden Schulen und Volkshochschulen sowie Seniorenbeiräten, Kirchen und Studieninitiativen für eine menschenfreundliche und möglichst nachhaltige Mobilität ein.

Da Wege im Binnenverkehr von Gemeinden des ländlichen Raums oft kurz sind, werden inter- und multimodale Angebote vergleichsweise selten in Betracht gezogen. Auch Wege in benachbarte Gemeinden werden häufig mit nur einem Verkehrsmittel zurückgelegt. Öffentliche Verkehrsmittel fahren aufgrund der geringeren Nachfrage zur Erschließung weiterer Gemeinden oft Umwege und – insbesondere außerhalb der Stoßzeiten – in einer geringen und schwer erlernbaren Taktfrequenz. Folglich wird hier das Verkehrsgeschehen vom privat genutzten Pkw dominiert. Um gewohnheitsmäßigen Pkw-Fahrer:innen dennoch attraktive Alternativen anzubieten, bieten sich Anknüpfungspunkte für Gelegenheitsfahrer:innen, z.B. bei intermodalen E-Mobilitätskonzepten, in den Bereichen Freizeitverkehr und Tourismus an. Darüber hinaus können – bei entsprechender Anpassung der Infrastruktur – die Anteile von E-Pkw, E-Bikes (auch Lastenräder) und sonstigen kleineren Elektromobilen erhöht und zumindest deren Nutzung allgemein (also nicht zwingend multimodal) gefördert werden.

In Baden-Württemberg werden auf Grundlage des Koalitionsvertrags von 2021 Pilotprojekte zur Mobilitätsgarantie gefördert (B'90/Grüne BW, CDU BW 2021). Durch die Mobilitätsgarantie soll eine Erreichbarkeit von 5-24 Uhr garantiert werden: Im Ballungsraum soll mindestens ein 15-Minuten-Takt, im ländlichen Raum ein 30-Minuten-Takt sichergestellt werden (ebd. S. 126). In Räumen und zu Zeiten schwacher Verkehrsnachfrage soll dieser Ausbau wirtschaftlich tragfähig und ökologisch sinnvoll umgesetzt werden, indem auf nachfragegesteuerte On-Demand-Angebote in Verbindung mit digitalen Technologien gesetzt wird (ebd.). In der aktuellen Förderphase deckten die Modellregionen zum Jahresende 2021 über ein Drittel der Fläche Baden-Württembergs ab und 54 Prozent der Einwohnerschaft (Staatsministerium BW 2021). Zugleich wird in diesen Modellregionen der Mobilitätspass als Instrument getestet, um den massiven Ausbau des ÖPNV-Angebots zu finanzieren (ebd. 2022).

ÖFFENTLICHE, ZIVILGESELLSCHAFTLICHE UND PRIVATWIRTSCHAFTLICHE ANWENDUNGSBEISPIELE

In Ergänzung der vorangegangenen allgemeinen Konzeptebenen verweisen wir im Folgenden auf ausgewählte Initiativen als Anwendungsbeispiele für multimodale (E-) Mobilitätsangebote. Unter den angegebenen Quellen finden interessierte Leser:innen weiterführende Inhalte und können Kontakt mit den jeweiligen Initiativen aufnehmen.

Der Verkehrsclub Deutschland e.V. (VCD) engagiert sich seit seiner Gründung (1986) für „ein sinnvolles Miteinander aller Verkehrsmittel" und bearbeitete im Rahmen eines Ende 2017 ausgelaufenen Projekts auch den Themenschwerpunkt Multimodalität. Im Rahmen dieses Projekts wurden laufend Good-Practice-Beispiele publiziert, es wurde eine Befragung durchgeführt und Handlungsempfehlungen zur Umsetzung multimodaler Verkehrsangebote formuliert.

Auf Europäischer Ebene unterstützt die Europäische Union bereits seit 2002 lokale Behörden dabei, im Rahmen der Europäischen Mobilitätswoche für das Thema nachhaltige städtische Mobilität zu sensibilisieren. 2018 war Multimodalität das zentrale Thema der Europäischen Mobilitätswoche. Die in diesem Rahmen durchgeführten Aktionen sind auf der betreffenden Seite des Umweltbundesamtes zu finden, welches die Europäische Mobilitätswoche in Deutschland seit 2016 koordiniert (UBA 2022).

Außerdem finanziert das Directorate General for Mobility and Transport der Europäischen Kommission die European Platform on Sustainable Urban Mobility Plans (Eltis), auf welcher bereits seit 1998 Informationen, Kenntnisse und Erfahrungen im Bereich der nachhaltigen urbanen Mobilität in Europa ausgetauscht werden. Diese Plattform informiert insbesondere über die Einführung nachhaltiger urbaner Mobilitätspläne (SUMP).

Auch regional schlossen sich beispielsweise am Bodensee Partner aus dem Bereich der kommunalen Dienstleistungen mit Kommunen und lokalen Vereinen zusammen, um mittels einer gemeinsamen Plattform Daten zu Verleih- und Ladestationen, Händlern, Förderprogrammen, Veranstaltungen und Werkstätten zu bündeln.

Auch der Verband Region Stuttgart und die regionale Wirtschaftsförderungsgesellschaft haben im Jahr 2012 ein eigenes regionales Förderprogramm namens „Modellregion für nachhaltige Mobilität" ins Leben gerufen, welche bis 2021 mit acht Millionen Euro innovative Mobilitätsprojekte kofinanzierte. Dazu gehören insbesondere das Projekt „Fahrrad-2Go", in dessen Rahmen seit 2014 im baden-württembergischen Rems-Murr-Kreis Linienbusse mittels Fahrradhaltesystemen fünf Räder im Bus und fünf weitere auf einem Heckträger für Kunden kostenlos transportieren. Die Haltesysteme wurden speziell für diesen Zweck entwickelt. Anfang 2018 wurde die siebte Ausschreibungsrunde mit den drei Schwerpunkten Elektromobilität, autonomes Fahren und nachhaltiges, betriebsübergreifendes Mobilitätsmanagement ausgelobt.

In Baden-Württemberg wurden außerdem mit der im Jahr 2016 erlassenen Verwaltungsvorschrift zum Landesgemeindeverkehrsfinanzierungsgesetz (LGVFG) die Fördermöglichkeiten für Verknüpfungspunkte erweitert. Seither können auch Einrichtungen die der Vernetzung verschiedener Mobilitätsformen mit dem öffentlichen Personennahverkehr dienen, wie insbesondere dynamische Verkehrsleit- und Informationssysteme an Umsteigeparkplätzen oder anderen Einrichtungen gefördert werden (NVBW 2017).

Von Ende 2014 bis Ende 2017 wurde im Rahmen eines Forschungsprojekts im Auftrag des Umweltbundesamts eine Methodik entwickelt und modellhaft angewendet, um die ökologischen und ökonomischen Potenziale von Mobilitätskonzepten in ländlichen Räumen abzuschätzen. Zentrales Ergebnis des Projekts waren Maßnahmensteckbriefe, die als Inspirations- und Informationsquelle hinsichtlich des Spektrums und der möglichen Bündelung von Maßnahmen dienen.

Von Anfang 2016 bis Herbst 2018 begleitete das Modellvorhaben „Langfristige Sicherung von Versorgung und Mobilität in ländlichen Räumen" als „Praxisprojekt" den Dialogprozess zur Demografiestrategie der Bundesregierung. Die 18 teilnehmenden Modellregionen analysierten ihre längerfristige Bevölkerungsentwicklung auf kleinräumiger Ebene sowie ihre infrastrukturellen Ausgangsbedingungen und erarbeiteten „darauf aufbauend innovative Handlungskonzepte, mit denen in Zukunft sowohl Daseinsvorsorge, Nahversorgung als auch Mobilität gewährleistet werden können". Der Abschlussbericht vermittelt Strategien und Praxisbeispiele für gleichwertige Lebensverhältnisse in ländlichen Räumen zur Sicherung von Versorgung und Mobilität. Eine konkrete Erfahrung aus den Modellvorhaben besteht darin, dass ein Bedarf an dauerhaften und zentralen Ansprechpartner:innen, sogenannte „Kümmerer", für die interdisziplinären und interorganisatorischen Themen und deren Umsetzung, besteht. Daher richteten mehrere beteiligte Landkreise spezielle Personalstellen für das regionale Mobilitätsmanagement ein.

In Baden-Württemberg wurde 2017 eine interministerielle Arbeitsgruppe „Mobilität im ländlichen Raum" eingesetzt, welche rund 50 Modellprojekte[4] ressortübergreifend auswertete, mit Verbänden reflektierte und daraus Handlungsempfehlungen für die Landesregierung ableitete. Die Mobilitätsprojekte umfassen sowohl Bürgerautos und -busse, Digitalisierung und Carsharing, ÖPNV und E-Mobilität als auch Daseinsvorsorge, Forschung und Ehrenamt. Besonders erwähnenswert sind hier die folgenden Projekte: Im Projekt PatientMobil des Gesundheitsnetz Süd eG bei Ulm fuhren Ehrenamtliche von November 2015 bis Dezember 2018 Patienten mit eingeschränkter Mobilität mit Elektrofahrzeugen von zu Hause zum Arzt. Im Modellvorhaben zur langfristigen Sicherung von Versorgung und Mobilität erarbeitete der Landkreis Sigmaringen von Januar 2016 bis Juni 2018 Mobilitätsvorschläge für ländliche Gemeinden. Die Umsetzungsprojekte umfassten insbesondere: einen Rufbus als Zubringer zur ÖPNV-Hauptachse, ein E-Bürgerauto für die Haustürbeförderung, einen interaktiven Infrastruktur- und Entwicklungsatlas, Modellbetriebe zur Erprobung einer automatengestützten Direktvermarktung, eine Ausweitung der Betriebszeiten des Sigmaringer Stadtbusses, Mitfahrbänke, die Planung und Entwicklung einer Party-BusApp, verschiedene Veranstaltungen inklusive einer Mobilitätsmesse sowie zwei Umfragen.

Das baden-württembergische Verkehrsministerium und die Nahverkehrsgesellschaft Baden-Württemberg mbH haben 2017 außerdem eine neue Marke namens „bwegt" lanciert, unter deren Dach sowohl das Marketing der Aufgabenträger als auch das Fahrgastmarketing stattfindet. Meilensteine der neuen Marke waren die Inbetriebnahme neuer Züge, die mit kostenlosem Wlan, Steckdosen, 30 Fahrradabstellplätzen und barrierefreien Zugängen aufwarten, sowie neue Fahrkartenautomaten, die stufenweise Einführung eines BW-Tarifs mit integriertem ÖPNV-Ticket am Zielort und vier neuer Strecken.

Auch der Branchenverband der öffentlichen Verkehrsunternehmen (VDV) entwickelt seit 2017 die gemeinsame Plattform Mobility inside, welche die bundesweite Vernetzung der unterschiedlichen Tarife, Tickets und Fahrplaninformationen im öffentlichen Nah- und Fernverkehr möglich machen soll. Die Plattform soll die weitere Öffnung des ÖPNV-Marktes für private Konkurrenz eindämmen, indem das über Jahre gewachsene Vertrauen der Kund:innen zu den lokalen und regionalen Verkehrsunternehmen als Unterscheidungsmerkmal genutzt wird.

FAZIT UND EMPFEHLUNGEN

Ausgangspunkt dieses Beitrages war die Frage, durch welche Konzepte Multimodalität und E-Mobilität für Beschäftigte und ihre Angehörigen attraktiver werden.

Die heutigen Mobilitätsroutinen sind zumeist monomodal auf das Privatauto mit Verbrennungsmotor ausgerichtet, wobei sich ein Wandel hin zu E-Pkws im deutschen Automobilmarkt abzeichnet. Alternative E-Mobilitätskonzepte haben unter den herrschenden Bedingungen steigende Realisierungschancen. Es kommt aber darauf an, das Umfeld auf mehreren Ebenen zu verändern, damit Multimodalität und E-Mobilität von potenziellen Nutzer:innen stärker als Alternativen wahrnehmbar, interessant und praktikabel werden. Das zentrale Fazit hierzu lautet, dass in aller Regel nicht ein einzelnes Konzept allein Erfolg verspricht, sondern stets die Summe der konzeptionellen Maßnahmen erforderlich ist, um Mobilitätsroutinen nachhaltig zu verändern.

Es empfiehlt sich ein zeitlich gestaffeltes Vorgehen auf mehrere Ebenen: Auf der unternehmenspolitischen Ebene sollte zunächst das Bewusstsein und Bereitschaft der Beschäftigten geschärft werden, alternative Mobilitätskonzepte für die Alltagsnutzung überhaupt in Betracht zu ziehen. Dies schließt aber auch die Unternehmensführungen mit ein, die durch Vorbildfunktion, Standardsetzung und die Schaffung externer Netzwerke die Basis des Erfolges legen. Sodann bedarf es umfassender und andauernder Informationskonzepte im Betriebsalltag, um aufzuklären und etwaige Vorbehalte abzubauen. Doch erst die tatsächliche technische Realisierung der Angebote und ihrer baulichen Infrastrukturen stiftet das Vertrauen in die tatsächliche Zuverlässigkeit der Mobilitätskonzepte.

Politische, informatorische und technische Konzepte sind jedoch keine hinreichenden Bedingungen zur Verankerung neuer Mobilitätsroutinen. Für eine ganzheitliche Verankerung sind zusätzlich finanzielle wie auch nicht-monetäre Anreizkonzepte in Betracht zu ziehen. Erst wenn alle vier Konzeptebenen ineinandergreifen, können im Ergebnis neue Mobilitätsroutinen in den beruflichen und schließlich auch in den privaten Alltag der Beschäftigten integriert werden. Die abschließende Abbildung fasst das Wirkungsgefüge der Konzeptebenen zusammen.

Die zweite Fragestellung bezog sich auf die Möglichkeiten, die E-Mobilitätskonzepte zur Sicherung der Mobilität in ländlichen Räumen bieten können. Aus Perspektive der Raumplanung können Agglomerationen sowie verstädterte und ländliche Räume unterschieden werden. Die Anforderung an die Konzepte weichen in diesen Raumtypen deutlich voneinander ab: Während in den ersten beiden Raumtypen die Optimierung der Verkehrsmittelvernetzung und -abstimmung sowie Anbindung für Pendler:innen im Fokus stehen, liegt der Schwerpunkt in ländlichen Räumen auf der Grundsicherung der Daseinsvorsorge. Hier sind jenseits des öffentlichen Nahverkehrs mit Bussen oftmals kaum kommerzielle Angebote vorhanden, die sich vernetzen ließen.

Auch die Auslastung des ÖPNV ist durch den Rückgang von Schulpflichtigen und Auszubildenden, sowie gesteigertes Homeoffice, in bestimmten ländlichen Räumen problematisch. Besonders in strukturschwachen Gegenden mit rückläufigen Einwohnerzahlen und ansteigendem Durchschnittsalter ist die Unternehmensdichte und Wirtschaftskraft oft gering, so dass die betriebliche Integration zur Umsetzung von E-Mobilitätskonzepten nicht ausreicht. Insbesondere für multi- und intermodale Alternativen zum Privatauto bieten stattdessen Freizeit- und Tourismusan-gebote, aber auch Dienste für Senior:innen mögliche Ansatzpunkte.

Dazu werden neue zivilgesellschaftliche Ansätze unter Einbezug von privaten Unternehmen und ehrenamtlichem Engagement getestet, etwa in Form von Bürgerbussen, Mitfahrplattformen sowie ehrenamtlichen Hol- und Bringdiensten. Staatliche Förderprojekte und die Verbindung mit dem öffentlichen Nahverkehr sind hierbei hilfreich. Die dritte und letzte Fragestellung betraf schließlich die Förderung konkreter Anwendungen in öffentlichen und zivilgesellschaftlichen Initiativen. Ein wesentliches Erfolgsmerkmal ist hierbei der Fortbestand der Initiativen über den Förderzeitraum hinaus. Gelungene Initiativen zeichnen sich dadurch aus, dass die jeweiligen Beschäftigten sowie die Bürgerschaft insgesamt von den Alternativen soweit überzeugt wurden, dass auch nach dem Wegfall der staatlichen Anreize ein Weiterbestand gesichert ist. Die finanzielle Unabhängigkeit ist dabei ein wesentliches Kriterium der sozialen Nachhaltigkeit und kann u.a. auch durch ehrenamtliche Tätigkeiten ge-

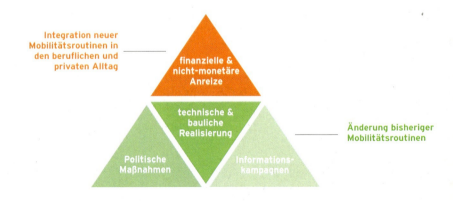

Abbildung 6 Bausteine von E-Mobilitätskonzepten zur Integration neuer Mobilitätsroutinen in den Alltag von Beschäftigten (Quelle: eigene Darstellung, M-Five GmbH)

stärkt werden. Dazu müssen die getroffenen Maßnahmen aber in die Mobilitätsroutinen einer hinreichend großen Nutzerzahl eingegangen sein. Wie groß diese Zahl ist, hängt von der jeweiligen Initiative ab. Für ein einzelnes Gemeindefahrzeug ist sie geringer als für eine regionale Mitfahrplattform. Ersteres kann jedoch zum Ausgangspunkt für nachfolgende Initiativen auf breiterer Nutzerbasis werden. Neben veränderten Mobilitätsroutinen ist es daher die Skalierbarkeit, d. h. die Anpassung an den tatsächlichen Bedarf, die den Initiativen zu dauerhaftem Erfolg verhilft.

WEITERE INFORMATIONEN

FGSV: Multi- und Intermodalität: Hinweise zur Umsetzung und Wirkung von Maßnahmen im Personenverkehr Teilpapier 1: Definitionen.

FGSV: Multi- und Intermodalität: Hinweise zur Umsetzung und Wirkung von Maßnahmen im Personenverkehr Teilpapier 2: Erheben, Beschreiben und Erklären.

LITERATUR

Bündnis 90/Die Grünen Baden-Württemberg, CDU Baden-Württemberg (Hrsg.) (2021): Jetzt für Morgen. Der Erneuerungsvertrag für Baden-Württemberg, online unter: https://www.baden-wuerttemberg.de/fileadmin/redaktion/dateien/PDF/210506_Koalitionsvertrag_2021-2026.pdf (letzter Zugriff am 1. März 2022).

BUND (2022): Emma – E-Mobil mit Anschluss, online unter: https://www.bund-bawue.de/themen/mensch-umwelt/mobilitaet/nachhaltig-mobil-im-laendlichen-raum/strassenprojekte/emma-e-mobil-mit-anschluss/ (letzter Zugriff am 1. März 2022).

EPOMM (2019): European Platform on Mobility Management, online unter: http://www.epomm.eu (letzter Zugriff am 1. März 2022).

FONA (2021): GetMobil – Initialisierung, Implementierung, Wirkung und Propagierung unter besonderer Berücksichtigung des ländlichen Raums, Bundesministerium für Bildung und Forschung, online unter: https://www.fona.de/de/massnahmen/foerdermassnahmen/nachhaltiges-wirtschaften-sozialoekologische-forschung/getmobil.php (letzter Zugriff am 1. März 2022).

NVBW (2017): Förderaufruf im Rahmen des LGVFG, online unter: https://www.aktivmobil-bw.de/aktuelles/news/foerderaufruf-im-rahmen-des-lgvfg/ (letzter Zugriff am 1. März 2022).

NVV (2018): Entdecken Sie Mobilfalt. Nordhessischer VerkehrsVerbund, online unter: https://www.nvv.de/mobilfalt/ (letzter Zugriff am 1. März 2022).

Jacoby, C.; Wappelhorst, S. (Hrsg.) (2016): Potenziale neuer Mobilitätsformen und -technologien für eine nachhaltige Raumentwicklung, Arbeitsberichte der ARL. Hannover: Akademie für Raumforschung und Landesplanung, Leibniz-Forum für Raumwissenschaften, 2016 – ISBN 978-3-88838-405-9.

John, B. (2018): Europcar und SnappCar kooperieren – Autos mieten und teilen, in: Automobilwoche. Artikel vom 22. Februar 2018, online unter: https://www.automobilwoche.de/article/20180222/NACHRICHTEN/180229940/europcar-und-snappcar-kooperieren-autos-mieten-und-teilen (letzter Zugriff am 1. März 2022).

Kindl, A.; Wolf, O.; Gläser, M.; Reuter, C. (2018): smartStations – Die Haltestelle als Einstieg in die multimodale Mobilität. Bundesministerium für Verkehr und digitale Infrastruktur, online unter: https://www.raumobil.com/content/download/225/2105 (letzter Zugriff am 1. März 2022).

Meyer & Meyer (2017): Betriebliches Mobilitätsmanagement bei Meyer & Meyer. Vortrag vom 24. Mai 2017, https://www.kreis-steinfurt.de/kv_steinfurt/Kreisverwaltung/%C3%84mter/Amt%20f%C3%BCr%20Klimaschutz%20und%20Nachhaltigkeit/Aktuelles/Forum3_Fathmann_Betriebliches%20Mobilit%C3%A4tsmanagement%20Meyer%20&%20Meyer.pdf.

Nobis, C.; Köhler, K. (2018): Mobilität in Deutschland – MiD Nutzerhandbuch. Studie von infas, DLR, IVT und infas 360 im Auftrag des Bundesministers für Verkehr und digitale Infrastruktur (FE-Nr. 70.904/15). Bonn, Berlin, online unter: www.mobilitaet-in-deutschland.de (letzter Zugriff am 1. März 2022).

Staatsministerium Baden-Württemberg (2021): Land wählt Modellregionen für Mobilitätspass und Mobilitätsgarantie aus, online unter: https://www.baden-wuerttemberg.de/de/service/presse/pressemitteilung/pid/land-waehlt-modellregionen-fuer-mobilitaetspass-und-mobilitaetsgarantie-aus-1/ (letzter Zugriff am 1. März 2022).

Mobilitätspass und Mobilitätsgarantie gehen in nächste Phase, online unter: https://www.baden-wuerttemberg.de/de/service/presse/pressemitteilung/pid/mobilitaetspass-und-mobilitaetsgarantie-gehen-in-naechste-phase/ (letzter Zugriff am 1. März 2022).

Stadtteilauto (2022): Fahrzeuge. Stadtteilauto OS GmbH, online unter: https://www.stadtteilauto.info/geschaeftskunden/fahrzeuge (letzter Zugriff am 1. März 2022).

Steindl, A.; Inninger, W. (2016): CarSharing und Mobilitätsbudget statt Dienstwagen?, in: Internationales Verkehrswesen. Jg. 68, Ausg. 4, 2016, S. 55.

Thaler, R.H.; Sunstein, C. R.: Nudge (2022): Improving Decisions About Health, Wealth and Happiness. Penguin, New York 2009. UBA (2022): Europäische Mobilitätswoche, online unter: https://www.umweltbundesamt.de/europaeische-mobilitaetswoche (letzter Zugriff am 10. März 2022).

VCD e.V. (2016): Multimodal unterwegs in Deutschlands Städten, online unter: https://www.vcd.org/artikel/multimodal-unterwegs-in-deutschlands-staedten (letzter Zugriff am 1. März 2022).

Winkelkotte, T. (2015): Gutfinden oder mitmachen – Erkenntnisse regionaler Mitfahrinitiativen, online unter: https://hoeri-mit.de/wp-content/uploads/gut-finden-oder-mitmachen.pdf (letzter Zugriff am 1. März 2022). 111

ENDNOTEN

1 https://www.bbsr.bund.de/BBSR/DE/Raumbeobachtung/Raumabgrenzungen/Siedlungsstrukturelle Gebietstypen_alt/gebietstypen.html;jsessionid=60DFC90AC6FBAEAD2192A7976AA659 2E.live21304?nn=443270.

2 https://www.zukunft-mobilitaet.net/161399/konzepte/mobilitaetstation-verknuepfung-artikelserie-oepnv-staedtebau/

3 https://www.vcd.org/themen/multimodalitaet/schwerpunktthemen/mobilitaetsstationen/

4 https://mlr.baden-wuerttemberg.de/fileadmin/redaktion/m-mlr/intern/dateien/PDFs/L%C3%A4ndlicher_Raum/20180315_Version2_Mobilit%C3%A4tsprojekte_der_Landesregierung_IMA.pdf 108.

LEITPLANKEN DIGITALER TRANSFORMATION

DIGITALISIERUNG, ENERGIEWENDE, MOBILITÄTSWENDE

Michael Reckordt
PowerShift – Verein für eine ökologisch-solidarische Energie- & Weltwirtschaft e.V.

Seit einigen Jahren sprechen Wirtschaft, Politik und Forschungsinstitute über die vierte Welle der industriellen Revolution. Im angelsächsischen Raum wird vom „Internet of Things" (IoT) gesprochen, in Deutschland firmiert die Digitalisierung der Fertigung und des Vertriebs unter dem Begriff „Industrie 4.0". Für den Bundesverband der Deutschen Industrie (BDI) ist Industrie 4.0 ein radikaler Strukturwandel: „Neue Daten, Vernetzung, Automatisierung und die digitale Kundenschnittstelle sprengen bestehende Wertschöpfungsketten".[1] Industrie 4.0 sei die Neukonfigurierung des globalen Produktionssystems oder gar eine „Reindustrialisierung". Doch nicht nur die Fertigung wird digitalisiert. Auch die Mobilität, die Landwirtschaft, der Bergbau, die Dienstleistungen sowie unsere Häuser, Wohnungen und Städte werden „smart", vernetzt und digital miteinander verbunden. Viele dieser Prozesse sind (scheinbare) Antworten auf große Herausforderungen, wie den Klimawandel, die Globalisierung, das Artensterben, den Flächenverbrauch, das Bevölkerungswachstum, die Entwaldung oder die veränderten geopolitischen Machtverhältnisse. Doch bei fast allen technologischen Lösungsmodellen wird ein wichtiger Faktor kaum mitgedacht: eine notwendige Rohstoffwende. Denn in fast allen Bereichen der Digitalisierung ist der massive Anstieg des Verbrauchs von metallischen Rohstoffen integraler Bestandteil zur Lösung anderer Probleme.

Die Versprechungen der Digitalisierung weisen dabei große Ähnlichkeiten und Überschneidungen mit den Zukunftserwartungen der grünen Ökonomie auf. „Mit mehr technologischer Innovation schaffen wir die Effizienzrevolution und die Entkopplung der Wirtschaftsleistung vom Energie und Materialverbrauch", fassen Thomas Fatheuer, Lili Fuhr und Barbara Unmüssig von der Heinrich-Böll-Stiftung in ihrer „Kritik der Grünen Ökonomie" die Ziele der selbigen zusammen.[2] Beiden Diskussionen kann eine Technologiegläubigkeit unterstellt werden, die blind sei „für Fragen der Macht und Politik und für Fragen von Gerechtigkeit und Demokratie". Auf die Digitalisierung, Elektromobilität und erneuerbaren Energien übertragen, ist eine Versprechung, durch Ressourceneffizienz eine Dematerialisierung zu erreichen. Doch statt einer Reduzierung des Stofflichen schaffen die Digitalisierung, die Mobilitätswende, die Energiewende spezifische und zum Teil neue Rohstoffbedarfe.[3] Dies ist sozusagen die Schattenseite, die in der öffentlichen Debatte kaum beleuchtet wird.[4]

Während also der öffentliche Diskurs von Dematerialisierung, unkompliziertem Ausstieg aus fossilen Brennstoffen und Antriebstechnologien ausgeht, werden von Industrieverbänden diese Veränderungen schon längst dazu genutzt, um ein Weiter-So in der Industrie- und vor allem der Rohstoffpolitik durchzusetzen. Das beweist zum Beispiel ein Blick in das aktuelle Forderungspapier des Bundesverbandes der Deutschen Industrie (BDI) mit dem Namen „Rohstoffversorgung 4.0": „Ohne Rohstoffe keine Energiewende, keine Elektromobilität, keine Digitalisierung, schlussendlich keine Industrie 4.0".[5] Hier wird fernab von hohen Umweltschutzstandards, fernab von verpflichtenden Kreislaufführungsquoten, fernab vom Schutz von Menschen- und Arbeitsrechten rein aus der Angst, die Versorgungssicherheit der deutschen Industrie argumentiert. Ein angstgetriebener Diskurs, der einzig und allein die Sicherung der eigenen Wettbewerbsfähigkeit zum Ziel hat und dazu auch nicht zurückschreckt, Rohstoffe aus der nahezu unerforschten Tiefsee oder aus dem Weltall zu nutzen.

ROHSTOFFBEDARFE

Seit 1953 zählt Deutschland jedes Jahr zu den drei größten globalen Exportnationen.

Von 2003 bis 2008 schmückte sich Deutschland gar mit dem inoffiziellen Titel des Exportweltmeisters, da kein anderes Land der Welt in diesem Zeitraum einen höheren Warenwert ausführte. Deutsche Unternehmen verkaufen Automobile, Maschinen, Chemie-Erzeugnisse oder elektronische Güter ins Ausland. Für deren Produktion müssen Rohstoffe importiert werden. Jede zehnte auf der Welt geförderte Tonne Erz überschreitet die deutschen Grenzen. Die deutsche Industrie ist somit einer der größten Rohstoffverbraucher der Welt und fast zu 100 % abhängig vom Import von Primärmetallen, da in Deutschland selbst nur sehr wenige erzhaltige Lagerstätten existieren, die ökonomisch sinnvoll ausgebeutet werden können. Laut Bundesanstalt für Geowissenschaften und Rohstoffe wurden im Jahr 2020 75,5 Millionen Tonnen Metalle in einem Wert von mehr als 71 Milliarden Euro importiert. Insgesamt liegen die Rohstoffeinfuhren von fossilen, mineralischen und metallischen Rohstoffen in den letzten Jahren konstant bei knapp 400 Millionen Tonnen. Fast 25 Tonnen Material verbraucht jede Deutsche und jeder Deutsche pro Jahr an Rohstoffen (inklusive fossilen und mineralischen Rohstoffen, die in diesem Artikel ansonsten nicht thematisiert werden), ein Vielfaches von einem global tragbaren Verbrauch.[6] Mehr als zwei Planeten bräuchten wir eigentlich, wenn alle Menschen so viele Rohstoffe verbrauchen würden. Da Metalle so zentral sind für die deutsche Wirtschaft, sind diese Rohstoffe längst zum Gegenstand harter Politikfelder wie der Außen-, Wirtschafts-, Sicherheits- oder Handelspolitik geworden. In diesen Politikfeldern dominiert die Versorgungssicherheit die rohstoffpolitischen Diskurse.[7]

Im Jahr 2016 veröffentlichte die Deutsche Rohstoffagentur (DERA) in Kooperation mit dem Fraunhofer Institut für System- und Innovationsforschung erstmals eine Studie mit dem Titel: „Rohstoffe für Zukunftstechnologien 2016".[8] In ihr wurden über 42 Zukunftstechnologien auf ihre Rohstoffbedarfe und Recyclingpotenziale untersucht. Zu diesen Technologien zählen sowohl jene, die die Effizienz in bestehenden Systemen (zum Beispiel konventionelle Kraftwerkstechnologie) steigern, als auch neue Technologie-Systeme (zum Beispiel zur Erzeugung alternativer Energie). Ohne jetzt die Potenziale der ausgewählten Zukunftstechnologien im Detail einzuschätzen und ohne die schon heute genutzten Technologien miteinzubeziehen, verdeutlicht die Studie doch einen beängstigenden Trend: Allein für diese 42 Technologien wird bis 2035 das Vierfache der heutigen Produktion an Lithium, das Dreifache an Schweren Seltenen Erden (Dysprosium, Terbium, Yttrium und sechs weitere) sowie das Anderthalbfache an Leichten Seltenen Erden (Neodym, Praseodym, Scandium und fünf weitere) und Tantal benötigt. Bei 16 Rohstoffen ergibt sich daraus eine besondere Relevanz für den zukünftigen Bedarf: Gallium, Germanium, Indium, Kobalt, Kupfer, Lithium, Palladium, Platin, Rhenium, Scandium, leichte Seltenerdmetalle (Neodym und Praseodym), schwere Seltenerdmetalle (Dysprosium und Terbium), Silber, Tantal, Titan und Zinn.[9]

Im Jahr 2021 hat das Fraunhofer Institut diese Studie erneuert. In der Neufassung arbeitet das Institut mit verschiedenen Szenarien, doch je nach Szenario – ob der fossile Pfad beibehalten oder aber sehr stark auf Nachhaltigkeit umgeschwenkt wird – wird sich im Vergleich zu der Gesamtproduktion im Jahr 2018 der Bedarf für Zukunftstechnologien bis 2040 weiterhin drastisch erhöhen. Für Rohstoffe wie Ruthenium bedeutet dies unter Umständen das Zwanzigfache an Verbrauch, für schwere Seltene Erden und Lithium das Sechsfache, für Kobalt das Vierfache und selbst für Massenrohstoffe wie Kupfer könnten ausgewählte Technologien 20 bis 40 % des Verbrauchs ausmachen.[10]

Dazu kommen noch weitere Bedarfe für aktuelle Technologien, zum Beispiel in den

Bereichen erneuerbare Energien oder Elektrifizierung der Mobilität. Der deutsche Think Tank Agora Verkehrswende hat zusammen mit dem Öko-Institut eine Studie veröffentlicht, in dem sie davon ausgehen, dass im Jahr 2030 für die Elektromobilität 260.000 Tonnen Kobalt, 160.000 Tonnen Lithium, 830.000 Tonnen Nickel und 1,4 Millionen Tonnen Graphit benötigt werden.[11]

Die Veränderung bei der Bedeutung einzelner Rohstoffe kann in naher Zukunft also gewaltig sein. Dies hat wiederum auch Auswirkungen auf die stofflichen Ströme. Bei vielen Rohstoffen, wie zum Beispiel Germanium, Indium oder den Seltenen Erden ist China nahezu allein für die globale Raffinade bedeutsam. Auch für Kobalt (mit der DR Kongo), Kupfer (mit Chile und Peru), Lithium (mit Australien), Silber (mit Mexiko und Peru) oder Zinn (mit Indonesien) spielt China mit wenigen anderen Staaten eine herausragende Rolle. Sehr schnell wird ersichtlich, dass Schwellenländer und Staaten des Globalen Südens eine herausragende Rolle spielen. Von den Staaten des globalen Nordens sind es nahezu nur Kanada und Australien, die diese Rohstoffe in nennenswerten Mengen abbauen. Lithiumvorkommen in Sachsen oder Kobaltabbau in Finnland spielen dabei, wie Rohstofflagerstätten in der Europäischen Union, generell eine eher unbedeutende Rolle.

NEGATIVE AUSWIRKUNGEN DES ROHSTOFFABBAUS

Vertreter:innen des Umweltprogramms der Vereinten Nationen (UNEP) schätzen, dass 40 % aller globalen Konflikte in den letzten 60 Jahren mit dem Abbau von Rohstoffen in Verbindung stehen. Allein 88 Konflikte im Jahr 2020, so berichtet das Heidelberg Institut für Internationale Konfliktforschung, hatten einen Bezug zu Wasser, Metallen und Mineralien oder zu anbaufähigem Land.[12] In einem älteren Report hatte das Institut auch festgestellt, dass Konflikte mit Rohstoffbezug dazu tendieren, gewaltsamer zu werden. Doch nicht nur auf zwischenstaatlicher Ebene treten Konflikte auf. Zivilgesellschaftliches Engagement wird immer stärker eingeschränkt. Aktive Bergbaugegner:innen werden immer öfter eingeschüchtert, bedroht oder ermordet.[13] Im Jahr 2020 wurden nach Angaben der britischen Nichtregierungsorganisation (NGO) Global Witness 227 Umweltaktivist:innen aufgrund ihrer Arbeit umgebracht, viele von ihnen hatten sich gegen die Ausbeutung von Rohstoffen gewehrt. Besonders betroffen waren Aktivist:innen in den Ländern Kolumbien (65 dokumentierte Opfer), Mexiko (30), den Philippinen (29), Brasilien (20), Honduras (17), der Demokratischen Republik Kongo (15), Guatemala (13), Nicaragua (12) und Peru (6). Unter den Ermordeten sind häufig auch Mitglieder:innen indigener Gemeinschaften.[14]

Die Max-Planck-Stiftung hat im Auftrag der Bundesanstalt für Geowissenschaften und Rohstoffe (BGR) eine Studie zu den menschenrechtlichen Risiken des Bergbaus veröffentlicht.[15] Diese umfasst Beispiele für Rechtsverletzungen und Umweltzerstörungen in den verschiedenen Stadien des Bergbaus: Lizenzvergabe und Exploration, Bau der Mine, Betrieb und Abbau sowie Schließung der Mine. Ebenso haben lokal betroffene Gruppen, Organisationen der internationalen Zivilgesellschaft, kritische Journalist:innen und Politiker:innen in den letzten Jahren geholfen, Proteste und Gewalt zu dokumentieren. Ein daraus resultierendes Projekt ist der „Environmental Justice Atlas", eine von Wissenschaftler:innen und Aktivist:innen initiierte und gepflegte Internetseite, auf der weltweite Verstöße gegen Umweltauflagen und Menschenrechte zusammengetragen und verzeichnet werden.[16]

In den meisten Fällen bestehen direkte oder indirekte Verbindungen zwischen den rohstoffabbauenden und -fördernden Ländern im globalen Süden und den besonders ressourcenbedürftigen Ländern des globalen

Nordens, sei es über Finanzierung, Projektträgerschaften, Lieferketten, die Beteiligung an Logistik und Durchführung sowie durch den Export von Maschinen, Equipment und Know-how. Die globale Vernetzung kritischer Akteure aus lokaler und internationaler Zivilgesellschaft spielt demnach eine zunehmend wichtige Rolle. Monitoring, Dokumentation und Zugang zu Information sind oft hilfreich und ausschlaggebend für den Erfolg von lokalen Protesten.[17]

Die negativen Auswirkungen im Bergbau sind immer häufiger Gegenstand von Berichten und Dokumentationen. So hat die WirtschaftsWoche im Jahr 2017 viel Aufmerksamkeit für ihre Multimedia-Recherche zu Rohstoffen für die Elektromobilität bekommen.[18] In ihr sind sie den Rohstoffen Kobalt, Platin, Graphit, Eisen und Kupfer zu ihren Herkunftsorten gefolgt. Seitdem berichteten eine Vielzahl von Dokumentationen (u. a. auf ARD, ZDF oder Arte) und Zeitungs- und Magazinartikel (u. a. Spiegel, Süddeutsche Zeitung) über Missstände im extraktiven Sektor. Der Rohstoffabbau spielt häufig eine zentrale Rolle bei Rechtsverletzungen, die unmittelbar Verantwortlichen sind Unternehmensvertreter:innen, Sicherheitskräfte sowie staatliche Polizei- und Armeeeinheiten. Darüber hinaus gibt es regelmäßige Berichte über die Einschüchterung von politisch oder zivilgesellschaftlich Engagierten durch (Todes-)Drohungen[19] oder konstruierte Anklagen.[20] So drohen viele lokale Gemeinschaften durch Minenprojekte, aber auch durch exzessiven Holzeinschlag oder die Ausweitung von Plantagen und Monokulturen ihre Lebensgrundlagen und Trinkwasserquellen zu verlieren. Häufig lösen gebrochene Versprechen von Bergbaukonzernen an die lokale Bevölkerung – wie adäquate Wohnungen, eine Anhebung des Lebensstandards, Schaffung von Arbeitsplätzen oder die Einhaltung von Umweltschutzmaßnahmen – in Verbindung mit unterlassenen oder schlicht falschen Informationen über die Auswirkungen des Abbaus unter diesen große Enttäuschung und Proteste aus. Viele der ökologischen Risiken – zum Beispiel Emissionen von Wasser, Land und Luft – haben häufig direkte Auswirkungen auf die Gesundheit der im Bergbau Arbeitenden, aber auch auf die Lebenssituation und Nahrungsmittelversorgung der Menschen in den umliegenden Gemeinden von Minenprojekten. Diese nur schlaglichtartige Zusammenstellung zeigt, dass auf unterschiedlichen Ebenen und mit unterschiedlicher Intensität Menschenrechtsaktivist:innen, wehrhafte lokale Gemeinschaften und diejenigen, die kritisch über Rechtsverstöße von Konzernen und staatlichen Stellen berichten, ihre Gesundheit und ihr Leben aufs Spiel setzen. Immer wieder werden negative Auswirkungen des Rohstoffabbaus auch mit unseren Konsum- und Produktionsweisen in Verbindung gebracht. Eine Studie von Amnesty International über Kinderarbeit in der Demokratischen Republik Kongo hat dafür gesorgt, dass die deutsche Autoindustrie ihre Lieferketten viel stärker durchdringen musste.[21] Auch die Kampagne Plough Back The Fruits, die sich für die Hinterbliebenen des Massakers von Marikana, bei dem 34 streikende Bergarbeiter ermordet wurden, einsetzen, widmet sich der Lieferkettenverantwortung seit nun mehr fast 10 Jahren.[22]

Zu vielen Rohstoffen lassen sich Fallbeispiele und Steckbriefe finden. Die folgenden beiden Beispiele sollen die Auswirkungen des Bergbaus schlagwortartig darstellen, um die Bandbreite aufzuzeigen.[23]

BAUXIT

Mehr als 90 % des nach Deutschland importierten Bauxits kommt aus dem westafrikanischen Guinea. Das Land ist neben Australien und Brasilien schon heute eines der drei größten Bauxitabbauländer und hat nach aktuellem geologischem Wissensstand die größten Reserven. Das in Deutschland genutzte Bauxit kommt aus der seit den

1970ern betriebenen Sangaredi-Mine im Bezirk Boké. Die Mine wird von der Compagnie des Bauxites Guinée (CBG) betrieben, die zu 49 % dem guineischen Staat und zu 51 % einem Konsortium aus den drei Bergbau- und Hüttenunternehmen Rio Tinto (mit Sitz in London und Melbourne), Alcoa (mit Sitz in Pittsburgh) und Dadco (mit Sitz in Guernsey) gehört. Dadco betreibt die einzige Aluminiumschmelze Deutschlands, AOS, in Stade bei Hamburg. Die Mine in Sangaredi existiert bereits seit 1973. Im Jahr 2016 bewilligte ein Banken-Konsortium um die Weltbank Tochter International Finance Corporation (IFC) und die deutsche ING-DiBa-Bank Kredite, die eine Erweiterung ermöglichen.

Vor Ort gibt es allerdings große Kritik an der Art, wie Umwelt- und Sozialstandards bei der Erweiterung der Mine umgesetzt werden. So werfen 540 Beschwerdeführer:innen aus 13 betroffenen Dörfern der CBG vor, bei der Umsiedlung, der Regenerierung von Agrarflächen und dem Bereithalten von Wasserressourcen ihre Versprechen nicht einzuhalten. Sie reichten daher im Jahr 2019 Beschwerde bei der Weltbank ein, da deren Tochter IFC laut den Kläger:innen ihrer Aufsichtspflicht bei diesem als besonders risikoreich eingestuften Kategorie-A-Projekt nicht nachgekommen sei.[24] Während der Mediationsprozess vor der Weltbank im Frühjahr 2020 aufgrund der Corona-Pandemie um ein Jahr in den April 2021 verschoben wurde, siedelte der Bergbaukonzern CBG unter anderem das Dorf Hamdallaye mit mehr als 100 Haushalten um. An dem neuen Standort mangelt es unter anderem an Erwerbsmöglichkeiten, Agrarflächen, ausreichendem Wasserzugang und einer ausreichenden medizinischen Versorgung. So sei zwar eine Krankenstation gebaut worden, aber Personal und Medikamente fehlten.[25] Zwar seien für fast alle Haushalte neue Häuser gebaut worden, doch die Umsiedlungsflächen wurden nicht aufbereitet: So wachsen fast keine Pflanzen im neuen Dorf und der Wasserzugang ist nur sehr eingeschränkt gegeben. Die Umsiedlungsfläche gleicht eher einer Wüste. Neben den Bewohner:innen von Hamdallaye beklagen mindestens zwölf weitere Gemeinden in Sangaredi Landraub, das Versiegen von Brunnen und Quellen sowie durch Dreck und Sedimente verunreinigtes Wasser. Auch auf die Artenvielfalt, Arzneipflanzen sowie auf seltene Tier- und Vogelarten hat die Mine einen großen negativen Einfluss.

Im Jahr 2016 gewahrte ein Banken-Konsortium, darunter die Weltbank-Tochter IFC und die deutsche ING-DiBa AG (Tochterunternehmen der niederländischen ING Groep), CBG ein Darlehen über mehr als 800 Millionen Euro für den Ausbau der Mine.[26] Die damalige Bundesregierung hatte über ihren Einfluss in der Weltbank auf die Einhaltung der Menschenrechte drängen müssen und bürgt mit einer Garantie für einen ungebundenen Finanzkredit (UFK-Garantie) an die ING DiBa über mindestens 246 Mio. Euro für das umstrittene Projekt. In ihrem Jahresbericht zu „Garantien für ungebundene Finanzkredite (UFK)" rühmt sie sich sogar damit, dass „der langfristige Abnahmevertrag die Rohstoffversorgung für AOS sichern und damit auch zur Beschäftigungssicherung am deutschen Standort beitragen [wird]. Die Umsetzung des Erweiterungsvorhabens erfolgt unter der Berücksichtigung der internationalen Umwelt- und Sozialstandards und hat bereits erfolgreich zu nachhaltigen Verbesserungen im Zusammenhang mit dem Minenbetrieb geführt".[27]

Nachdem die damalige Bundesregierung sich mit diesen Missständen durch eine Kleine Anfrage von Bündnis 90 / Die Grünen konfrontiert sah, gesteht sie ein, dass im Februar 2021 die „kumulierte Zahl der betroffenen Personen [...] derzeit nicht verfügbar" sei und die „Projektgesellschaft [...] von den internationalen Entwicklungsagenturen und der UFK-Garantien des Bundes verpflichtet [wurde], eine Datenbank mit Informationen zu den einzelnen betroffenen Personen aufzubauen. Die Ausschreibungsunterlagen zu diesem Datenmanagementsystem befinden sich derzeit in Abstimmung."[28] Das ist, fünf Jahre nach Vergabe der UFK-Garantie, herzlich wenig an Anstrengung, um die menschenrechtlichen Risiken, die mit einem Abbauprojekt und der damit verbundenen Umsiedlung in Zusammenhang stehen, überhaupt zu erkennen und zu minimieren. Weder die ING DiBa noch Dadco machen auf ihren Websites Angaben zu menschenrechtlichen Risiken und eventuellen Maßnahmen zu deren Minimierung in Bezug auf das CBG-Projekt. Auch die deutsche Automobilindustrie, die einen Teil des Bauxits aus der Sangaredi-Mine nutzt, berichtet nicht über eventuelle Sorgfaltsmaßnahmen in Guinea. Viele Autohersteller, darunter BMW, Daimler und Audi, sind zwar Mitglieder der Industrieinitiative Aluminium Stewardship Initiative (ASI), machen selbst aber keine Angaben zum Bezug dieses für sie wichtigen Rohstoffs. Zwar sind laut ASI acht Minen weltweit zertifiziert, allerdings befindet sich davon keine in Guinea.[29]

KUPFER[30]

Kupfer ist unserem Alltag allgegenwärtig und ohne ihn lässt sich auch die Digitalisierung nicht umsetzen. Das Metall, das seit Beginn der Menschheitsgeschichte genutzt wird, findet in Zukunftstechnologien eine breite Anwendung, da es die Basis nahezu aller elektronischen Geräte darstellt. So rechnen Expert:innen damit, dass die weltweite Kupfer-Nachfrage in den nächsten Jahren weiterhin stark steigen wird: Bis 2050 um 213 bis 341 %.[31] Ein Beschleuniger für die ansteigende Nachfrage ist die Elektromobilität. Der Bergbaukonzern BHP rechnet vor, dass in einem konventionellen Verbrennungsmotor knapp 20 Kilogramm Kupfer verbaut sind. In einem Hybrid-Auto wird bereits die doppelte Menge verwendet und in einem elektrischen Auto 80 Kilogramm. So erwartet das Unternehmen, dass 2035 die Kupfernachfrage um 8,5 bis 12 Millionen Tonnen pro Jahr steigen wird. Dass das weltweit größte Bergbauunternehmen BHP elektrische Fahrzeuge als „wichtigen Verbündeten" begreift, verwundert bei diesem Ausblick nicht mehr.[32] Schon heute sinkt jedoch tendenziell die Kupferintensität im Erz. Das bedeutet, immer mehr Gestein muss abgebaut werden, um dieselbe Menge Kupfer zu gewinnen. So steigen mit der weltweiten Nachfrage zwangsläufig auch die CO_2-Emissionen pro Tonne Kupfer sowie der Wasserverbrauch. Für Deutschland sind die wichtigsten Lieferländer Brasilien, Peru und Chile, die ungefähr zu gleichen Teilen 70 % des Verbrauchs an Kupfer abdecken. Weitere 10 % kommen aus Argentinien.

Deutschland ist der dritt größte Kupfer-Verbraucher der Welt und der größte in der EU.[33] Für die Absicherung der Versorgung hat die deutsche Bundesregierung im Jahr 2014 eine Rohstoffpartnerschaft mit Peru verabschiedet, bei der „[d]ie Einhaltung von Menschenrechten, der Schutz der indigenen Bevölkerung und die Berücksichtigung von Umwelt- und Sozialstandards" als wesentliche Bestandteile des Abkommens dargestellt wurden, so schreibt das BMWi. Auch die schon am Beispiel Bauxit genannten UFK-Garantien wurden laut Bundesregierung für Kupferabbauprojekte in Peru, Chile und den USA ausgesprochen.[34]

Zivilgesellschaftliche Organisationen, wie das Netzwerk AK Rohstoffe, haben diese Art der Partnerschaft und der Unterstützung mehrfach kritisiert, da sie einseitig auf die Versorgungsinteressen der deutschen Wirtschaft ausgerichtet sind. Sie berücksichtigt nicht in ausreichendem Maße die Gefährdung von Mensch und Umwelt in den Abbauregionen. Schon im Jahr 2013 wies MISEREOR mit einer ausführlichen Studie auf die Herausforderungen des peruanischen Rohstoffsektors auf die Einhaltung der Menschenrechte hin.[35] Immer wieder berichten Aktivist:innen und Betroffene aus dem Land über die gewaltsame Niederschlagung von Protesten, über gravierende Umweltzerstörungen und über die mangelnde Konsultierung und Einbindung der Betroffenen. Kupferbergbau im Allgemeinen kann als typisches Beispiel gelten, inwiefern lokale Gemeinden die sozialen Kosten und die negativen Umwelteinwirkungen der Rohstoffausbeutung zu tragen haben. Die Kupfer-Lieferkette ist – wie auch andere Rohstofflieferketten – durch mangelnde Transparenz geprägt. So kommen transnational agierende Unternehmen, auch das deutsche Unternehmen Aurubis und deren Abnehmer:innen, ihrer menschenrechtlichen Sorgfaltspflicht nicht nach.[36]

NICKEL[37]

Nickel ist bedeutsam für die Rüstungs- und Flugzeugindustrie[38], für die Funktionalität von Batterien, als Stahl-Veredler und für Legierungen. Der Rohstoff ist für die Autoindustrie gleich mehrfach relevant: In Form von Veredelungen und Legierungen befindet er sich in heutigen Karosserien, gilt aber zudem als zentrales Element für zukünftige Batterietechnologien.[39] Der Nickelbergbau findet in vielen Ländern statt, darunter Indonesien, Philippinen, Kanada, Russland, Neukaledonien, Australien und Papua Neuguinea. Da es beim Abbau von Nickel weder eine größere Länder- noch eine Unternehmenskonzentration gibt, befindet sich der Rohstoff nicht auf der Liste der kritischen Rohstoffe der Europäischen Union. Doch aufgrund seiner strategischen Bedeutung wird seine Verfügbarkeit für den Industriestandort Europa von der EU-Kommission beobachtet.[40] Aufgrund der großen Nutzung in der Stahl- und Automobilindustrie ist Deutschland der weltweit siebtgrößte Verbraucher von Nickel.

Dabei wird regelmäßig über gravierende ökologische und soziale Probleme berichtet. Das wichtigste Land für den Abbau ist Indonesien.[41] Die Rosa Luxemburg Stiftung hat vielfältige Umweltzerstörungen durch offenen Nickeltagebau, Luftverschmutzung durch die Nickelweiterverarbeitung und Arbeitsrechtsverletzungen dokumentiert.[42] Sinnbildlich für die geringe Bedeutung des Umwelt- und Menschenrechtsschutzes beim Nickelabbau steht, dass es Unternehmen erst im Frühjahr 2021 untersagt wurde schwermetallhaltige Abfälle einfach im Meer zu verklappen.[43] Lokale Umweltschützer:innen hatten lange auf die Gefahren für Mensch und Umwelt hingewiesen. Merah Johansyah von der indonesischen Nichtregierungsorganisation JATAM schätzt, dass die Gesundheit von bis zu 10.000 vom Fischfang lebenden Familien allein in Morowali und Obi Island durch die Verklappung des Bergbauabfalls gefährdet wird.[44] Viele Korallenriffe, die für die Artenvielfalt eine zentrale Rolle spielen, sind durch die Gifte ebenfalls in ihrer Existenz bedroht. Auch in dem nach Indonesien zweitgrößten Produzentenland, den Philippinen, gefährdet der Abbau lokale Fischer:innen und Kleinbäuer:innen. Die in der Gemeinde Santa Cruz (Zambales) nicht abgedichteten Nickelabsetzbecken der Minen leiten Reststoffe in die Flüsse, die gleichzeitig zur Bewässerung von Reisfeldern, für Aquakulturen und für den Fischfang genutzt werden. Außerdem barsten mehrfach Rückhalte- und Absetzbecken in der Vergangenheit und verunreinigten Flüsse und das Meer zusätzlich. Die Gemeinde Santa Cruz verliert laut eigenen Schätzungen eine halbe Milliarde philippinischer Pesos (umgerechnet neun Millionen Euro) jährlich, da giftige Rückstände der Nickelgewinnung den Ertrag bei Reis, Mangos und anderen agrarischen Produkten gravierend senken. Fischer in der Region berichten, dass die Flüsse ökologisch tot seien und sie immer weiter ins Meer herausfahren müssen, um noch genug für sich und ihre Familien zu fangen. Einige Fischer:innen berichten von der Verletzung des Rechts auf angemessene Ernährung, da sie Mahlzeiten reduzieren und auf Reis in schlechterer Qualität zurückgreifen mussten. Im Gegensatz zu Indonesien werden die in den Philippinen abgebauten Rohstoffe nicht vor Ort, sondern vor allem in China und Japan weiterverarbeitet.[45]

VERSAGEN AUF POLITISCHER EBENE
ROHSTOFFPOLITIK MADE IN GERMANY

Trotz des Wissens um die negativen Auswirkungen steht im Zentrum der Rohstoffpolitik der jeweiligen Bundesregierungen die Versorgungssicherheit für die deutsche Industrie. Das liegt auch daran, dass die Industrieverbände die Debatte um die Rohstoffe ins politische Berlin getragen haben und seit gut 20 Jahren ihre Interessen intensiv vertreten. Denn die deutsche Industrie befürchtet seit Anfang der 2000er Jahre eine Einschränkung der eigenen Versorgungssicherheit. Aus dem Grund wurde schon kurz nach der Jahrtausendwende der „Ausschuss für Rohstoffpolitik" im Bundesverband der Deutschen Industrie (BDI) gegründet. Ziel des Ausschusses ist es, das Thema Rohstoffpolitik auf die bundespolitische Tagesordnung zu setzen. In dem Interessensverband der Industrie ist traditionell die rohstoffverarbeitende Industrie stark vertreten, so war zum Beispiel Ulrich Grillo, Miteigentümer der Zink verarbeitenden Grillo-Werke, von 2013 bis 2016 Vorsitzender des BDI.

Der BDI begann früh mit einer kontinuierlichen Lobbyarbeit, die zum ersten BDI-Rohstoffkongress am 8. März 2005 in Berlin führte. Wie sich die Industrie die Diskussion über Rohstoffe vorstellte, erklärte Prof. Dr.-Ing. Dieter Ameling. Der damalige Präsident der Wirtschaftsvereinigung Stahl und zugleich Präsidiumsmitglied des BDI machte deutlich, worum es der deutschen Industrie geht: „Wir können aber in Deutschland nur dann Exportweltmeister bleiben, wenn die Unternehmen freien und fairen Zugang zu den internationalen Rohstoffmärkten erhalten."[46]

Auf dem zweiten BDI-Rohstoffkongress 2007 in Berlin stellte die damalige große Koalition die „Elemente einer Rohstoffpolitik" vor. Gleichzeitig gründete die Bundesregierung den Interministeriellen Ausschuss (IMA) Rohstoffe. In diesem IMA Rohstoffe tauschen sich alle beteiligten Ressorts unter Federführung des Wirtschaftsministeriums (BMWi) zur aktuellen Rohstoffpolitik aus. Während die Zivilgesellschaft an diesem Prozess nicht beteiligt ist, berichtet das BMWi auf seiner Homepage: Seit „Juni 2007 arbeitet auch der BDI als Sachverständiger aktiv und konstruktiv an der Rohstoffpolitik mit und bündelt dabei die Interessen der Industrie."

Im Oktober 2010 präsentierte die Bundesregierung dann auf dem dritten BDI-Rohstoffkongress die „Rohstoffstrategie der Bundesregierung". Während die Industrie eng eingebunden war, konsultierte die Bundesregierung weder die Betroffenen in den Abbaugebieten noch deutsche Umwelt-, Menschenrechts- oder Entwicklungsorganisationen. Die „Rohstoffstrategie der Bundesregierung"[47] liest sich daher praktisch wie der Forderungskatalog der Industrieverbände. In ihr werden weitere Freihandelsabkommen, eine kohärente Rohstoffdiplomatie und Streitschlichtungsklagen im Rahmen der Welthandelsorganisation (WTO) gefordert. Vor allem handelspolitische Maßnahmen anderer Länder, wie Exportzölle oder -quoten oder Importvergünstigungen sollen als Wettbewerbsverzerrungen mit harten Instrumenten (z. B. Klagen gegen Exporteinschränkungen) und einer Rohstoffdiplomatie im Sinne der deutschen Industrie abgebaut werden. Die Strategie verspricht darüber hinaus eine stärkere Unterstützung der Industrie bei der Diversifizierung der Rohstoffquellen, etwa über staatliche Kredite, Investitionsgarantien und Rohstoffpartnerschaften mit rohstoffreichen Ländern, geologische Vorerkundungen und eine verbesserte Datenbereitstellung. Zur Beratung gründete die Bundesregierung die DERA unter dem Dach der Bundesanstalt für Geowissenschaften und Rohstoffe (BGR), die als Dienstleister der Industrie fungiert. Ihre Aufgaben sind die wissenschaftliche Unterstützung bei der Diversifizierung von Rohstoffquellen und weitere Beratungsleistungen für die Industrie.

FORTSCHREIBUNG DER ROHSTOFFPOLITIK

Am 15. Januar 2020 beschloss das Bundeskabinett die Fortschreibung der Rohstoffstrategie der Bundesregierung aus dem Jahr 2010. Die Grundausrichtung der Rohstoffstrategie hat sich gegenüber der Vorgängerstrategie aus dem Jahr 2010 nicht verändert. „Die Wettbewerbsfähigkeit der [deutschen] Industrie zu stärken und die Arbeitsplätze in der Industrie zu erhalten"[48] steht weiterhin im Zentrum der Strategie. Trotz der Kritik und Verbesserungsvorschlägen von Umweltverbänden, Menschenrechts- sowie Entwicklungsorganisationen werden Nachhaltigkeit und Menschenrechte in der neuen Strategie vernachlässigt. Neu ist an der Strategie weniger der Inhalt als die Legitimation: die Notwendigkeit der Rohstoffversorgung für neue Technologien für den Klimaschutz, die Energiewende und die Elektromobilität: „Ohne ,Hightech-Rohstoffe' wird es keine entsprechenden Zukunftstechnologien ‚Made in Germany' geben."

Während die Ministerien eigene staatliche Maßnahmen prüfen, um die heimische Versorgung zu sichern, will sie zugleich anderen Regierungen weiterhin mittels Freihandelsabkommen staatliche Maßnahmen verbieten, die positive Impulse für deren wirtschaftliche Entwicklung bieten könnten. Unverändert bleibt etwa die kategorische Ablehnung von Exportzöllen und Exportquoten auf Rohstoffe sowie von Importvergünstigungen: „Diese begünstigen die jeweilige heimische Industrie und verzerren damit den internationalen Wettbewerb. [...] Dieses Vorgehen kann mittelfristig Wachstum und Beschäftigung in Deutschland gefährden". Nahezu durchgängig wird in der Strategie von einem „freien und fairen Welthandel"[49] gesprochen, stattdessen sollen andere Länder eher von Markteingriffen mittels diplomatischer Dialoge abgehalten werden. Konkrete Instrumente zur „fairen" Gestaltung des Welthandels werden in der Strategie hingegen nicht genannt.

Eine Aufwertung erfährt zudem die Außenwirtschaftsförderung, namentlich das Instrument der Garantien für Ungebundene Finanzkredite (UFK). Seit 2009 hat der Bund durch solche Garantien die politischen und wirtschaftlichen Risiken bereits für neun Projekte in einer Größenordnung von insgesamt 4,4 Mrd. Euro übernommen und dadurch deutschen Abnehmern langfristige Lieferverträge für Kupfer, Eisenerz, Wolfram, Silizium, Bauxit (siehe oben) und Erdgas ermöglicht. Während die bisherigen Projekte ausschließlich Neu- und Erweiterungsinvestitionen von Rohstoffprojekten im Ausland betrafen, sollen fortan auch Abnahmeverträge mit ausländischen Rohstoffproduzenten unabhängig von konkreten Neuprojekten durch UFK-Garantien gefördert werden.[50] Hieran knüpft die aktuelle Bundesregierung aus SPD, Grüne und FDP an, wenn sie ankündigt, „die Genehmigungsprozesse für Ungebundene Finanzkredite werden wir beschleunigen, ohne Nachhaltigkeitsstandards zu senken".[51] Diese bisherigen „einschlägigen internationalen Umwelt-, Sozial- und Menschenrechtsstandards (u. a. die IFC Performance Standards und die relevanten Environmental, Health and Safety Guidelines der Weltbankgruppe)"[52] sollten zwar schon heute eingehalten werden, aber bis heute sind Unternehmen auf diese nicht verpflichtet. So könnte die Bundesregierung durchaus entscheiden, Außenwirtschaftsförderung nur noch an Unternehmen zu vergeben, die umfangreich und transparent ihren Sorgfaltspflichten nachkommen. Bei UFK-Garantien veröffentlicht die Bundesregierung bislang keinerlei Informationen zu den geförderten Projekten, geschweige denn zu den Umwelt- und Sozialverträglichkeitsprüfungen.[53]

In der Rohstoffstrategie verweist die Bundesregierung auf relativ hohe Recyclingquoten der Massenmetalle (Eisen, Aluminium und Kupfer). Gleichzeitig erwähnt sie die Potenziale des Recyclings der vielen Spezialmetalle, wie Lithium, Kobalt, Nickel, Zinn und Wolfram.

Sie unterfüttert diese Erkenntnis aber nur mit einer abstrakten Maßnahme, die komplexen Recyclingprozesse zu optimieren und damit die Wirtschaftlichkeit zu erhöhen. Die Bundesregierung sieht hier großes Potenzial, übernimmt aber nicht die politische Verantwortung und will nur Forschungs- und Entwicklungsprojekte in diesem Kontext fördern. Auch um den Beitrag der „Sekundärrohstoffe für die Versorgungssicherheit von Industriemetallen und metallischen Rohstoffen zu stärken", wird die Bundesregierung lediglich einen Dialog der betroffenen Wirtschaft, Wissenschaft und Verwaltung - ohne Beteiligung von Verbraucher:innenschutz- und Umweltverbänden - initiieren.[54]

Im Rahmen einer Stellungnahme des zivilgesellschaftlichen Netzwerks AK Rohstoffe, kommen die beteiligten Organisationen zum Fazit: „Die Rohstoffstrategie ist eine verpasste Chance, ein wichtiges Feld der Industriepolitik zukunftsfähig aufzustellen. Weder beim Schutz von Klima und Umwelt, noch zum Schutz der Menschenrechte setzt die Bundesregierung mit der Rohstoffstrategie die notwendigen Impulse. Zukunftstechnologien, Energiewende und Elektromobilität dienen als Legitimation, die Priorisierung der eigenen Versorgungssicherheit mit Rohstoffen zu rechtfertigen. Der Nachhaltigkeitsanspruch wird dabei nicht mit den notwendigen konkreten Maßnahmen unterfüttert. Anstatt zum Beispiel konsequent eine Kreislaufwirtschaft voranzutreiben und so die Abhängigkeit von importierten Primärrohstoffen zu reduzieren, ist die Fortschreibung der Rohstoffstrategie ein Weiter-So in die falsche Richtung. Die drängenden Herausforderungen der Klimakrise und des Verlustes von Artenvielfalt sowie die zunehmenden Verletzungen von Menschenrechten werden zwar punktuell genannt, aber nicht mit Maßnahmen verbunden und somit nicht politisch adressiert."[55]

LIEFERKETTENVERANTWORTUNG

Die Rohstoffstrategie wirkt - sowohl in ihrer Version von 2010 als auch von 2020 - aus der Zeit gefallen, da sich auf internationaler und nationaler Ebene in den letzten Jahren vieles im Bezug auf Menschenrechtsschutz verbessert hat. Erste verbindliche Gesetze und Regeln wurden erlassen, nicht zuletzt die europäische Konfliktmineralien-Verordnung, das französische und deutsche Lieferkettengesetz sowie (zum Zeitpunkt des Verfassens dieses Textes im Februar 2022) weit fortgeschrittene Gesetzesprozesse auf europäischer Ebene zu nachhaltigen Batterien[56], entwaldungsfreien Lieferketten[57] sowie einer allgemeinen Lieferkettenverantwortung auf europäischer Ebene[58].

KONFLIKTROHSTOFFE

Die erste verbindliche Regelung, um Menschenrechtsverletzungen im Bergbausektor zu adressieren, waren Gesetze zu den sogenannten Konfliktrohstoffen. Der Begriff ist im Kontext eines Berichtes einer UN-Expert:innengruppe entstanden. Diese UN-Gruppe hat die Verbindung zwischen der Ausbeutung von Rohstoffen und des Konflikts im Osten der Demokratischen Republik (DR) Kongo im Jahr 2001 nachweisen können. Obwohl der zweite Kongokrieg im Jahr 2002 mit einem Friedensvertrag endete, sind einige Konfliktparteien bis heute im Osten der DR Kongo aktiv und finanzieren sich zum Teil über die Ausbeutung der Rohstoffe, dem Handel mit ihnen oder der Besteuerung von Aktivitäten mit Rohstoffbezug.[59] Die Debatte knüpft zudem an die Erfahrungen aus dem Diamanten-Handel an, der unter anderem blutige Konflikte in Sierra Leone, Liberia und Angola finanziert hat.

In den USA begannen zivilgesellschaftliche Kampagnen über die mögliche Verwendung dieser Rohstoffe aus der DR Kongo in den USA aufzuklären. Im Jahr 2008 startete zum Beispiel die US-NGO Enough Project eine Kampagne, um eine amerikanische

Konfliktmineralien-Gesetzgebung zu erzielen. Die Aufmerksamkeit und der damit verbundene mediale Druck führten dazu, dass der US-Kongress im Juli 2010 einen auf Konfliktmineralien fokussierten Passus in den Dodd-Frank Wall Street Reform and Consumer Protection Act (kurz: Dodd-Frank Act) aufnahm. Eigentlich ist der Dodd-Frank Act ein Gesetz, um die damalige Finanzkrise einzudämmen und die Finanzwelt zu regulieren. Doch Aktivist:innen konnten die Politiker:innen überzeugen, in der Sektion 1502 einen Absatz einzubringen, der alle an der Börse gelisteten Unternehmen verpflichtet, jährlich an die US-Börsenaufsicht zu berichten, ob zur Herstellung oder Funktionalität ihrer Produkte entlang der Lieferkette Konfliktmineralien eingesetzt werden. Als Konfliktmineralien werden in diesem Gesetz Tantal, Zinn, Wolfram und deren Erze sowie Gold definiert. Gleichzeitig beschränkt sich dieses Gesetz geographisch auf die DR Kongo und seine Nachbarländer die Republik Kongo, die Zentralafrikanische Republik, Südsudan, Uganda, Ruanda, Burundi, Tansania, Sambia und Angola, um den Schmuggel miteinzubeziehen. Der Dodd-Frank Act verpflichtete Unternehmen, die diese Rohstoffe nutzen, ihre Lieferketten zu entschlüsseln und nachzuweisen, dass ihre Rohstoffe nicht aus einer Miene in der Region der Großen Seen stammen, die in den Konflikt involviert ist.

Aufgrund der internationalen Debatte über Konfliktrohstoffe reagierte die Europäische Union. Schon 2013 kündigte der damalige Handelsminister Karel de Gucht eine europäische Reglung an. Seine Handelskommission präsentierte allerdings einen sehr schwachen Entwurf für eine freiwillige Selbstzertifizierung von Unternehmen. Das europäische Parlament lehnte diesen Entwurf an einigen Kernpunkten im Jahr 2015 ab und forderte deutliche Nachbesserung. So wurde aus der freiwilligen Selbstzertifizierung eine verpflichtende Verordnung nach OECD-Standards. Am Ende einigten sich die EU-Kommission, das EU-Parlament und der Rat der Europäischen Union im Trilog im Jahr 2016 auf eine Verordnung, die Importeur:innen sowie Verhüttungsbetrieben in Europa eine verpflichtende Sorgfaltspflicht beim Import der vier Rohstoffe Tantal, Wolfram, Zinn oder Gold ab einem gewissen Schwellenwert auferlegt. Zwar hat die europäische Regelung einige Schwächen, wie die Begrenzung auf die vier Rohstoffe, die Limitierung auf die Importeur:innen und Schmelzen in Europa sowie die Schwellenwerte, doch weder die regionale Begrenzung auf die Region in Zentralafrika noch der Fokus auf die Deklarierung einzelner Produkte als „konfliktfrei" sind in der Verordnung enthalten. Im Juni 2017 trat die Regulierung zu Konfliktmineralien in Kraft. Seit 2021 müssen alle Unternehmen, die diese vier Rohstoffe ab einem bestimmten Schwellenwert in die EU importieren, ihre Sorgfaltspflichten nachweisen.

Leider blieb das deutsche Durchführungsgesetz zu dieser Verordnung in einigen Punkten hinter anderen Ländern zurück. Während zum Beispiel Österreich eine Liste mit allen Unternehmen veröffentlicht[60], sodass die nachgelagerte Industrie schnell auch ihren eigenen Sorgfaltspflichten nachkommen kann, ist das im deutschen Durchführungsgesetz leider nicht vorgesehen.

UN-LEITPRINZIPIEN FÜR WIRTSCHAFT UND MENSCHENRECHTE

Grundlage für die Konfliktmineralien-Verordnung als auch für Gesetze zu menschenrechtlichen Sorgfaltspflichten sind die 2011 im UN-Menschenrechtsrat verabschiedeten UN-Leitprinzipien für Wirtschaft und Menschenrechte sowie die im selben Jahr von der OECD definierten Leitlinien für multinationale Unternehmen. Beide beschreiben die Verantwortung von Unternehmen für die sozialen Auswirkungen ihrer ökonomischen Aktivitäten. Sowohl in den UN-Leitprinzipien, wie auch in den OECD-Leitlinien hört die

Verantwortung der Unternehmen nicht auf dem eigenen Werksgelände und nicht mit den direkten ökonomischen Tätigkeiten auf, sondern umfasst die Lieferketten bis hin zur Rohstoffgewinnung. Das betrifft Konzerne, die im Bergbau tätig sind - sei es im Bereich Erkundung, Abbau, Handel oder in der Finanzierung - genauso wie die Rohstoffe nutzende und verarbeitende Industrie. Die geforderte „gebotene Sorgfaltspflicht" beinhaltet laut UN-Leitprinzipien (Prinzip 15), dass Unternehmen ein Verfahren entwickeln, um mit Blick auf ihre eigenen Aktivitäten und Geschäftsbeziehungen entlang der gesamten Wertschöpfungskette „die Auswirkungen auf die Menschenrechte zu ermitteln, zu verhüten und zu mildern sowie Rechenschaft darüber abzulegen, wie sie diesen begegnen".[61] Für den Bezug von Rohstoffen aus Konfliktgebieten fordert die OECD von Unternehmen die Implementierung eines mehrstufigen Systems, um Risiken in der Lieferkette zu identifizieren und ihnen wirksam zu begegnen.[62] Zur Umsetzung sowohl der UN- als auch OECD-Standards hat das Deutsche Global Compact Netzwerk eine Broschüre veröffentlicht, dass die fünf Schritte für Unternehmen ins Deutsche übersetzt hat. Erstens: Ein Grundverständnis im Unternehmen verankern. Wichtig dabei, Prozesse und Strukturen verankern, die in der Lage sind, nachteilige Auswirkungen auf die Menschenrechte frühzeitig zu erkennen und ihnen vorzubeugen. In einem zweiten Schritt müssen potenzielle Auswirkungen erfasst werden. Das heißt, Unternehmen werden sich der eigenen Rolle in der Lieferkette bewusst und untersuchen mögliche Risiken, zum Beispiel bei der Rohstoffgewinnung und Weiterverarbeitung. Hierfür können Websites, wie vom Business and Human Rights Resource Centre, Amnesty International, dem Internationalen Gewerkschaftsbund oder Human Rights Watch genutzt werden. Drittens: Bestehende Prozesse und Lücken müssen identifiziert werden. Dazu empfiehlt das Deutsche Global Compact Netzwerk zusätzlich zu eigenen Aktivitäten Kontakte zu anderen Unternehmen aufzunehmen, seien es Zulieferer:innen oder Mitbewerber:innen. Unter Umständen gibt es schon Runde Tische, Initiativen oder Netzwerke, denen man sich anschließen kann. Viertens: Ein Unternehmen kann nicht alle menschenrechtlichen Risiken in der Lieferkette mit einem Schlag bearbeiten oder gar lösen. Daher ist es wichtig, im Unternehmen Maßnahmen zu priorisieren und nächste Schritte zu vereinbaren. Hier kann eine Gewichtung nach den Ausmaßen der menschenrechtlichen Risiken erfolgen oder nach Bereichen, wo das Unternehmen einen besonders hohen Einfluss geltend machen kann. Dazu gehört auch, einen unternehmensspezifischen Aktionsplan zu erstellen. Fünftens: Die Aktionspläne müssen umgesetzt werden und in einen fortlaufenden Prozess integriert werden. Ziel: Menschenrechtliche Sorgfalt dauerhaft im Unternehmen zu verankern.[63]

Die OECD-Leitsätze für die Erfüllung der Sorgfaltspflicht zur Förderung verantwortungsvoller Lieferketten für Minerale aus Konflikt- und Hochrisikogebieten[64] weichen von dieser Darstellung etwas ab und heben vor allem das öffentliche und transparente Berichtswesen hervor. Die OECD-Leitsätze legen fünf Schritte fest. Schritt 1: Aufbau eines soliden Unternehmensmanagementsystems; Schritt 2: Ermittlung und Bewertung von Risiken entlang der Lieferkette; Schritt 3: Gestaltung und Umsetzung einer Strategie zur Risikobekämpfung; Schritt 4: Durchführung eines unabhängigen Audits durch Dritte, der von den Verhüttungsbetrieben / Scheideanstalten zur Erfüllung der Sorgfaltspflichten durchgeführten Maßnahmen; Schritt 5: Jährlicher Bericht zur Erfüllung der Sorgfaltspflichten in der Lieferkette.

Auf diesen beiden Standards basieren viele weitere, freiwillige Standards, die von der Industrie ausgearbeitet wurden und deren Umsetzung durch Audits überwacht wird. Auch hier gibt es eine große Schwachstelle: Diese Audits sind in der Regel nicht transparent. Die konkreten Fragestellungen, die Antworten und die Schlussfolgerungen sind in der Regel unbekannt und können nicht kommentiert werden. Auch lassen viele Audits die Frage unbeantwortet, wer von den Betroffenen überhaupt befragt worden ist. Das macht eine unabhängige und kritische Überprüfung nahezu unmöglich.

Zudem unterscheiden sich die freiwilligen Standards sehr häufig in Detailfragen. Viele Standards fokussieren auf einzelne Rohstoffe oder einzelne Branchen. Allein eine Studie über 22 freiwillige Standards und Leitlinien der NGO Germanwatch deckt diverse Schwachstellen auf, die die Initiativen ignorieren.[65]

DEUTSCHES LIEFERKETTENGESETZ[66]

Das im Sommer 2021 verabschiedete deutsche Lieferkettengesetz soll Unternehmen für gravierende Menschenrechtsverletzungen zur Verantwortung ziehen. Bis heute treffen gesetzliche Vorhaben für eine Verankerung von menschenrechtlichen Sorgfaltspflichten auf starke Gegenwehr vor allem bei den Industrieverbänden.[67] Als die Bundesregierung unter der Federführung des Auswärtigen Amts im Jahr 2014 begann, einen Nationalen Aktionsplan (NAP) zur Umsetzung der UN-Leitprinzipien für Wirtschaft und Menschenrechte zu erarbeiten, war die Kritik von Seiten der Wirtschaftsverbände groß. Als der Plan dann im Jahr 2016 verabschiedet wurde, gab es anstatt gesetzlicher Regelungen lediglich Prüfempfehlungen, die Aufschluss darüber geben sollten, ob deutsche Unternehmen ihren Verpflichtungen schon freiwillig nachkommen. Sollte dies nicht der Fall sein, müsste gesetzlich nachgebessert werden. Obwohl das Wirtschaftsministerium die Prüfung, wie auch die unternehmerischen Anforderungen verwässerte, scheiterte die freiwillige Verpflichtung. Das Auswärtige Amt schrieb im Dezember 2020[68]: „Im maßgeblichen Erhebungsjahr 2020 erfüllten 13 bis 17 % der betrachteten Unternehmen die NAP-Anforderungen („NAP-Erfüller"). Weitere 10 bis 12 % der Unternehmen befinden sich „auf einem guten Weg", die NAP-Anforderungen zu erfüllen: Sie haben noch Defizite, haben jedoch auch schon gute Praktiken. Damit wurde der von der Bundesregierung gesetzte Zielwert von mindestens 50 % „NAP-Erfüllern" verfehlt."

Aus dem Grund erarbeitete das Arbeitsministerium das deutsche Lieferkettengesetz, das Anfang Juni 2021 verabschiedet wurde. Begleitet wurde das Gesetz unter anderem von der „Initiative Lieferkettengesetz", einem Bündnis aus mehr als 100 Umwelt- und Menschenrechtsorganisationen, Gewerkschaften und Kirchengruppen. Diese verteidigten die Entwürfe des Ministeriums gegen die Blockade der Industrieverbände. Dennoch bleiben aus rohstoffpolitischer, menschenrechtlicher und ökologischer Perspektive einige Punkte offen, da die Industrie einige beachtliche Schwachstellen in das Gesetz lobbyieren konnte.

Eine Befürchtung ist, dass für den Rohstoffsektor das Gesetz in seiner jetzigen Fassung kaum Wirkung entfalten wird. Das liegt zum einen daran, dass deutsche Unternehmen, die mehr als 3000 Mitarbeitende haben (ab 2024 gilt dies auch für Unternehmen mit mehr als 1000 Mitarbeitenden), nur für ihre unmittelbare Lieferkette eine umfassende Sorgfaltspflicht gewährleisten müssen. Nur die direkten Zulieferer müssen also kontrolliert werden. Das ist nicht nur ein eklatanter Widerspruch zu den UN-Leitprinzipien für Wirtschaft und Menschenrechte, die diese Abstufung nicht kennen, sondern bedeutet für den weit verzweigten Rohstoffsektor unter Umstände eine geringe Wirksamkeit. Denn aus Deutschland gibt es keine bedeutenden Bergbaukonzerne und nur wenige direkte Importeure. Daher bräuchte es eine

Verankerung einer umfassenden Sorgfaltspflicht inklusive verpflichtender Risikoanalyse entlang der gesamten Lieferkette. Zudem sollte das Sorgfaltspflichtengesetz nicht von der Größe der Betriebe abhängen. Vielmehr sollte das Risiko der Verletzung von Menschenrechten die Maßgabe sein. Der Anwendungsbereich sollte insbesondere auf Hochrisikosektoren wie den Bergbau und den Rohstoffhandel ausgeweitet werden und das Gesetz auch für wesentlich kleinere Betriebe mit deutlich unter 1000 Mitarbeitenden gelten.

Da es im Gesetz auch keine ausreichenden zivilrechtlichen Haftungsregeln gibt, kann nicht gewährleistet werden, dass die zugesprochenen Rechte wirklich in Anspruch genommen werden können. Betroffene von Menschenrechtsverletzungen können weiterhin nicht in Deutschland gegen Profiteure dieser Verletzungen klagen. Viele Rechtsverletzungen durch Umweltschädigungen treten zudem erst in ferner Zukunft auf. Um auch diese auftretenden Rechtsverletzungen abzudecken, braucht es eine Sorgfaltspflicht, die umfassender, eigenständiger und umweltbezogener definiert ist.

POSITIVBEISPIELE UND GUTE ANSÄTZE

Dennoch zeigen die gesetzlichen Entwicklungen bei Konfliktmineralien und allgemeiner Lieferkettenverantwortung, dass in diesem Bereich einiges in Bewegung ist und mit weiteren Regulationen in naher Zukunft zu rechnen ist. In der aktuellen Legislatur des Europaparlaments (bis 2024) werden sehr wahrscheinlich sowohl Regeln zu entwaldungsfreien Lieferketten, zu nachhaltigen Batterien als auch zu einer europäischen Lieferketten-Regulierung verabschiedet. Darüber hinaus sind in den letzten Jahren mehrere Dutzend Industrie-Initiativen entstanden. Unternehmen, staatliche und wissenschaftliche Akteur:innen sowie die Zivilgesellschaft haben für einzelne Rohstoffe (u. a. Aluminium, Kobalt, Kupfer, Stahl, Gold), für einzelne Industrie-Sektoren (u. a. Automobil, Elektronik) oder für Teile der Lieferketten (u. a. im Upstream-Bereich, also von der Mine bis zur Schmelze) runde Tische, Industrieinitiativen oder Zertifizierungen kreiert. Einzelne Unternehmen, wie Motorola, sind eigene Wege gegangen und haben versucht, Lieferketten zu vereinfachen. Motorola hat den Weg einer closed pipeline in Bezug auf Konfliktmineralien gewählt und somit einzelne Kettenglieder ausgelassen beziehungsweise wieder eingegliedert. Im Smartphone-Bereich aktiv sind das Fairphone und Shiftphones. Zwar geben beide Mobilphone-Produzenten zu, dass es heutzutage noch unmöglich ist, ein komplett faires und nachhaltiges Smartphone zu bauen, beide machen sich aber an unterschiedlichen Stellen auf den Weg, dieses Ziel irgendwann zu erreichen. Während Shiftphone vom Design her denkt und vor allem auf bessere Arbeitsbedingungen beim Zusammenbau des Handys setzt, denkt das Fairphone seine Smartphones von den Rohstoffen her. Shiftphone setzt auf faire Löhne, Ausschluss von Kinderarbeit und gute Arbeitsbedingungen, vor allem in den Produktionsstätten in China. Sie arbeiten bei den Rohstoffen mit der Initiative Fair Lötet zusammen, die fairen Lötzinn produzieren und Shiftphone verzichtet gänzlich auf Coltan. Shiftphone setzt vor allem auf die Kontrolle durch die eigenen Mitarbeiter:innen, wobei leider wenig über unabhängige Audits von Dritten bekannt ist. Bei Transparenz und Berichterstattung kann sich allerdings das Shiftphone definitiv noch verbessern, eine kritische Überprüfung der Ziele und der Maßnahmen durch Dritte ist aufgrund der Internetinformationen nur schwer möglich. Dagegen wird die Nutzung in der Kreislaufwirtschaft konsequent angestrebt, Reparierfähigkeit, aber auch Recycling werden schon beim Design bedacht, was den Rohstoffverbrauch in der Zukunft hoffentlich minimiert.

Das Fairphone hingegen setzt vor allem auf die Verwendung von konfliktfreien Rohstoffen und eine transparente Kommunikation mit der eigenen Nutzer:innen-Community. Zuletzt im August 2018 wurden sowohl die Zuliefer:innen als auch die Schmelzen für die vier Konfliktmineralien in der Lieferkette transparent aufgeführt. Insgesamt fokussiert das Fairphone seit 2017 auf insgesamt zehn Rohstoffe, darunter neben den Konfliktmineralien auch Nickel, Kobalt, Indium oder Seltene Erden. Ähnlich wie Shiftphone setzt auch das Fairphone auf modulare Handys, die reparierbar sind und deren Ersatzteile einige Zeit vorrätig sind.

Einige kleine Unternehmen haben die Transparenz und Sorgfaltspflichten für sich als Unique Selling Point identifiziert. Neben den beiden Smartphone-Herstellern kann man hier auch den Computer-Maus-Hersteller NagerIT nennen. NagerIT produziert faire Computer-Mäuse. Sie stellen ihre Lieferkette transparent online und zeigen, wo sie als kleiner Produzent leider nicht weiterkommen in ihrer Lieferkette. Sie zeigen Grenzen ihrer Möglichkeiten bei der Sorgfaltspflicht. Gleichzeitig integrieren sie Wiederverwendung und soziale Arbeitgeber in ihre Lieferkette.

Auf Grund des öffentlichen Drucks geht auch die deutsche Automobilindustrie verstärkt dazu über, wieder direkte Lieferverträge mit Minen zu unterzeichnen. Darüber hinaus waren deutsche Automobilhersteller in den letzten Monaten maßgeblich an der Einrichtung verschiedenster Initiativen beteiligt. So entstand die aluminium stewardship initiative (Audi, BMW, Daimler), Responsible Steel (BMW, Daimler), Responsible Copper Initiative, Responsible Cobalt Initiative (BMW, Daimler), Responsible Minerals Initiative (BMW, Daimler, VW) sowie drive sustainability (BMW, Daimler, VW). Zudem haben sich Daimler und BMW zu der Initiative for Responsible Mining Assurance (IRMA) bekannt, die einzelne Minenprojekte zertifiziert. Dabei ist vor allem die Struktur von IRMA besonders, denn neben Gewerkschaften und internationalen Organisationen ist auch die lokale Bevölkerung eingebunden. Darüber hinaus legt IRMA nicht nur einen Standard fest, sondern arbeitet prozessorientiert. Das bedeutet, den umfangreichen IRMA100-Standard kann zu Beginn kein Unternehmen erreichen, Minenbetreiber können sich aber nach und nach verbessern.

NOTWENDIGKEIT STAATLICHEN HANDELNS

Viele kleine und mittelständische Unternehmen (KMU) stehen in Zukunft vor großen Herausforderungen, da sie kaum den gleichen Aufwand betreiben können, wie multinationale Konzerne, die sich in den verschiedenen Initiativen aktiv einbringen. Auch nicht jedes KMU wird in Zukunft als Markenkern eine faire Produktion haben. Gleichzeitig sind KMU aber in der Regel Teil einer komplexen Lieferkette und in dieser steigen die Erwartungen und die Berichtspflichten, wie die Aktivitäten der Automobil- und Elektronikindustrie zeigen. Auch KMU sind verpflichtet, die menschenrechtliche Sorgfalt zu wahren, ihre Lieferketten zu überprüfen und auf Risiken angemessen zu reagieren.

Nicht immer im Widerspruch zu den Interessen einzelner Unternehmen ist hier aus zivilgesellschaftlicher Perspektive die Bundesregierung auf verschiedenen Ebenen gefragt zu handeln. Erstens muss sie den Rahmen setzen, dass die Einhaltung von menschenrechtlichen Sorgfaltspflichten, ILO-Kernarbeitsnormen und ökologischen Standards sichergestellt wird. Das gilt für Produkte, die in Deutschland und Europa produziert werden, aber auch für solche, die hier verkauft und gehandelt werden. Noch ist es günstiger für Unternehmen, die Menschenrechte nicht zu achten und die Umwelt gewissenlos auszubeuten. Dies muss sich umkehren. Das Risiko muss bei den Konzernen und Unternehmen liegen, die sich nicht an bestehende Gesetze und Standards halten. Alle anderen brauchen einen Wettbewerbsvorteil.

Gleichzeitig muss die Bundesregierung aber Unternehmen unterstützen, ihrer Sorgfaltspflicht nachzukommen. Dies gilt vor allem für KMU. Die Agentur für Wirtschaft und Entwicklung, die von dem Bundesministerium für wirtschaftliche Zusammenarbeit und Entwicklung (BMZ) finanziert wird, bietet zum Beispiel eine Plattform an, wo eine erste Risikoüberprüfung mit wenigen Mausklicks erfolgen kann.[69]

Auch die BGR und die DERA müssten in ihr Risikomonitoring für einzelne Rohstoffe nicht nur Versorgungsrisiken aufnehmen, sondern auch Frühwarnsysteme kreieren, die Unternehmen unterstützen, soziale und ökologische Risiken zu minimieren.

SIEGEL UND ZERTIFIKATE

Dabei dürfen sich Unternehmen allerdings nicht einseitig auf Siegel und Zertifikate verlassen. Zwar können diese hilfreich und unterstützend sein, sie bieten aber keine einhundertprozentige Sicherheit. Im Konsument:innen-Bereich sind in den letzten Jahren viele Initiativen zu Siegeln und Zertifizierungen entstanden. Es ist fast unmöglich, durch den Siegel-Dschungel noch durchzublicken. Die Bundesregierung hat mit dem Projekt Siegelklarheit[70] einen ersten Schritt gemacht, der beim Einkauf helfen kann. Die Christliche Initiative Romero hat sich ebenfalls mit vielen Siegeln auseinander gesetzt und eine kritische Zusammenschau präsentiert.[71] Das Projekt PC-Global hat zum Beispiel einen Praxisleitfaden für konkrete Ausschreibungen im IT-Bereich geschaffen, um auch nachhaltige Produkte über die Nachfrageseite einzufordern.[72]

Diese Seiten zu verwenden können Unternehmen helfen. Beim Bezug von Rohstoffen oder der Verwendung von Rohstoffen in der Lieferkette sollten Unternehmen auch weitere Websites, wie die Karten von EJOLT[73] oder IPIS[74] etc. als Informationsquellen nutzen. Die Digitalisierung sollte an diesen Stellen verstärkt genutzt werden, um Informationen entlang der Lieferkette einfach und schnell weiterzugeben. Gut gepflegte Datenbanken, digitale Produktinformationen und andere Instrumente sollten entwickelt oder ausgebaut werden. Während es zum Beispiel für die Automobilindustrie Informationssysteme gibt, die bis zu mehreren Kommastellen die Reinheit der verwendeten Rohstoffe von Halbzeugen und Produkten mitteilen kann, fehlen solche Informationssysteme für menschenrechtliche, soziale oder ökologische Risiken. Hier liegen erhebliche Chancen. Der Druck, solche Informationssysteme zu kreieren, kann aber nicht nur allein aus der Zivilgesellschaft, Medien und kritischen Öffentlichkeit kommen, sondern muss auch aus der Wirtschaft kommen. Hier sind sicherlich auch die Unternehmensverbände viel stärker gefragt, Informationen bereitzustellen und Fortbildungen anzubieten. Der jeweiligen IHK, der DIHK und den BDI-Mitgliedsverbänden könnte hier eine wichtige Rolle zur Informationsweitergabe zu fallen.

ZUSAMMENFASSUNG UND AUSBLICK

Die globalen Rohstoffmärkte, die projizierten Rohstoffverbrauche und die globalen Ansprüche an Lieferkettenverantwortung haben sich in den letzten Jahren rasant verändert. Die Versorgungssicherheit ohne weitere menschenrechtliche oder ökologische Auflagen bleibt die Kernforderung der Industrieverbände, wie der damalige BDI-Präsident Grillo auf dem BDI-Rohstoffkongress 2014 deutlich machte: „Wir dürfen die Menschenrechte nicht privatisieren". Die Verantwortung der Unternehmen, Menschenrechte zu achten - von Ulrich Grillo fälschlicherweise als Privatisierung wahrgenommen - wird bis heute weder in der deutschen Rohstoffstrategie noch in den Instrumenten der Umsetzung der Strategie, wie den Rohstoffpartnerschaften oder der Außenwirtschaftsförderung, deutlich gestärkt. Als importabhängiges Land tragen wir eine Mitverantwortung für die Menschenrechte sowie den Umweltschutz in den Rohstoffabbaugebieten.

Das deutsche Lieferkettengesetz und die Regulierungen auf europäischer Ebene zeigen, dass große Schritte in Richtung größerer Wahrnehmung der menschenrechtlichen Verantwortung gegangen werden. Weitere Schritte werden folgen (müssen). Auch in Zukunft werden daher weitere politische Handlungsansätze gefordert sein, die auf die aktuellen Herausforderungen beim Abbau und Handel mit Rohstoffen reagieren und Menschenrechte und Umweltschutz stärker in den Fokus rücken.

Schon jetzt wird deutlich, dass die Rohstoffnachfrage durch die Digitalisierung aller Bereiche des Lebens weitere Herausforderungen beinhalten wird. Zwar sprechen einige Akteur:innen von Dematerialisierung und höherer Rohstoffeffizienz durch die Digitalisierung, auf der anderen Seite zeigen Studien der Deutschen Rohstoffagentur[75], dass sich die Nachfrage nach Rohstoffen wie Tantal, Lithium oder Kupfer in Zukunft vervielfachen wird. Auch die Fragen nach zukünftiger Energieerzeugung und Mobilität können auf die Nachfrage bestimmter metallischer Rohstoffe eine große Auswirkung haben.

Neben der Einhaltung von sozialen und ökologischen Standards wird es zukünftig notwendig sein, den hohen Rohstoffverbrauch in Ländern wie Deutschland zu senken. Die Diskussion, mit welchen Mitteln und Wegen das zu erreichen ist, steht noch am Anfang. Als PowerShift setzen wir uns im Rahmen des AK Rohstoffe für eine Rohstoffwende ein.[76] Die Umsetzung aktueller wirtschaftspolitischer Konzepte, darunter die der Elektromobilität,[77] der grünen Ökonomie[78] oder der Digitalisierung der Wirtschaft und Industrie 4.0,[79] wird die Rohstoffströme verändern, von fossilen zu metallischen und mineralischen, und somit neue Pfadabhängigkeiten schaffen. Allerdings liefern diverse Ansätze – Reparierbarkeit, Recyclingquoten, Suffizienz etc. – und Diskurse – angefangen von höherer Rohstoff- und Materialeffizienz über Post-Wachstums-Debatten bis hin zu Forderungen nach steuer- und ordnungspolitischen Eingriffen des Staates – schon heute eine Vielzahl von Ideen und Vorschlägen, die einen Beitrag zu dem übergeordneten Ziel, den hohen Verbrauch zu minimieren, leisten könn(t)en. In seinem Projekt Rohstoffwende 2049 hat auch das Öko-Institut an einzelnen Beispielen Zukunftsszenarien ausgearbeitet.[80]

Diese Reduktionsdebatte wird auch im Kontext der Klimakrise an Fahrt aufnehmen. Zuletzt haben japanische, australische und deutsche Wissenschaftler:innen errechnet, dass die Klimaziele nur erreicht werden können, wenn ab dem Jahr 2030 der Primärrohstoffeinsatz deutlich sinkt.[81]

Zum Hintergrund:
Der Arbeitskreis Rohstoffe

Ein Akteur, der die entwicklungspolitischen und ökologischen Diskurse zusammenbringt und gegen den Industriediskurs stärkt, ist der Arbeitskreis (AK) Rohstoffe. Der AK Rohstoffe ist ein Zusammenschluss aus Menschenrechts-, Entwicklungs- und Umweltorganisationen, der sich seit 2008 regelmäßig trifft und zu Auswirkungen des Rohstoffabbaus austauscht. Das Koordinierungsbüro ist bei PowerShift in Berlin angesiedelt. Wichtige Ziele des AK Rohstoffe sind die Reduktion des Rohstoffverbrauchs und die Einhaltung von Menschenrechten und Umweltstandards beim Abbau von Rohstoffen. (http://ak-rohstoffe.de)

LITERATUR

1 BDI: Die digitale Transformation der Industrie, online unter: https://bdi.eu/media/user_upload/Digitale_Transformation.pdf

2 Fatheuer et al. 2015

3 Vgl. U. a. Öko-Institut (2021): Green technologies and critical raw materials; online unter: https://www.oeko.de/fileadmin/oekodoc/Green-technologies-and-critical-raw-materials.pdf

4 PowerShift (2022): Heißes Eisen für kaltes Klima?! - Wie der Metallverbrauch zur Klimakrise beiträgt und warum wir eine klimagerechte Rohstoffwende brauchen; online unter: https://power-shift.de/heisses-eisen-fuer-kaltes-klima/

5 BDI (2017): Rohstoffversorgung 4.0; online unter: https://bdi.eu/publikation/news/rohstoffversorgung-40/

6 Arnold Tukker et al. (2014): The Global Resource Footprint of Nations; online unter: https://exiobase.eu/index.php/publications/creea-booklet/72-creea-booklet-high-resolution/file

7 BGR (2021): Deutschland – Rohstoffsituation 2020; https://www.bgr.bund.de/DE/Themen/Min_rohstoffe/Downloads/rohsit-2020.pdf?__blob=publicationFile&v=4

8 Online unter: https://www.isi.fraunhofer.de/content/dam/isi/dokumente/ccn/2016/Studie_Zukunftstechnologien-2016.pdf

9 Vgl. Groneweg, M., Pilgrim, H., und Reckordt, M. (2017): Diesseits der Dematerialisierung. PROKLA. Zeitschrift Für Kritische Sozialwissenschaft, 47 (189), 623 - 633. https://doi.org/10.32387/prokla.v47i189.60 - sowie: Groneweg, Pilgrim, Reckordt (2017): Ressourcenfluch 4.0; online: https://power-shift.de/wp-content/uploads/2017/02/Ressourcenfluch-40-rohstoffe-menschenrechte-und-industrie-40.pdf

10 Deutsche Rohstoffagentur (2021): Rohstoffe für Zukunftstechnologien 2021; online unter: https://www.deutsche-rohstoffagentur.de/DE/Gemeinsames/Produkte/Downloads/DERA_Rohstoffinformationen/rohstoffinformationen-50.pdf?__blob=publicationFile&v=3

11 Öko-Insitut (2017): Strategien für die nachhaltige Rohstoffversorgung der Elektromobilität. Synthesepapier zum Rohstoffbedarf für Batterien und Brennstoffzellen. Online unter: https://www.agora-verkehrswende.de/fileadmin/Projekte/2017/Nachhaltige_Rohstoffversorgung_Elektromobilitaet/Agora_Verkehrswende_Synthesenpapier_WEB.pdf

12 HIIK (2021): Conflict Barometer 2020 No. 29. Online unter: https://hiik.de/wp-content/uploads/2021/05/ConflictBarometer_2020_2.pdf

13 Vgl.: Vgl. Reckordt, Michael: Hartes Gestein - weiche Regeln; In: Becker, Britta, Maren Grimm und Jakob Krameritsch: Zum Beispiel BASF - Über Konzernmacht und Menschenrechte. Mandelbaum Verlag 2018

14 Global Witness: Global Witness: Last Line of Defence, London 2021. Online unter: https://www.globalwitness.org/en/campaigns/environmental-activists/last-line-defence/

15 Max Planck Foundation: Human Rights Risks in Mining - A Baseline Study, Heidelberg 2016. Online verfügbar

16 Ejolt: Environmental Justice Atlas, online unter: http://ejatlas.org/

17 Vgl. Reckordt, Michael: Hartes Gestein - weiche Regeln; In: Becker, Britta, Maren Grimm und Jakob Krameritsch: Zum Beispiel BASF - Über Konzernmacht und Menschenrechte. Mandelbaum Verlag 2018.

18 WirtschaftsWoche: Für Dein Auto; Online unter: http://tool.wiwo.de/wiwoapp/3d/storyflow/102017/fuerdeinauto/index.html

19 Vgl. Human Rights Watch: Azerbaijan: Transparency Group Should Suspend Membership - Stifling Pressure on Activists Violates Commitments, 14.8.2014. Online verfügbar

20 Der AK Rohstoffe hat sich sowohl für die Rücknahme der Anklage gegen den Umweltaktivisten Beejin Khastumur in der Mongolei als auch für die Freilassung von Djeralal Miankeol im Tschad

eingesetzt. Vgl. hierzu Michael Reckordt: Rohstoffreichtum in der Mongolei, 13.10.2016. Online verfügbar. Und: AK Rohstoffe: Menschenrechtsaktivist im Tschad zu zwei Jahren Haft verurteilt, 14.7.2015. Online verfügbar. Die Anklage gegen Khastumur wurde im Sommer 2016 fallengelassen, Miankeol im Juli 2015 freigelassen. Vgl. hierzu Brot für die Welt: Tschad: Menschenrechtler Djéralar Miankéol ist frei, 29.7.2015. Online verfügbar

21 Siehe z. B. der Follow-Up-Bericht von Anmnesty International (2017): https://www.amnesty.org/download/Documents/AFR6273952017ENGLISH.PDF

22 Online unter: http://basflonmin.com

23 Vgl. beispielhaft nur die PowerShift-Steckbriefe (alle 2021) zu Eisen (https://power-shift.de/die-vergessenen-batterierohstoffe-eisenerz-elektromobilitaet-auf-toxischen-schlammlawinen/), Kupfer (https://power-shift.de/die-vergessenen-batterierohstoffe-kupfer/), Bauxit / Aluminium (https://power-shift.de/die-vergessenen-batterierohstoffe-bauxit-und-aluminium/)und Mangan (https://power-shift.de/die-vergessenen-batterierohstoffe-das-vergessene-manganzerstoerung-an-land-und-bedrohung-in-der-tiefsee/)

24 PowerShift (2019): Landraub für deutsche Autos; https://power-shift.de/wp-content/uploads/2020/02/Landraub-f%C3%BCr-deutsche-Autosweb-18022020.pdf

25 ADREMGUI, inclusive development international und CECIDE (2020): The Relocation of Hamdallaye Village in the Midst of Covid-19. How CGB is Failing to Meet the IFC Performance Standards, https://www.inclusivedevelopment.net/wp-content/uploads/2020/12/FINAL-Report_Hamdallaye-English.pdf

26 PowerShift (2019): Landraub für deutsche Autos; https://power-shift.de/wp-content/uploads/2020/02/Landraub-f%C3%BCr-deutsche-Autosweb-18022020.pdf
Initiative Lieferkettengesetz (2020): Von Bananen bis Bauxit: Warum wir ein Lieferkettengesetz brauchen, https://lieferkettengesetz.de/wp-content/uploads/2020/12/Initiative-Lieferkettengesetz-Von-Bananen-bis-Bauxit.pdf

27 Agaportal (oJ): Garantien für Ungebundene Finanzkredite (UFK), https://www.agaportal.de/_Resources/Persistent/97c1e4dd31dcc37609e8a50fe75acc524f256d10/ufk-jb-2016.pdf

28 Bundestag (2021): Antwort auf die Kleine Anfrage der Grünen – Folgen des Bauxit-Abbaus in Guinea und die Rolle der Bundesregierung, https://dserver.bundestag.de/btd/19/267/1926718.pdf

29 PowerShift / INKOTAnetzwerk (2020): Performance-Check Automobilindustrie: Verantwortungsvoller Rohstoffbezug?, https://power-shift.de/wp-content/uploads/2020/12/ONLINE-INK-Autostudie-141220.pdf, Seite 12f.

30 Merle Groneweg/Hannah Pilgrim/Michael Reckordt: Ressourcenfluch 4.0 – Die sozialen und ökologischen Auswirkungen von Industrie 4.0 auf den Rohstoffsektor, 2017. Online verfügbar

31 Müller, Melanie (2017): Deutsche Kupferimporte: Komplexe Lieferketten und Unternehmensverantwortung. GLOCON Policy Paper, Nr. 1, Berlin, 2017.; online verfügbar

32 BHP Billiton (2016): The bullish thesis for copper, 31.08.2016; Vicky Binns; online verfügbar und Merle Groneweg/Hannah Pilgrim/Michael Reckordt: Ressourcenfluch 4.0 – Die sozialen und ökologischen Auswirkungen von Industrie 4.0 auf den Rohstoffsektor, 2017. Online verfügbar

33 BGR (2021): Rohstoffsituation in Deutschland 2020; online verfügbar

34 Vgl.: https://dserver.bundestag.de/btd/19/178/1917808.pdf

35 MISEREOR (2013): Menschenrechtliche Probleme im peruanischen Rohstoffsektor und die deutsche Mitverantwortung; Online verfügbar

36 Müller, Melanie (2017): Deutsche Kupferimporte: Komplexe Lieferketten und Unternehmensver-

antwortung. GLOCON Policy Paper, Nr. 1, Berlin, 2017.; online verfügbar

37 Müller, Melanie und Michael Reckordt (2017): Ohne Verantwortung und Transparenz – Menschenrechtliche Risiken entlang der Nickellieferkette; online verfügbar

38 London Mining Network (2020): Martial Mining, https://londonminingnetwork.org/wp-content/uploads/2020/04/Martial-Mining.pdf, Seite 25

39 BGR (2017): Nickel – Rohstoffwirtschaftliche Steckbriefe, https://www.bgr.bund.de/DE/Themen/Min_rohstoffe/Downloads/rohstoffsteckbrief_ni.pdf;jsessionid=0FE71EDA83F646E4315A01C32DC152D2.1_cid292?__blob=publicationFile&v=3

40 Europäische Kommission (2020): Widerstandsfähigkeit der EU bei kritischen Rohstoffen: Einen Pfad hin zu größerer Sicherheit und Nachhaltigkeit abstecken, https://eur-lex.europa.eu/legal-content/DE/TXT/PDF/?uri=CELEX:52020DC0474&from=EN, Seite 3

41 USGS (2021): Nickel, https://pubs.usgs.gov/periodicals/mcs2021/mcs2021-nickel.pdf, Seite 2

42 Sangadji, Arianto, et al. (oJ): Road to Ruin: Challenging the Sustainability of Nickel-based Production for Electric Vehicle Batteries, https://www.rosalux.de/fileadmin/rls_uploads/pdfs/engl/Nickel_Study_FINAL.pdf

43 Nangoy, Fransiska und Fathin Ungku (2021): Facing green pressure, Indonesia halts deep-sea mining disposal, https://www.reuters.com/article/us-indonesia-mining-environment-exclusiv-idUSKBN2A50UV

44 Morse, Ian (2020): Indonesian miners eyeing EV nickel boom seek to dump waste into the sea, https://news.mongabay. com/2020/05/indonesian-miners-eyeing-ev-nickelboom-seek-to-dump-waste-into-the-sea/

45 Reckordt, Michael (2015): Rote Flüsse und tote Fischteiche: Nickelabbau in den Philippinen, https://power-shift.de/rote-fluesse-und-tote-fischteiche-nickelabbau-in-denphilippinen-teil-1/

46 Vgl. Fuchs, P.; Reckordt, M. (2013). Rohstoffsicherung in Deutschland und zivilgesellschaftliche Antworten. In: Peripherie, 132, 501-510

47 Online unter: http://www.rohstoffwissen.org/fileadmin/downloads/160720.rohstoffstrategie-der-bundesregierung.pdf

48 BMWi (2020), online unter: https://www.bmwi.de/Redaktion/DE/Downloads/P-R/rohstoffstrategie-der-bundesregierung.pdf?__blob=publicationFile&v=6

49 BMWi (2020)

50 BMWi (2020)

51 BMWi (2020)

52 BMWi (2020)

53 SPD (2022), online unter: https://www.spd.de/fileadmin/Dokumente/Koalitionsvertrag/Koalitionsvertrag_2021-2025.pdf

54 BMWi (2020)

55 Vgl. AK Rohstoffe (2020); online unter: https://ak-rohstoffe.de/wp-content/uploads/2020/02/Stellungnahme-zur-Fortschreibung-der-deutschen-Rohstoffstrategie-web.pdf

56 BMWi (2020)

57 AK Rohstoffe (2020)

58 PowerShift (2022), online unter: https://power-shift.de/die-politische-debatte-um-die-europaeische-batterieverordnung-klare-regeln-fuer-nachhaltige-produkte/

59 Europäische Kommission (2021), online unter: https://ec.europa.eu/commission/presscorner/detail/de/qanda_21_5919

60 Tagesschau (2022), online unter: https://www.tagesschau.de/wirtschaft/weltwirtschaft/eu-lieferkettengesetz-101.html

61 Flohr, Annegret: Vertane Chance - https://www.hsfk.de/fileadmin/HSFK/hsfk_downloads/standpunkt0214.pdf

62 BMLRT (2022), online unter: https://info.bmlrt.gv.at/themen/bergbau/konfliktmineraleverord-

nung/umsetzung-oesterreich/listeunionseinfuehrer.html

63 DGCN: Leitprinzipien für Wirtschaft und Menschenrechte. Umsetzung des Rahmens der Vereinten Nationen „Schutz, Achtung und Abhilfe", Berlin 2014

64 OECD: OECD-Leitsätze für multinationale Unternehmen, 2011. Online verfügbar

65 Deutsches Global Compact Netzwerk: 5 Schritte zum Management der menschenrechtlichen Auswirkungen Ihres Unternehmens: Online unter: https://www.globalcompact.de/wAssets/docs/Menschenrechte/Publikationen/5_schritte_zum_management_der_menschenrechtlichen_auswirkungen_ihres_unternehmens.pdf

66 Online: https://www.bmwi.de/Redaktion/DE/Downloads/M-O/oecd-leitsaetze-fuer-die-erfuellung-der-sorgfaltspflicht.pdf?__blob=publicationFile&v=5

67 Sydow, Johanna und Antonia Reichwein (2018): https://germanwatch.org/sites/germanwatch.org/files/publication/22234.pdf

68 Dieser Teil des Textes basiert auf einem gemeinsamen Text mit Hannah Pilgrim für die Nachrichtenseite Jacobin. Er kann in Gänze hier abgerufen werden: https://jacobin.de/artikel/ein-lieferkettengesetz-macht-noch-keinen-gerechten-rohstoffhandel-rohstoffabbau-basf-marikana-hamdallaye/

69 Global Policy Forum (2021), online unter: https://www.globalpolicy.org/de/publication/lieferkettengesetz-aufstand-der-lobbyisten

70 Auswärtiges Amt (2020), online unter: https://www.auswaertiges-amt.de/de/aussenpolitik/themen/aussenwirtschaft/wirtschaft-und-menschenrechte/monitoring-nap/2124010

71 https://www.wirtschaft-entwicklung.de/nachhaltigkeit/csr-risiko-check/

72 https://www.siegelklarheit.de/

73 https://www.ci-romero.de/kritischer-konsum/siegel-von-a-z/

74 http://www.pcglobal.org

75 http://ejatlas.org/

76 http://ipisresearch.be/home/conflict-mapping/maps/

77 U. a. Deutsche Rohstoffagentur (2021)

78 PowerShift et al. (2020), online unter: https://power-shift.de/12-argumente-fuer-eine-rohstoffwende/

79 Vgl. Merle Groneweg, Laura Weis (2018): Weniger Autos, mehr globale Gerechtigkeit; online unter: https://www.misereor.de/fileadmin/publikationen/Studie-Weniger-Autos-mehr-globale-Gerechtigkeit-2018.pdf; Achim Brunnengräber/Tobias Haas: Die falschen Verheißungen der E-Mobilität. In: Blätter für deutsche und internationale Politik, Heft 6/2017, S. 21-24; Jutta Blume/Nika Greger/Wolfgang Pomrehn: Oben hui, unten pfui? - Rohstoffe für die „grüne" Wirtschaft: Bedarfe - Probleme - Handlungsoptionen für Wirtschaft, Politik & Zivilgesellschaft, 2011. Online verfügbar

80 Thomas Fatheuer/Lili Fuhr/Barbara Unmüßig: Kritik der Grünen Ökonomie, München 2015

81 Merle Groneweg/Hannah Pilgrim/Michael Reckordt: Ressourcenfluch 4.0 - Die sozialen und ökologischen Auswirkungen von Industrie 4.0 auf den Rohstoffsektor, 2017. Online verfügbar

CHANCEN UND RISIKEN DER DIGITALISIERUNG FÜR DEN AFRIKANISCHEN KONTINENT

Felix Sühlmann-Faul,
Freier Techniksoziologe, Speaker und Autor

NEUE KOLONIALISIERUNG ODER POTENZIAL FÜR EINE GRÜNE ZUKUNFT?

Von der Wiege bis zur Bahre erzeugen die Gerätschaften der Digitalisierung – Fitnesstracker, Smartphones, Akkumulatoren, Computer und dergleichen – ökologische und insbesondere soziale Probleme. Diese weitgehend unbekannten Nachhaltigkeitsdesaster finden zu großen Teilen auf dem afrikanischen Kontinent statt. Dieser Teil der Erde ist wie kein anderer von Ausbeutung gekennzeichnet und hat durch die Kolonialisierung von Seiten des globalen Nordens ein schweres historisches Schicksal. Geschichte und Gegenwart treffen vor Ort aufeinander und erschweren das Erstarken und Erblühen vieler afrikanischer Staaten. Dabei ist die Digitalisierung eine Keimzelle der Hoffnung und stellt eine Starthilfe dar. Damit ist Digitalisierung auch eine Chance. Trotzdem ist es noch ein langer Weg. Über die negativen und positiven Wirkungen der sozio-technischen Transformation für den Kontinent berichten die folgenden Seiten.

VERBREITUNG DER TECHNOLOGIE

Wenn man nach Kennzeichen der allgegenwärtigen Digitalisierung fragt, braucht man nicht lange zu suchen. An Bushaltestellen, im Café, selbst auf dem Fahrrad und im Auto sieht man smarte Geräte in der Hand und am Handgelenk, Touchscreens, die bedient werden und Panels, die uns Informationen liefern. Und aus vielen Lebensbereichen ist die Digitalisierung nicht mehr wegzudenken: Wissenschaft, Medizin, Medien und natürlich auch Mobilität – denn was ist Mobilität ohne digitalbasierte Anwendungen wie Navigation oder Infotainment? Viele Lebensbereiche werden massiv verändert und nicht zuletzt die Automobilbranche – ein klassischer Vertreter der ‚Old Economy' - strukturiert sich in diesen digitalen Zeiten deutlich um. Schließ-lich sind Daten das kostbare Gut in der digitalen Ökonomie und die Basis für eine große Menge an Dienstleistungsmodellen. Inmitten dessen steht das ubiquitäre Smartphone. Die ‚Killer-Applikation' nicht zuletzt für Mobilitätsdienstleistungen. Im Jahr 2021 nutzten knapp 61 Millionen Bundesbürger:innen ein Smartphone, was knapp drei Viertel der Bundesbevölkerung entspricht[1]. Knapp 1,3 Milliarden Smartphones wurden 2020 weltweit verkauft - obwohl der Markt immer wieder als gesättigt bezeichnet wird[2]. Das deutet gleich auf ein Problem dieser Zahlen hin: Das Dasein von Geräten in der Sparte der Informations- und Kommunikationstechnologie (IKT) ist besonders kurzlebig. Tatsächlich liegt die Nutzungsphase eines Smartphones im Durchschnitt bei lediglich 20 Monaten[3]. Angesichts des enormen Bedarfs an Rohstoffen für die IKT, der kurzen Nutzungsphasen durch schnelle Innovationssprünge, korrelierendem Konsumstrudel und jeglichem Fehlens von Stoffkreisläufen entsteht hier eine enorme Konfliktsituation. Wie soll angesichts dieser Probleme eine Vision wie die ‚Industrie 4.0' umgesetzt werden? Wie soll eine Idee wie Connected Mobility – also Fahrzeuge in das Internet der Dinge zu integrieren und diese mit einer intelligenten Verkehrsinfrastruktur zu verbinden - umgesetzt werden?

Zu beachten sind dabei nämlich auch die sozialen Folgen: Die traurigen Spitzenreiter der Produkte, die unter Bedingungen moderner Sklaverei produziert und in die G20-Staaten importiert werden, sind digitale Gerätschaften wie PCs und Mobiltelefone. Auf Platz zwei und drei folgen Fisch und Kleidung[4].

HERKUNFT DER ROHSTOFFE

Wie kommt es dazu? Zum Beispiel bestehen die Bauteile eines Smartphones aus bis zu 75 verschiedenen chemischen Elementen[5]. Und Batterien für Elektroautos benötigen große Mengen Lithium und Kobalt. Manche Elemente werden inzwischen als 'Konfliktmineralien' bezeichnet (s. auch Beitrag „Rohstoffimplikationen einer digitalisierten Energie- und Mobilitätswende"): Meist sind das Tantal, Zinn, Wolfram und Gold. Auch Kobalt kann man hinzurechnen. Tantal ist beispielsweise ein Metall, das aus dem Erz Coltan gewonnen und für sehr kleine Kondensatoren mit hoher Kapazität verwendet wird. Kobalt wird für Lithium-Ionen-Batterien benötigt. Die Nachfrage nach diesen Batterien ist aufgrund des Einsatzes in digitalen Geräten und Elektrofahrzeugen massiv gestiegen. Laut Veröffentlichungen der geologischen Abteilung des US-Innenministeriums ist die Produktion von Kobalt allein zwischen 2020 und 2021 um 20% gestiegen – auf 170.000 Tonnen[6]. Die Nachfrage aus dem Automobilsektor wird sich im aktuellen Jahr 2022 auf ungefähr 104.000 Tonnen belaufen[7]. Die genannten Elemente stammen zu großen Teilen aus der Demokratischen Republik Kongo (DRK). Die Bezeichnung ‚Konfliktmineralien' entstammt dem Umstand, dass bewaffnete Gruppen, die in der Demokratischen Republik Konto (DRK) seit Jahrzehnten in einem immer wieder aufflammenden Bürgerkrieg gegeneinander kämpfen, den Bergbau und/oder Teile des Handels mit den Mineralien an sich gerissen haben und mit dem Gewinn von mehreren hundert Millionen US-Dollar pro Jahr ihre Waffen finanzieren. Diese Aktivitäten zementieren die Konflikte, indem sie die Macht dieser Paramilitärs sichern und die Region destabilisieren[8]. Der Einfluss der bewaffneten Gruppen auf den Rohstoffhandel und -abbau ist dabei vielschichtig und variiert von Gruppe zu Gruppe: Gewaltsame Übernahme von Lagern und den Minen selbst, Kontrolle der Handelsbeziehungen, Zwangsarbeit, Erpressung von Schutzgeldern, Monopolisierung des Exports[9]. Teilweise verlagern sich die Gruppen auf Wegelagerei auf den Zufahrtsstraßen der Minen, wenn sich diese im Besitz von internationalen Verbrechenssyndikaten befinden[10]. Die verheerenden Zustände in der DRK zerrütten das Leben der Zivilbevölkerung: Die Todesopfer des Bürgerkriegs gehen in die Millionen. Allein 2021 zählte das UN-Flüchtlingshilfswerk 1.200 Todesopfer und 1100 Fälle sexueller Gewalt. Durch die Konflikte wurden 94% der zivilen Bevölkerung aus ihren ursprünglichen Heimatorten vertrieben und viele Millionen sind vom Hunger bedroht[11]. Die Zahl der registrierten Flüchtlinge aus der DRK bis dato liegt bei über einer Million Menschen[12]. Viele Menschen fliehen in umliegende Gebiete – trotzdem sind die Fluchtbewegungen aus der DRK auch Teil des Menschenstroms, der sich in den globalen Norden bewegt auf der Suche nach einem besseren Leben. So bleiben die Probleme der DRK nicht weit weg, sondern betreffen genauso Deutschland und den Rest von Europa.

Gleichzeitig könnte die DRK die Kornkammer Afrikas sein. Jedoch ist die Landwirtschaft eines der vielen Opfer der Konflikte. Für die Menschen, die nicht mit vorgehaltener Waffe, sondern freiwillig in den Minen arbeiten, ist diese Arbeit aufgrund der steigenden Nachfrage nach Rohstoffen und dadurch höherer Verdienstmöglichkeiten attraktiver als Felder zu bestellen. Zudem werden aufgrund der Zerstörung von Agrarland, Vertreibungen aufgrund des Bürgerkriegs und einer dadurch vielschichtigen Gemengelage von infrastrukturellen Problemen lediglich 10 % der eigentlich nutzbaren Fläche kultiviert[13].

Die Rebellentruppen haben in den vergangenen Jahrzehnten viel Geschick darin bewiesen, sich zu finanzieren. Man darf daher die Rohstoffe nicht direkt an die Existenz des Bürgerkriegs knüpfen. Es wird jeweils eine Finanzierungsquelle gewählt, bei der besondere Nachfrage besteht. Und das sind in den vergangenen Jahren und aktuell eben die Konfliktmineralien. Diese Gruppen, die größtenteils aus den umliegenden Staaten Burundi, Rwanda, Uganda und Zimbabwe stammen, begannen zunächst in den 1970er Jahren, Diamanten, Gold und Hölzer aus dem Land zu schmuggeln. Erst später kamen auch Coltan[14] bzw. Tantal und Kobalt dazu[15]. Der Abbau von

Coltan erzeugte in den Jahren 2000 und 2001 sogar eine Art Goldgräberstimmung, da die Preise für das Erz stiegen. Für viele Menschen war die Arbeit in den Minen daher attraktiver als in der Landwirtschaft und hatte positive Auswirkungen auf die Beschäftigung in der DRK. Es gab in den folgenden Jahren immer wieder kurze Boom-Phasen, die stets aber auch jäh wieder endeten. Um das Jahr 2009 brach der Absatz erneut ein, da es u. a. von Seiten der EU eine Initiative gab, den Handel mit Mineralien aus dem Kongo zu stoppen, um die Rebellentruppen nicht zusätzlich zu unterstützen[16]. Kobalt wird jedoch aufgrund der hohen Nachfrage in zunehmenden Mengen aus der DRK exportiert[17].

GESUNDHEITLICHE FOLGEN UND MENSCHENRECHTSVERLETZUNGEN

Der Coltan-Abbau erzeugt gesundheitliche Probleme für Frauen und Kinder, die in den Minen arbeiten. Durch den vergleichsweisen großen Gewinn arbeiten zunehmend Frauen in den Abbaugebieten und verrichten gefährliche und gesundheitsschädliche Arbeiten wie das Zertrümmern von Tantal-haltigem Gestein. Teile des Gesteins steigen in die Luft und kommen so in die Atemwege der Frauen und ihrer Säuglinge, die sie auf dem Rücken tragen. Infolge zeigen diese Kinder ähnliche gesundheitliche Probleme wie deren Mütter. Unter dem Zwang der Rebellengruppen werden Kinder teilweise zu Arbeit gezwungen oder als Kindersoldaten missbraucht[18]. Die paramilitärischen Gruppen begehen dabei zahlreiche Menschenrechtsverletzungen wie Vergewaltigung, Folter und Morde. Insgesamt ist sexualisierte Gewalt ein großes Problem in diesem Land. Im Umfeld der Bergbauanlagen wurde Zwangsprostitution und Kinderprostitution beobachtet. Diese Verhältnisse tragen auch zur Verbreitung von HIV und Aids bei[19]. All diese Zustände entsprechen den Merkmalen moderner Sklaverei[20].

REAKTION DER KONZERNE UND INITIATIVEN

Konzerne wie Motorola und Apple achten in der Zwischenzeit darauf, ihre Mineralien aus friedlichen Regionen zu beziehen, aus Angst ihrem Markenimage zu schaden. Das hängt bei den nordamerikanischen Firmen u. a. mit dem Dodd-Frank Wall Street Reform and Consumer Protection Act von 2010 zusammen. Dieses U.S.-Bundesgesetz reformierte das Finanzmarktrecht nach der Krise 2007. Ein Abschnitt dieses Gesetzes erlegte U.S.-amerikanischen Firmen Dokumentations- und Publizitätsverpflichtungen auf, sollten Sie Konfliktmineralien aus der DRK oder angrenzenden Ländern beziehen[21].

Außerdem gibt es neben vielen verschiedenen Initiativen die nordamerikanische Electronic Industry Citizenship Coalition (EICC) und die europäische Global e-sustainability Initiative (GesI), beides weltweit operierende Zusammenschlüsse von Elektronikfirmen, die sich um Corporate Responsibility im Bereich der Zuliefererketten kümmern. Beide vergeben Zertifikate für konfliktfreie Schmelzer. All diese Bemühungen haben den Gewinn der Rebellengruppen um ca. 65 % seit 2010 reduziert. Nach Kritik von diversen Aktivist:innen-Gruppen gehört Apple inzwischen zu den Vorreitern im Bereich konfliktfreier Mineralien. 2013 schloss sich Apple der Public-Private Alliance for Responsible Minerals Trade (PPA) an, einer Gruppe von Regierungen, NGOs und Firmen, die Initiativen für konfliktfreie Rohstoffe finanzieren[22]. Und diese Thematik betrifft genauso die Automobilindustrie. Rohstoffbeschaffung ist im Fokus der Branche in Bezug auf Nachhaltigkeit und sozialer Verantwortung. Wie beispielsweise Volkswagen berichtet, diskutiert der Automobilhersteller intensiv mit seinen Zulieferern, wie die Nachhaltigkeit in der Lieferkette, gerade bei Rohstoffen für Elektrofahrzeuge, verbessert werden kann. Insbesondere, so das Unternehmen, geht es darum, umweltfreundliche Fahrzeuge auf die

Straße zu bringen, die entlang der gesamten Lieferkette unter Einhaltung der Menschenrechte, Umwelt- und Sozialstandards produziert werden. Das scheint dringend notwendig, da Analyst:innen davon ausgehen, dass die Pläne von Volkswagen bis 2030 die gesamte Modellpalette auf E-Mobilität umzustellen, ein Viertel des aktuellen Lithiummarkts verschlingen wird[23].

ÖKOLOGISCHE FOLGEN

Der Abbau von Rohstoffen für die Digitalisierung und die E-Mobilität sind nicht nur für die Menschen in den Abbauregionen problematisch. Der Abbau von Lithium, das ebenfalls für Akkumulatoren essenziell ist und dessen Bedarf ebenfalls durch Digitalisierung und E-Mobilität steigt, verbraucht enorm viel Wasser. Eines der größten Lithium-Vorkommen befindet sich im Norden Chiles – genauer in der Atacama-Wüste. Allein dort werden jährlich etwa 21.000 Tonnen Lithium gewonnen. Insgesamt erzeugt Chile aktuell knapp 30% des weltweiten Bedarfs, hat aber angekündigt, die Produktion bis 2025 auf jährlich 250.000 Tonnen Lithium-äquivalent zu verdoppeln[24]. Diese Entscheidung wurde getroffen, obwohl sich die Gewinnung in der Atacama sich direkt auf die Wasserreserven der gesamten Region auswirkt, da die Wüste ohnehin zu den trockensten Gebieten der Erde zählt. Und der Wasserverbrauch lässt den Grundwasserspiegel dramatisch sinken. Dadurch trocknen die Flussläufe aus, Wiesen verdorren und gehen unwiederbringlich verloren[25]. In der DRK zeigen sich die Folgen des Abbaus von Kobalt, Tantal, Zinn, Wolfram und Gold in Form von Abholzung, Erosion, Zerstörung von Lebensräumen und der Vergiftung von Land und Wasser[26]. Der planlose Raubbau, den manche Rebellentruppen betreiben, hat beispielsweise den Lebensraum der vom Aussterben bedrohten Gorillas zusätzlich dezimiert[27].

DIE STRUKTURELLEN PROBLEME ENTSTAMMEN DER GESCHICHTE

Natürlich ist der Rohstoffabbau nicht allein der Quell der Probleme der DRK und die genannten Initiativen beenden nicht ihre Probleme. Diese zielen beinahe ausschließlich auf die Beendigung des Mineralienhandels der Rebellen, welche jedoch, wie beschrieben, flexibel darin sind, andere Finanzquellen zu nutzen. Es benötigt vielmehr eine langfristige und grundlegende Strategie, die militärische, politische und ökonomische Bemühungen miteinander kombiniert. Die Probleme der DRK sind strukturell bedingt.

Denn hier kommen verschiedene, charakteristische Probleme vieler afrikanischer Länder zusammen, die historischer und politologischer Natur sind. Zuerst ist da der schwache Zusammenhalt innerhalb der Gesellschaft des Landes ausschlaggebend, der aus der ethnischen Zersplitterung resultiert. Daraus folgt das Gefühl mangelhafter Verlässlichkeit zwischen den Bürger:innen und dem Staat und innerhalb der Bevölkerung. Und woher soll eine gemeinsame Identität und Geschichte, die einen Zusammenhalt prägen könnte, stammen? Ein Staat, der wie viele andere Länder des subsaharischen Afrikas, mit willkürlich gezogenen Grenzen und damit ohne natürlich gewachsene nationale Identität existiert. Und die Instanzen erfüllen nicht die Aufgabe, eine Interessen- und Wertegemeinschaft zu bilden, sondern verteilen Ressourcen nach dem Patronage- bzw. Lineage-System. Das ist ein Erbe der Kolonialisierung. Bevorzugt werden die Angehörigen der eigenen Ethnie. Der Machtkampf ist also zunächst kein politischer, sondern er zielt auf den Zugriff auf Ressourcen ab. Politische Macht sichert diesen Zugriff, daher rechtfertigen sich auch, wie sich in vielen Ländern Afrikas zeigt, Mittel wie blutige Umstürze zur Erlangung und Aufrechterhaltung der Staatsmacht. Wahlverfahren oder ähnliche Regelwerke zeigen daher häufig wenig Wirkung. Sie sind manchmal sogar gefährlich, wenn sie erst zum letztendlichen Ausbrechen angestauter Konflikte beitragen.

Ein zweiter Stolperstein für die Stabilität der DRK wie im Nachbarstaat Republik Kongo (auch „Kongo-Brazzaville") ist die mangelhafte Anpassungsfähigkeit der Institutionen.

Die politisch-historischen und kulturell-gesellschaftlichen Faktoren wurden häufig bei der Verfassungsgebung überhaupt nicht in Betracht gezogen. Damit blieb, aus den politisch legitimen Wegen ausgesperrt, ethnischen Minderheiten keine andere Wahl, als gewaltsam zu versuchen, die Macht zu erlangen[28].

E-WASTE
Neben der Gewinnung der Rohstoffe erzeugt auch die Entsorgung von Informations- und Kommunikationstechnologie (IKT) erhebliche ökologische und soziale Probleme. Der Fachbegriff für IKT und ihrer Komponenten nach der Entsorgung lautet „waste electrical and electronic equipment (WEEE)", bzw. „E-Waste"[29]. Laut Schätzung der NGO StEP Initiative, einem Teil der United Nations University, betrug die weltweite Menge an anfallendem E-Waste im Jahr 2019 ca. 55 Millionen Tonnen - das entspricht dem zweihundertfachen Gewicht des Empire State Buildings[30] - man könnte sich auch sämtliche privaten PKW Deutschlands auf einem gemeinsamen Berg vorstellen. Nach einer Prognose der UN wird die weltweit anfallende Menge von Elektroschrott sich bis 2030 auf 74 Millionen Tonnen steigern - angefeuert hauptsächlich durch die hohen Konsumraten und die kurzen Lebenszyklen im Bereich elektrischer und elektronischer Geräte[31]. Solange die Geräte - im Bereich der IKT sind es größtenteils PCs und Smartphones aufgrund der kurzen Lebenszyklen - intakt sind, stellen sie keine direkte ökologische Belastung dar[32]. Als E-Waste sind sie jedoch eine besonders aggressive und schädliche Art Müll. Die Platinen und Akkus von IKT enthalten zumindest ein giftiges Metall, meist handelt es sich um Blei,

Kadmium oder Beryllium. Alle diese Stoffe können schwere organische Erkrankungen bei Kontakt erzeugen[33].

GHANA
In verschiedenen Orten in Asien und Afrika gibt es zahllose 'Hochburgen' des E-Waste. Guiyu in China, Bangalore, Chennai, und Neu-Delhi in Indien, Karachi in Pakistan und Lagos in Nigeria[34]. Ein Ort in Ghana, der besonders drastisch von der Giftigkeit der alten Elektrogeräte gezeichnet ist, heißt Agbogbloshie, und liegt unweit der Hauptstadt Accra. Es handelt sich um einen Schrottmarkt, an dem jedes Jahr circa 250.000 Tonnen E-Schrott abgeliefert werden[35]. Dort werden hauptsächlich Computer, Monitore und Fernseher per Hand zerlegt. Deren Plastikteile werden verbrannt, um die wertvollen Metalle zu lösen. Wertlose Teile werden weggeworfen. Diese Arbeiten werden von teilweise erst fünfjährigen Kindern ohne Schutzbekleidung durchgeführt - mit primitivem Werkzeug und den Händen. Und auch hier ist der Verdienst auf den Schrottplätzen größer als in der Landwirtschaft.

Ein Forschungsteam von Greenpeace hat vor Ort Bodenproben genommen, in denen extrem hohe Werte von Blei, gefährlichen Weichmachern und krebserregenden Dioxinen gefunden wurden[36]. Es herrscht ein klarer Zusammenhang zwischen der Freisetzung dieser giftigen Chemikalien, den hohen Konzentrationen in den Böden und der Luft der Umgebung, wo sie schwerwiegende Folgen für Mensch und Umwelt haben[37]. Unrühmlich wurde von einem US-amerikanischen Wissenschaftsmagazin Agbogbloshie als giftigster Ort der Welt gekürt - noch vor dem ukrainischen Tschernobyl[38].

UND RECYCLING?
Dieselben Probleme der Schädigung von Umwelt und Mensch treten sogar beim Recycling alter elektronischer Geräte auf. Zwar sind die Richtlinien und Sicherheitsauflagen in Euro-

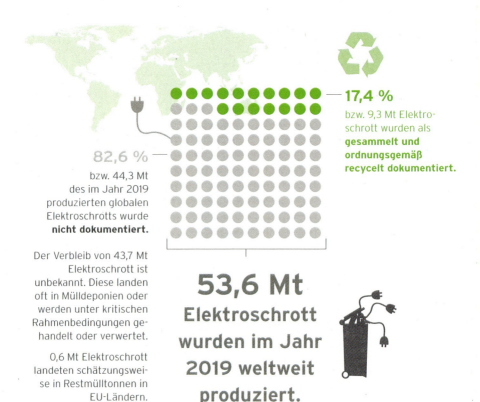

Abbildung 1 Eigene Darstellung nach World Health Organization (2021): Children and digital dumpsites: e-waste exposure and child health: summary for policymakers. https://apps.who.int/iris/rest/bitstreams/1350985/retrieve

pa sehr hoch, wenn es um die Verarbeitung und Trennung chemischer Komponenten geht - diese Auflagen existieren jedoch nicht oder nur in sehr reduzierter Form in den Ländern der Dritten Welt[39].

Vor allem ist Recycling meist nicht das, für was man es halten könnte. Besonders bei IKT existiert kein Stoffkreislauf, der eine Wiederverwertung verbauter Materialien o. ä. gewährleisten würde. In den Vereinigten Staaten werden nach Schätzungen von Greenpeace 50-80 % zu recycelnder Elektrogeräte in die Länder des Fernen Ostens, Indien, Afrika und China exportiert[40]. Vor Ort werden die Altgeräte notgedrungen händisch zerlegt. Der Export findet aus vielen Ländern wie den USA, Kanada und China statt, obwohl diese teilweise Konventionen wie die Stockholm Konvention gegen die Freisetzung von persistenten organischen Schadstoffen[41], die Rotterdam Konvention über den internationalen Handel mit gefährlichen Chemikalien[42] und die Baseler Konvention ratifiziert haben. Letztere zielt darauf ab, die menschliche Gesundheit vor den Einflüssen „gefährlicher Abfälle" zu schützen sowie dessen Erzeugung und Export zu reduzieren[43]. Unter „gefährlich" werden hier explosive, entflammbare, giftige oder ätzende Stoffe verstanden. Auch Deutschland ist an der illegalen Ausfuhr beteiligt. Laut Umweltbundesamt wurden 2019 knapp 950.000 Tonnen Elektroaltgeräte gesammelt. Das entspricht ca. 10 Kilogramm pro Bundesbürger:in und Jahr[44]. Wie hoch der Anteil des „Schattenstroms", also der Menge des illegal exportierten Elektroschrotts ist, ist schwer nachzuvollziehen. Das europäische CWIT-Projekt (Counter WEEE Illegal Trade) - an dem unter anderem auch Interpol beteiligt war - geht von ca. 1,3 Millionen Tonnen gebrauchter Elektronik aus, die jedes Jahr die EU verlassen - undokumentiert. Elektroschrott könnte bald zu einem der größten Zweige illegaler Ausfuhren des Kontinents Europa werden[45]. Zwar ist durch die genannten Konventionen die Ausfuhr des gefährlichen Mülls für europäische Nationen verboten - häufig wird der Elektroschrott aber als Gebrauchtgüter-Spenden für Entwicklungsländer deklariert[46].

GESCHICHTE DES E-WASTE-PHÄNOMENS

Der Handel mit E-Waste entstand in den 1990er Jahren. Die Regierungen europäischer Staaten, Japan und USA initiierten Recycling-Systeme. Viele der Länder hatten jedoch nicht die Möglichkeiten, die riesige Menge gefährlicher Stoffe in geordnete Bahnen zu lenken. Das Problem wurde per Export in Entwicklungsländer verlagert. Dort sind die Auflagen zum Schutz der Arbeitskräfte und der Umwelt deutlich niedriger. Und die Kontrolle dieser Auflagen ist lückenhafter. Daher ist das Recycling in diesen Ländern auch günstiger als in den Industrienationen.

Die Nachfrage nach Elektroschrott stieg in den Entwicklungsländern, da sich in den Elektrogeräten wertvolle Rohstoffe befinden. Anfang der 2000er Jahre verbreitete sich der Handel mit E-Waste auch in West-afrika.

Aktuell gibt es verschiedene Initiativen, die Lage der betroffenen Länder zu verbessern. So unterstützt bspw. die Deutsche Gesellschaft für Internationale Zusammenarbeit (GIZ) das Land Ghana darin, ein nachhaltiges Management für den E-Schrott zu etablieren. Das Projekt setzt dabei u. a. darauf, den privatwirtschaftlichen Sektor zu stärken. In Kooperation mit den Schrottplätzen sollen hier Unternehmen und Startups innovative und finanziell tragfähige Produkte und Dienstleistungen entwickeln[47].

CHANCEN DER DIGITALISIERUNG

Das Paradoxe ist bei alledem doch folgendes: Die Digitalisierung, die wie gezeigt, momentan in diesen Ländern Ausbeutung und Leid erzeugt, bietet gleichzeitig eine große Menge an Chancen. Mit ihrer Hilfe ließe sich Schritt für Schritt Afrika darin unterstützen, zu einem aufblühenden, friedlichen Kontinent zu werden, den seine Menschen nicht mehr verlassen wollen. Für Länder wie die DRK gilt, dass hier kompetente und legitimierte Institutionen geschaffen werden müssen, die Staatsführung muss das Gewaltmonopol zurückerobern und es müssen Programme gestartet werden, die wirtschaftliche Entwicklung des Landes in legale Wege zu leiten[48]. Und dafür bietet die Digitalisierung Chancen: 30 Millionen Menschen in 10 Ländern nutzen zum Beispiel den kenianischen Bezahldienst M-Pesa - das M steht für „mobil"; Pesa ist Swahili für „Geld". Dieser macht Überweisungen per SMS möglich und braucht kein teures Filialnetz. Hier hat die Digitalisierung einfach das Überspringen einer großen Hürde ermöglicht: Ein reguläres Giro-Konto ist in Kenia für die normale Bevölkerung zu teuer, daher ist M-Pesa seit 2007 im Aufschwung und zeigt eine erstaunliche Verbreitung. Ursprünglich als Zahlungsmittel für Mikrokredite gedacht, wurde M-Pesa rasch dafür eingesetzt, um Geld von städtischen Zentren in ländliche Heimatorte zurückzuschicken: Ein Familienmitglied, das zum Beispiel in Nairobi arbeitet, kann mit wenigen Taps auf seinem Mobiltelefon Geld nach Hause schicken. Zuhause kann die Familie sich in den zunehmend verbreiteten Geschäften mit M-Pesa-Agenten auszahlen lassen. Oder kann Geld auf ihrem Gerät belassen, um damit bei den ebenfalls mehr und mehr Geschäften bezahlen, die M-Pesa akzeptieren[49]. 41 % der kenianischen Bevölkerung, darunter mehr als zwei Drittel der erwachsenen Bevölkerung, nutzen den Dienst. Möglich war das u. a. aufgrund der Durchdringung von Mobiltelefonen in Afrika von 3 % im Jahr 2002 auf 48 % im Jahr 2010 und knapp 70 % 2016[50]. 2018 wurde bereits knapp die Hälfte des Bruttoinlandsprodukts Kenias durch Kaufabwicklungen mittels M-Pesa transferiert[51]. Aufgrund dieser Verbreitung von IKT in Afrika, die bald mit Industrienationen vergleichbar ist, sind mehr als 200 ähnliche Systeme wie M- Pesa in aufstrebenden Märkten entstanden. Trotzdem darf man das mobile Bezahlen auf dem afrikanischen Kontinent nicht mit einer finanziellen Inklusion verwechseln. Während das mobile Bezahlen per Smartphone in den USA und Europa beinhaltet, per Fernzugriff auf ein Bankkonto zuzugreifen, ersetzen Mobiltelefone in Entwicklungsländern häufig die Bankkonten. Das bedeutet, dass keine Möglichkeit damit verbunden ist, Vorteile des formellen Bankwesens zu nutzen: Verzinsliche Sparprodukte und die Erstellung einer Finanzaufzeichnung, um die Kreditwürdigkeit zu belegen.

Allerdings hat Safaricom – das Telekommunikationsunternehmen hinter M-Pesa – eine Antwort für Kund:innen, die Interesse an Zinsen und Krediten haben: Inzwischen gibt es mit Unterstützung der Commercial Bank of Africa M-Shwari ein zinstragendes Sparkonto, das ebenfalls Mikrokredite anbietet. Es kann mehr als 1,2 Millionen aktive Benutzer:innen vorweisen[52].

EIN DIGITALISIERUNGS-BOOM MIT HINDERNISSEN

Auf diesem Kontinent, der neun der 15 am schnellsten wachsenden Volkswirtschaften der Welt beheimatet, boomt die Digitalisierung. Damit wird Afrika ein zunehmend attraktives Umfeld für globale Geschäftsinvestitionen. Das zeigt sich auch am Beispiel Südafrika, welches große technologische Fortschritte gemacht hat. 2018 sind knapp 150 Millionen Geräte in Südafrika vernetzt, was durchaus Potenzial zeigt, Wachstum voranzutreiben und das soziale und wirtschaftliche Wohlbefinden zu steigern.

Mit dem fortschrittlichsten Netzwerk des Kontinents hat der Telekommunikationssektor Südafrikas bereits Millionen von Bürger:innen zusammengeschlossen und Tausende von Arbeitsplätzen geschaffen. Um diese Chance zu nutzen, müssen Unternehmen und die Regierung zusammenarbeiten, um der südafrikanischen Bevölkerung den Zugang zu erschwinglichen, zuverlässigen Technologien zu erleichtern. Durch die Verbesserung des Zugangs zu den Werkzeugen der globalen Wirtschaft - wie Telefone, Computer und Internet – können Bevölkerungsanteile in benachteiligten Gemeinden die Fähigkeiten digital gestützt erlernen, die sie zum Erfolg brauchen[53].

Trotzdem muss betrachtet werden, dass es nicht reicht, viele vernetzte Geräte und Mobiltelefone zu verteilen. Obwohl beinahe 386 Millionen Afrikaner:innen Ende 2016 ein Mobiltelefon besaßen, ist es noch ein weiter Weg, das gesamte Potenzial dieses Technologiesprungs auszuschöpfen. Es hakt nach wie vor an einer der größten Stolperfallen für die Entwicklung des Kontinents: Chancengleichheit. Mit einfachen und alten Geräten und anfälliger Infrastruktur gibt man einer großen Menge an talentierten und wissenshungrigen

Menschen zwar eine basale Starthilfe, aber keine höheren Ausbildungsmöglichkeiten, die diese Menschen brauchen und verdienen. Das bedeutet, dass Möglichkeiten sehr dünn gestreut sind, einen Abschluss in Informatik oder Ingenieursstudiengängen zu bekommen, die auf Computertechnologie spezialisiert sind.

Aber ein zunehmend vernetztes Land wird die Nachfrage nach Arbeitsplätzen für ausgebildete Fachkräfte mit Kenntnissen in Informations- und Kommunikationstechnologie fördern, was wiederum dazu beitragen wird, die Netzwerke aufrechtzuerhalten, die das Rückgrat des wirtschaftlichen Wohlstands bilden.

AUSBLICK

Es gibt also viele Hoffnungen, aber es ist noch ein langer Weg und große Erwartungen an das „Leapfrogging" - des Sprungs in die Moderne unter Auslassung der Industrialisierungsphase - sind deutlich übertrieben. Dem Kontinent wurden viel zu häufig die Beine unter dem Bauch weggezogen und ohne respektvolle Begegnung auf Augenhöhe und Hilfe zur Selbsthilfe wird auch die Digitalisierung eine verpasste Chance sein. Aktuell deutet sich nämlich an, dass die Supermacht China versucht, einen billigen Deal - Infrastrukturen gegen Land - zu schließen, was sich in keiner Weise vom Ressourcen-Imperialismus europäischer und US-amerikanischer Provenienz unterscheidet. Heute braucht Afrika uns. Morgen brauchen wir Afrika. Das Solar-Unternehmen M-Kopa hat nach eigenen Angaben über einer halben Million Haushalte Zugang zu günstigem Strom gebracht [54]. Und Sonne gibt es auf diesem Kontinent mehr als genug. Der Kongo bietet genug Wasserkraft, um den halben Kontinent mit Energie zu versorgen. Am Ende würde auch Europa profitieren von Energieexporten aus Afrika und von regenerativ hergestellten Nahrungsmitteln. Eine kluge, gerechte und langfristig ausgerichtete Digitalisierungspolitik könnte eine Brücke zwischen den Kontinenten bauen, die stabiler, sicherer und vor allem menschlicher ist als Schlauchboote auf dem Ozean. Zuvor wurde es als paradox bezeichnet, dass die Digitalisierung einerseits Leid und Unrecht, aber auch Chancen der Entwicklung für den afrikanischen Kontinent bietet. Genauer betrachtet, ist es nicht paradox - es ist eine Frage der Randbedingungen. Denn in Afrika oder in anderen Gebieten der Erde muss verstanden werden: Digitalisierung ist immer nur ein Mittel, ein Werkzeug und kein Ziel. Welcher Weg mittels Digitalisierung eingeschlagen wird - nachhaltig und gerecht oder blinder Technokratie folgend - ist eine Frage gemeinsamer Lenkung von Gesellschaft, Wirtschaft und Politik. Aber Digitalisierung ist - wie gezeigt - eine große Chance, nicht zuletzt für die Mobilität. Mobilität ist ein essenzielles Element von Gesellschaften, denn Gesellschaften funktionieren nicht ohne sie. Die Straßen, die Bahnhöfe, die Flughäfen sind wie die Blut- und Nervenbahnen der modernen Gesellschaften. Aber wir können und müssen sie anders gestalten, nämlich nachhaltiger. Jede Form von Mobilitätswirtschaft, die nicht nachhaltig ist oder die es nicht schafft, sich in den nächsten Jahren zu einer nachhaltigen Wirtschaft zu transformieren, wird keine erfolgreiche sein. Digitalisierung bietet uns tolle Chancen für eine nachhaltigere Mobilität, zum Beispiel durch Reduzierung privater PKW in Folge der Etablierung autonomer Ruftaxis. Dies darf aber nicht zu Kosten der Länder des globalen Südens gehen. Auch hier müssen Wege gefunden werden.

LITERATUR

1 Vgl. https://de.statista.com/themen/6137/smartphone-nutzung-in deutschland/#dossier Keyfigures

2 Vgl. Schülein, Selmar 2021: Schwere Last, in: Bundeszentrale für politische Bildung (2021): fluter, Ausgabe 80, Bonn; 6-7Vgl. Dunn, Jeff 2017: People are holding onto their smartphones longer; https://www.businessinsider.com/how-long-people-wait-to-upgrade-phones-chart-2017-3

3 Vgl. globalslaveryindex.org/2018/findings/highlights

4 Vgl. Margolin, Madison 2016: The Periodic Table of iPhone Elements; motherboard.vice.com/en_us/article/the-periodic-table-of-iphone-elements

5 von Gernet, Ksenia / Gordon, Rebecca / Dai, Ying 2017: Cobalt Market Strategy Support |CRU; crug-roup.com/knowledge-and-insights/case-studies/cobalt-market-strategy-support/

6 US Department of the Interior (2022): Mineral Commodity Summaries 2022. 206

7 www.ETAuto.com (2022): Electric vehicles drive up nickel, cobalt and lithium prices - ET Auto. ETAuto.com. https://auto.economictimes.indiatimes.com/news/auto-components/electric-vehicles-drive-up-nickel-cobalt-and-lithium-prices/89338048, 18.02.2022

8 Vgl. Woyke, Elizabeth 2014: The Smartphone. Anatomy of an Industry, New York

9 Vgl. Usanov, Artur / De Ridder, Marjolein / Auping, Willem et al. 2013: Coltan, Congo and Conflict, The Hague Centre for Strategic Studies, Rapport No 21

10 Titz, Christoph 2017: Tote Blauhelme im Ostkongo: „Die Armee spielt eine Doppelrolle". Spiegel Online; https://www.spiegel.de/politik/ausland/kongo-uno- blauhelme-womoeglich-von-regierungstruppen- getoetet-a-1182928.html

11 Vgl. https://www.unhcr.org/news/briefing/2021/9/613b19d84/millions-need-urgent-humanitarian-assistance-eastern-dr-congo.html

12 Vgl. data2.unhcr.org/en/situations/drc

13 Vgl. Smoeas, Tanguy 2012: Agricultural Development in the Democratic Republic of the Congo, in: Global Growing Casebook. Insights into African Agriculture, 66-85; http://global-growing.org/sites/default/files/GG_Caseboo k.pdf

14 Vgl. Sutherland, Ewan 2001: Coltan, the Congo and your cell phone, University of the Witwatersrand

15 Vgl. Usanov, Artur / De Ridder, Marjolein / Auping, Willem et al. 2013: Coltan, Congo and Conflict, The Hague Centre for Strategic Studies, Rapport No 21

16 Vgl. Simone Schlindwein, Dominic Johnson: Wie das Blut vom Erz gewaschen wird. In: die tageszeitung. 4./5. Juli 2009

17 Vgl.von Gernet, Ksenia / Gordon, Rebecca / Dai, Ying 2017: Cobalt Market Strategy Support | CRU; crugroup.com/knowledge-and-insights/case-studies/cobalt-market-strategy-support/

18 Vgl. Hayes, Karen / Burge, Richard 2003: Coltan Mining in the Democratic Republic of Congo: How tantalum-using industries can commit to the reconstruction of the DRC, Cambridge, UK

19 Vgl. Peterman, Amber / Palermo, Tia / Bredenkamp, Caryn 2001: Estimates and Determinants of Sexual Violence Against Women in the Democratic Republic of Congo, American Public Health Association

20 Vgl. globalslaveryindex.org/2018/methodology/overview/

21 Vgl. Usanov, Artur / De Ridder, Marjolein / Auping, Willem et al. 2013: Coltan, Congo and Con-

flict, The Hague Centre for Strategic Studies, Rapport No 21

22 Vgl. Woyke, Elizabeth 2014: The Smartphone. Anatomy of an Industry, New York

23 Kallweit, Jennifer 2017: Prognose: VW braucht 25 % des weltweiten Lithiums; automobil-produktion.de/hersteller/wirtschaft/prognose- vw-braucht-25-prozent-des-weltweiten-lithi- ums-271.html

24 Mining.com (2021): Chile to open 400,000 tonnes of lithium reserves up for exploration. MINING.COM. https://www.mining.com/chile-to-open-400000-tonnes-of-lithium-reserves-up-for-exploration/, 18.02.2022

25 Elsner, Christine 2018: Rohstoffe für Akkus: E-Autos: Ein nur scheinbar sauberes Geschäft; zdf.de/ uri/30b61876-0d8e-4706-9332-7c9fe0b81582

26 Vgl. McNeely, Jeffrey A. 2003: Conserving Forest Biodiversity in Times of Violent Conflict, IUCN

27 Vgl. Koesch, Sascha / Magdanz, Fee / Stadler, Robert 2008: Handys bedrohen Gorilla-Bestand. In: Spiegel Online. 27. April 2008; spiegel.de/netzwelt/mobil/rohstoff-abbau-handys-bedrohen-gorilla-bestand-a-549781.html

28 Koudissa, Jonas 1999: Was könnte Zentralafrika von der Schweiz lernen? in: der Überblick 2/99, Hamburg

29 Vgl. Sepulveda, Alejandra / Schluep, Mathias / Hagelüken, Christian et al. 2010: A Review of the Environmental Fate and Effects of Hazardous Substances Released from Electrical and Electronic Equipments during Recycling: Examples from China and India, in: Environmental Impact Assessment Review, Januar 2010

30 https://ewastemonitor.info/gem-2020/

31 Vgl. Forti, Vanessa, Cornelis Peter Baldé, Ruediger Kuehr, und Garam Bel. The Global E-Waste Monitor 2020

32 Vgl. greenpeace.org/international/en/campaigns /detox/electronics/the-e-waste-problem/

33 Vgl. Woyke, Elizabeth 2014: The Smartphone. Anatomy of an Industry, New York

34 Vgl. ebd.

35 Vgl. Shibata, Mari 2015: Inside the World's Biggest E-Waste Dump; https://www.vice.com/en/article/4x3emg/inside-the-worlds-biggest-e-waste-dump

36 Vgl. Kuper, Jo / Hojsik, Martin 2008: Poisoning the Poor, Greenpeace.org; greenpeace.org/denmark/Global/denmark/p2/other/report/2008/poisoning-the-poor-electroni.pdf

37 Vgl. Sepulveda, Alejandra / Schluep, Mathias / Hagelüken, Christian et al. 2010: A Review of the Environmental Fate and Effects of Hazardous Substances Released from Electrical and Electronic Equipments during Recycling: Examples from China and India, in: Environmental Impact Assessment Review, Januar 2010

38 Vgl.scientificamerican.com/article/e-waste-dump-among-top-10-most-polluted-sites/

39 Vgl.greenpeace.org/international/en/campaigns/detox/

40 Vgl. Kuper, Jo / Hojsik, Martin 2008: Poisoning the Poor, Greenpeace.org; greenpeace.org/denmark/Global/denmark/p2/other/report/2008/poisoning-the-poor-electroni.pdf

41 Vgl. umweltbundesamt.de/themen/chemikalien/chemikalien-management/stockholm-konvention

42 Vgl. umweltbundesamt.de/themen/chemikalien/chemikalien-management/die-rotterdam-konvention

43 Vgl. basel.int/TheConvention/Overview/tabid/1271/Default.aspx

44 Stoll, Jonas 2017: Elektroaltgeräte; umweltbundesamt.de/themen/abfallressourcen/ProduktVerantwortung-in-der-abfallwirtschaft/elektroaltgeraete

45 Sørbye, Ida Eri / Vee, Marthe / Eriksen, Freja / Akinbajo, Idris / Bauer, Franziska 2017: Illegale Exporte: Deutscher Elektroschrott verseucht Nigeria. Spiegel Online; spiegel.de/wirtschaft/nigeria-wie-elektroschrott-aus-deutschland-das-land-verseucht-a-1155116.html

46 Vgl. Kuper, Jo / Hojsik, Martin 2008: Poisoning the Poor, Greenpeace.org; greenpeace.org/denmark/Global/denmark/p2/other/report/2008/poisoning-the-poor-electroni.pdf

47 Vgl. Usanov, Artur / De Ridder, Marjolein / Auping, Willem et al. 2013: Coltan, Congo and Conflict, The Hague Centre for Strategic Studies, Rapport No 2146

48 Vgl. McGath 2018: Bibliographie: McGath, Thomas (2018): M-PESA: how Kenya revolutionized mobile payments. Medium. https://mag.n26.com/m-pesa-how-kenya-revolutionized-mobile-payments-56786bc09ef, 21.03.2022

49 Vgl. Waidner, Jannik 2016: Handyboom in Afrika - Technik, die die Welt verändert; 3sat.de/page/?source=/makro/magazin/doks/190290/index.html

50 Vgl. Twomey, Matt 2013: Cashless Africa: Kenya's smash success with mobile money; http://www.cnbc.com/2013/11/11/cashless-africa-kenyas-smash-success-with-mobile-money.html

51 Vgl. Chambers, Jeff 2015: Why digitization is an opportunity for Africa; weforum.org/agenda/2015/06/why-digitization-is-an-opportunity-for-africa/

52 Vgl. Chonghaile, Clár Ní 2016: Africa and the tech revolution: what's holding back the mobile continent? - podcast transcript; theguardian.com/global-development/2016/jul/26/africa-and-the-tech-revolution-w----------hats-holding-back- the-mobile-continent-podcast-transcript

53 Vgl. Scherer, Katja 2017: Digitalisierung für Afrika: ‚Viel zu starker Glaube an die Macht des Marktes'. Heise online; heise.de/newsticker/meldung/Digitalisierung-fuer-Afrika-Viel-zu-starker-Glaube-an-die-Macht-des-Marktes-3889824.htm

RESSOURCENSICHERUNG
DURCH RECYCLING VON SEKUNDÄRROHSTOFFEN

Anja Rietig, Prof. Dr. Jörg Acker
Brandenburgische Technische Universität
Cottbus-Senftenberg, Fachgebiet Physikalische Chemie,
01968 Senftenberg, anja.rietig@b-tu.de, joerg.acker@b-tu.de

In einem rasant wachsenden Markt für Elektrofahrzeuge liegt eines der Hauptaugenmerke auf der Entwicklung und Optimierung von Energiespeichern mit hoher Leistung, hoher Kapazität, hoher Laderate und langer Lebensdauer, die bisher nur mit der Lithium-Ionen-Batterie-Technologie in ausreichendem Maße gewährleistet werden kann. Die am häufigsten verwendeten Kathodenmaterialien für Lithium-Ionen-Batterien in Elektrofahrzeugen [1] gehören zur einen Gruppe von geschichteten Übergangsmetallmischoxiden der Form $LiNi_xMn_yCo_{1-x-y}O_2$ (mit (x+y) $\in$ [0,1]). [2]

Die weltweite Nachfrage nach leistungsstarken Lithium-Ionen-Batterien, nicht nur in Elektrofahrzeugen, sondern auch der Unterhaltungselektronik erhöht auch die Nachfrage an den wesentlichen Elementen Nickel, Mangan und vor allem Kobalt und Lithium. Während kleine Akkumulatoren eines Mobiltelefons nur wenige Gramm der wertvollen Elemente enthalten, sind in einem Elektrofahrzeug je nach Typ allein 10 - 15 kg Kobalt zu finden. Bereits seit Jahren ist Kobalt das wertvollste und kritischste Rohmaterial [3], das für Batterien benötigt wird. Während im Jahr 2005 der Anteil in der EU aus Kobalt hergestellten Endprodukten noch zu 25 % auf die Herstellung von Batteriechemikalien entfiel, betrug dieser im Jahr 2015 bereits 42 %. Neueste Prognosen schätzen sogar einen Anstieg auf 70 % des weltweit geförderten Kobalts. [4] Zur Deckung des Bedarfes an Kobalt und anderen notwendigen Elementen werden Lithium-Ionen-Batterien am Ende ihrer Lebensdauer zu einer unverzichtbaren Sekundärquelle.

Aber nicht allein der Bedarf an Metallen, die zur Herstellung von Kathoden eingesetzt werden, steigt. Die zunehmende Elektrifizierung der Antriebsstränge führt auch unweigerlich dazu, dass in den Fahrzeugen mehr Elektronik verbaut wird. Während die Nachfrage der Platingruppenelemente Platin, Palladium und Rhodium aufgrund der nicht mehr notwendigen Katalysatoren sinken wird, dürfte die Nachfrage an Leitungsmetallen wie Kupfer, Silber und Gold steigen. Auch Tantal, das für die Herstellung von leistungsfähigen Kondensatoren benötigt wird sowie die Gruppe der Seltenen Erden, von denen etwa Neodym für die Herstellung von Permanentmagneten in Elektromotoren Verwendung findet, werden in ihrer Nachfrage steigen. Somit wird auch der in enormem Umfang anfallende Elektronikschrott zu einer wichtigen Sekundärrohstoffquelle.

FUNKTIONELLES RECYCLING VON KATHODENMATERIALIEN

Zur Rückgewinnung von Wertstoffen aus gebrauchten Lithium-Ionen-Batterien haben sich bisher zwei wesentliche Technologien etabliert: Das pyrometallurgische und das hydrometallurgische Verfahren. [5]-[8]

Das pyrometallurgische Verfahren beschreibt einen Schmelzprozess, in dem gebrauchte Lithium-Ionen-Batterien ohne jede Vorbehandlung vollständig eingeschmolzen werden. Dabei wird der Schmelzprozess durch die in der Batterie enthaltenen organischen Materialien, die als Brennstoff fungieren, aufrechterhalten. Metalle wie Kobalt, Nickel und Kupfer (Anodenfolie), die so in einer Schmelze erhalten werden, lassen sich aufgrund ihrer unterschiedlichen Schmelztemperaturen gut voneinander trennen. Lithium, Mangan und Aluminium hingegen bleiben in der Schlacke zurück und müssen in einem zweiten Schritt extrahiert werden. Das Aufschmelzen im Hochofen ist jedoch sehr energieaufwendig und emittiert zudem Stäube sowie gefährliche Gasverbindungen. Zudem werden für die Herstellung neuer Batteriematerialien die Metalle nicht in elementarer Form gebraucht, sondern als Verbindungen wie Oxide oder Salze. Folglich schließen sich an den Hochofenprozess bereits erste hydrometallurgische Schritte an, in denen die aus der Schmelze gewonnene Phase aus Kobalt, Nickel und Kupfer in Säurelösungen gewaschen und durch chemische Fällung die Metalle als anorganische Salze gewonnen werden.

Im hydrometallurgischen Verfahren werden demontierte und geschredderte Lithium-Ionen-Batterien mit starken anorganischen Säuren ausgelaugt, um die Metalle und Batteriematerialien zu lösen. Die größte Herausforderung ist anschließend die selektive Trennung der Ionen aus den konzentrierten Metallionenlösungen. Diese wird mithilfe von Fällungen oder elektrochemischer Abscheidung realisiert. Verluste sind hier im Besonderen auf unzureichende Auslaugung und Trennung der Metallsalze zurückzuführen.

Vor Kurzem wurde ein kombinierter Weg, bestehend aus mechanischer Behandlung (Zerkleinerung der Kathoden und mechanische Trennung von Al-Substratfolien und NMC) und hydrometallurgischer Behandlung (Auflösung von NMC und Metallrückgewinnung daraus), beschrieben [13].

HERAUSFORDERUNGEN FÜR DIE CHEMISCHE ANALYTIK

Unabhängig von der gewählten Recycling-Technologie zur Rückgewinnung der Wertstoffe im Kathodenmaterial von Lithium-Ionen-Batterien liegt ein großer Fokus der Arbeiten auf der Einwicklung, Anpassung und Optimierung einer prozessbegleitenden Analytik. Diese muss sich in jedem Schritt des Verfahrens durch eine hohe Richtigkeit und Präzision auszeichnen. Während die chemische Analyse von Kathodenausgangsmaterialien (Abbildung 1 a, b) aufgrund der homogenen Zusammensetzung und guten Löslichkeit in anorganischen Säuren noch weitgehend unkompliziert ist, stellt bereits die Analyse ganzer Kathodenfolienabschnitte eine erhöhte Problematik dar. In der Kathode ist das Aktivmaterial $LiNi_xMn_yCo_{1-x-y}O_2$ (Lithium-Nickel-Mangan-Cobalt-Oxide - kurz: NMC) zusammen mit einem organischen Binder und dem benötigten Leitruß als Aktivschicht beidseitig auf einem Aluminiumsubstrat aufgebracht (Abbildung 1c, Abbildung 5). Dabei variieren die Dicken des Aluminiumsubstrats und der Aktivschicht, der NMC-Gehalt sowie Haftung der Schicht am Substrat je nach Hersteller.

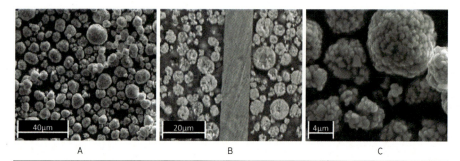

Abbildung 1 REM Aufnahmen eines NMC-Ausgangsmaterials (a), (b) und des Anschliffes einer Kathodenfolie [11]

	NMC	Al	Binder/Ruß
HD-A1	(79,2 ± 0,5)%	(0,79 ± 0,01)%	(20,2 ± 0,5)%
HD-A2	(81,2 ± 2,2)%	(0,85 ± 0,03)%	(17,9 ± 2,2)%
HD-A3	(84,3 ± 2,0)%	(0,85 ± 0,03)%	(14,9 ± 2,0)%
HD-A4	(86,5 ± 0,7)%	(0,87 ± 0,02)%	(12,6 ± 0,7)%

Tabelle 1 Probenzusammensetzung einer Recyclingfraktion für verschiedene Aufschlussverfahren (Abbildung 2) mit Berücksichtigung der Ergebnisunsicherheiten [9]

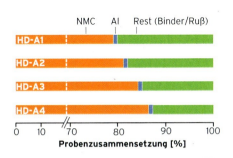

Abbildung 2 Ermittelte Probenzusammensetzung einer Recyclingfraktion für verschiedene Aufschlussverfahren [9]

Sowohl für den chemischen Aufschluss einer Folie als auch bei mechanisch zerkleinerten Fraktionen ist aufgrund des enthaltenen chemisch sehr resistenten Bindermaterials Polyvinylidenfluorid (kurz: PVDF) eine Optimierung der Aufschlussprozedur notwendig, da etwa vom Binder vollständig eingeschlossene NMC-Partikeln von klassischen Aufschlussmedien nicht erreicht und so der anschließenden Analyse entzogen werden.

Im Rahmen der Forschungsarbeiten wurde daher ein mikrowellengestützter Hochdruckaufschluss (kurz: HD-A) entwickelt [9], der sich durch einen minimalen Chemikalieneinsatz und eine kurze Aufschlussdauer auszeichnet. Abbildung 2 und Tabelle 1 Probenzusammensetzung einer Recyclingfraktion für verschiedene Aufschlussverfahren (Abbildung 2) mit Berücksichtigung der Ergebnisunsicherheiten [9] zeigen die Entwicklung der bei einer Analyse erhaltenen Ergebnisse für verschiedene Aufschlussvarianten, durchgeführt an einer Recyclingfraktion aus einem mechanischen Recyclingprozess.

Da die nachfolgende Analyse mittels Emissionsspektroskopie mit induktiv gekoppeltem Plasma (kurz: ICP-OES) erfolgte, die lediglich die Analyse der Metalle und ausgewählter Nichtmetalle erlaubt, ist der in Tabelle 1 Probenzusammensetzung einer Recyclingfraktion für verschiedene Aufschlussverfahren (Abbildung 2) mit Berücksichtigung der Ergebnisunsicherheiten [9] angegebene Anteil an Binder und Leitruß lediglich ein rechnerisches Ergebnis. [9] Gleichwohl verdeutlichen die Ergebnisse nicht nur, wie wichtig die Wahl eines geeigneten Aufschlusses für das Analysenergebnis ist, sondern auch, wie hoch der Wertmetallverlust bei hydrometallurgischen Recyclingverfahren ausfallen kann.

Betrachtet man nun derartig mechanisch zerkleinerte und getrennte Recyclingfraktionen (Abbildung 3) ergeben sich zwei weitere entscheidende Punkte, an denen das Analyseverfahren umfangreich zu optimieren ist. Da es sich um partikuläre Fraktionen mit hohen Unterschieden in Partikelgröße und Dichte handelt, bekommt die statistische Absicherung der Probenahme, insbesondere bei der Analyse von Minderkomponenten eine immense Bedeutung. Probenteilungspläne, Homogenisierung sowie eine sinnvolle Anzahl an Probenaufschlüssen mit repräsentativen Probenmengen tragen maßgeblich zur Präzision der

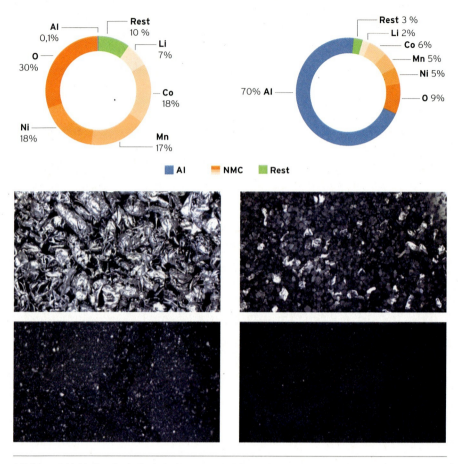

Abbildung 3 Lichtmikroskopische Aufnahmen von Fraktionen einzelner Prozessstufen (6,5-fach), von links: Al-reichste Fraktion, Al-reiche Fraktion mit mittlerem NMC-Anteil, NMC-Fraktion mit mittlerem Al-Anteil, NMC-Fraktion mit Al-Anteil < 1% [9]

späteren Analyseergebnisse bei und wurden in umfangreichen Versuchsreihen auf ihr Optimum hin geprüft. Zudem erfordert die stark variierende Zusammensetzung der Fraktionen, auch in Abhängigkeit des Aufbereitungsverfahrens eine stete Überprüfung der nachfolgenden ICP-OES Analyse. So führt etwa ein hoher Lithiumgehalt in der Analyselösung zu einer so genannten Aufladung des analytischen Plasmas durch freie Elektronen, was mit einer Signaldepression für zahlreiche andere Emissionslinien einhergeht. Abbildung 4 links verdeutlicht dies für drei ausgewählte Emissionslinien des Aluminiums, wo ein erhöhter Lithiumgehalt zu einem Minderbefund von bis zu 10% führen kann. Setzt man der Analytlösung neben Lithium weitere Elemente des NMC zu, werden zudem durch den Anstieg der relativen Intensitäten spektrale Interferenzen deutlich. [9] Abbildung 4 rechts zeigt die In-

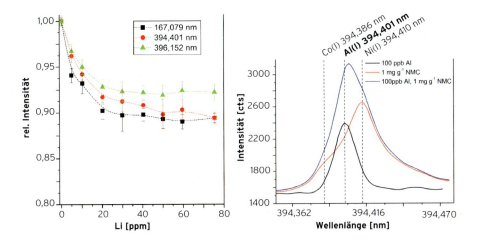

Abbildung 4 Entwicklung der Intensitäten ausgewählter Emissionslinien des Aluminium mit steigendem Lithiumgehalt (links); Spektrale Störungen auf der Emissionslinie des Aluminium bei 394,4 nm durch NMC-Komponenten [9]

terferenzen von Kobalt und Nickel auf der Emissionslinie 394,401 nm des Aluminiums. Ausgewählt wurde hier zur Darstellung speziell die Analyse der Verunreinigungen an Aluminium im Aktivmaterial. Bereits in geringen Mengen kann dieses durch Mitfällung in hydrometallurgischen Aufbereitungstechniken, z. B. als Hydroxid, bei der anschließenden Herstellung neuer Aktivmaterialien zu einem nahezu vollständigen Verlust der elektrochemischen Funktionalität führen, was die Bedeutung dieser Nebenkomponente unterstreicht. [13],[14]

NEUARTIGER ANSATZ

Die Motivation der Arbeiten liegt darin, die energie- und chemikalienaufwändigen pyrometallurgischen und hydrometallurgischen Recyclingwege und ihre spezifischen Nachteile zu vermeiden. Ziel ist es, die Grundlagen für einen Ansatz zur Rückgewinnung von NMC unter Beibehaltung seiner chemischen, physikalischen und morphologischen Eigenschaften bei minimalem Chemikalieneinsatz zu liefern. Der Ansatz des funktionellen Recyclings kann auf Kathoden von demontierten und getrennten Lithium-Ionen-Batterien

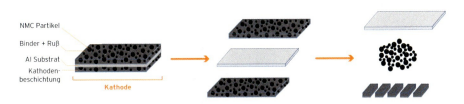

Abbildung 5 Schema für das funktionelle Recycling von Kathoden aus Lithium-Ionen-Batterien zur Rückgewinnung von NMC [11]

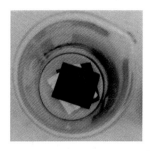
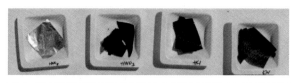

Abbildung 6 Trennung von Aluminiumsubstrat und Kathodenbeschichtung durch den Einsatz verschiedener anorganischer Säuren. Die Separierung erfolgt bereits nach wenigen Sekunden, wobei lediglich beim Einsatz konzentrierter Salpetersäure auch das Substrat weitgehend zurückgewonnen werden kann. [12]

sowie auf Rückstände oder Schrott aus der Kathodenproduktion angewendet werden. Basierend auf dem Design der Kathode (Abbildung 5) ist der erste Schritt die Trennung von Kathodenbeschichtung (bestehend aus NMC, Binder und Leitruß) vom Aluminiumsubstrat.

Die Trennung von Aluminiumsubstrat und Kathodenbeschichtung lässt sich im Labormaßstab prinzipiell durch verschiedene Säuren, Säuremischungen und Basen und sogar durch Wasser, unterstützt durch Rühren, realisieren (Abbildung 6). Die Herausforderung dabei bleibt jedoch die Wahl eines optimalen Mediums, da die verschiedenen Säuren und Basen zu erheblicher Degradation des NMC und zum Angriff auf das Aluminium-Substrat führen. Demnach sollte dieses optimale Medium gegenüber dem NMC und dem Aluminiumsubstrat so wenig reaktiv wie möglich sein. Gleichzeitig sind die Kontaktzeiten mit dem Medium so kurz wie möglich zu halten, damit die NMC-Partikel keine Degradation erfahren.

Dieser Behandlung folgt im Wesentlichen ein zweiter, in den folgenden Betrachtungen nicht berücksichtigter Schritt, bei dem die chemisch abgetrennte Beschichtung getrocknet und mechanisch zerkleinert wird, um die NMC-Partikel aus dem Bindemittel/Rußgemisch freizusetzen und zu trennen. Im Allgemeinen konnte durch die Behandlung eines NMC-Ausgangsmaterials mit Medien verschiedener pH-Werte gezeigt werden, dass das NMC, gemessen an den im Lösungsmedium nachweisbaren Elementgehalten an Nickel, Mangan, Kobalt und Lithium in sauren Medien die größte Degradation erfährt. Dabei tritt Lithium stöchiometrisch überproportional aus dem NMC-Material aus. [10] Dieser Effekt wird nach Billy et al. durch einen Ladungsausgleich an der Oberfläche des NMC-Partikels begünstigt. [16] Zudem zeigt sich, dass auch die Metalle nicht in ihrem stöchiometrischen Verhältnis in der Verbindung $LiNi_xMn_yCo_{1-x-y}O_2$ ($x = y = 1/3$) in Lösung gehen. So wird bevorzugt Nickel aus dem Mischoxid extrahiert bevor signifikante Mengen an Mangan und Kobalt in die Lösung übergehen. [10]

Ferner ist eines der angesetzten Kriterien, das die Wiederverwertung des gewonnenen NMC erst möglich macht, der Erhalt von Partikelgröße und Morphologie des Wertstoffes NMC. Bei der Behandlung mit sauren Medien konnte ein Zusammenhang der Effizienz der Lithium-Auslaugung mit dem Sekundärpartikelabbau nachgewiesen werden. [11] Dafür wurden die NMC-Partikel bei Raumtemperatur in eine niedrig konzentrierte Zitronensäure ($c = 10^{-2}$ mol·L^{-1}, pH = 2,93) eingelegt. Abbildung 7 zeigt die Veränderung der Partikel mit zunehmender Behandlungsdauer anhand von REM-Aufnahmen. Nach 30 Minuten zeigte die ICP-OES Analyse eine Lithiumauslaugung von 0,5 % des Ausgangsgehaltes, während an den Partikeln noch keine Ver-

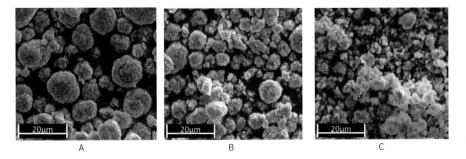

Abbildung 7 REM Aufnahmen von NMC-Partikel nach Behandlung mit Zitronensäure für (a) 30 min, Li-Abreicherung 0,5 %, (b) 300 min, Li-Abreicherung 1,6 % und (c) 1800 min, Li-Abreicherung 2,2% [11]

änderung sichtbar ist (Abbildung 7a). Nach 300 Minuten, wo die Lithiumabreicherung 1,6 % beträgt, werden erste Veränderungen der NMC-Partikel sichtbar. Die mittlere Partikelgröße wird reduziert und die Zahl von Primärpartikeln nimmt zu (Abbildung 7b). Nach einer Behandlungszeit von mehr als einem Tag und einer Lithiumabreicherung ≥ 2 % tritt schließlich ein massiver Zerfall der Sekundärpartikel ein (Abbildung 7c).

Einer erheblich geringeren chemischen Degradation unterliegen die NMC-Partikel bei der Laugung in neutralen und alkalischen Medien. Erst die Behandlung von mehr als 10 h führt zu einer Lithiumabreicherung, die mit der Zerstörung der Sekundärpartikel einhergeht. Das Auflösen der Metalle Nickel, Kobalt und Mangan kann nur in Spuren nachgewiesen werden. Die Beschreibung der chemischen Vorgänge in neutralen und alkalischen Medien zur Behandlung des Materials können im Folgenden zusammengefasst werden. Grund hierfür ist ein sofortiger Anstieg des pH-Wertes bei Kontakt des NMC-Materials mit Wasser auf einen Wert von pH ≥ 9. Dies ist mit einer unmittelbaren oberflächlichen Lithiumfreisetzung zu erklären, deren Landung durch Protonen aus dem wässrigen Medium kompensiert werden muss. [16]

Versetzt man eine vollständige Kathodenfolie oder eine Aluminium-haltige geschredderte Fraktion mit Wasser, beginnt sich das Aluminium durch den steigenden pH-Werte zu lösen. Dies geht mit einer lokalen Blasenbildung einher. Gemäß Gleichung 1 wird unter Freisetzung von Wasserstoff der leicht lösliche Tetrahydroxoaluminatkomplex gebildet. [15]

$$2\,Al + 2\,OH^- + 10\,H_2O \longrightarrow 2\left[Al(OH)_4(H_2O)_2\right] + 3\,H_2$$

Solange die Lösung alkalisch ist, steigt der Aluminiumgehalt mit der Behandlungszeit weiter an. Ab einem bestimmten Punkt sinkt die Aluminiumkonzentration deutlich (Abbildung 8, links) und ein weißer Niederschlag von Aluminiumhydroxid wird sichtbar (Gl. 2). Dies geht mit einer Abnahme des pH-Wertes einher.

$$Al + \left[Al(OH)_4\right] + 2\,H_2O \longrightarrow 2\,Al(OH)_3 + H_2$$

Das Aluminiumhydroxid (Al(OH)$_3$) legt sich dabei als diffuse, trübe Schicht auf den NMC-Partikeln nieder (Abbildung 8, rechts).

Die Ablagerung von Hydroxiden auf der Oberfläche der sphärischen NMC-Partikel kann bis zu einem vollständigen Verlust der elektrochemischen Eigenschaften des Materials führen [14] und muss damit im Rückgewinnungsprozess unbedingt unterbunden werden. Hierfür wurden umfangreiche Untersuchungen zum Einsatz von Puffergemischen durchgeführt, die entweder das Lösen

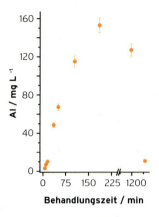
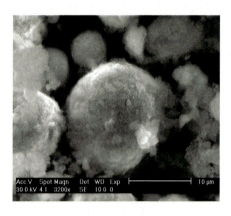

Abbildung 8 Zeitabhängige Entwicklung der Lösungskonzentration von Al beim Einbringen von Kathodenfolien in Wasser (links) [11]; REM-Aufnahme von rückgewonnenen NMC-Partikeln, teilweise mit Al(OH)$_3$ bedeckt (rechts)

des Substrates unterbinden oder, durch den gezielten Zusatz von Komplexbildnern, bereits im Medium befindliches Aluminium stabilisieren und damit die Fällung abwenden. [12]

Dabei erwies sich die Ramanmikroskopische Untersuchung als eine hoch sensitive Methode, um auch kleinste Mengen an Al(OH)$_3$ auf den NMC-Partikeln nachzuweisen, die im Rasterelektronenmikroskop kaum sichtbar waren (Abbildung 9). Auch signifikante Änderungen in der chemischen Zusammensetzung in äußeren Schichten der NMC-Partikel können nach mathematischer Entfaltung des Signals zwischen 800 und 200 cm^{-1} sichtbar gemacht werden (Abbildung 9).

Zusammenfassend liefern die Forschungsarbeiten grundlegende Erkenntnisse für den Ansatz eines funktionellen Recyclings des Kathodenmaterials NMC zur sofortigen Wiederverwendung ohne aufwändige Rückgewinnung von Metallsalzen und anschließender Synthese des Übergangsmetallmischoxids. Das Know-how der Forschungsgruppe liegt dabei vor allem auf der chemischen und chemisch-physikalischen Analytik, die es zum einen ermöglicht, in

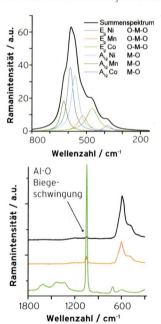

Abbildung 9 Vergleich der Ramanspektren von Partikeln mit unterschiedlich starker Al(OH)$_3$-Bedeckung (links); entfaltetes Ramanspektrum eines NMC-Partikels mit Zuordnung der Schwingungen zu den Teilspektren [10],[11]

verschiedenen Verfahren jeden Prozessschritt umfangreich zu charakterisieren und zum anderen die Grundlage für völlig neue und innovative Lösungsansätze liefert.

Als wichtigster Prozessparameter für den chemischen und vor allem morphologischen Erhalt der Sekundärstruktur zeigt sich neben der Wahl eines geeigneten Mediums die Verweildauer im Medium. Dabei muss konstatiert werden, dass sich ein Laborversuch weitaus kontrollierbarer gestalten lässt als die technische Umsetzung, wo etwa Verweilzeiten in Förderstrecken berücksichtigt werden müssen.

RÜCKGEWINNUNG VON WERTMETALLEN AUS ELEKTRONIKBAUTEILEN

Die Sicherung der Rohstoffbasis wirtschaftsstrategischer Metalle in Deutschland ist nur durch eine gezielte Aufarbeitung von End-of-life-Produkten möglich, sofern man von der Versorgung aus dem Ausland weitgehende Unabhängigkeit gewinnen will. Der größte Anteil ist dabei in Elektroschrott zu finden. Nach einer Studie der europäischen Umweltbehörde wächst die Menge an Elektroschrott jährlich um nahezu 40 Millionen Tonnen. 2018 wanderten allein in den 27 EU-Staaten rund 4 Millionen Tonnen ausgedienter Elektroschrott in den Müll, was etwa 8,9 kg pro Person entspricht. Die europäische Umweltbehörde hat berechnet, dass die Menge an Elektroschrott rund dreimal schneller wächst als jede andere Art von Hausmüll. [17] Neben der insgesamt wachsenden Menge von Elektronik- bzw. Leiterplattenschrott steht die Aufbereitungsbranche vor weiteren enormen Herausforderungen. Grund ist die technologische Entwicklung hin zu kleineren Bauteilen mit zunehmend komplexeren Zusammensetzungen, die mit dem technologischen Wandel immer schnelleren Veränderungen unterliegen. Zusätzlich verringern sich die benötigten Mengen an wirtschaftsstrategischen Metallen in den Bauteilen immer weiter. [19]-[21] Die gegenwärtige Wirtschaftsstruktur der Rohstoffaufbereitung trägt dieser Entwicklung nicht hinreichend Rechnung. Für die Rückgewinnung der metallischen Wertstoffe aus Leiterplattenschrottfraktionen mit geringen Wertstoffgehalten ist noch kein wirtschaftlich vertretbarer Lösungsansatz bekannt. In Japan beispielsweise werden diese als Brennstoff in der metallurgischen Kupferrückgewinnung eingesetzt oder gleich deponiert. [22] Diese Praxis ist keine akzeptable Lösung.

Wie auch bei der Aufbereitung gebrauchter Lithium-Ionen-Batterien erfolgt die Rückgewinnung von Wertstoffen aus Elektroschrott maßgeblich über pyrometallurgische Prozesse. Bei diesen resultiert neben einer mit Eisen, Kuper, Nickel, Zinn und Blei angereicherten Schmelze [19] eine Schlacke, in der sich die Edelmetalle zwar anreichern, sich jedoch nur bedingt rückgewinnen lassen. Zusätzlich kommt es bereits vor der metallurgischen Aufbereitung allein durch den unvollständigen Aufschluss der Metalle oder Verluste beim Separieren zu Metallverlusten von ca. 10 - 35 %. [19]

Besonders weit entwickelt sind hydrometallurgische Ansätze, in denen die Wertmetalle mit Hilfe von Säuren und Säurekombinationen [23],[24], durch Komplexbildner [25], ionische Flüssigkeiten [26], Salzschmelzen [27], extraktive Verfahren [28],[29] oder durch Bioleaching [30] aus zerkleinerten Elektroschrottfraktionen herausgelöst werden. Häufig wird das chemische Lösen mit einer elektrochemischen Metallabscheidung kombiniert. [31] Nur die hydrometallurgische Vorgehensweise sichert den vollständigen Zugriff auf die metallischen Wertstoffe, wenn die werttragenden Bauteile hinreichend zerkleinert vorliegen. Allerdings wurde keines dieser Verfahren bisher wirtschaftlich umgesetzt, was auf die erheblichen Kosten für die Infrastruktur zur Handhabung toxischer Chemikalien, ihre Entsorgung sowie an den teilweise sehr geringen Stoffdurchsätzen zurückzuführen ist.

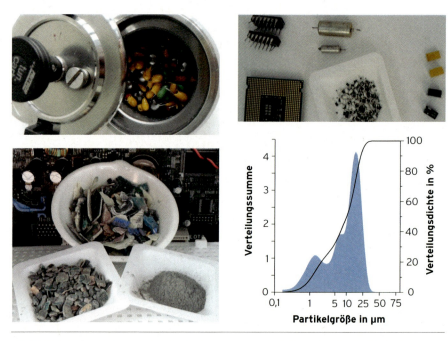

Abbildung 10 (a) Tantal-Kondensatoren in Tropfenform vor der Mahlung in der Planetenkugelmühle; (b) Bauteile einer entstückten Leiterplatte (Prozessor - hoher Goldanteil, Kondensatoren mit hohem Tantalgehalt, Steckkontakte mit Silberanteilen); (c) verschiedene Stufen der Zerkleinerung einer Platine; (d) Partikelgrößenverteilung der Feinstfraktion einer zerkleinerten Platine

Andere technologische Ansätze, wie die manuelle Trennung, die Selektion besonders werthaltiger Bauteile und eine speziell darauf ausgerichtete Aufbereitungsstrategie [32] stehen und fallen mit dem Gehalt der Wertstoffe, der in Zukunft immer weiter sinken wird. Demgegenüber verursachen aufwendige maschinelle Trennverfahren und chemische Aufbereitungsschritte erhebliche Prozess- und Instandhaltungskosten, so dass die Aufbereitung minderwertiger Leiterplattenschrottfraktionen unrentabel ist. Auch die Entwicklung zu immer niedrigeren Wertstoffgehalten in Elektrogeräten öffnet der Deponierung, der Verbrennung oder der grauen bzw. illegalen Entsorgung dieser scheinbar wertlosen Elektroschrottfraktionen Tür und Tor.

Auf dieser Grundlage beschäftigt sich die Forschungsgruppe mit einem völlig neuen technologischen Ansatz zur wirtschaftlich rentablen Gewinnung von metallischen Wertstoffkonzentraten aus Leiterplattenschrott mit geringen Wertstoffgehalten. Dieser beinhaltet die Entstückung, eine wertstofforientierte Separierung der Bauteile und Baugruppen sowie eine Grob- und Feinzerkleinerung (Abbildung 10). Der innovative Ansatz besteht schließlich in der Konzentrierung der Wertstoffe ohne den Einsatz von Chemikalien. Dies erfolgt durch eine gezielte Trennung, bei der zunächst die Kunststoff- und Keramikpartikel von den Metallbestandteilen getrennt werden. In mindestens einem weiteren Schritt erfolgt die weitere Auftrennung der Metallpartikelfraktionen. Aus stofflich verschieden zusammengesetzten Metallpartikelfraktionen resultieren am Ende mit Edelmetallen, z. B. Tantal, Gold, Silber u. a. hoch angereicherte Zielfraktionen, was die Voraussetzung für die nachfolgende kostengünstige und verlustarme Rückgewinnung der Metalle ist.

LITERATUR

1 Blomgren, G.E.: The Development and Future of Lithium Ion Batteries. J. Electrochem. Soc. 2017, 164, A5019-A5025

2 Zhang, X.; Mauger, A. Synthesis and characterization of LiNi1/3Mn1/3Co1/3O2 by wet-chemical method. Electrochim. Acta 2010, 55, 6440-6449

3, 4 Study on the review of the list of critical raw materials - Critical raw materials factsheets. EU Publications 2017

5 Chagnes, A.; Pospiech, B.: A brief review on hydrometallurgical technologies for recycling spent lithium-ion batteries. J. Chem. Technol. Biotechnol. 2013, 88, 1191-1199

6 Zeng, X.; Li, J.: Recycling of Spent Lithium-Ion Battery: A Critical Review. Crit. Rev. Environ. Sci. Technol. 2014, 44, 1129-1165

7 Ekberg, C.; Petranikova, M.: Lithium Batteries Recycling. In Lithium Process Chemistry: Resources, Extraction, Batteries, and Recycling, 2nd ed.; Chagnes, A., Swiatowska, J., Eds.; Elsevier: Amsterdam, Netherlands, 2014; pp. 233-267

8 Sonoc, A.; Jeswiet, J.: Opportunities to Improve Recycling of Automotive Lithium Ion Batteries. Procedia CIRP 2015, 29, 752-757

9 Ducke, J.; Koschwitz, T.; Acker, J.: Funktionelles Recycling von Kathoden aus Lithium-Ionen-Batterien: Chemische Charakterisierung mittels ICP-OES. Colloquium Analytische Atomspektroskopie CANAS, 8.-11. März 2015, Leipzig

10 Sieber, T.; Rietig, A.; Ducke, J.; Acker, J.: Remarkable Aspects of the Degradation of Li (NiO.33MnO.33CoO.33)O2 in the Recycling of Lithium Battery Cathodes. 6th Dresden Nanoanalysis Symposium, 31. August 2018, Dresden

11 Sieber, T.; Ducke, J.; Rietig, A.; Langner, T.; Acker, J.: Recovery of Li(NiO.33MnO.33CoO.33)O2 from lithium-ion battery cathodes: Aspects of degradation. Nanomaterials, 9, 134, 2019, 9 (2), 246-259

12 Acker, J.; Rietig, A.; Ducke, J.: Verfahren zur Rückgewinnung von Aktivmaterial aus den Kathoden von Lithiumionenbatterien. Patentanmeldung, DE102014014894A1, 2014

13 Abschlussbericht zum Verbundvorhaben Recycling von Lithium-Ionen-Batterien, Braunschweig, 2012

14 Abschlussbericht zum BMBF-Projekt: LiBat-Rückgewinnung - Aufbereitung von Produktionsabfällen und kompletten Li-Ionen Batteriezellen zur Rückgewinnung und Wiederverwertung des Aktivmaterials, Dresden, 2016

15 Hollemann, A.F.; Wiberg, E.; Wiberg, N.: Lehrbuch der Anorganischen Chemie, 101. Auflage; de Gruyter: Berlin, New York, 1995; pp. 1077-1080

16 Billy, E.; Joulié, M.; Laucournet, R.; Boulineau, A.; De Vito, E.; Meyer, D. Dissolution Mechanisms of LiNi1/3Mn1/3Co1/3O2 Positive Electrode Material from Lithium-Ion Batteries in Acid Solution. ACS Appl. Mater. Interfaces 2018, 10, 16424+16435

17 Statistisches Bundesamt, https://www.destatis.de/Europa/DE/Thema/Umwelt-Energie/Elektroschrott.html

18 U.E.P. Agency, Statistics on the Management of Used and End-of-Life Electronics, 2012, http://www.epa.gov/epawaste/conserve/materials/recycling/manage.htm

19 Cui, J.; Zhang, L.: Metallurgical recovery of metals from electronic waste: a review. J. Hazard. Mat. 158, 2008, 228-256

20 A. Canal Marques, J.-M. Cabrera, C. de Fraga-Malfatti: Printed circuit boards: A review on the perspective of sustainability. J. Environment. Management 131, 2013, 298-306

21 Wang, R.; Xu, Z.: Recycling of non-metallic fractions from waste electrical and electronic equipment (WEEE): A review. Waste Management 34, 2014, 1455-1469

22 Fujita, T. ; Ono, H.; Dodbiba, G.; Yamaguchi, K.: Evaluation of a recycling process for printed circuit board by physical separation and heat treatment. Waste Management 34, 2014, 1264-1273

23 Huang, K.; Guo, J.; Xu, Z.: Recycling of waste printed circuit boards: a review of current technologies and treatment status in China. J. Hazard. Mat. 164, 2009, 399-408

24 A. Tuncuk, V. Stazi, A. Akcil, E.Y. Yazici, H. Deveci: Aqueous metal recovery techniques from e-scrap: hydrometallurgy in recycling. Miner. Eng. 25, 2012, 28-37

25 L. Jing-Ying, X. Xiu-Li, L. Wen-Quan: Thiourea leaching gold and silver from the printed circuit boards of waste mobile phones. Waste Manage. 32, 2012, 1-4

26 J. Huang, M. Chen, H. Chen, S. Chen, Q. Sun: Leaching behavior of copper from waste printed circuit boards with Brønsted acidic ionic liquid. Waste Manage. 34, 2014, 483-488

27 L. Flandinet, F. Tedjar, V. Ghetta, J. Fouletier: Metals recovering from waste printed circuit boards (WPCBs) using molten salts. J. Hazard. Mater. 213-214, 2012, 485-490

28 H.N. Kang, J.-Y. Lee, J.-Y. Kim: Recovery of indium from etching waste by solvent extraction

and electrolytic refining. Hydrometallurgy 110, 2011, 120-127

29 B. Adler, R. Müller: Seltene Erdmetalle - Gewinnung, Verwendung und Recycling. Berichte aus der Biomechatronik, Band 10, Universitätsverlag Ilmenau, 2014

30 P.M.H. Petter, H.M. Veit, A.M. Bernardes: Evaluation of gold and silver leaching from printed circuit board of cellphones. Waste Manage. 34, 2014, 475-482

31 Y.F. Guimarães, I.D. Santos, A.J.B. Dutra: Direct recovery of copper from printed circuit boards (PCBs) powder concentrate by a simultaneous electroleaching-electrodeposition process. Hydrometallurgy 149, 2014, 63-70

32 www.upgrade.tu-berlin.de

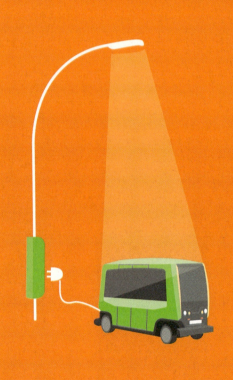

ZUKUNFTSDESIGN

AUTONOME E-MOBILITÄT
IN STADTQUARTIEREN DER ZUKUNFT

Herwig Fischer, technischer Leiter der Innovative Dragon Ltd., zuständig für die Planung, Konstruktion und technische Koordination sowie für die Betreuung der CAD-Modelle.

1. AUFBAU UND FUNKTIONSWEISE AUTONOMER E-MOBILITÄTSSYSTEME

Der Umstieg von verbrennungsmotorischen Antrieben auf elektrische Traktionssysteme vollzieht sich mit wachsender Dynamik und kann effektive Lösungen zur bekannten Problematik lokaler Emissionsprobleme (CO_2, NOX, Partikel etc.) beitragen.

Gleichzeitig ergeben sich neue Optionen für das Layout der Architektur, des Packaging, des Designs und der ergonomischen Gestaltung von Fahrzeugen.

Außerdem ist die Ansteuerung elektrischer Antriebe durch autonome Führungssysteme technisch einfacher zu realisieren - einer von vielen Gründen für die in den letzten Jahren deutlich erhöhten Anstrengungen und Entwicklungsbudgets für autonomes Fahren.

Die Wege zum finalen Ziel vollautonomen Fahrens auf SAE Level 5 (kein Fahrer mehr an Bord, keine Instrumente zum Eingriff in die Fahrzeugführung) führt bei den meisten Entwicklungswegen über stetig erweiterte Assistenzsysteme und -funktionen.

Dabei werden immer mehr Funktionen, die normalerweise der Fahrer ausübt, von einem Steuer- und Regelsystem übernommen. Der stetige Übergang dieses evolutiven Entwicklungsweges bedingt deswegen ein Prinzip, bei dem der Automat in seinen Wahrnehmungs- und Regelungssystemen ähnlich aufgebaut ist und funktioniert wie ein menschlicher Fahrer - schließlich sollen die Fahrzeuge sich ja in der unveränderten Umgebung zurechtfinden können.

Die Architektur solcher Systeme besteht dann aus folgenden Komponenten /Teilsystemen:

- GPS System zur groben Positionsbestimmung (auf welcher Straße befindet sich das Fahrzeug)
- NAVi System onboard zur Routenauswahl (Dijkstra Algorithmen: über welche Teilstrecken soll die Fahrt am besten geführt werden)
- Richtungsvorgabe dieser gewählten Routen an jeder Kreuzung/ Einmündung
- Präzise Positionsbestimmung und primäre Fahrwegführung, die normalerweise der Fahrer übernimmt über Sensoren zur Umwelterfassung von Bordsteinkanten, Fahrbahnmarkierungen etc. mit Lidar / Radar / Kameras mit 3D Abbildungsalgorithmen
- Sekundäre Fahrwegführung (Hinderniserfassung, Kollisionsvermeidung und Erfassung von variablen Verkehrszeichen wie Ampeln) über Lidar / Radar / Ultraschall / Kameras mit Gestalterkennung und 3D Lokalisierung

Diese Architektur ermöglicht dann autonomes Fahren auf allen Strecken, die auch ein von Menschen gesteuertes Fahrzeug befahren kann. Die Bemühungen per Sensorik, Datenfusion und Aktuatorik einen menschlichen Fahrer nachzubilden, erscheint auf den ersten Blick lösbar, ist jedoch in der Realität auch mit heute verfügbarer Technologie nicht hinreichend sicher und kaum mit vertretbarem Kostenaufwand möglich.

Schon die einfache Aufgabe der optischen Signalverarbeitung zeigt erhebliche Probleme auf. Die Anpassung von Lichtempfindlichkeit und Brennweite der Kameras ist dabei der einfachste Teil und dennoch bei Testfahrten schon öfter die Ursache für Unfälle gewesen (z.B. Fehler bei der Rotlichterkennung von Ampeln gegen tiefstehende Sonne).

Wesentlich schwieriger bleibt jedoch die Gestalterkennung aus den Kamerabildern und daraus die Zuordnung des erfassten Bildes zu einer Gestaltkategorie wie Fahrzeug, Fußgänger, Bordsteinkante, Fahrbahnmarkierung, etc. Tatsächlich ist der Rechenaufwand um diese Aufgabe in Echtzeit zu lösen bereits zu hoch, um zu vertretbaren Kosten onboard installiert werden zu können – zu groß sind die optischen Unterschiede von Vertretern einer Kategorie um eineindeutig zugeordnet zu werden – ein Mensch kann groß, klein, schlank und breit sein, verborgen hinter einen Schirm oder bekleidet mit einem dicken Wintermantel, er kann aufrecht stehen oder nach einem Sturz auf der Fahrbahn liegen etc.

Noch problematischer aber ist die Zuordnung der dritten Dimension, die aus den 2D-Kamerabildern synthetisiert werden müssen. Nur aus Verschiebungen von Objekten (die alle dazu als solche in Echtzeit identifiziert worden sein müssen) zueinander auf der wahrgenommenen 2D Fläche bei einer Kamerabewegung kann deren räumliche Tiefenposition per Strahlensatz ermittelt werden – eine Aufgabe die das menschliche Gestalterkennungssystem, das permanent im 3D Raum angesiedelt ist, in Perfektion beherrscht – für ein Computersystem eine äußerst anspruchsvolle Aufgabe.

Deswegen weichen viele Systeme zum autonomen Fahren auf Sensoriken mit direkter Tiefenerfassung per Echolot mit Radar / Lidar / Ultraschall aus. Die erforderliche Rechenleistung für die Gestalterkennung wird damit eher erhöht, die räumliche Tiefenerkennung jedoch vereinfacht, da sie vom Sensor selbst geliefert wird. Dennoch muss aus allen Daten aufwendig das zur Fahrzeugführung relevante Gesamtbild in 3D per Datenfusion und schnellen Algorithmen errechnet werden. Außerdem kann die Sende / Empfangseinheit mit seiner aufwendigen Richtwirkung nur Orientierungsgrößen erfassen, die sich im quasioptischen Bereich um das Fahrzeug herum befinden.

Die Datenfusion aus 3D Sensor Daten wie Lidar und 2D Sensordaten wie Kamerabilder erfordert zusätzlich einen Rechenaufwand zur Formatanpassung.

Probleme verursacht dabei auch die Tatsache, dass selbst die Orientierungsgrößen zur primären Fahrwegsteuerung oft stark variieren und deswegen nicht oder falsch zugeordnet werden – z. B. eine Fahrbahnmarkierung in weißer Farbe wird durch eine zusätzliche Markierung in gelber Farbe in einer Baustelle ergänzt, Schnee liegt auf der Fahrbahn etc.

Eine alternative Vorgehensweise kann hier Lösungen mit deutlich geringerer Anforderung an Rechenleistung anbieten, indem nicht ein menschlicher Fahrer nachgebildet wird, sondern die Fahrzeuge in einem vorbestimmten Vektorraum geführt werden. Die zu verarbeitende Datenmenge (virtuelle Schienen, die jedem Verkehrsweg zugeordnet werden) ist im Vergleich zu einer Pixelgrafik um einen Faktor $>10^2$ geringer, die primäre Fahrwegführung auf diesen virtuellen Schienen mit einfachen Algorithmen möglich.

Dieser disruptive Lösungsansatz ermöglicht autonomes Fahren mit vertretbarem Aufwand mit vorhandenen Technologien. Allerdings erfordert er die Errichtung eines externen Systems zur Positionsbestimmung und Fahrwegführung – d. h. eine Infrastruktur wird in einem begrenzten Gebiet errichtet und der Aktionsradius der Fahrzeuge wird auf dieses Gebiet beschränkt.

Der Aufbau zur primären Fahrwegführung sieht dann wie folgt aus:
- Ein geschlossenes Gebiet wird festgelegt, in dem die Fahrzeuge betrieben werden dürfen, wie z. B. ein Stadtteil oder Sonderfahrspuren
- In Innenstädten sind in Abständen von 25 m bis 40 m i.d.R. überall Straßenlaternen aufgestellt, die einen quasioptischen Zugang zur Straßenoberfläche haben und eine eigene Stromzuführung. In diesen Laternen können nun einfache ungerichtete

Abbildung 1 Positionsberechnung autonomer Fahrzeuge mit Hilfe der Infrastruktur

Funksender/-empfänger angebracht werden
- Die autonom geführten Fahrzeuge verfügen ebenfalls über Funkstationen und Onboard- und Offboardsysteme kommunizieren per Transponderfunktion so miteinander, dass die Laufzeiten der Kommunikation ermittelt und per Triangulation (Peilung an drei Stationen) die Positionen zentimetergenau an allen Stellen des Gebietes erfasst werden.
- Die Ansteuerung der Lenkung zur Fahrzeugführung erfolgt dann onboard mit einfachen Regelalgorithmen auf der Basis der Vektordaten – das Fahrzeug fährt auf virtuellen Schienen – die Erfassung der Umgebung auf optischer Basis oder per Echolot mit Richtantennen kann komplett entfallen.
- Die virtuellen Schienen beschreiben jeweils die Mittellinien der Straßenabschnitte und die Fahrwege werden durch einen Offset Wert relativ dazu onboard berechnet
- Abzweigungen werden je nach Geometrie mit drei Kategorien von Übergangsradien beschrieben
- Ausweichrouten zur Hindernisumfahrung werden als Soft Switches (aktivierbare Weichen) vorinstalliert
- Ampelsignale und andere wechselnde Verkehrszeichen werden ebenfalls per Funksignalübertragung übermittelt

Der Aufbau zur sekundären Fahrwegführung, d. h. Hinderniserkennung und Kollisionsvermeidung sieht wie folgt aus:
- In den gleichen Laternen werden stationäre Kameras integriert, die aus der erhöhten Lage heraus einen Sektor mit „Straße und Bürgersteig" als Pixelgrafik in 2D erfassen
- Eine Gestalterkennung ist nicht erforderlich
- Jede Veränderung im Überwachungssektor stellt dann eine Pixeländerung dar und kann durch einfache Subtraktion zweier aufeinanderfolgender Pixelgrafiken mit sehr geringem Rechenaufwand isoliert werden
- Stetige Änderungen der Kamerabilder durch Lichtwechsel oder Jahreszeiten können von auftretenden Hindernissen einfach unterschieden werden, da in einem Fall (fast) alle Pixel sich sehr langsam verändern (Dämmerungslicht) und im anderen Fall zusammenhängende Blöcke einiger weniger Pixel (Hindernis) sich schnell verändern (Bewegung)
- Die virtuellen Schienen (Vektoren der primären Fahrwegsteuerung) werden in jedes Bild per Programmierung eingespielt
- Bei Erkennung eines Hindernisses im Sektor auf den virtuellen Schienen wird das nächste einfahrende Fahrzeug gewarnt und auf reduzierte Geschwindigkeit geschaltet, lange bevor das Hindernis in den Onboard Systemen erfasst werden kann

Abbildung 2 Gemeinsam nutzbarer öffentlicher Raum mittels Datenaustausch

- Die Umfahrungsroute wird dann aus dem vektoriellen Datenvorrat ausgewählt, freigeschaltet und an das Fahrzeug übermittelt
- Die Onboardsysteme sind damit Redundanzsysteme mit deutlich geringerem Leistungsanspruch
- Die Lokalisierung von Hindernissen in 3D ist sehr vereinfacht möglich wegen der weit voneinander entfernten Perspektive der Onboard- und Offboard-Systeme

In der direkten Gegenüberstellung der beschriebenen evolutiver und der disruptiven Roadmap zum Ziel ergeben sich folgende Vorteil / Nachteil Bewertungen:

Vorteile evolutive Roadmap:
- Keine räumliche Beschränkung – Fahrzeug fährt überall da, wo von Menschen gesteuerte Fahrzeuge auch fahren
- Integrierbar in vorhandene und in individuell geführte Fahrzeuge
- Einfach integrierbar in den Mischverkehr mit menschlichen Fahrern

Nachteile evolutive Roadmap:
- Mit derzeitiger Technologie noch nicht verkehrssicher machbar
- Technischer Aufwand im Fahrzeug sehr hoch (Sensorik, Aktuatorik, Datenfusion, Rechenleistung, Redundanzsysteme)
- Risiko des (schädlichen) Einflusses von individuellen Eigentümern / Betreibern

Vorteile disruptiver Roadmap:
- Machbar mit vorhandenen Technologien
- Technologieaufwand in ausgelagerten Systemen (Offboard) in 10.000 Laternenstationen statt in 100.000 Fahrzeugen
- Hohe Verkehrssicherheit und Redundanz
- Kein Risiko durch menschlichen Einfluss, da im Flottenbetrieb geführt
- Geringe Kosten in Installation und Wartung (Update per Fernwartung)

Nachteile disruptiver Roadmap:
- Begrenzt auf ein ausgewähltes Territorium
- Installationsaufwand der Infrastruktur

In der Diskussion um autonomes Fahren hat sich der allgemeine Sprachgebrauch bei Fachleuten und in den Medien dahin entwickelt, dass mit dem Begriff „autonomes Fahren" praktisch nur die Zielstellung der evolutiven Kategorie der Nachbildung eines menschlichen Fahrers gemeint ist.

Wie weit der Entwicklungsstand auch im Jahre 2022 noch vom autonomen Betrieb (SAE Level 5) real entfernt ist, zeigt auch die Tatsache, dass kein lieferbares PKW Modell mit einem kompletten Drive by Wire, also Steer by Wire und Brake by Wire System ausgerüstet ist – beides notwendige Bedingung für autonomes Fahren, das eine deutlich erweiterte Hardware Struktur benötigt wie vollständig redundate Sensoren und Aktuatoren und damit auch nicht durch Updates der Software „over the air" nachgerüstet werden kann. Marketing Begriffe wie „Autopilot" und „autonomes Fahren" für lieferbare Fahrzeuge 2022 sind damit eher irreführend und in technisch präziser Formulierung handelt es sich eher um erweiterte Fahrerassistenzsysteme.

Tatsächlich gibt es aber seit vielen Jahren Systeme im täglichen Betrieb, die auf ähnlichen Prinzipien aufbauen wie die beschriebene disruptive Lösung, nämlich bei fahrerlosen Transportfahrzeugen wie Gabelstaplern in Lagerhallen und Fabrikgeländen, bei automatisch landenden Verkehrsflugzeugen und bei Schienenfahrzeugen ohne Fahrer (letztere mit realen Schienen statt mit virtuellen Schienen). Alle diese Fahrzeuge nutzen ebenfalls eine einfache Infrastruktur.

Abbildung 3 Entwurf eines 2-sitzigen, schmalen Einspur-Fahrzeugs

2. EFFEKTIVERE VERKEHRSFLÄCHENNUTZUNG

Das zentrale und systemimmanente Problem des Innenstadtverkehrs ist der unvermeidbare Stau, der zwangsläufig entsteht durch Vertikalverdichtung, d. h. progressive Zunahme der Bevölkerungsdichte durch immer höhere Gebäude bei gleichbleibender Straßenfläche.

Autonomes Fahren ändert an der Stausituation primär nichts bzw. wenig, wenn die Fahrzeuge unverändert bleiben wie heutige PKW. Um hier eine deutliche Verbesserung oder auch eine komplette Problemlösung zu entwickeln, bedarf es zweier Änderungen in der Vorgehensweise:

- Geänderte und intelligentere Fahrzeugarchitektur (im Vgl. zu existierenden PKW)
- Aufbau eines holistischen Mobilitätssystems statt individuell betriebener Fahrzeuge

3. ARCHITEKTUR UND FAHRZEUGLAYOUT

Die mittlere Belegung von PKWs im Stadtverkehr variiert weltweit zwischen 1,2 und 1,4 Personen pro Fahrzeug. Bei autonom betriebenen Fahrzeugen muss dieser Wert sinnvollerweise ersetzt werden durch die Nutzlastbelegung, da z. B. der Taxifahrer oder die Eltern, die ihre Kinder zur Schule chauffieren ja im autonomen Fahrzeug entfällt. Damit reduziert sich die ohnehin schon geringe Effektivität weiter auf teilweise unter 1,0 Nutzlastpersonen (die Leerfahrt zurück ohne Gast hat ja keine Nutzlastperson an Bord).

Eine optimale Effizienz erreicht damit ein 2-sitziges Fahrzeug, das praktisch immer zu 50 % ausgelastet ist im Gegensatz zu einem 5-sitzigen SUV, der mit 20 % Nutzlast im Mittel fährt.

Autonome Fahrzeuge für die Innenstadt können damit deutlich kleiner und leichter ausgelegt werden als die bisher dominant auftretenden PKW. Dabei ergeben sich zwei Optionen zur Reduktion der Maße – schmaler oder kürzer. Auf den ersten Blick führt eine Verkürzung für einen 2-Sitzer zu einer Verbesserung der Verkehrsflächennutzung – 2,5 m Länge statt 5,0 m – jedoch trifft diese Abschätzung nur im Stillstand zu – während der Fahrt mit 40 km/h im Stadtverkehr und dem vorgeschriebenen Abstand von 20 m zum vorausfahrenden Fahrzeug „schwimmt" dieser 2-Sitzer in einem virtuellen Raum von 22,5 m Länge (Abstand plus eigene Fahrzeuglänge), der 5 m lange PKW verbraucht dagegen auch nur 25,0 m – der Raumgewinn ist also eher gering.

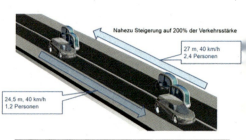

Abbildung 4 Platzbedarf inkl. Sicherheitsabstand und Optimierung durch Schmal-Spur-Fahrzeuge

Bessere Ergebnisse liefert dabei eine Fahrzeuggeometrie mit auf die Hälfte reduzierter Breite statt reduzierter Länge, da damit in je-

Autonome E-Mobilität in Stadtquartieren der Zukunft

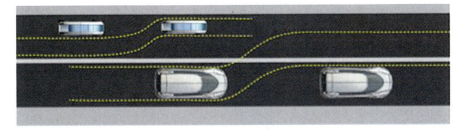

Abbildung 5 Ausweich-oder Überholgasse benötigt im Vergleich bei Einspur-Fahrzeugen und PKWs

der Fahrspur zwei Fahrzeuge parallel fahren können und sich so die Effizienz der Verkehrsflächennutzung um 100% erhöht. Hinzu kommen weitere Effekte wegen der Spurversperrung durch Fahrzeuge, die am Straßenrand parken oder halten. Bei der üblichen Breite von 3,6 m einer Fahrspur können zwei schmale Fahrzeuge parallel an einem am Rand haltenden dritten Fahrzeug ungestört vorbeifahren, wohingegen ein einziger normaler PKW, der am Rand hält, die ganze Spur komplett blockiert und lange Rückstaus erzeugt.

Weiter optimiert werden kann die Verkehrsleistung im urbanen Verkehr durch sogenannten Platooning Betrieb, bei dem Fahrzeuge den vorgeschriebenen zeitlichen Sicherheitsabstand von 1,8 Sekunden nicht einhalten, sondern im engen Verbund mit einem Abstand von 1,0 m (Closed Formation) oder einer Fahrzeuglänge plus 1,0 m (open Formation) fahren – letztere Formation ist dabei dann zu wählen, wenn Raum bleiben muss für Spurwechsel, erstere wenn mehrere Fahrzeuge für eine längere Strecke zu gemeinsamen Teilzielen geführt werden – Spurwechsel also entfallen. Verkehrsleistung wird auch dadurch gesteigert, dass beim Umschalten von Ampeln auf Grün alle Fahrzeuge gleichzeitig losfahren können statt im kumulierenden Verzögerungstakt von 1,8 Sekunden (wodurch das 10te Fahrzeug erst nach 18 Sekunden starten kann und damit wahrscheinlich von der nächsten Rotphase gestoppt wird).

Im Vergleich von 8-sitzigen Fahrzeugen zu den beschrieben 2-Sitzern ergeben sich deutliche Vorteile für die kleinere Ausführung – der 2-Sitzer kann alles was der 8-Sitzer kann, tatsächlich verbrauchen 4 Fahrzeuge des 2-Sitzers in Platooning Formation kaum mehr Verkehrsfläche als ein 8-Sitzer, können aber im Einzelbetrieb verschiedene Destinationen anfahren und individuell

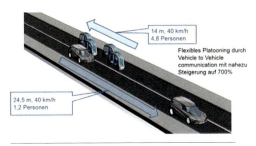

Abbildung 6 Flexibles Platooning in open formation Closed Formation als Block-Platooning

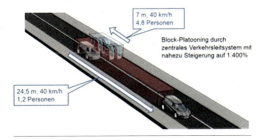

Abbildung 7 Closed Formation als Block-Platooning

auf Abruf einzelne Passagiere abholen und direkt punktgenau und zeitgenau zum Ziel fahren.

Verkehrssimulationen für praktisch alle Innenstädte weltweit zeigen, dass eine ideale Maßnahme zur Stau- und Emissionsvermeidung darin liegt, dass die vorhandenen ÖPNV Systeme erhalten und/ oder so weit wie möglich ausgebaut werden und weiterhin alle Transportaufgaben wahrnehmen, bei denen viele Personen zu gleichen Zeit zum gleichen Ziel fahren wollen (z. B. 500 Schüler morgens um 08:00 zum Unterrichtsbeginn), aber der motorisierte Individualverkehr soweit wie möglich ersetzt wird durch autonom fahrende, schmale 2-Sitzer, die auf Abruf per APP zu beliebigen Zeiten Passagiere von jedem gewünschten Startpunkt auf direktem Weg zu jeder Destination fahren.

Zusätzlich können diese Fahrzeuge Busse und Bahnen ersetzen in Zeiten geringer Belegung und damit die hohen Kosten eines weitgehend leer fahrenden Busses reduzieren. Ideale Ergebnisse werden dann erzielt, wenn der Betrieb beider Systeme – Busse und autonome 2-Sitzer vom gleichen Betreiber, in Deutschland also von den Stadtwerken durchgeführt wird.

Abbildung 8 Weg/Zeit-Diagramm einer Fahrt inkl. Toleranzen

		Linienbetrieb Bus/ Tram	Shuttle Bus	Pkw MIV	FLAIT
Toleranz Startpunkt	Meter	<250	<150	<100	<10
Zeittoleranz	Minuten	<15	<10	<3	<3
Toleranz Ziel	Meter	<250	<150	<100	<10
Passagierkapazität	Personen	120	80	5	2
mittlere Auslastung	Personen	0 - 50	30 - 60	0,8 - 1,2	1 - 2
mittlere Auslastung	%	22 %	50 %	20 %	66 %
Umweg	% Strecke	30 %	0 %	12 %	0 %
Zusatzzeit	% Zeit	60 %	20 %	16 %	5 %

Tabelle Vergleich verschiedener Verkehrsmittel bzgl. Weg, Zeit & Auslastung

Abbildung 9 Ergonomische Auslegung eines 2-Sitzers mit gegenübersitzenden Passagieren

4. SICHERHEITS- UND SPEICHERTECHNOLOGIE

Die meisten Verbesserungen, möglicherweise sogar eine vollständige Problemlösung werden also erreicht, wenn der ÖPNV durch sehr kleine autonom fahrende Fahrzeuge ergänzt wird und im Idealfall der gesamte motorisierte Verkehr (MIV) aus den Innenstädten ausgeschlossen wird.

Da autonome 2-Sitzer auf Abruf gegenüber herkömmlichen PKW nur Vorteile ohne Kompromisse bieten inkl. perfekter Privatsphäre mit sicher verfügbarem Sitzplatz, kann eine hohe Akzeptanz dieser Lösung auch bei den MIV Fahrern erwartet werden – schließlich fallen die üblichen Gründe für Ablehnung (keine Sitzplatzgarantie, Wartezeiten, Fußweg zur Haltestelle, Umwegfahrt) eines Umstiegs weg. Zusätzlich entstehen zahlreiche Vorteile mit Blick auf Komfort und Zeitbedarf – kein Parkplatzsuchverkehr, kein Stress im Stau, Arbeit/ Entertainment auf der Fahrt: Bei ergonomisch idealer Auslegung können 2 Passagiere sogar gegenüber sitzen für eine angenehme Kommunikation mit Blickkontakt.

Im eingeschwungenen Zustand – nur noch ÖPNV plus autonome Fahrzeugflotten – kann eine zentrale Flottenkontrolle dafür sorgen, dass ein sehr hohes Sicherheitsniveau erreicht wird – sehr viel höher als im individuellen PKW Verkehr – keine Unfälle mehr durch Unachtsamkeit, Fahrfehler oder Leichtsinn. Zusätzlich kann ein solches System als lernfähige Gesamtheit ausgelegt werden, die Unfall- und Risikobrennpunkte statistisch erfasst, analysiert und mit entsprechenden Vorkehrungen entschärft.

In Übergangsphasen – also im Mischbetrieb autonomer und personengesteuerter Fahrzeuge – geht die Unfallgefahr nicht von den autonomen Fahrzeugen aus, sondern wird durch individuelle Fehler durch Menschen verursacht, die aber wiederum ein erfahrener Fahrer teilweise kompensieren kann. Um in diesem Mischbetrieb Unfallzahlen zu minimieren, muss die Installation autonomer Systeme deswegen sektional beschränkt auf einzelne Gebiete oder Sonderspuren eingeführt werden und an deren Grenzen müssen Hinweisschilder aufgestellt werden, in denen auf die Priorität der autonomen Flotten hingewiesen wird und evtl. für den MIV Geschwindigkeitsbeschränkungen vorgesehen werden.

Solche autonome Kompaktfahrzeuge können elektrisch angetrieben werden, ohne die sonst bei Elektrofahrzeugen auftretenden Reichweitenprobleme, da im urbanen Verkehr nur Kurzstrecken gefahren werden und die Fahrzeuge sich autonom im Wartezustand am Straßenrand an einen induktiven Ladetrichter anschließen können. Um nicht mit einem Fahrzeug eine Ladestation zu blockieren, können idealerweise mehrere Fahrzeuge hintereinander an derselben Station geladen werden und eine Bypassleitung in jedem Fahrzeug verlängert den Zugang zur Stromquelle für eine Kette weiterer Fahrzeuge.

Durch eine zentrale Flottensteuerung können die Ladezeiten für solche Fahrzeuge besser

Abbildung 10 Vision eines autonomen Stadtfahrzeugs

angepasst werden an die Zyklen verfügbarer elektrischer Energie aus erneuerbaren Quellen. Schnellladen mit hoher Ladeleistung kann durch zentrales Flottenmanagement mit genauer Datenerfassung des Strombedarfs reduziert oder auch ganz vermieden werden – das zyklisch wegen ungleichmäßiger Bedarfsprofile und schwankender Stromerzeugung aus Wind- und Sonnenenergie hochdynamische Versorgungsnetz (Regelenergieproblematik), das von individuell betriebenen elektrischen PKW noch weiter destabilisiert wird, kann mit solchen autonomen Flotten zumindest partiell mit passenden Abrufprofilen entlastet werden.

5. TCO AUTONOMER FAHRZEUGSYSTEME

PKWs sind immer noch beliebt wegen der Privatsphäre und Individualität und werden mangels Alternativen weiter zum überwiegenden Betrieb auch im urbanen Verkehr eingesetzt – in den meisten Städten mit deutlich höherem Anteil als der ÖPNV. Neben den beschriebenen Nachteilen kommt weiter belastend hinzu, dass PKW nur ca. 5 % der Lebenszeit genutzt werden und 95 % ungenutzt abgestellt werden, wobei alle Fixkosten wie Steuer, Versicherung, Abschreibung, zeitbezogene Wartungskosten, Garagen- und Stellflächenkosten etc. weiterlaufen.

Wenn autonome Verkehrssysteme einen gleichen Komfort wie PKW bieten können, wie oben beschrieben, wird der Erfolg weiter dadurch beflügelt werden, dass die Kosten nicht mehr als total cost of ownership sondern als cost of mission kalkuliert werden können. Fahrzeugbesitz wird ersetzt durch Einzelbuchungen der Fahrten – ein weltweiter Megatrend weg vom Besitz hin zur Nutzung – keine Fixkosten, maximale Flexibilität und Freiheit bei verbessertem Komfort. Autonome Fahrzeugflotten können Nutzanteile erreichen von 50 % – 70 % und reduzieren schon damit große Kostenanteile.

Nach laufenden Analysen können autonome Flotten die Transportkosten für Passagiere im Stadtverkehr bei richtiger Auslegung gegenüber privaten PKW um über 70 % – 80 % reduzieren.

6. VORTEILE FÜR KOMMUNALE BETREIBER

Optimale Ergebnisse werden erzielt, wenn autonomes Fahren nicht über individuellen Fahrzeugbesitz und -betrieb erfolgt, sondern der Kunde ausschließlich das kauft, was er braucht und nur dafür bezahlt, was er bekommt – nämlich die Fahrt von seinem Standort zu genau seinem Zielort zu genau dem Zeitpunkt seiner Wahl.

Autonomes Fahren liefert hier das seltene Phänomen, dass Komfort- und Leistungsmaximierung gegenüber angepeilter Kosten-

Abbildung 11 Vorteile eines autonomes 2-Sitzers als Stadtfahrzeug

reduktion keinen Gegensatz bildet, sondern Synergien ermöglicht.

Allerdings muss die Integration so erfolgen, dass die etablierten Systeme wie Busse und Bahnen des ÖPNV weiter in dem Bereich aktiv genutzt werden, in dem sie ihre unbestrittenen Verkehrsentlastungen einbringen – nämlich für die speziellen Missionsprofile, wo mindestens zwei der drei Transportkriterien: Startort, Destination, Reisezeit bekannt sind und / oder eine zyklisch wiederkehrende hohe Zahl an Passagieren zu diesen Zeiten die gleichen Strecken zurücklegen wollen (z. B. Schulbeginn um 8:00).

Um das sicherzustellen, ist es wichtig, dass autonome Flotten von ÖPNV Betreibern geführt und gesteuert werden. Daraus ergibt sich dann der weitere Vorteil, dass große Transportfahrzeuge wie Linienbusse und Bahnen, deren Auslastung im Mittel nur bei 22 % liegt, bei hoher Varianz und die wegen der Versorgungspflicht der kommunalen Betreiber auch in Schwachlastzeiten fahren müssen, teilweise ganz leer oder mit weniger als 5 Passagieren durch kompakte autonome Fahrzeuge ersetzt werden können, in dem der Ticketpreis in diesem Fall auf den Busticketpreis reduziert wird.

ZUSAMMENFASSUNG

Autonomes Fahren kann insbesondere im urbanen Verkehr Stau- und Emissionsprobleme lösen und den Reisekomfort und die Verkehrssicherheit dabei deutlich verbessern, wenn die Chance genutzt wird, diese Technologie intelligent als Mobilitätssystem mit optimierten Fahrzeugauslegungen umzusetzen. Da einer der größten Kostenfaktoren, nämlich der Fahrer wegfällt und damit nicht mehr aus wirtschaftlichen Gründen auf möglichst viele Fahrgäste umgelegt werden muss, sind kleine 2-sitzige Fahrzeuge die bessere Alternative zum MIV und die beste Ergänzung zum ÖPNV.

STRASSENLEUCHTEN
MIT INTEGRIERTER LADESTATION FÜR ELEKTROAUTOS

Prof. Dr.-Ing. Peter Marx
www.mx-electronic.com - info@mx-electronic.com

Viele der in der EU vorhandenen rd. 60 Mio. Bestands-Laternen (davon rd. 9 Mio. in Deutschland) können relativ preiswert zum Laden ertüchtigt werden und damit den vielen Wohnungsmietern ohne eigenen Stellplatz bzw. Garage die Möglichkeit eröffnen, sich ein E-Fahrzeug anzuschaffen.

Diese Kombilaternen sind kostengünstiger als zwischen den Laternen separate und i. A. sehr teure Ladestationen aufzustellen. Wie bekannt, sind auch die meisten Stadtarchitekten gegen eine zunehmende Zahl von Stadtmöbeln in Form von einzelnen Ladestationen, die zwischen den Laternen installiert werden.

Vorteilhaft ist auch, dass die Laternen-Ladestationen in den Dunkelstunden beleuchtet sind.

DIE AKTUELLE ÖFFENTLICHE LADESITUATION

Die öffentliche Ladeinfrastruktur ist ein chaotischer Flickenteppich. Regionale Monopolisten diktieren Preise und schaffen ein babylonisches Wirrwarr an Bezahlkarten, Apps und Abrechnungs-Systemen. Ladekunden sollten jedoch zum Haushaltsstrom-Tarif an jeder Ladesäule laden können.

Wettbewerb ist nur direkt an der Ladesäule möglich. Der Fahrer wählt seinen Fahrstrom-Lieferanten so frei wie er heute auch seinen Haushaltsstrom-Lieferanten wählt. So kann jeder E-Autobesitzer den Stromtarif seines Wunschversorgers mit einer Ladekarte an jeder öffentlichen Ladesäule auswählen. Die Verbraucher-schützer beklagen Preisunterschiede, unrichtige kWh-Werte und defekte Ladesäulen.

Wer eine öffentliche Ladestation ansteuert, erlebt nach Einschätzung von Verbraucher-schützern viel zu oft ein blaues Wunder. Die Preise weichen teils um einige 100 % voneinander ab, ohne dass die Nutzer das sofort merken würden.

In einem Forderungskatalog mahnen die Verbände faire Preise, deutlich mehr Transparenz und einheitliche Zahlungsmodelle an. Die öffentliche Ladeinfrastruktur muss einfach und transparent zu nutzen sein, fordern die Verbraucherzentrale Bundesverband, der Bundesverband Car-Sharing und mehrere Interessenverbände für Elektromobilität.

Experten beklagen bislang einen regelrechten Wildwuchs an den Stromzapfsäulen. Hinzu kommen, je nach Region und Anbieter, Preisunterschiede von 300 %. Das Schnellladen ohne Vertrag kostet z.B. bei Ionity 79 Cent pro Kilowattstunde. Da mal pauschal pro Ladevorgang, mal nach Zeit und mal nach Kilowattstunden abgerechnet wird, ist ein Preisvergleich oft kaum möglich. Erst bei den Monatsabrechnungen erkennt man die wahren Kosten.

Die Verbraucherschützer decken teils groteske Zustände an Ladesäulen auf. So müssten Verbraucher bei Tarifen pro Tankvorgang auch dann zahlen, wenn aus technischen Gründen der Ladevorgang nach kurzer Zeit abbricht - „ohne dafür eine Gegenleistung zu erhalten". Zeitbasierte Tarife diskriminierten Verbraucher, deren Autos langsamer laden. Die geplante neue Ladesäulenverordnung der Bundesregierung soll das Laden an allen öffentlichen Ladestationen ohne ein Vertragsverhältnis mit dem Stromlieferanten oder dem Ladesäulenbetreiber ermöglichen. In Deutschland existieren rund 54.000 öffentliche und teilöffentliche Ladepunkte an insgesamt rund 28.000 Ladesäulen. Davon ca. 84 % (45000) Normal-(AC) und 16 % (8800) Schnellladepunkte (DC). Hinzu kommen über 1000 Tesla Supercharger Jede vierte Ladestation ist dem Stationstyp Parkhaus oder öffentlicher Parkplatz zugeordnet.

Hinzu kommen noch ca. 30.000 private Lademöglichkeiten (Stand April 2021). Zwischen Mai und Oktober 2021 sind jedoch 470.000 Anträge auf Förderung für eine private Wallbox bei der KfW eingegangen. Straßenleuchten mit integrierter Ladestation für Elektroautos 680 in NRW, Pilotprojekte in deutschen Großstädten laufen im Januar 2022 an.

Der deutsche Staat will weitere 30.000 öffentliche Ladepunkte mit 300 Mio. € fördern. Aktuell gibt es in Deutschland etwa 517.000 reine E-Autos und ca. 494.000 Plug-in-Hybridautos. Die meisten Elektrofahrzeuge besitzen Personen mit einem Eigenheim, weshalb rd. 65 Prozent der Ladevorgänge an heimischen Ladestationen in Garagen bzw. eigenen Stellplätzen stattfinden. Vorteil: Das Laden zu Hause erfolgt zum Haushaltsstromtarif von ca. 32 Cent pro kWh. Eine Ladestation (sog. Wallbox) mit 11 kW (400 V, 3 x 16 A) - diese sind überwiegend im privaten Bereich installiert - kostet etwa 900 €. Hinzu kommen die Kosten für die elektrische Installation der Ladestation in der Garage bzw. auf dem Stellplatz. Wenn z. B. im Keller des Eigenheims bereits ein Drehstromanschluss mit 400 V / 3 x 63 A vorhanden ist, kommen noch etwa 1000 € für die elektrische Leitungsverlegung und die Inbetriebnahme der Wallbox hinzu. Somit kann man mit etwa 1900 € netto rechnen. Die Gesamtkosten zzgl. Umsatzsteuer betragen dann rd. 2200 €. Im Stadtverkehr benötigt ein E-Auto für 100 km zirka 15 kWh, d. h. das Laden zu Hause kostet nur **15 kWh x 0,32 € = 4,80 € für 100 km.**

Das Laden an öffentlichen Elektroauto-Ladesäulen dagegen ist kompliziert und teuer. Verwirrende Tarifstrukturen, unterschiedliche Zugangsvoraussetzungen sowie eine Vielfalt von Abrechnungsmethoden verkomplizieren den Alltag der Kunden.

Die Preise an den Ladesäulen liegen teilweise signifikant über dem Haushalts-Kilowattstundenpreis. Damit sind die Stromkosten für 100 km teurer als das Tanken von Benzin oder Diesel pro 100 km. Diese Preispolitik ist kontraproduktiv und benachteiligt Mieter ohne eigene private Lademöglichkeit. Öffentliche Ladesäulen bis 22 kW kosten in etwa 10.000 € zzgl. jährliche Unterhaltskosten.

Momentan kommen in Deutschland rd. 24 E-Autos auf einen öffentlichen Ladepunkt. Im Mittel fahren diese 11.000 km im Jahr, d. h. pro Auto werden 110 x 15 kWh = 1650 kWh zum Laden benötigt. Würden alle E-Fahrzeuge nur an öffentlichen Ladepunkten laden, käme statistisch auf einen Ladepunkt ein Umsatz von 24 x 1650 kWh = 39.600 kWh. Das entspricht einem Jahresumsatz von 39.600 kWh x 0,32 € = 12.672,00 € bzw. 1056,00 € pro Monat. Da derzeit jedoch ca. 65 % der Ladevorgänge privat zu Hause erfolgen, beträgt der monatliche Umsatz nur noch 1056 € *0,35 = 396,60 €. Aus diesen Zahlen wird deutlich, dass hier kein wirtschaftlich erfolgreiches Ladesäulengeschäftsmodell generiert werden kann, selbst wenn der Staat etwa 60 % der Ladesäulenkosten übernimmt und die Kilowattstunde an der öffentlichen Ladesäule viel mehr kostet als 32 Cent.

Daraus geht hervor, dass hier kein wirtschaftlich erfolgreiches Ladesäulen-Geschäftsmodell generiert werden kann, selbst wenn der Staat etwa 60 % der Ladesäulenkosten übernimmt und die Kilowattstunde an der öffentlichen Ladesäule viel mehr kostet als 26 Cent.

Fallbeispiel:
Ein Wohnungsinhaber ohne eigenen Ladepunkt möchte im Umfeld seines Wohnhauses sein E-Auto aufladen:

Er kommt gegen 17 Uhr von der Arbeit und sucht eine Lademöglichkeit. Mit Glück findet er eine freie öffentliche Ladesäule in der Nähe seiner Wohnung. Nach der Ladung - der kWh-Preis ist signifikant höher als der Haushaltsstromtarif - und wg. des üblichen

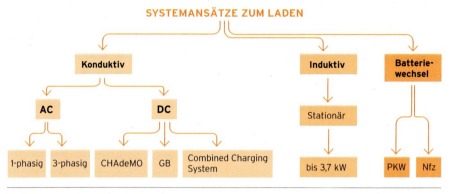

Abbildung 1 Systemansätze zum Laden

Zeittarifs muss er dann gegen 22 Uhr das Fahrzeug umparken. Um diese Uhrzeit ist wohl nur mit viel Glück noch ein freier Parkplatz in der Nähe der Wohnung zu finden. Dieses umständliche und teure Ladeverfahren kann folglich nicht der Schlüssel zum Erfolg der E-Mobilität mit E-Autos von Mietwohnungs-Nutzer*innen sein.

LADE-STRATEGIEN

Man muss differenzieren zwischen langsamem Laden (AC, DC und induktiv) z.B. zu Hause, am Arbeitsplatz, an Ladelaternen in Wohnstraßen und schnellem DC-Laden (bis 450 kW) an Autobahnen, Bundesstraßen usw.

Elektrofahrzeuge können prinzipiell mit Ein- bzw. Dreiphasen-Wechselstrom (AC) oder mit Gleichstrom (DC) geladen werden. Beim AC-Laden übernimmt ein im E-Auto eingebauter Gleichrichter die Umwandlung in den erforderlichen Ladegleichstrom.

Die neuen Elektroautos werden standardmäßig eine CCS-Steckdose an Bord haben, damit sie an AC-Ladesäulen und DC-Schnell-Ladepunkten laden können.

In den nächsten Jahren wird sicher das AC-Laden noch eine gewisse Bedeutung haben. Um das umständliche Hantieren mit unterschied-

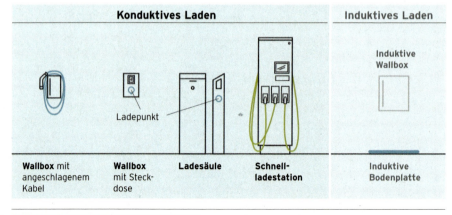

Abbildung 2 Verschiedene Lademöglichkeiten

Straßenleuchten mit integrierter Ladestation für Elektroautos

		WECHSELSTROM		GLEICHSTROM
Spannungsart	AC (1-phasig)	AC (1-3-phasig)	AC (1-3 phasig)	DC
Max. Stromstärke	10 A	13 A (1-phasig) 16 A (1-phasig) 16 A (2-phasig) 32 A (3-phasig)	32 A (1-phasig) 16 A (2-phasig) 32 A (2-phasig) 32 A (3-phasig)	bis 700 A
Max. Ladeleistung	2,3 kW	3 kW (1-phasig) 3,7 kW (1-phasig) 7,2 kW (2-phasig) 22 kW (3-phasig)	7,4 kW (1-phasig) 7,2 kW (2-phasig) 15 kW (2-phasig) 22 kW (3-phasig)	350 kW

Tabelle 1 Ladeleistungen bei Gleich- bzw. Wechselstrom

LADETECHNIK	WALLBOX	AC-LADESÄULE	DC-LADESÄULE
Ladeleistung	> 3,7 kW	11-22 kW	50 kW
Hardware	1200 €	6000 € - 8000 €	30.000€
Netzanschlusskosten	0 - 2000 €	2000 €	bis 50.000 € u. mehr
Genehmigung / Projektierung	500 €	1000 €	1500 €
Installation /Beschilderung	500 €	2000 €	3500 €
Summe Investition (CAPEX)	**2200 €**	**12.000 €**	**35.000 €** zzgl. Netzanschluss
Betrieb/Wartung/Backend (OPEX)	**1000 €/a**	**1500 €/a**	**3000 €/a**

Tabelle 2 Nettokosten von Ladestationen

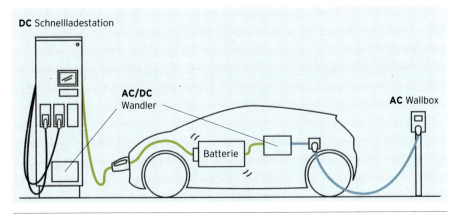

Abbildung 3 Laden mit Gleich- oder Wechselstrom

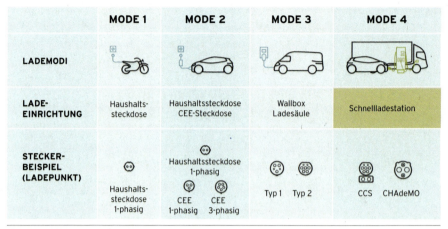

Abbildung 4 Verschiedene Lademodi und Steckertypen

lichen Kabeln und Steckern zu vermeiden, wird sich zukünftig das DC-Laden mit einem einheitlichen DC-Stecksystem für langsames Laden an Laternen bzw. an einer Wallbox zu Hause durchsetzen, d. h. ein zweipoliger DC-Stecker mit einer Kommunikations-Steckverbindung (z. B. CAN-Bus) und einem Erdleiter, womit langsames und schnelles Laden ermöglicht wird, vergleichbar mit dem Schuko-Stecksystem, mit dem eine 2 W LED-Leuchte oder auch ein 2000 W Staubsauger mit Strom versorgt werden kann.

Diese DC-Steckverbindung hat eine einheitliche Bauform und ist für die maximale. Schnellladung (1000 V / 500 A / 500 kW) wie auch für langsames Laden gleichermaßen geeignet. Zukünftig wird auch das Induktionsladen mit Leistungen bis etwa 11 kW an Bedeutung gewinnen für das langsame Laden zu Hause, am Arbeitsplatz, an Ladelaternen in den Wohnstraßen, für Hotelparkplätze usw. Dies bietet dann einen sehr hohen Ladekomfort und ist noch einfacher und bequemer als das jetzige Tanken von Benzin oder Diesel.

Es sei daran erinnert, dass Tesla und auch japanische Hersteller (CHademo-System) primär ihre E-Autos mit DC-Ladetechnik ausgestattet haben. Nur durch die AC-Fehlentwicklung in D und EU wurden diese gezwungen, AC-Adapter in ihre Fahrzeuge einzubauen.

Die Ladegeräte für Handys, Elektrorasierer usw. liefern eine kleine Gleichspannung zum Laden und keine Wechselspannung, denn in den mobilen Geräten ist kein Patz für eine Gleichrichtung. Nur die E-Autos sind noch mit Gleichrichtern ausgestattet, obwohl diese in die Ladestation gehören.

Mit 6 preiswerten Leistungs-Dioden kann aus dem Drehstromnetz (400 V / 230 V) eine Gleichspannung von ca. 540 VDC erzeugt werden, die hervorragend geeignet ist, E-Autos aufzuladen.

EINFACHE GLEICHSTROM- LADETECHNIK

Da die Fahrzeugbatterie eine Gleichstromquelle ist, muss diese prinzipiell auch mit Gleichstrom geladen werden, d. h. anstelle von AC-Ladeverfahren sollte zukünftig nur noch DC-Laden im Leistungsbereich von etwa 4 kW – 500 KW für sämtliche E-Fahrzeuge eingeführt werden. Die Ladung erfolgt nur mit Gleichstrom mit einer einheitlichen Steckverbindung (2 Kontakte für Gleichstrom bis 500 A und bis 1000 V, 1 Kontakt für die Schutzerdungs-Leitung) sowie 2 kleine Kontakte für die Kommunikation zwischen Ladestation und E-Auto.

Die Gleichrichtung erfolgt in der Ladestation und nicht im E-Auto.
Im E-Fahrzeug würde das einphasige bzw. dreiphasige AC / DC-Ladegerät entfallen, das spart im E-Auto Kosten, Volumen und Masse und es kann nur ein Stecksystem für den gesamten DC-Leistungsbereich verwendet werden. Damit ist dann langsames und schnelles Laden überall möglich. Die Vielzahl der heute vorhandenen Stecker für AC und DC-Laden kann entfallen. (z. B. Schuko, Typ 2, CCS, Chademo usw.)

Prinzip der Drehstrom-Gleichrichtung
Eingang: 230 / 400 VAC
Ausgang: 538 VDC

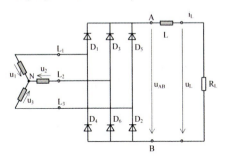

U_s = 230 V $\sqrt{2}$ = 325,27 V
U_1- 2 = 230 V $\sqrt{3}$ = 398,37 V

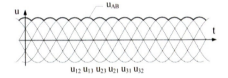

Ausgangs-Gleichspannung mit geringer Welligkeit (f_{Brumm} = 300 Hz)

$U_{AB\,max}$ = 230 V $\sqrt{3}$ $\sqrt{2}$ = 398,37 V $\sqrt{2}$ = 563,38 V
$U_{AB\text{-eff}}$ = 538,47 V
$U_{AB\text{-DC}}$ = 537,99 V

Ladeleistungen
mit Drehstromgleichrichtung
In Abhängigkeit der verfügbaren Dreiphasen-Stromstärken ergeben sich folgende Ladeleistungen:

P = $\sqrt{3}$ UI

P = $\sqrt{3}$ 400 V 6 A = 4 kW

P = $\sqrt{3}$ 400 V 10 A = 7 kW

P = $\sqrt{3}$ 400 V 16 A = 11 kW

P = $\sqrt{3}$ 400 V 32 A = 22 kW

P = $\sqrt{3}$ 400 V 64 A = 44 kW

Die Realisierung der Gleichrichtung erfolgt mit 6 Dioden in ungesteuertem Betrieb. Öffentliche DC-Ladestationen werden derzeit zu sehr hohen Preisen angeboten (bis etwa 40.000 €). Diese Kosten erscheinen überhöht, da eine 400 V – Drehstrom-Gleichrichterbrücke mit 6 Leistungsdioden je nach Stromstärke nur zwischen 10 € - 60 € kostet. Unter bestimmten Voraussetzungen kann mit 6 IGBTs (Transistoren oder Thyristoren) im gesteuerten Betrieb sogar Energie zurückgespeist werden (V2G-Prinzip).

Die Ladegeräte für Smartphones, für Laptops oder andere digitale Tools werden prinzipiell mit einem Niedervolt-Gleichspannungsausgang ausgerüstet, da im mobilen Teil kein Platz für die Gleichrichtung ist. Nur bei E-Autos leisten sich die Entwickler den überflüssigen Luxus, die Netzgleichrichtung an Bord mitzuführen, was natürlich unwirtschaftlich ist.

STRASSENLATERNEN MIT LADESTATIONEN

In Berlin gibt es z. B. 224.500 Straßenlaternen, davon werden 181.000 mit Strom betrieben und noch rund 31.500 mit Gas. Straßenlaternen werden überwiegend über eigene Leitungen versorgt. Wenn eine bereits vorhandene Straßenlaterne mit einer Ladezusatzeinrichtung versehen werden soll, muss i.d.R. ein elektrischer Anschluss durch Aufgraben und Verbinden mit dem üblichen 400 V / 230 V Erd-Netzkabel hergestellt werden. Dieses ist auch erforderlich, wenn eine Ladesäule zwischen den Laternen installiert werden soll, d. h. der Aufwand für den Anschluss an die städtische Stromversorgung ist in beiden Fällen gleich, jedoch ist die Kombination der Laterne mit der Ladefunktion kostengünstiger, außerdem gibt es kaum Schwierigkeiten mit der behördlichen Genehmigung wie bei neu zu errichtenden Ladesäulen zwischen den Laternen (Sondernutzungserlaubnis usw.).

In einigen Städten, z. B. Berlin, Hamburg, Köln sind die Straßenleuchten direkt mit der 400 V / 230 V Netzleitung verbunden. Hier ist der Anbau einer Ladeeinrichtung besonders preiswert, da das Aufgraben und der Stromanschluss (Kosten i.d.R. 1000 €) entfallen, wenn bereits alle drei Phasen L1, L2, L3 und der Null-Leiter N am Laternen-Anschlusspunkt zur Verfügung stehen. Auch ein aufrollbares Ladekabel könnte sich in der Ladestation für langsames Laden befinden. Im Fahrzeug entfielen dann unterschiedliche Ladekabel und Adapter.

Viele Straßenlaternen in Europa werden bis 2030 ausgetauscht und um neue intelligente Funktionen erweitert, z. B. als WLAN-Sender, Notrufsäule, zur Verkehrs- und Parkraumüberwachung, für Umweltmessungen, mit Sensoren und Überwachungskameras. Nachrüstungen und Neuinstallationen der Beleuchtung im öffentlichen Raum sind deshalb eine ausgezeichnete Gelegenheit, um über die Kombination mit E-Auto-Ladestationen nachzudenken.

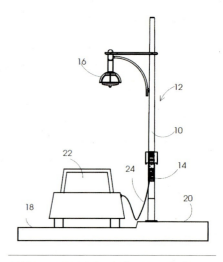

Abbildung 5 Kombi-Straßenleuchte mit Ladestation für Elektrofahrzeuge (12)

Die im Juli 2016 für die Berliner Selux AG patentierte Leuchtenmast-Ummantelung bietet genügend Raum, um die Elektrik und Elektronik für das AC-, DC-und induktive Laden einzubauen.(1, 2, 3)

Wie bereits erläutert, kostet die komplette Installation einer privaten Ladestation in einem Eigenheim (sog. Wallbox) mit 11 kW rd. 1900 €. Würde von Mieter*innen, die sich ein E-Auto anschaffen wollen verlangt, denselben Betrag aufzuwenden, um die Laterne vor dem Wohnhaus zum Laden zu ertüchtigen, könnte dieser Ladepunkt mit eigenem kWh-Zähler incl. des Parkplatzes vor der Laterne reserviert werden. Die Ladesteckdose wäre nur mit einem Sicherheitsschlüssel zu öffnen.

Dann würde auch nur Haushaltsstromtarif gezahlt und sozial Gleichbehandlung gegenüber Garagen- / Stellplatzbesitzenden gewährt. Wenn die Laternenladestation zwei Ladepunkte für zwei Mietparteien bereitstellt, stehen maximal 3800 € zur Verfügung. Dieser Betrag ist für die Installation mehr als

Straßenleuchten mit integrierter Ladestation für Elektroautos

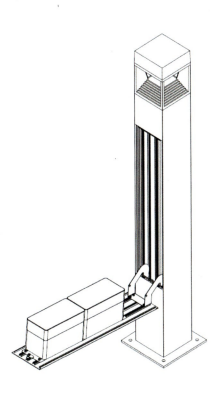

Abbildung 7 Straßenlaternen mit Ladestationen (Kombilaternen), (12)

ausreichend, da hier unkomplizierte Technik ohne elektronische Zugangsberechtigung und Datenübertragung des Verbrauchs usw. erforderlich ist, vergleichbar mit der technisch unkomplizierten Wallbox im Eigenheim.

Die Prozesse könnten folgendermaßen ablaufen:
Mit dem Kauf eines E-Auto beantragt Person A bei der für die Stadtbeleuchtung zuständigen Behörde und bei dem örtlichen Stromversorger die vorhandene Laterne vor dem Haus mit einer Ladestation auszurüsten. Eine Installati-

Abbildung 6 Poller-Ladeleuchten mit servicefreundlicher ausklappbarer Lade-Elektrik (12)

173

onsfirma wird mit der Herstellung beauftragt. Person A beteiligt sich mit 1900 € an den Kosten. Die Bezahlung des Ladestromverbrauchs zum Haushaltsstromtarif erfolgt wie in der Wohnung durch Ablesen des separaten kWh-Zählers in der Ladestation.

Die Verkehrsbehörde reserviert den Parkplatz vor der Laterne für das Fahrzeug dieser Person. Mit dieser Ladestrategie wird es den Mitbürger*innen die in Mietwohnungen leben – ermöglicht, ein E-Fahrzeug anzuschaffen und problemlos aufzuladen, wobei sie gleichzeitig bzgl. der Ladestromkosten sozial gleichgestellt sind mit Besitzenden von Wohneigentum mit eigener Garage bzw. eigenem Stellplatz. Auch auf Firmen- und Behörden-Parkplätzen sowie für Großsiedlungen mit Parkplätzen z. B. in Innenhöfen von Häuserblöcken sind die Ladestationen mit einem integrierten personen-gebundenen kWh-Zähler vorteilhaft einzusetzen.

LADEN MIT SOLARSTROM

Darüber hinaus gibt es die Möglichkeit Straßenlaternen mit einem Solarpanel auszustatten, um die Leuchte autark mit Strom zu versorgen. Diese Solarleuchten könnten auch Elektrofahrzeuge mit geringer Leistung langsam aufladen. Auch ein Carport-Dach mit Solarpanelen kann Ladestrom zur Verfügung stellen. Ein Beispiel kann im Berliner Oberstufenzentrum für Kraftfahrzeugtechnik besichtigt werden.

Beispielrechnung:
Eine Fotovoltaik-Anlage mit 1 kWpeak benötigt etwa 10 m2. Mit dieser Solarpanel-Fläche (Preis ca. 1800 €) ist es in Deutschland möglich, etwa 1000 kWh elektrische Energie pro Jahr zu erzeugen.

Bei einem Verbrauch eines E-Autos von 15 kWh für 100 km reichte diese Energiemenge im Idealfall für
1000 kWh / (15 kWh/100 km) = 6.666 km elektrische Fahrstrecke pro Jahr.

Da die Lebensdauer von Solarzellen etwa 30 Jahre beträgt, könnten in dieser Zeit mit dem E-PKW rd. 200.000 km zurückgelegt werden zu einem Energieerzeugungs-preis von 1.800 €.

FAZIT

Batterie-elektrische Autos sind ungleich effizienter als Fahrzeuge mit Verbrennungsmotor. Es ist nicht nur wünschenswert, sondern für den Erfolg des elektrischen Fahrens zwingend notwendig, dass dieser finanzielle Vorteil durch signifikant niedrigere Kilometerkosten für den Fahrer eines Elektrofahrzeugs eindeutig sichtbar ist.

Neues Eichrecht zur Ladeinfrastruktur: Ladesäulen müssen ab April 2019 in Deutschland eichrechtskonform sein, denn die meisten Ladesäulen können bislang den Lade-Strom nicht eichrechtskonform zählen. Die geladenen kWh müssen zukünftig exakt gezählt werden und auch der Preis muss klar an der Ladesäule ersichtlich sein. Das ist wichtig, denn das als Tarifwirrwarr oder schlichte Abzocke wahrgenommene derzeitige Bezahl-Modell schädigt den Ruf der Elektromobilität. Etwa 80 % aller Ladevorgänge für Elektroautos erfolgen z. Z. an privaten Wallboxen in Eigenheimen zum günstigen Haushaltsstromtarif. Über die Hälfte der Deutschen sind jedoch Mieter und verfügen über keine Garage bzw. Stellplatz und sind deshalb auf öffentliche Ladesäulen mit den beschriebenen gravierenden Nachteilen angewiesen.

Um diese sozialen Unterschiede zu vermeiden, werden in etwa preisgleiche Ladestationen für Laternen in Wohnstraßen sowie Ladeboxen für vermietete PKW-Stellplätze in Wohnsiedlungen mit personengebundenen kWh-Zählern empfohlen, damit die Mieter ebenfalls ihre E-Autos relativ komfortabel und preiswert zum Haushaltsstromtarif aufladen können.
Großer Vorteil: Der Steuerzahler muss sich an den Kosten nicht beteiligen, d. h. hier er-

gibt sich sofort ein tragfähiges Geschäftsmodell. Wenn der Staat hier aber auch noch einen Zuschuss gewährt, ist die Finanzierung der Lade-Straßenleuchte bzw. Ladebox noch problemloser.

Weiterer Vorteil: Durch den reservierten Parkplatz ist es dem Besitzer des E-Autos möglich, im Winter sein Fahrzeug vorzuheizen bzw. im Sommer vorzukühlen, solange dieses mit der individuellen Ladestation verbunden ist, ohne die Fahrzeugbatterie im Stand zu entladen.

E-Auto-Händler und E-Auto-Hersteller sollten E-Auto-Interessenten bzw. E-Autokäufer über die Möglichkeit informieren, an einer Laterne in einer Wohnstraße mit Anwohner-Parkschein oder alternativ an einem gemieteten PKW-Stellplatz in einer Wohnsiedlung eine individuelle Ladestation zu installieren.

Vermieter sollten ihre Mieter über die Möglichkeit in Kenntnis setzen, dass eine persönliche Ladestation auf vermieteten Stellplätzen mit der Option Kauf oder Miete installiert werden kann.

LITERATUR

1 „Leuchte mit Elektroladestation für Elektroautos" Deutsches Patent Nr. 10 2012 023 252.7, Anmelder: Selux AG, Anmeldetag: 29.11.2012

2 „Stromtankstelle" Gebrauchsmuster DE 20 2010 005 543.1 Anmelder: Selux AG, Anmeldetag: 2.6.2010

3 „Außenleuchte mit Elektroladestation" Gebrauchsmuster DE 20 2011 100 062.5 Anmelder: Selux AG, Anmeldetag: 30.4.2011

4 Marx, Peter: „Wirkungsgrad-Vergleich zwischen Fahrzeugen mit Verbrennungs- und mit Elektromotor". Elektronik automotive, Sonderausgabe, Juli 2018, WEKA Fachmedien

5 Gehrlein, T.,Schultes, B: „Ladesäulen-Infrastruktur" ISBN 9781521300077, 2017

6 Eickelmann, J: „Wachstumsmotor Elektromobilität", Phoenix Contact GmbH, 2016

7 Hofer, Klaus: Elektromobilität. ISBN 978-3-8007-3596-9, 2017

8 Marx, Peter: „Einfache Ladebox (Ladestation) mit integriertem personengebundenen kWh-Zähler zum Laden von Elektrofahrzeugen im öffentlichen, halböffentlichen und privaten Raum für Elektroautos" Deutsche Patentanmeldung vom 29.12.2018, Aktenzeichen 10 2918 010 160.7, Anmelder: Prof. Dr.-Ing. Peter Marx

9 Kompendium – E-Laden von Flotten, 12/2018, Version 1.0 Volkswagen AG

10 Praxishandbuch Ladesäulenstruktur, E-Mobil-Beratung, Königswinter, 2. Auflage 2017

11 Prospekt der Fa. Mennekes

12 Firmenunterlagen der Selux AG, Berlin

ACCUSWAP – SIMULATION DES THERMISCHEN VERHALTENS EINER WECHSELBATTERIE

Prof. Dr.-Ing. Michael Lindemann, M.Sc. Sebastian Bollow
Hochschule für Technik und Wirtschaft Berlin (HTW Berlin)
Gefördert durch: Bundesministerium für Wirtschaft und Energie (BMWi) aufgrund eines Beschlusses des Deutschen Bundestages

Gegenstand des Zentralen Innovationsprogramm Mittelstand-Projekts (ZIM-Projekt) AccuSwap (Arbeitstitel PowerSwap) ist die prototypische Entwicklung und Erprobung eines schnellwechselfähigen Batteriesystems für Kleintransporter. Um Wechselbatterien erfolgreich in der Praxis einsetzen zu können, sollte die Zahl der erforderlichen Schnittstellen zum Fahrzeug auf ein Minimum begrenzt werden. Gerade die Anbindung an einen externen Kühlkreislauf kann dabei problematisch sein. Aus diesem Grunde wird erforscht, wie durch geeignete Architekturen des Batteriestacks eine optimale Wärmeableitung nach außen erfolgen kann.

DIE WECHSELBATTERIE

Die Idee des Einsatzes von Wechselbatterien in Elektrofahrzeugen ist nicht neu. So hat das US-amerikanische Unternehmen Better Place bereits ab dem Jahr 2007 versucht, Wechselbatterien im Pkw-Bereich für geeignete Elektrofahrzeuge großflächig in Serie zu bringen. Im Jahre 2013 wurde die Insolvenz von Better Place verkündet [1], weil u.a. die Akzeptanz seitens der Fahrzeughersteller nicht gegeben war. Hintergrund ist, dass die Vorgabe der Architektur eines Wechselsystems die Freiheiten beim Design eines Fahrzeuges signifikant einschränkt. Aus diesem Grunde werden Ansätze mit Wechselbatterien im konventionellen Pkw-Bereich immer noch mit Skepsis betrachtet.

Wegen der Trennung von Fahrgestell und Aufbau sind es eher kleinere Nutzfahrzeuge, die von einem Wechselbatteriesystem profitieren können: Im Transportersegment sind zum einen die Fahrszenarien leistungsseitig begrenzt, zum anderen ermöglichen die Reichweiten die Verwendung kleinerer und flexiblerer Batterien.

Bei der Auslegung einer Wechselbatterie für Kleintransporter sollte die Zahl der Schnittstellen zum Fahrzeug auf ein Minimum beschränkt sein. So entfällt idealerweise die Anbindung an ein externes Kühlsystem, was jedoch bedeutet, dass die Batterie in der Lage sein muss, sich selbst thermisch zu konditionieren und überschüssige Wärme an die Umgebung abführen zu können.

ANFORDERUNGEN AN DIE WECHSELBATTERIE

Die Fähigkeit der Batterie, die beim Laden und Entladen entstehende Wärme an die Umgebung abzuführen, bestimmt wesentlich den Aufbau des Batteriestacks. Um geeignete Wärmeableitkonzepte vorzusehen und auszulegen, bedarf es zuerst der Kenntnis des Wärmeeintrags für gegebene Fahrszenarien. Der große Vorteil einer Wechselbatterie ist, dass diese nicht schnellladefähig sein muss, so dass sich das Lastszenario im Wesentlichen durch den Fahrzeugbetrieb beim Fahren bestimmt.

Das Lastszenario wird mit Hilfe einer Längsdynamiksimulation des Zielfahrzeuges ermittelt. Ausgehend von einem typischen Nutzfahrzeug der Fahrzeugklasse N in der Größenordnung eines VW Crafter und den typischen Anwendungen im Versorgungs- und Zuliefererbereich ergeben sich exemplarische Leistungseinträge in die Batterie, wenn der WLTP-Zyklus als Fahrprofil angenommen wird. WLTP steht für Worldwide Harmonised Light-Duty Vehicles Test Procedure. Der dazugehörige Zyklus wird im Folgenden mit WLTC abgekürzt. Die folgende Tabelle 1 zeigt die Basisdaten des Fahrzeugs. Der Verlauf des WLTC, der im vorliegenden Fall auf 90 km/h abgeregelt worden ist, ist in Abbildung 9 zu sehen. Die Ergebnisse einer Fahrsimulation für die Stromlasten der Batterie sind in der nachfolgenden Tabelle 2 dargestellt.

Tabelle 1 Technische Daten des Zielfahrzeugs

Fahrzeug	Daten
Masse	2.670 kg
Davon Fahrer	75 kg
Davon Batterie	386 kg
Achsübersetzung	11,2926
Stirnfläche	4,6 m²
Luftwiderstandsbeiwert	0,33
Antrieb	**Daten**
Motorisierung	Permanenterregte Synchronmaschine, 100 kW, 290 Nm
Batterie	Li-Ionen-Akku (NMC, 96s1p), 350 V, 37 Ah

Tabelle 2 Ergebnisse der Zyklussimulationen: Kennwerte des Stromeintrags in die Batterie

Stromlasten in der Batterie	
Maximaler Strom	225 A
Minimaler Strom	-125 A
Mittlerer Strom	29 A
Stromintervall 68 %	29 A ± 43,5 A (Bereich -14,5 A ... 72,5 A)
Stromintervall 95 %	29 A ± 87 A (Bereich -58 A ... 116 A)

Die negativen Ströme (also Ladeströme) resultieren daher, dass auch Rekuperation (Bremsenergierückgewinnung) funktional berücksichtigt wird.

Die Betriebstemperatur darf nach Angaben des Zellherstellers einen Wert von 60 °C nicht überschreiten. Um abzuschätzen, welche Designkonzepte der Batterie diesen Temperaturbereich im WLTC gewährleisten können, wird zuerst das thermische Verhalten einer Batteriezelle messtechnisch bestimmt. Ausgehend von den Messungen werden zuerst einfache Zellmodelle entwickelt, die eine Identifikation der wichtigsten Batterieparameter erlauben und eine Berechnung des wärmeerzeugenden Leistungseintrags in Abhängigkeit vom Batteriestrom ermöglichen. Nach der Verifikation der Modelle kann mit diesen der Leistungseintrag in die Batterie für einen abgeregelten WLTC bestimmt werden. Mit FEM-Modellen werden schließlich die verschiedenen Varianten des Batteriestacks simuliert. Der Leistungseintrag im WLTC dient dem Modell als Eingangsgröße. So kann abgeschätzt werden, welche Konzepte in der Lage sind, die Temperatur des Stacks im Zyklus unter 60 °C zu halten.

THERMISCHE MESSUNGEN AN EINER EINZELZELLE IM VERBUND

Zur Quantifizierung des thermischen Verhaltens einer Einzelzelle wurde ein Batteriestack aus acht Zellen in Reihe aufgebaut. Davon wurde eine Zelle räumlich von den anderen getrennt, um ein möglichst ungestörtes Wärmeübergangsverhalten zur Umgebung herzustellen. Die nachfolgende Abbildung 1 zeigt den Aufbau des Batteriestacks (links) und die Platzierung der Temperatursensoren (rechts).

Bei der exponierten Zelle Nr. 5 wurden alle Seiten und auch die Kontakte mit Temperatursensoren bestückt. Von Interesse ist insbesondere der Sensor 1 an der Stirnseite der Zelle und der Sensor 4, der die Umgebungstemperatur misst.

Der Batteriestack wurde anschließend mit 0,5C, 1C und 2C (≙18,5 A, 37 A, 74 A) geladen und entladen. Die Verläufe der Temperatur an Position 1 für die sechs verschiedenen Messungen zeigt Abbildung 2.

BERECHNUNG DES LEISTUNGSEINTRAGS IN DIE ZELLE

Um das thermische Verhalten einer Batteriezelle mit FEM-Methoden zu simulieren, ist die Kenntnis des Eintrags der Wärmeleistung erforderlich. Zur rechnerischen Bestimmung des Leistungseintrags sind neben dem Strom verschiedenste Zellparameter wie Innenwiderstand, Leerlaufspannung und der Temperaturgradient der Leerlaufspannung erforderlich [2]. Diese Parameter sind ihrerseits hauptsächlich vom Ladezustand der Batterie und der Temperatur abhängig, sind zumeist teilweise unbekannt oder können nur mit großen Unsicherheiten angegeben werden. Eine direkte Berechnung des Leistungseintrags aus dem Strom ist somit praktisch nur mit großen Unsicherheiten möglich.

Deswegen werden die Batterieparameter rückwärtig berechnet. Dafür bedarf es aber der Kenntnis des Verlaufs des Leistungseintrags in die Batterie in Abhängigkeit vom Lade- bzw. Entladestrom. Hierzu wird der Leistungseintrag in die Batterie (also die für die Erwärmung der Batterie verantwortliche Leistung) über eine Entfaltung aus dem Temperaturverlauf als Ausgangsgröße und einem thermischen Modellansatz geschätzt. Die Entfaltung beschreibt die Umkehrung der so genannten Faltungsoperation aus der Signal-

 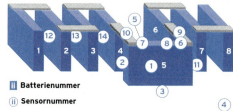

Abbildung 1 Aufbau eines freistehenden Batteriestacks (8s1p) (links) und Position und Nummerierung der Temperatursensoren (rechts)

AccuSwap – Simulation des thermischen Verhaltens einer Wechselbatterie

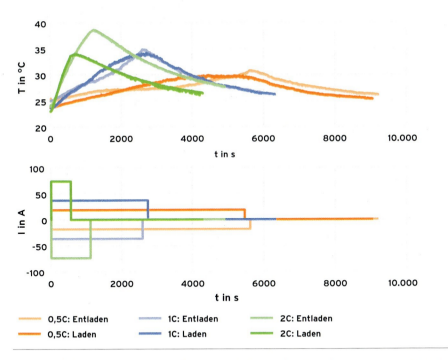

Abbildung 2 Gemessene Temperaturverläufe an der Zelle 5 an der Stirnseite (oben) bei verschiedenen Lastszenarien (unten)

Abbildung 3 Modellierung des thermischen Verhaltens einer Batteriezelle

verarbeitung. Abbildung 3 zeigt den Signalpfad vom Batteriestrom über den Wärmeleistungseintrag bis zur Batterietemperatur.

Der Wärmeübergang, also der Pfad vom Leistungseintrag durch die Batterie über die Bewandung nach außen, beinhaltet das Zusammenwirken thermischer Leitfähigkeiten und Wärmekapazitäten des aktiven Substrats/ der Elektroden und der Zellbewandung sowie die Einflüsse der Konvektion, die durch den Wärmeübergangskoeffizienten beschrieben

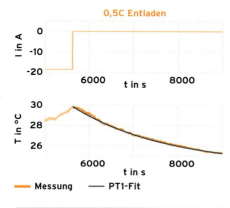

Abbildung 4 Abkühlverhalten der Batteriezelle nach einer 0,5C-Entladung und Ergebnis einer Kurvenanpassung mit einer e-Funktion

tungseintrag ändert. Der passende Wert K_p wird iterativ ermittelt. Im ersten Schritt wird der Verlauf der Eingangsleistung durch Entfaltung für einen Wert K_p = 1 K/W errechnet. Der daraus resultierende Leistungsverlauf wird in ein ANSYS-FEM-Modell gespeist. Der simulierte Temperaturverlauf an der Außen-

werden kann und wiederum abhängig ist von der Temperaturdifferenz zwischen Zellwand und Umgebung.

Im einfachsten Fall lässt sich die Batterie als eine thermische Masse betrachten. Das Verhalten der Temperatur an der Außenwand gehorcht dann einer Differenzialgleichung 1. Ordnung (PT1-Strecke). Mit diesem Ansatz ist eine Identifikation des Eingangssignals (Leistungseintrag) analytisch mittels Entfaltung möglich, wenn die Parameter der PT1-Strecke (Proportionalitätsbeiwert K_p und Zeitkonstante τ) bekannt sind.

Zur Bestimmung der Zeitkonstanten τ werden die Abkühlabschnitte der einzelnen Messungen herangezogen. In Abbildung 4 ist exemplarisch das Abkühlverhalten nach einer 0,5C-Entladung gezeigt. Aus der gefitteten Kurve kann die Zeitkonstante τ abgelesen werden.

Der Parameter K_p einer PT1-Strecke repräsentiert das Verstärkungsverhalten eines Systems. Hier hat K_p die Einheit K/W und bedeutet, um wieviel Kelvin sich die Wandtemperatur der Zelle pro Watt Leis-

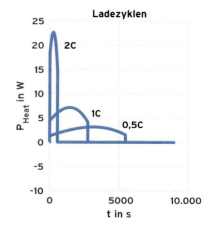

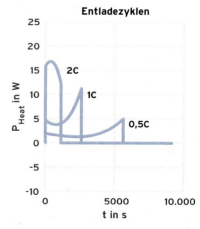

Abbildung 5 Über Entfaltung rückgerechnete Leistungs-einträge einer Zelle für Lade- und Entladezyklen

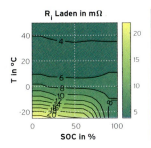 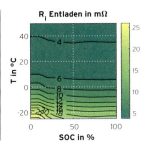 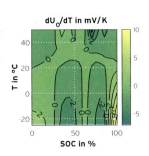

Abbildung 6 Links und Mitte: Parameter R_i der Batteriezelle als Kennfelder über Ladezustand (SOC) und Temperatur (T), rechts: Kennfeld des Temperaturgradienten der Leerlaufspannung

seite der Zelle wird mit dem gemessenen Verlauf verglichen. Der passende K_p-Wert kann nun durch entsprechende Anpassung gefunden werden und ist dann optimal, wenn der simulierte Temperaturverlauf dem gemessenen entspricht.

Mit den so gefundenen Parametern von τ = 2405 s und K_p = 2,45 K/W ergeben sich die folgenden Leistungseinträge der Zelle für die durchgeführten Messungen (Abb. 5).

INNENWIDERSTAND UND TEMPERATURGRADIENT DER LEERLAUFSPANNUNG

Die eingetragene Leistung ergibt sich aus dem in die Batteriezelle eingeprägten Strom I. Im Wesentlichen dominieren die so genannte irreversible und die reversible Leistung den Gesamteintrag. Der irreversible Anteil ist die über den Innenwiderstand R_i der Batterie generierte Leistung. Der reversible Anteil resultiert infolge von Entropieänderungen in einer Zelle beim Laden bzw. Entladen. Der Leistungseintrag P_{Heat} lässt sich formell errechnen mit

$$P_{Heat} = I^2 \cdot R_i (T, SOC) + I \cdot T \cdot \frac{dU_0 (T, SOC)}{dT}.$$

Da die Innenwiderstände R_i in Abhängigkeit von der Temperatur T und dem Ladezustand SOC vom Hersteller in Form eines Kennfeldes für den Lade- und Entladevorgang vorliegen, kann nun mit Kenntnis des Leistungseintrags der ebenfalls von T und SOC abhängige Gradient der Leerlaufspannung nach der Temperatur (dU_0/dT) rückgerechnet werden.

Abbildung 6 zeigt die Innenwiderstände R_i in Abhängigkeit der Temperatur T und dem Ladezustand SOC unterschieden nach Laden und Entladen, wobei bei den Innenwiderständen anteilig die Kontaktie-rungswiderstände des Versuchsaufbaus mitberücksichtigt wurden (links und Mitte). Das rechte Bild zeigt den errechneten Verlauf des Gradienten der Leerlaufspannung ebenfalls in Abhängigkeit von T und SOC.

SIMULATION DER MESSSZENARIEN

Das Modell in Abbildung 3 kann nun mit Kenntnis aller Modellparameter umgesetzt werden. Der Leistungseintrag in die Batterie wird mit dem Strom als Eingangssignal, den entsprechenden Innenwiderständen und dem Temperaturgradienten der Leerlaufspannung errechnet. Dieser Leistungseintrag wird auf ein PT1-Modell, beschrieben durch den Proportionalitätsbeiwert K_p und der Zeitkonstanten τ, geführt. Die Ausgangsgröße stellt den Temperaturhub zur Anfangstemperatur dar. Das folgende Abbildung 7 zeigt die Simulationsergebnisse im Vergleich mit den Messdaten.

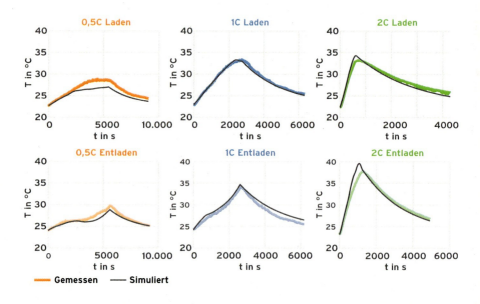

Abbildung 7 Vergleich simulierte und gemessene Temperaturen an den Zellwänden für verschiedene Messszenarien

Abbildung 7 zeigt, dass die Simulationen das reale Temperaturverhalten gut abbilden können, und folglich auch die Berechnung des Leistungseintrags in die Batteriezelle hinreichend genau vorhergesagt werden kann. Dieses verhältnismäßig einfache Simulationsmodell zur Beschreibung des thermischen Verhaltens der Batterie und zur Berechnung des Leistungseintrags wird nun in das Batteriemodell eines längsdynamischen Fahrzeugmodells integriert. So lassen sich die Leistungseinträge in die Batterie für alle erdenklichen Fahrzyklen ermitteln. Entsprechend kann auch der Leistungseintrag für den bei 90 km/h abgeregelten WLTC generiert werden (s. auch Bild 9). Während das oben gezeigte Modell speziell auf die Batterieanordnung angepasst ist, können mit Hilfe von FEM-Simulationen beliebige Aufbauten des Batteriestacks realisiert und simuliert werden. Hierzu dient der errechnete Leistungseintrag als Vorgabe.

AUFBAUVARIATIONEN MIT FEM-MODELL

Aufgrund des symmetrischen Aufbaus der Batterie und gleichmäßiger Zellbeanspruchung wird auch von einem symmetrischen Temperaturgefüge ausgegangen. Für die Analyse des Gesamtbatteriesystems kann daher ein Viertelmodell eingesetzt werden, was vordergründig die Rechendauer verkürzt. Das verwendete Viertelmodell besteht aus sechs Zellen, jeweils modelliert mit vereinfachten Wickellagen und dem Zellgehäuse. Variantenabhängig werden zusätzlich ein Kühlkörper am Boden der Zellen sowie wärmeleitende Folien und Mica-Pads zwischen den Zellen berücksichtigt. Mica-Pads bestehen aus natürlich vorkommenden Mineralen der Glimmergruppe wie z. B. Muskovit oder Phlogopit. Im Gegensatz zu den meisten Metallen besitzen sie eine sehr geringe Wärmeleitfähigkeit und agieren daher als Isolierschicht [3]. Je geringer die Wärme-

Abbildung 8 FEM-Viertelmodell mit Kühlkörper, Kupfer-folien (hellbraun, 100 µm), Mica-Pads (violett, 500 µm) und Wärmeleitpaste (blau, 1 mm)

leitfähigkeit eines Materials, desto geringer ist die Wärmeübertragung durch dieses Material und umso besser ist die Isolierung.

Lokale Wärmenester, wie sie z. B. durch Lufteinschlüsse entstehen können, werden durch Wärmeleitpaste am Zellboden vermieden, die ebenso ein Teil von einzelnen Modellvarianten ist. Durch Definition der Spiegelebenen kann das Ergebnis für die gesamte Wechselbatterie visualisiert werden. In Bild 8 ist eine Viertelmodell-Variante mitsamt Kühlkörper und wärmeleitenden Komponenten abgebildet. Um die vereinfachten modellierten Wickellagen zu verdeutlichen, sind ein Zellgehäuse und die umseitig angebrachten Kupferfolien ausgeblendet.

Für gezielte Aussagen zur Temperaturentwicklung während des WLTC wird der entsprechende Leistungseintrag als Eingangsgröße in das FEM-Modell gespeist. Der Leistungseintrag sowie die Fahrgeschwindigkeit während des WLTC sind in Bild 9 dargestellt. Darin ist erkennbar, dass in kurzen Intervallen zwar ein sehr hoher Eintrag erfolgt, der Mittelwert mit ca. 8 W allerdings relativ gering ist. Bei der Simulation erfolgt der Wärmeeintrag in den modellierten Zellwicklungen (dunkelbraun). Es werden hierbei der anisotrope Wärmeübergang vom Zellinneren zu den Zellwänden sowie die Wärmeabgabe durch freie Konvektion berücksichtigt. Dabei wird auch die Zunahme des Wärmeübergangs-

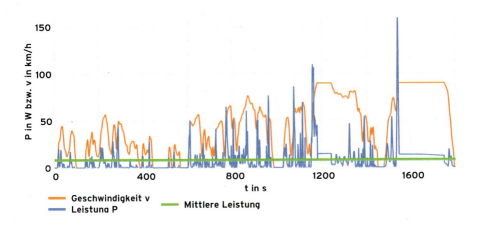

Abbildung 9 Geschwindigkeitsverlauf des abgeregelten WLTC (orange) sowie momentaner (blau) und mittlerer Leistungseintrag (grün) in Batterie

Tabelle 3 Temperaturentwicklung für Modellvarianten während des abgeregelten WLTC ab einer Starttemperatur von T = 25 °C

Modellvarianten	T_{max}
1 | ohne Kühlkörper, mit Mica-Pads, Kupferfolie	36,77 °C
2 | flacher Kühlkörper (Bodenplatte), mit Mica-Pads	34,84 °C
3 | flacher Kühlkörper (Bodenplatte), mit Mica-Pads, Kupferfolie	34,72 °C
4 | gerippter Kühlkörper, mit Mica-Pads, Kupferfolie, Wärmeleitpaste 1 mm	32,24 °C
5 | gerippter Kühlkörper, mit Mica-Pads, Kupferfolie, Wärmeleitpaste 25 μm	31,47 °C

koeffizienten an dem Kühlkörper bei Fahrtwind einberechnet. Als Ergebnis kann der Temperaturhub an jedem Punkt des Batteriestacks über die Zeit analysiert werden.

In Tabelle 3 ist eine Auswahl an simulierten Modellvariationen und damit errechneten maximalen Temperaturen in der Wechselbatterie dargestellt. Dank der hohen Konvektion im Mittel- und Hochgeschwindigkeitsbereich und nur kurzer Beschleunigungsphasen überschreitet keine der Varianten während des Fahrzyklus über 1800 s die kritische Temperatur von 60 °C. Bezüglich der Temperaturdifferenz innerhalb einer Zelle unterscheiden sich die Modelle jedoch teils stark. Ebenso führen große Dauerlasten oder starke Beschleunigungen über lange Zeit zu deutlich stärkeren Temperaturhüben. Hier ist es Aufgabe der Battery Management Unit (BMU), rechtzeitig den Stromfluss in der Batterie zu begrenzen. Bei der Entscheidung für eine optimale Lösung liegt damit nicht nur die absolute Temperatur, sondern auch ein gleichmäßiges Temperaturgefüge an allen Zellen im Fokus, um Alterungsunterschiede zu verhindern.

Bild 10 zeigt die Temperaturverteilung im Stack für die Variante 5 mit Kühlrippen, Mica-Pads und Kupferfolie zwischen den Zellen sowie Wärmeleitpaste am Zellboden.

Die simulierten Temperaturverteilungen entsprechen qualitativ den Beobachtungen bei den Versuchsmessungen: Ein Großteil der Wärme wird wegen der Position der Wickellagen und den entsprechenden Wärmedurchtrittswiderständen über die Ober- und Unterseite abgegeben. Die FEM-Berechnung bestätigt dies, gleichwohl wird in dem Modell die Wärme hauptsächlich über den bodenseitigen Kühlkörper abgebaut.

Absolute wie relative Zelltemperaturen liegen bei den zu erwartenden Lasten im Fahrzeug im unkritischen Bereich. Dank der Mica-Pads und deren geringer Wärmeleitfähigkeit bei gleichzeitig hoher Wärmekapazität kommt es kaum zu thermischen Wechselwirkungen zwischen den Zellen. Es gibt also keinen nennenswerten Temperaturunterschied zwischen den zentral und außen liegenden Zellen. Die Modelle werden als hinreichend genau angenommen und bieten eine gute Anwendbarkeit für die thermische Vorauslegung des Systems. Plausible Vorhersagen zur Thermik sind damit auch bei individuellen Anpassungen möglich.

ZUSAMMENFASSUNG

Die Herausforderungen bei der Simulation des thermischen Verhaltens der Wechselbatterie beginnen bei der Anforderung der Selbstkonditionierung ohne externen Kühl-

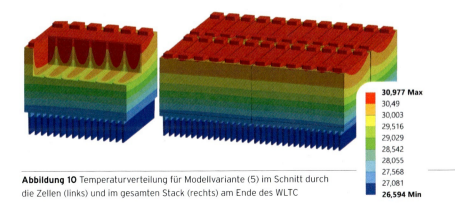

Abbildung 10 Temperaturverteilung für Modellvariante (5) im Schnitt durch die Zellen (links) und im gesamten Stack (rechts) am Ende des WLTC

kreislauf. Um eine prophylaktische Leistungsreduzierung aufgrund von Überlastung zu vermeiden, ist die Kenntnis über die Temperaturentwicklung von entscheidender Bedeutung. Dies gelingt, indem mit Hilfe von Messreihen an einer Einzelzelle der tatsächliche lastabhängige Wärmeeintrag (also die Verlustleistung) und daraus die Batterieparameter präzise identifiziert werden.

Durch die Einbindung in ein längsdynamisches Fahrzeugmodell ist somit auch der Leistungseintrag während des WLTC bekannt. Mit diesem wird anschließend die Erwärmung des Batteriesystems in dem FEM-Modell analysiert.

Eine weitere Schwierigkeit stellt die korrekte Bestimmung der Temperaturverteilung im Batteriestack dar, die maßgeblich von der Zellgeometrie und dessen wärmeleitenden Eigenschaften abhängig ist. Eine präzise Modellierung aller Komponenten innerhalb der Zelle wäre zu komplex und bietet nur einen geringen Mehrwert bezüglich der Genauigkeit der Simulationsergebnisse. Stattdessen werden zur Vereinfachung anisotrope Leitfähigkeiten in den erforderlichen Körpern hinterlegt, womit eine gerichtete Wärmeausdehnung simuliert wird. Mittels FEM werden verschiedene Ausbauvarianten hinsichtlich ihres Temperaturpotentials miteinander verglichen. Damit wird gezeigt, dass für die vorliegende Wechselbatterie die thermische Konditionierung mit Kupferfolien, Mica-Pads, Wärmeleitpaste und Kühlkörper so weit sichergestellt werden kann, dass für normale Fahrzyklen die kritische Zelltemperatur von 60 °C nicht überschritten wird. Stromabhängige Leistungseinträge können nun auch für andere Lastzyklen berechnet und Prognosen hinsichtlich des Temperaturverlaufs getroffen werden.

LITERATUR

[1] https://web.archive.org/web/201308 18101231/
http://www.betterplace.com/the-company/press-room, Zugriff 18.2.2022

[2] Zhou, Wei; Modellbasierte Auslegungsmethode von Temperierungssystemen für Hochvolt-Batterien in Personenkraftfahrzeugen, 1. Auflage, Shaker-Verlag, Herzogenrath, 2016

[3] https://www.final-materials.com/de/380-glimmerplatte-750c, Zugriff 02.03.2022

ENTWERFEN MIT LUFT -
DANDELION, DAS AUFBLASBARE AUTO

Prof. Jan Vietze, Prof. Dr.-Ing. Ullrich Hoppe
Kooperationsprojekt der Studiengänge
Fahrzeugtechnik und Industrial Design

Als Antwort auf die steigende Verdichtung des Innerstädtischen Verkehrs sowie zur Steigerung der Freizeitmobilität, wird im Projekt Dandelion an der HTW Berlin ein komprimierbares Leichtfahrzeug entwickelt. Dazu müssen aufblasbare Strukturen gefunden und konstruiert werden, die gleichzeitig leicht, stabil und preiswert sind. Dies gelingt durch die Kombination von textilen Geweben mit luftdichten Beschichtungen, wie sie auch zum Bau von Freizeitgeräten wie Surfboards oder Zelten Anwendung finden.

NUTZUNGSSZENARIEN

Dandelion ist ein sehr kompaktes und komprimierbares Fahrzeug für zwei Personen und etwas Gepäck. Zielgruppe sind sowohl Camper als auch Menschen, die über keinen Parkplatz verfügen. Das primäre Ziel der Entwicklung ist nicht ein „normales" Auto für den Alltag. Trotzdem soll die erreichbare Geschwindigkeit innenstadtgerecht mind. 50 km/h betragen und die Reichweite bei über 30 km liegen. Denkbare Szenarien sind z. B. Ausflugs- und Einkaufsfahrten vom Campingplatz aus, Tagestouren ohne mit dem Wohnmobil den Stellplatz verlassen zu müssen und das auch bei schlechtem Wetter. Als maßliche Grundbedingung gilt die bei Wohnmobilen sehr verbreitete Heckgarage, die für die Mitnahme von Motorrollern konzipiert ist (~110 x 90 x 150 cm).

Das Fahrzeug soll in der Kategorie „L7e" mit einer Maximalleistung von 15 kW und einer Masse <450 kg eingestuft werden. Die maximale Zuladung sollte bei 200 kg liegen. Das heißt, das Fahrzeug darf nicht mehr wiegen als ein kleines Motorrad (~120 kg), es muss nicht von einer Person getragen, aber im komprimierten Zustand bewegt werden können. Die Energie kommt dabei aus einem LiFePO-Akku, der im Wagenboden integriert ist. Das Aufblasen kann sowohl manuell als auch mit einem kleinen Kompressor erfolgen. Der Auf- und Abbau muss allerdings in möglichst kurzer Zeit erfolgen.

FAHRZEUGKONZEPT

Aus den Nutzungsszenarien und den Forderungen nach Leichtbau und Komprimierbarkeit, ergeben sich komplett neue Anforderungen an die Gestaltung. Nicht nur aufgrund der durch die Packmaße vorgegebenen Dimensionen wie Radstand und Spurweite, sondern insbesondere durch die Verwendung aufblasbarer Elemente, musste ein von herkömmlichen Fahrzeugen abweichendes Design gesucht werden. Auch an den Antrieb und das Fahrwerk stellen sich völlig neue Anforderungen. Bestimmendes Element ist eine Zweiteilung in eine sehr steife, zusammenklappbare Bodengruppe und eine aufblasbare Karosserie.

DESIGNKONZEPT

Grundlage für die ersten Entwürfe sind Studien zum Package Design und Untersuchungen zu ergonomischen Aspekten wie Sitzposition, Sichtfeld und Bedienung. Eine Vielzahl von ersten Skizzen wurde zum Beginn des Projektes erstellt, um zunächst ein grundsätzliches Designthema aus der Fülle bereits existierender Fahrzeugkonzepte zu finden. Das Ziel ist es, hier einen Gesamtausdruck spezifisch für das Thema luftgefüllter Elemente im Bereich Fahrzeugdesign zu finden. Angestrebt wurde ein defensiv-freundlicher Ausdruck mit sportlich freizeitorientierten Elementen (Abbildung 1). Die weitere Untersuchung fand dann unter Berücksichtigung der konstruktiven, zulassungstechnischen und ergonomischen Bedingungen rechnergestützt (3D CAD) statt. Insgesamt galt es immer, den aus dem Grundkonzept und den Rahmenbedingungen resultierenden Ausdruck des Fahrzeugs gestalterisch vorteilhaft einzubinden. Wichtig ist es vor allem, die Nutzerakzeptanz gegenüber diesem neuartigen Fahrzeug-

Entwerfen mit Luft – Dandelion, das aufblasbare Auto

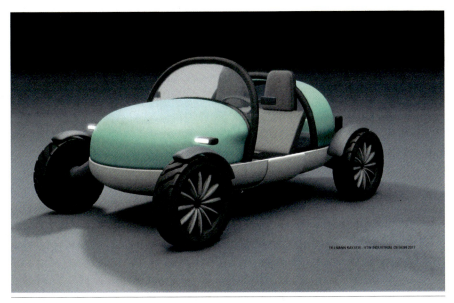

Abbildung 1 Frontansicht (Designentwurf Tillmann Kayser)

Abbildung 2 Seitenansicht (Designentwurf Tillmann Kayser)

konzept zu erhöhen und eine faszinierende Eigenständigkeit, trotz der einschränkenden Rahmenbedingungen, zu erreichen. Das Farbkonzept soll Aufbau und Konstruktion klar verdeutlichen und die Eigenschaften der einzelnen Bauelemente gegenüber dem Nutzer kommunizieren (Abbildung 2).

Die deutlich weich und abgerundet ausgeführte Bodengruppe wird in den oberen Karosserieelementen formal aufgenommen und weitergeführt. Durch die klare Zweiteilung wird auch die Längsausrichtung des Fahrzeugs betont und der Gesamteindruck wird horizontal geprägt. Bedingt durch die Drop-Stitch-Technologie der aufblasbaren Elemente können typische Gestaltungselemente aus dem Automotive Design wie scharfe Kanten, Sicken und Fasen nicht dargestellt werden. Das führt zu einer eher glattflächigen und monolithischen Flächenausformung. Das Thema aufblasbare Elemente wird dadurch sehr gut transportiert, ohne zu stark in den Bereich von Wasserfahrzeugen (Schlauchboote/Kajak) abzudriften. Auch die stabilisierenden rohrförmigen Elemente, die Frontscheibe und Dach aufnehmen, fügen sich in diesen Designansatz ein. Insgesamt schlägt das Fahrzeug durch das offene und additive Gestaltungsprinzip klar die Richtung Off Road/Strandbuggy ein. Da das kammerförmige Drop-Stitch-Material eher nur für gerade oder eindimensional gekrümmte Flächen verwendbar ist, stellt insbesondere die Umsetzung des vorderen Fahrzeugbereiches eine große Herausforderung dar.

KAROSSERIE

Resultat des Designprozesses ist ein offenes Fahrzeug ähnlich eines Roadsters. Im Schlechtwetterfall kann dann durch Folien und/oder Stoffbezüge das Fahrzeug geschlossen werden. Der obere Aufbau hat grundsätzlich keine strukturtragende Funktion, sondern bietet vor allem Wetterschutz. Die einzigen von dem Aufbau getragenen Elemente sind die Windschutzscheibe, die Sitze und die Abgrenzung des Kofferraums. Die großen aufblasbaren Elemente bieten den Insassen auch Schutz im Crashfall. Dazu sind aber noch weitergehende Untersuchungen nötig. Die Karosserieelemente können im entlüfteten (evakuierten) Zustand vollständig in den Halbschalen verstaut werden. Als Materialien kommen sowohl aufblasbare Schläuche („Air-Tubes") als auch flächige Strukturen aus Drop-Stitch-Gewebe infrage. Möglichst viele Elemente sind durch Luftkammern miteinander verbunden, sodass ein gleichzeitiges Aufblasen stattfinden kann. Die Maße im fahrfertigen Zustand sind ca.: Länge: 210 cm, Breite: 150 cm, Höhe: 140 cm.

INNENRAUM

Neben den zwei Sitzen besteht der Innenraum aus dem Kofferraum im Heck und dem Armaturenbrett (Dashboard), das als Halterung für die Lenksäule und die Unterkante der Windschutzscheibe dient. Das Armaturenbrett besteht aus einem faltbaren und einem aufblasbaren Teil. Der faltbare Teil überträgt die auftretenden Zugkräfte aus der Lenksäule, die aufblasbaren Komponenten sorgen für die Stabilität. Das Lenkrad ist von der Lenksäule abnehmbar und wird als Diebstahlschutz vom Fahrer mitgenommen. Im Lenkrad befinden sich auch die Anzeigeinstrumente. Faltbare Sitze mit integrierter Kopfstütze und fester Verbindung zu den aufblasbaren Karosserieteilen sorgen für einen gewissen Komfort.

FAHRWERK

Das Dandelion soll mit Einzelradaufhängungen ausgestattet werden. An der Vorderachse kommen Doppelquerlenker zum Einsatz, an der mit zwei 48V Motoren und Reduziergetrieben angetriebenen Hinterachse arbeiten Längslenker. Der selbsttragende Unterboden trägt nicht nur den aufblasbaren Aufbau, sondern auch alle Aufhängungen und Antriebselemente. Diese Bodengruppe besteht aus zwei, über Scharnier- und

Klemmverbindung miteinander verbundenen Halbschalen. Im zusammengeklappten Zustand befinden sich alle Elemente der Fahrzeughülle, der Innenraum, die Sitze sowie Antriebsstrang und Lenkung (mit Ausnahme des Lenkrades) im Inneren der Halbschalen. Die Achsen bleiben außen befestigt, die Räder werden zum Transport mittels Schnellverschlüssen von den Achsen getrennt und dienen dem Transport des komprimierten Fahrzeuges. Die Halbschalen bestehen aus laminiertem, faserverstärktem Kunststoff mit einem eingearbeiteten Verstärkungsrahmen aus Aluminium, an dem auch die Achsträger befestigt sind. In den Halbschalen (Vorzugsweise am Boden) sind die Akkus (16 Stk LiFePO4) gleichmäßig verteilt, die Motoren und Getriebe sind ebenfalls fest in die Halbschalen integriert (Abbildung 3).

Für den Fahrkomfort sind vorne quer zur Fahrtrichtung liegende, kompakte Feder-Dämpfer-Elemente und an der Hinterachse zwei gezogene Längsschwingen mit liegend im Innenraum angeordneten Feder-Dämpfer-Elementen verantwortlich. Die hohl ausgeführte Schwingenwelle beherbergt die Antriebswelle zu den Hinterrädern.

Gebremst wird hauptsächlich elektrisch und zusätzlich je nach Bedarf mit Trommelbremsen an den Vorderrädern.

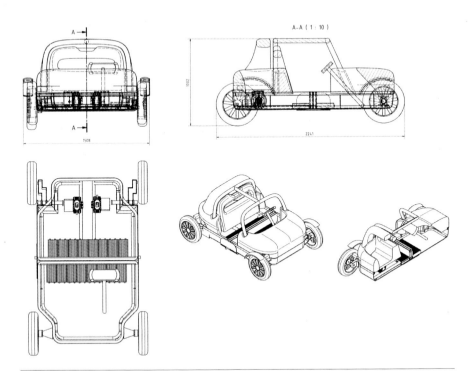

Abbildung 3 Konstruktionsskizze (Vorentwurf U. Hoppe)

Die gesamte Lagerung befindet sich in den Achsschenkeln und die Räder werden an diesen mit Schnellverschlüssen montiert. Die Schnellverschlüsse haben vorgespannte Sicherungen und arbeiten formschlüssig.

ANTRIEB

Der Antrieb erfolgt auf die Hinterräder. Aufgrund der abnehmbaren Räder kommen Radnabenmotoren nicht infrage. Neben dem Problem der elektrischen Verbindung stellt vor allem das Gewicht der Motoren ein Hindernis dar. Stattdessen werden zwei in die Bodengruppe integrierte Elektromotoren genutzt. Bei zwei Motoren kann dann auch auf ein Differential verzichtet werden. Die Motorleistung sollte jeweils bei 3-5 kW Dauerleistung (aus 48V) liegen. Da die Motoren geringe Momente und hohe Drehzahlen aufweisen, muss zwischen Motor und Rad ein Getriebe verbaut werden. Idealerweise ist das Getriebe in zwei Stufen lastschaltbar, um eine höhere Rekuperationsrate zu erreichen. Vorteilhaft ist auch die (zulassungsbedingte) zweite, unabhängige Bremse im Getriebe zu positionieren.

FAZIT

Die Besonderheit an diesem Projekt ist nicht nur die Tatsache, dass eine völlig neue Art von Kraftfahrzeug entwickelt wird, sondern, dass von Beginn der Entwicklung an Konstruktion und das Fahrzeugdesign zusammen entwickelt werden und somit den daran beteiligten Studenten vermittelt wird, wie stark sich die beiden Disziplinen gegenseitig beeinflussen.

Anhand eines fahrfertigen Prototyps sollen zunächst weitere Erkenntnisse gesammelt werden.

Das Projekt versteht sich als Grundstock für die Forschung und Entwicklung einer neuartigen Technologie und wird nicht mit dem Bau des Prototyps beendet sein. Spätestens wenn Möglichkeiten zur Serienfertigung oder Erweiterung des aufblasbaren Konzeptes gefunden werden müssen, wird die gegenseitige Abhängigkeit von Form und Funktion wieder deutlich.

LEARN & WORK FOR FUTURE

ELEKTROMOBILE ARBEITSWELT:
AGILITÄT IN METHODEN UND INNERER HALTUNG

Katharina Daniels, Kommunikationsberaterin und Publizistin, Schwerpunkt Arbeits- und Organisationspsychologie sowie digitale Transformation, Inhaberin von "Daniels Kommunikation"

VORWORT ZUR ZWEITAUFLAGE

Über die Möglichkeit, im Rahmen einer Zweitauflage dieses Kompendiums, Feinanpassungen in meinem Autorenbeitrag vornehmen zu können – den immerhin doch mehr als drei Jahren gerecht werdend, die seit der Erstauflage verstrichen sind – über diese Möglichkeit freue ich mich sehr! Insbesondere auch durch die Pandemie bedingt, ist die Thematik meines Beitrags bei Unternehmen noch stärker ins Bewusstsein gerückt, mehr noch zur Unternehmenswirklichkeit geworden: der Elektromobilität und den damit korrespondierenden Veränderungen und Synergieerfordernissen mit einer mobilen Arbeitswelt zu antworten. Mobilität hier auf Lern- und Unternehmenskulturen bezogen. Schrieb ich in der Erstauflage noch vom, eher als Besonderheit gehandelten, Skypen im Arbeitskontext, so ist heute der Begriff Zoomen, als Ausweis einer hybriden Arbeitswelt aus analogem und virtuellem Miteinander, in unsere Alltagssprache integriert.

1. WIE (TRANSPORT-) MOBILITÄT UNTERNEHMEN UND MITARBEITER FORDERT – UND CHANCEN ERÖFFNET

Bewegung ist ein Motor menschlicher Entwicklung. Jäger und Sammler sicherten sich ihr Überleben durch organische Fortbewegung und Geschicklichkeit, die Wanderungsbewegungen unserer Vorfahren schufen neue Kulturen. Mobilität bedeutet die Kultivierung von (Fort-)Bewegung; Tiere als „Instrument", um rascher oder auch bequemer von A nach B zu gelangen, waren dabei eine erste zivilisatorische Errungenschaft. Kombiniert mit den komplementären Erfindungen wie Rad, Kumet und Wagen begann die Verkehrsentwicklung. Bereits seit der Bronzezeit verbinden Handelswege den Osten und Westen, den Norden und Süden Europas.

Die Römer ließen Heerscharen von Sklaven ein systematisches Straßennetz errichten als Grundlage für gesellschaftliche und wirtschaftliche Entwicklung. Die Entwicklung von Fortbewegungsinstrumenten brachte Fahrrad, Automobil, Eisenbahn, Schiff, Flugzeug und Raumfahrtmobile hervor.

„Elektromobilität" als Mobilität, die elektrisch und hybrid angetrieben wird, umfasst individuelle Mobilität und Wirtschaftsverkehre. Die Vielfalt der dabei eingesetzten Fahrzeuge wächst ständig. Auf der Straße sind es E-Bikes, E-Autos, E-Busse bis zu E-Nutzfahrzeugen. Auf der Schiene finden sich bereits im ÖPNV Straßenbahnen, U- und S-Bahnen sowie Fernzüge. Auch im Wasser fahren schon Solarboote und E-Fähren, in der Luft fliegen E-Drohnen sowie E-Flugzeuge. Elektrisch betriebene Mobilität wird auch innerbetrieblich mit E-Stapler und E-Bandförderanlagen realisiert. Dies alles geschieht mit dem Meta-Ziel der emissionsfreien Mobilität.

Wie der Beitrag „Multimodale Mobilitätskonzepte zur Mobilitätssicherung" zeigt, hat Mobilität auch soziale Bedeutung. Sich im öffentlichen Raum mit vielen positiven Schnittflächen zwischen Beförderungsarten bewegen zu können, hat Einfluss „auf die geistige, seelische und soziale Entwicklung der Bevölkerung" und erfüllt „Grunddaseinsfunktionen". Andersherum gedacht, aus der Perspektive der Wirtschaft und der hier beschäftigten Menschen, erfordert ein so umspannender Mobilitätsbegriff eine hohe Dynamik und Flexibilität im Denken und Handeln sowie nicht zuletzt ein Verständnis von Verantwortung für die generelle Entwicklung des Gemeinwesens durch Mobilität.

Neues Lernen und Verstehen in einer (elektro-)mobilen Wirtschaftswelt

Die elektro-mobile und digitalisierte Zukunft erfordert im Verständnis des IBBF „transformatives Entwickeln, Arbeiten und Lernen". Digitalisierung, digitale Transformation erfordern daher ein Umdenken und kulturelle Innovationen: Der tätige Mensch wird zum gleichzeitig lernenden Menschen. Unternehmen sind mit adäquaten Fort- und Weiterbildungskonzepten und Angeboten gefordert, ohne dass es die passenden Bildungsangebote im erforderlichen Umfang bereits gäbe. Noch weit umfassender allerdings, als das Erlernen digitaler Tools und Prozesse, ist die Herausforderung an ein neues Denken aller Akteure im Unternehmen. An ein mobiles Denken, das auch innerbetrieblich Sektoren bzw. Silos der Zuständigkeit überwindet und sich dafür spezifischer Methoden bedient. An ein mobiles Interagieren im Arbeitskontext, das der Dynamik der IT-Entwicklung korrespondiert und ein Überdenken hergebrachter, hierarchisch-linear-ausgerichteter, Strukturen und Prozesse erfordert. Es geht um neue Wege der Entscheidungsfindung und eine hohe Anpassungsfähigkeit an situative Erfordernisse bis hin zu einem vollkommen neuen Verständnis der Interaktion von Menschen im Unternehmen.

2. DIE KLUGHEIT DES CHAMÄLEONS: LERNEN UND INTERAKTION IN SICH WANDELNDEN ARBEITSUMFELDERN

Agilität ist zum Schlüsselbegriff der digitalen Zeitenwende geworden. Es steht für Wendigkeit und Flexibilität, Schnelligkeit und rasches Reagieren auch auf unvermutete Wendungen und Situationen. Im Tierreich ist es das Chamäleon, das sich in Gestalt wechselnder Farben den aktuellen Erfordernissen seiner Umgebung anpasst. Diese Art der Klugheit, heute firmierend unter Agilität, ist Merkmal der Evolution: die Anpassungsfähigsten überlebten. Im Unternehmenskontext spiegelt sich die Klugheit des Chamäleons im sog. agilen Management mit neuen (und auf einem neuen Selbstverständnis beruhenden) Formen der Projektarbeit im Team. Die digitale Entwicklung evoziert auch neue Formen der Unternehmenskommunikation; sei es externer Natur, um sich am Markt zu positionieren, oder die interne Kommunikation betreffend, durch Arbeits- und Funktionshierarchien hindurch. Die gute alte Mitarbeiterzeitung wird zunehmend zum Fossil. Auch Aus-, Fort- und Weiterbildungsformate stellen sich heute durch den Anteil digitalisierter Lernsequenzen neu auf. Blended Learning und Flipped Classrooms sind nur zwei Beispiele eines Mixes an Lern- und Erlebnisformaten. Angesichts all' dieser rasanten Entwicklungen geraten zunehmend vertraute Muster des Miteinanders von Alt und Jung ins Wanken. Die Jüngeren genießen den Vorteil der Digital Natives, die ältere Generation muss sich von liebgewordenen Abläufen trennen, aber auch daran arbeiten, die ihrer Generation eigenen Stärken ins Spiel zu bringen.

2.1 AGILES PROJEKTMANAGEMENT MIT SCRUM, KANBAN & CO

Das sog. agile Management ist die Brücke zur agilen Organisation. Zu einer Organisation, die mehr ist als die Summe ihrer agilen Prozesse. Denn jede Verfahrensweise, mit der wir arbeiten, lebt letztendlich von unserer Haltung, unserer inneren Einstellung dazu. Dem agilen Management wohnen Werte inne wie: Autonomie und (Selbst-)Verantwortung im Denken und Handeln, Bereitschaft, Silo-Denken hinter sich zu lassen und letztendlich die Fähigkeit, die Arbeit des Kollegen, der Kollegin im tiefen Sinne anzuerkennen und mit der Kraft des individuellen Könnens den gemeinsamen Erfolg anzustreben.

Agiles Management, besser bekannt als agiles Projektmanagement, ist heute vor allem durch Methoden wie Scrum, Kanban und Design Thinking bekannt, des Weiteren (im allgemeinen Sprachgebrauch weniger verankerten) Methoden wie PMI ACP resp. ACI[1] oder „Price2agile"[2]. Bis auf das ursprünglich in der Kreativbranche entwickelte Design Thinking (das heute als aus der IT-Branche stammend gilt) wurzeln sämtliche agile

Methoden in der Informationstechnik (IT). Ein Unternehmen, das sein Selbstverständnis und seine Methodik an der Agilität und den im folgenden beschriebenen Methoden wie Scrum ausrichtet ist bspw. der Telefonanbieter „sipgate"[3], ein sehr junges Unternehmen (vom Alter der Mitarbeiter als auch der Organisation selbst), das in kurzer Zeit seine Position am Markt ausbauen konnte und sie erfolgreich hält. Absolut affin zur IT-Nomenklatur bezeichnen die Akteure bei sipgate ihre prägenden Arbeitsprozesse als „Work Hacks".

Scrum: „Rugby für das Büro" titelte die FAZ

Anfang der 90er erkannten die Softwareentwickler Ken Schwaber und Jeff Sutherland, dass sie bei immer komplexer werdenden Softwareprojekten mit den gewohnt langen Planungsphasen und starren Hierarchien immer schlechter zurechtkamen[4]. Scrum wurde geboren. „Scrum" leitet sich aus dem angloamerikanischen Nationalspiel Rugby ab. Es hat eine vielschichtige Bedeutung: Sowohl der eiförmige Ball als Mittelpunkt des Spiels als auch eine bestimmte Spielsituation werden als Scrum bezeichnet. Die jeweiligen Teams passen sich rasch an neue Spielsituationen an und organisieren sich selbst. So läuft auch Projekt- und Teamarbeit im Stil von Scrum. Ein Projekt oder ein Produkt wird Schritt für Schritt mit einem sich selbstorganisierenden, interdisziplinären Team in Zyklen (Sprints) entwickelt[5]. Es gibt zwei entscheidende Unterschiede (man kann von Paradigmenwechseln sprechen) zum klassischem Projektmanagement.

Paradigmenwechsel 1: Agiles Management, hier Scrum, zeichnet sich durch eine grundlegend neue Herangehensweise an eine Produkt- oder Projektentwicklung aus: Im gewohnten (europäischen) Verständnis arbeiten Produktteams selbstreferenziell, beziehen sich auf intern definierte Maßstäbe. Im Verständnis von Scrum (und damit wiederum im Verständnis von Silicon Valley-Arbeit[6]) erfolgt die Entwicklung eines Projekts oder Produkts in enger Kooperation mit dem Kunden bzw. Auftraggeber. Derselbe Grundgedanke spiegelt sich auch im Begriff des „Lead Users"[7], welcher entscheidenden Anteil an der Entwicklung von Trends und Produkten hat – und im iterativen Prozess der Entwicklung immer wieder Feedback gibt.

Paradigmenwechsel 2: Hierin liegt das zweite Unterscheidungsmerkmal zu klassischer Projektarbeit. Herkömmlich wird der Umfang der gesamten, zu entwickelnden Lösung als Leitlinie festgelegt, sog. planungsgetriebene Entwicklung. Mit der oft auftretenden Folge, dass sich angesichts des ehrgeizigen Ziels herausstellt, dass Zeit und Budget nicht ausreichen oder dass an den Bedürfnissen des Markts vorbeigeplant und gearbeitet wurde. Stress und mangelnde Wirtschaftlichkeit sind die Folge. Scrum legt als Konstanten Zeit und Budget fest. Das Team aus der Auftragnehmer-Firma definiert dann gemeinsam mit dem Kunden, welche Anforderungen sich im Rahmen dieser Konstanten umsetzen lassen. Der Kunde bestimmt von Beginn an mit und priorisiert einzelne Aufgaben bzw. Entwicklungsschritte von Iteration zu Iteration.

Es gibt zentrale Rollen und Abläufe:
Der Product Owner, der die Interessen des auftraggebenden Kunden wahrnimmt, definiert die Anforderungen an das Produkt und sortiert sie nach Dringlichkeit. Der Product Owner kann vom Kunden entsandt werden, es kann aber auch ein Verantwortlicher aus dem Auftragnehmer-Team für diese Aufgabe benannt werden, der Proxy Product Owner. Das Projektteam sucht sich auf dieser Basis selbstbestimmt und in enger Abstimmung untereinander die Detailaufgaben heraus, die es in zuvor fest definierten Zeiträumen (sog. Sprints, auch Iterationen) erfolgreich bearbeiten kann. Zwischen jedem Sprint gibt es eine Abstimmung mit dem Product Owner. Die Zwischenchecks gewährleisten eine sinnvolle Entwicklung, statt womöglich an

Zielen festzuhalten, die bspw. von externen Entwicklungen bereits überholt wurden. Der Scrum-Master ist der Moderator, der dafür Sorge trägt, dass die Scrum-Regeln verstanden und eingehalten werden. Das „Daily Scrum" ist ein Treffen aller Akteure, die hier kurz und prägnant über mögliche Störungen im Projekt, aber auch Erfolge berichten. Dieses Treffen sollte 15 Minuten nicht übersteigen.

Kanban: Der unaufhörliche Fluss in der Projektarbeit

Der Mensch erfasst und begreift mit allen fünf Sinnen. Die Methode Kanban fokussiert auf die Visualisierung, um einen kontinuierlichen Arbeitsfluss sicherzustellen und ineffiziente Parallelverläufe zu minimieren resp. zu eliminieren. Auf einem Board kennzeichnen Spalten die aufeinanderfolgenden Arbeitsschritte. Die zu erledigenden Aufgaben werden in Gestalt von Tickets immer in der Spalte platziert, in der sie gerade anhängig sind. So sieht jeder Projektbeteiligte auf einen Blick, welche Aufgabe sich in welchem Status des Arbeitsprozesses befindet.
Die Methodik beinhaltet zugleich eine Obergrenze für parallellaufende Aufgaben. Hängen bspw. bei einem Arbeitsschritt wie „Produktentwicklung" vier Tickets auf einmal, so kann dies ein Hinweis darauf sein, dass hier entweder ein Mitarbeiter an mehreren Teilaufgaben zugleich arbeitet (und sich dadurch womöglich verzettelt) oder dass Facetten eines Arbeitsschritts von verschiedenen Mitarbeitern erledigt werden und die Gefahr mangelnder Abstimmung oder von Doppelarbeit besteht. Oberstes Ziel ist es, dass die Tickets gleichmäßig und ohne lange Wartezeiten über das Board fließen[8]. Im Vergleich (so der Bericht im t3n-Magazin) eignet sich Kanban vor allem bei kleineren Projekten, die sich nicht in die Scrum-typischen Sprints aufteilen lassen, als auch für kontinuierliche, schwer planbare Aufgabenstellungen. Scrum ist laut t3n besonders gut geeignet für große, komplexe Aufträge und langfristige Projekte.

Design Thinking (DTH): Dynamisch-interaktive Gedankenspiele für Innovation

Das Verfahren ist heute bei modernen Managementmethoden gegenüber aufgeschlossenen, im Regelfall aber meist noch konzernartigen, Unternehmen sowie bei Startups etabliert. Diese Methodik, um rasch zu innovativen Lösungen zu kommen, ist im Rahmen der Produktentwicklung entstanden, wurde von Hasso Plattner für den IT-Bereich adaptiert[9] und gewinnt seit Beginn der 90er zunehmend an Bekanntheit. Speziell im Rahmen der Anforderungen von Marketing und Business Development können die, für DTH prägenden, interdisziplinären Teams den Vorteil dieser Methodik ausspielen: Schnelligkeit, Interaktion sowie grenz- und siloüberschreitendes Denken. Auch in dieser Methodik geht es um den Wert inter- oder multidisziplinärer Zusammenarbeit und um einen vielschichtigen Wissensgewinn mit visuellen und interaktiven Elementen. Kennzeichnend für dieses Verfahren ist die Dynamik in der gemeinsamen Entwicklung eines neuen Produkts oder einer neuen Dienstleistung. Von hoher Innovationskraft ist in dieser Methodik vor allem eine unserem (europäischen, besonders unserem deutschen) Denken fremde Fehlerkultur: Fehler als Hinweis für Optimierungspotenzial sind nicht nur gewünscht, sondern für den Erfolg und das Lernen notwendig.

Dieses neue und für uns ungewohnte Fehlerverständnis ist dem Silicon Valley entwachsen: Absolut konträr zum deutschen Verständnis höchster und strengster Produktqualität, als Voraussetzung der Marktreife, rangiert in den Startup-Schmieden Dynamik in der Entwicklung und Marktreife eines Produkts vor Perfektion. Es werden bewusst Produkte mit Beta-, manchmal gar nur Gammareife auf den Markt gebracht, um dann durch Kundenfeedbacks das Produkt sukzessive zu verfeinern. Der Fehler ist in dieser Weltsicht Teil eines Entwicklungsprozesses, dessen Erkennen die Sache nur besser machen kann.

Zwischenbilanz zu agilem Management
Die Mischung aus rahmengebenden Strukturen, Eigenverantwortung und hoher Situationsflexibilität ist mehr als ein Methodenmerkmal. Die Mischung kennzeichnet eine neue Form des Denkens und Handelns in einer VUCA-Welt. Einer Welt, in der eine digitalisierte Gesellschaft, globale Verflechtungen und eine immer noch exponentiell wachsende Veränderungsdynamik neue Formen des Interagierens im Wirtschaftskontext als auch im individuellen Spielraum fordern. Allen Methoden gemein ist das, aus dem IT-Umfeld erwachsene, Menschenbild eines wendigen, reaktionsstarken Individuums, dessen Fähigkeiten im Team potenziert werden: Ein starkes Kollektiv lebt von starken Individuen.

2.2 YAMMER, SLACK & CO: KOMMUNIKATION IN DIGITALER ECHTZEIT

Unternehmenskommunikation in die Außenwelt ist ohne digitale Systeme heute nicht mehr denkbar. Das beginnt mit der Unternehmenswebsite, setzt sich fort in Corporate Blogs und mündet in Social Media Marketing. Und erreicht, konzernseitig vorgelebt, langsam auch den Mittelstand. „Wir müssen uns neu erfinden", formulierte der Chef eines Mittelstandsunternehmens „Wer nicht im Netz stattfindet, ist nicht existent".

Sind allein solche An- und Einsichten für manchen Mittelständler noch eher abschreckend, so ist in der internen Mitarbeiterkommunikation die klassische Mitarbeiterzeitung noch vorherrschend. Dass Mitarbeiter untereinander, und über Hierarchieebenen hinweg, im Intranet in Austausch stehen, sich in unternehmensinternen Wikis gegenseitig Wissen zu vermitteln – all dies sind Entwicklungen, die jenseits der Konzerne und der Startup-Szene erst zögerlich einsetzen. Zwar hat nach aktueller Statistik jeder zweite Deutsche ein Facebook-Konto[10], rein auf unternehmensinterne Nutzung zugeschnittene Facebook-Zwillinge wie Yammer werden noch eher selten genutzt. In vielen Unternehmen setzen Mitarbeiter für die interne Kommunikation die Facebook-Tochter WhatsApp ein; die Datenschutzprobleme, die damit einhergehen, lassen jedoch einen auf interne Kommunikation spezialisierten Messenger sinnvoll erscheinen. So erobert sich der unternehmensinterne Messenger Slack zunehmend eine gute Marktposition und bedrängt den Konkurrenten Microsoft[11], der mit „Microsoft Teams" gegenhält.

Diverse Tools für virtuelles Teamwork kommen in immer rascheren Abständen auf den Markt. Entscheidend ist hier weniger die technische Raffinesse, entscheidend ist vielmehr die sorgsame Überlegung im Unternehmen, was der internen Kommunikation wirklich dient, was Mitarbeiter für Bedürfnisse haben – und welche möglichen (und vielleicht auch berechtigten) Ängste herrschen, etwa vor digitaler Überwachung.

Wenn „Big Data" zum Überwacher mutiert

Eine im Januar 2018 erschienene Studie der Hans-Böckler-Stiftung[12] entwirft in Gestalt einer fiktiven Story ein dystopisches Zukunftsbild des gläsernen Mitarbeiters durch digitale Vernetzung. In der Story nutzt ein fiktiver Konzern die aus digital-unternehmensinterner Kommunikation (Yammer, Slack & Co.) gewonnenen Erkenntnisse für einen Stellenabbau im großen Stil. Auf Basis eines von Big Data erstellten Kriterien-Rasters werden die digitalen Bewegungen der Mitarbeiter bewertet. Kollegen, bei denen andere oft Rat einholen, gelten als wertvoll. Mitarbeiter, die beim unternehmensinternen Netzwerken nur wenig Kontakte haben, werden in Folge sozial geringwertig eingestuft. Letztere können sich bereits auf einen Termin beim Arbeitsgericht vorbereiten.

In der Fiktion ist George Orwells Überwachungsstaat aus „1984" zum elektronischen „Big Brother" mutiert. Auch wenn die in der Studie eindringlich erzählte Fiktion im ersten

Moment extrem erscheint: Heute bereits auf dem Markt präsente Softwareprodukte hätten laut den Autoren das Potenzial zur bewertenden Analyse digitaler Mitarbeiterbewegungen. Dazu zählten bspw. Workplace Analytics von Microsoft und Organizational Analytics[13] von IBM. Das Microsoft-Programm erfasst u. a. die Einbindung in Termine und Sitzungen – von Microsoft mit ausschließlich positiven Attributen wie Produktionssteigerung und Motivationsschub beworben. Angesichts der Tatsache, dass, dialektisch betrachtet, jedem Geschehen auch die dunkle Seite innewohnt, ist die Vorstellung einer menschenfeindlichen Nutzung in Gestalt von Kontrolle, Überwachung und „Entsorgung" von Mitarbeitern keineswegs abwegig.

2.3 FORT- UND WEITERBILDUNG: FLEXIBLER MIX AN ERLEBNIS- UND LERNFORMATEN

„Der durchschnittliche Bedarf an betrieblicher Weiterbildung steigt von gut einem Tag im Jahr mit fortschreitender Digitalisierung auf über sechs Tage im Jahr", sagte Oliver Burkhard, CHRO[14] und Arbeitsdirektor bei „thyssenkrupp AG" in einem Tagesspiegel-Interview im September 2016[15]. Angesichts neuer Jobkreationen[16] wie Data Engineer, Data Scientist, BigDataDevOps[17], und BI-affine Controller sowie, vertrauter anmutend, Datenbank Administratoren scheint diese Einschätzung heute fast zurückhaltend.

Digitale Lernformate wie Webinare, die oben schon skizzierten unternehmensinternen sozialen Netzwerke und Wikis haben für Unternehmen im Vergleich mit Präsenzseminaren den entscheidenden Vorteil eingesparter Zeit und Raummieten. Digitales Lernen ist zeit- und ortsunabhängig. Ein zweiter Aspekt: Die bei einem Präsenzseminar erworbenen Lerninhalte sind oft relativ rasch wieder vergessen – wenn sie nicht kontinuierlich angewandt und geübt werden. Virtuelles Lernen stellt Kontinuität sicher. Ein dritter Aspekt besteht in Erfolgskontrollen durch digitale Parameter: Wie gut bewähren sich die neu erworbenen Kenntnisse und Kompetenzen im Arbeitsalltag? Solche Überprüfungen dienen nicht nur dem Unternehmen, sondern auch dem Mitarbeiter: Welches Wissen brauche ich wirklich, damit ich meinen Job auch zu meiner eigenen Zufriedenheit gut mache?

Blended learning und Flipped Classroom: Der Mix macht's

Aus vielfältiger Unternehmenspraxis hat sich ein Mix virtuellen und analogen Lernens (Blended Learning) als ideal herausgestellt. In dieser Kombination wiederum hat sich ein, aus dem schulischen Kontext stammendes Konzept, der „Flipped Classroom", auch im Unternehmenskontext als effektiv erwiesen: Die Theorie wird zuhause „gepaukt" (und ggf. nach der Präsenzveranstaltung vertieft), die Praxis in der Schule geübt. Aufs betriebliche Lernen übertragen: Vor- und nachbereitendes Lernen erfolgen virtuell, im Präsenzseminar wird das Erlernte praktisch vertieft. Im Gegensatz zu klassischen Präsenzseminaren, bei denen theoretisches Wissen vermittelt und dann im Nachhinein, vor Ort im Unternehmen, mehr oder minder erfolgreich angewandt wird.

Bereits 2015 pointierte Gregor Schmitter im Interview[18], (damals zuständig für den Ausbau der Online-Lernformen bei der Telekom, heute dort Product Owner Performance Development[19]): „Hochqualifizierte Kräfte lernen nur noch in Situationen, die sehr nah an der beruflichen Realität ausgerichtet sind". So ermöglichen Reality-Simulationen (etwa in Rollenspielen) im Präsenzseminar die rasche Adaptation der Theorie auf die Praxis: Wie gelingt die Integration eines neuen Unternehmensbestandteils in das Mutterhaus?

Der mögliche Einsatz diverser Medien im Blended Learning – vom Video über Apps und Interaktionen – spiegelt die Realerfahrung der Nutzer auf ihren Smartphones und Tablets. Zudem wird der Aspekt des Lernens spielerisch und unaufhörlich aufgegriffen: Ein Wertewandel vom Lernen auf Anordnung zur eigenständigen Wissenserweiterung. „Life long learning" ist in der digitalen Zeitenwende, aber auch angesichts von Faktoren wie global verflochtenen Wirtschaftsbeziehungen, von unschätzbarem Wert.

**Vom Wert des Aug-in-Aug:
Vertrauen ist analog**
Ein wichtiger Punkt pro Präsenzseminar soll hier nicht unerwähnt bleiben: Zwar ist Netzwerken heutigen Tages zu einem regelrecht überstrapazierten Begriff geworden. Soziale Netzwerke wie bspw. LinkedIn im vornehmlich beruflichen Kontext erfüllen hier eine wichtige Funktion. Bisweilen durchaus vielversprechende und manchmal sogar erfolgreich verlaufende Kontakte wären im analogen Leben nie zustande gekommen. Dennoch: der Kontakt Aug-in-Aug hat eine andere Qualität; gemeinsam erlebte Teamarbeit fördert Vertrauen (oder auch nicht): Mit dem / der könnte ich mir auch Zusammenarbeit jenseits des Seminars vorstellen (oder eben nicht). Im Präsenzseminar können Mitarbeiter eines Unternehmens über den Tellerrand schauen: Wie sind Klima und Entwicklung in anderen Firmen? Das persönliche Kennenlernen kann vielleicht sogar eine spätere Firmenkooperation inspirieren. Hinzu kommt: Gerade die informellen Parts von Präsenzseminaren, das abendliche Beisammensitzen, der semi-private Austausch gewähren neue Perspektiven auf einen Menschen und die möglichen Potenziale im Miteinander. Vertrauen ist analog.

2.4 WIE DAS GEFÜGE VON ALT UND JUNG AUF DEN KOPF GESTELLT WIRD

Im Handwerk zeichnet sich die alte Ordnung, genauer das alte Weltbild, noch recht unberührt ab. Meister, Geselle, Lehrling ist die Kaskade des Könnens, und damit i. d. R. auch des Alters, von oben nach unten. Einen Handwerksbetrieb führen zu dürfen, oder in einem Unternehmen eine Führungsposition wie Abteilungsleiter zu bekleiden, bedurfte über viele Dezennien des obersten Ranges, des Meisters. Zwischenzeitlich abgeschafft, ist der „Meisterzwang" heute wieder gültig. Im Zwischenfeld, vergleichbar der Fachkraft, bewegt sich der Geselle, bekannt vor allem durch die jungen Männer (und heute zunehmend auch junge Frauen) mit der mittelalterlichen Bekleidung, inklusive Schlapphut, Wanderstock und Ohrring. Ganz unten, am Beginn des beruflichen Aufstiegs, ist der Lehrling angesiedelt, der Auszubildende. Zwar sind heutigen Tages auch die Angehörigen dieses Berufsstandes digital vernetzt; auf die branchentypische Hierarchie in einem Beruf, der im Sinne des Wortes auf manuelle Kunst baut, übt die Digitalisierung (soweit bekannt) noch keinen oder nur geringen Einfluss aus.

**Entwicklungsdynamik:
Reverse Mentoring - Jung coacht Alt**
Das sieht in anderen Branchen anders aus. Die IT-Branche mit ihrer spezifischen Ausprägung der Startups, ist, von Ausnahmen abgesehen, jung. Aber auch in Unternehmen, deren Business in zunehmend hohem Maße von digitalen Prozessen lebt (und ohne diese nicht mehr konkurrenzfähig wäre), dreht sich langsam die Korrelation von Kompetenz, Position und Alter um. Eine Studie der Hochschule für Technik und Wirtschaft in Berlin widmete sich der defizitären Digitalkompetenz von Führungskräften und Top-Managern. Letztere kommunizieren laut einer großen Personalberatung zur komplexen Herausforderung Digitalisierung (vom Geschäftsmodell bis zur Unternehmenskommunikation) mit Peers oder maximal direkt Untergebenen in der Hierarchiekaskade. Auf die Idee, den Azubi als Digital Native zu konsultieren, kommen sie nicht oder halten es (vermutlich) für unter ihrer Würde. „Wenn der Azubi mehr weiß als der Chef" titelt denn auch die „Welt"[20] und bringt den Begriff des „Reverse Mentoring" ins Spiel: Junge Mitarbeiter coachen die Älteren.

Ein Vorgang, der laut Interviewpartner der „Welt", Prof. Dr. Werner Bruns von der Rheinischen Fachhochschule in Köln, „in diesem Ausmaß in der Geschichte einzigartig ist".

Erfahrungswissen - Alt coacht Jung
Speziell im Rahmen der voranschreitenden Digitalisierung von Prozessen trauen viele Unternehmen älteren Mitarbeitern wenig zu. Auf den ersten Blick ist das nicht unberechtigt. Es gibt ihn noch - und nicht zu selten, den Chef, der auf sein Diktat beharrt und das auch von der Sekretärin ausgedruckt auf dem Tisch haben will, den Mitarbeiter oder die Mitarbeiterin, für die Begriffe wie Google-Hangout, Team Viewing und Skype, heute vorrangig Zoom, den ersten Vorhof zur Hölle markieren. Gerade den Umgang mit Excel einigermaßen begriffen - und jetzt das! Beim Mitarbeiter löst die digitale Veränderungsdynamik nicht selten Resignation aus, erste Gedanken an den vorzeitigen Ruhestand schwirren so manchem durch den Kopf.

Ja, es stimmt: Der Selbstverständlichkeit, mit der junge Menschen, die sog. Digital Natives, mit den digitalen Medien umgehen, sind ältere Mitarbeiter oft nicht gewachsen. Was den Jungen elektronische Intuition, ist den Älteren mühsamer Lernprozess. Mündet das in ein sukzessives Abservieren älterer Mitarbeiter? Das muss nicht sein. Das wäre im Gegenteil keine kluge Personalpolitik. In Zeiten, in denen allerorten über Fachkräftemangel gejammert wird (ob das Phänomen nur ein Mythos ist, sei hier nicht diskutiert[21]), und in Zeiten, in denen politikgetrieben das Rentenalter höhergesetzt, in Unternehmen indes 50plus (allen Wortblasen zum Trotz wie wichtig das Erfahrungswissen Älterer sei) im Regelfall nicht gut beleumdet ist. Wenn das unterschiedliche Lernverhalten und die unterschiedlichen Fähigkeiten in eine kluge Personalentwicklung einfließen, dann können nen gerade Teams aus Jung und Alt besonders gute Ergebnisse zeitigen.

Vom Wert unterschiedlicher Lernkurven in den Generationen
Ältere lernen nicht schlechter als junge Menschen. Sie lernen anders. Die Gehirnforschung spricht von fluider und kristalliner Intelligenz. In jungen Jahren nimmt der Mensch neue, so bislang nicht gekannte, Informationen in hoher Geschwindigkeit, wie im Fluss, also fluide auf. Der Neuropsychologe Ernst Pöppel spricht in seinem Buch „Je älter, desto besser"[22] von Wellenkämmen der Aufmerksamkeit, sog. Oszillationspunkten, die beim fluiden Lernen resp. Informationen verarbeiten sehr eng beieinanderliegen. Die Wellentäler hingegen, in denen sich Erfahrungen sammeln und verdichten, sind in dieser Zeit noch sehr schmal. Ab Mitte 20, spätestens aber ab 30 verfestigt sich dann langsam die kristalline Intelligenz. Ältere nehmen gänzlich neue Informationen zunehmend langsamer auf, die Wellenkämme der Aufmerksamkeit liegen zunehmend weiter auseinander. Dafür sind die Wellentäler der Erfahrung immer breiter. Der ältere Mensch verknüpft Informationen aus ihm grundsätzlich bekannten, durchaus sehr komplexen, Themengebieten viel rascher als in der Jugend. Die aus der unendlichen Vielfalt unbewussten Wissens, welches wir im Laufe unseres Lebens angehäuft haben, erwachsende Intuition spielt hier eine erhebliche Rolle. Die Intelligenz Älterer ist besonders für Vergleichendes, Konzepte und Strategien günstig, für Gedankenlandschaften, in und aus denen heraus sich der tieferliegende Sinn erschließt.

Hier[23] ist der Anknüpfungspunkt für Lernerfolge Älterer auch im vermeintlich kaum mehr zu bewältigenden Geschwindigkeitsrausch einer digitalisierten Welt mit ihren digitalisierten Arbeitsprozessen.

- Welchen Sinn haben diese Instrumente für meine Arbeit?
- Wie können sie mir die Arbeit erleichtern, statt sie zu erschweren?

- Welche gedanklichen Analogien zu analogen Arbeitsprozessen bieten sich an?

In dem Moment, in dem aus einem fremdartigen Prozess ein Bild mit Sinnzusammenhängen entsteht, erschließt sich auch dem älteren Mitarbeiter der Nutzen digitaler Arbeitsprozesse. Hier zeigt sich ein weiteres Phänomen im Vergleich zwischen junger und älterer Intelligenz. Neigt jugendliche Ungeduld rasch dazu, das Instrument selbst als den Sinn zu begreifen, eng verknüpft mit der Bereitschaft für rasch wechselnde Nutzungs- und Handlungsoptionen, so ordnet der Ältere die Dinge eher in einen Gesamtzusammenhang. Entbrennt heute auf dem Softwaremarkt in enorm rascher Taktung jeweils ein neuer Hype für eine neue Anwendung (angeblich viel besser als das, was gerade gestern noch als das Beste galt), so fragt sich der Ältere, wie lange wohl dieser Hype andauern wird. Summa summarum sind Unternehmen klug aufgestellt, die zwei Optionen in ihre Personal- und Fortbildungsstrategie einbeziehen: Ältere Mitarbeiter altersadäquat, mit einem Fokus auf bild- und sinnhaftes Erlernen digitaler Instrumente einzubinden und sich das Erfahrungswissen Älterer nutzbar zu machen, um so manchen Hype genau als solchen zu entlarven.

3. DIE LERNENDE ORGANISATION: EINE ANTWORT AUF DIE VUCA-WELT

Das Akronym kommt aus dem amerikanischen Militär: VUCA[24]. Volatility (Beliebigkeit), Uncertainty (Ungewissheit), Complexity (Komplexität) und Ambiguity (Mehrdeutigkeit) kennzeichneten aus Sicht der US-amerikanischen Streitkräfte bzw. ihrer akademischen Köpfe das Kriegsgeschehen. Darauf galt es, antizipativ Antworten zu finden bzw. Denk- und Handlungsszenarien zu entwickeln.

Die VUCA-Begrifflichkeit ist heute Bestandteil jeder geistigen Auseinandersetzung mit einer hochkomplexen Gegenwart, zu der eben auch E-Mobilität gehört, und der damit wiederum untrennbar verbundenen digitalen Transformation und Globalisierung. Entwicklungen geschehen rascher, als es der anthropologisch auf Gewohnheit und Gewöhnung programmierte Mensch nachzuvollziehen vermag. Speziell die digitale Geschwindigkeit stellt oft die Erkenntnis von gestern als heute veraltet und nicht mehr gültig dar. Eine Ungewissheit, wo stehen wir eigentlich, ist unabdingbar Folge. Und wird noch verstärkt durch ein, immer undurchschaubarer erscheinendes, Geflecht aus oft widerstreitenden Interessen wirtschaftlicher Natur und widersprüchlichen Konsequenzen aus bspw. technischen Entwicklungen. Ein vermeintlich klar umrissener Vorgang, wie die Entwicklung zur E-Mobilität und Sektorenkoppelung, mutiert zur Viel- und Mehrdeutigkeit: Nichts ist so einfach, wie es auf den ersten Blick scheint. Singuläre Interessen beispielsweise einzelner Mobilitätsanbieter können kollidieren mit dem übergeordneten Willen zur Vernetzung, etwa von Schnittstellen zwischen Bahn und E-Auto-Flotten. Und aktuell ist ein Innehalten, ein Moratorium, in all dieser Dynamik nicht abzusehen.

Zunehmend fluide Grenzen zwischen Arbeit und Privatleben

Sämtliche derartige Entwicklungen stehen wiederum in untrennbaren Wechselbezügen von Wirtschaft und unternehmerischen Interessen mit individuellen Lebensentwürfen und Verläufen. Dies zeigt sich, auf Mobilität bezogen, deutlich an den Konzepten zur Sektorenkoppelung und der damit korrelierenden Beweglichkeit des Individuums im ländlichen oder städtischen Raum. Auf die Lebenswirklichkeiten Unternehmen und Zivilgesellschaft bezogen, gehört die Trennung von Arbeit auf der einen Seite und Leben (also Privatheit) auf der anderen, wie es der immer noch oft genutzte Begriff der sog. Work-Life-Balance nahelegt, der Vergangenheit an. Zu meinen, es gäbe Schutzräume, in denen die globale wirtschaftliche Entwicklung mit ihren vielschichtigen Formen neuer Arbeit (New Work) uns unbehelligt lässt, ist wirklichkeitsfremd.

Das gilt fürs Individuum als auch fürs Unternehmen. Und für die Menschen, die in diesen Unternehmen arbeiten. Die Grenzen zwischen Arbeit und Privatleben werden zunehmend fluide. Was Menschen im Unternehmen lernen, wie die in Abschn. 2 beschriebenen Formen siloübergreifenden Planens und Entwickelns, lässt sie in der Gestaltung ihres Privatlebens nicht unberührt. Arbeitnehmer:innen, die in ihrem Unternehmen Konzepte zur E-Mobilität entwickeln, gewinnen dadurch neue Perspektiven zu Möglichkeiten und Grenzen ihrer individuellen Mobilität.

Wir stehen in jeder Hinsicht mitten in einer Zeitenwende, in der starre, vermeintlich Sicherheit vermittelnde, Strukturen mit den dazugehörigen hierarchischen Konstellationen und den ebenfalls damit verbundenen Behauptungen dessen, was richtig und was falsch sei, von oben nach unten, nicht mehr nur zunehmend wirkungslos sind. Gravierender: Organisationen (aber auch gesellschaftliche Institutionen), die weiter in diesem Verständnis arbeiten, sind der Dynamik einer VUCA-Welt über kurz oder lang nicht mehr gewachsen. Es braucht Antworten für eine Neukonfiguration von Strukturen, Prozessen, vor allem aber für eine innere Haltung, eine Einstellung zur Veränderungsdynamik: Stelle ich mich quer? Und riskiere mit hoher Wahrscheinlichkeit, vom Sturm der Veränderung hinweggefegt zu werden. Oder gebe ich alles daran, eigene Pfade in der windzerzausten Veränderungslandschaft zu zeichnen und Akzente zu setzen? „Um die digitale Transformation mitzugestalten, braucht es Mut zur Veränderung, Menschen mit Zuversicht, Kreativität und eine neue Kultur der Zusammenarbeit" pointierte Oliver Burkhard, Arbeitsdirektor und Personalvorstand der thyssenkrupp AG im Whitepaper von Randstadt[25] – und ergänzte: „Es braucht eine Unternehmenskultur mit Offenheit und Transparenz, Vielfalt und Verantwortung, gegenseitiger Wertschätzung und Leistungsbereitschaft". Es ist die Rückbesinnung auf das, was uns in Zeiten des „Götzen" Digitalisierung vom humanoiden Kollegen Computer unterscheidet, die eine Partnerschaft Mensch-Maschine[26] möglich macht: Anzuerkennen, was Rechnersysteme resp. maschinelles Lernen schon heutigen Tages besser können als wir Menschen und sich zugleich der eigenen Stärken zu vergegenwärtigen. „Computer können zwar kreativ sein", sagt der Buchautor Frank Schätzing im Interview[27], „sie können Bilder malen und Songs schreiben. Etwas Entscheidendes fehlt ihnen aber, nämlich der Wille. Es (was Rechnersysteme kreativ tun, Anm. der Autorin) bedeutet ihnen nichts. Menschlicher Kreativität liegen Gefühle und Bedürfnisse zugrunde. Kunst erwächst aus Leid oder Lust, nie aber aus Gleichgültigkeit".

Künstliche Intelligenz oder kognitive Informatik? Pro Partner, contra Konkurrenz

Ist es das, was den Menschen nicht kopierbar macht? Was ihn davor bewahrt, eines fernen Tages überflüssig zu sein? Was ihn auszeichnet und ihm damit auch in der Arbeitswelt einen nicht verzichtbaren Wert verleiht? Der Begriff der Intelligenz, nur unzureichend abgefedert durch das Beiwort künstlich (im Englischen „Artificial Intelligence"), treibt uns geradewegs in die Falle der vergleichenden Konkurrenz. Wir definieren Intelligenz als die kognitive Leistungsfähigkeit von Menschen. Kognition ist die Gesamtheit aller Prozesse, die mit Wahrnehmen und Erkennen zusammenhängen, alle fünf Sinne des Menschen inbegriffen. Da sind uns elektronische Systeme schon dicht auf der Spur. Die sich rasant entwickelnde Technologie hat u. a. bereits begonnen, Töne, Bilder, Gesten zu dekodieren und entsprechend zu reagieren. Putzige elektronische Spielgesellen kuscheln und wollen gestreichelt werden. Sie vermitteln dem Menschen ein Nähe-Empfinden, also eine Emotion, aber ist das dasselbe wie Empathie? Das den Roboterpartnern (gern mit Plüschfell überzogenen Tierfiguren) innewohnende System greift auf unzählige, vom Menschen dort eingespeiste, Daten (bspw. Variationen von Mimik, Tonlagen oder Körperhaltung) in einer Cloud zurück, setzt die Informationen in Beziehung zueinander und lernt daraus. Bei einem gelangweilten Gesichtsausdruck folgert das künstlich neuronale Netz, dass der „gelesene" Mensch in diesem Moment Zerstreuung, Aufheiterung sucht. Diese Zeichen zu lesen und sich entsprechend zu verhalten, entspricht durchaus menschlichem Lernen. Die Informatik hat einen kognitiven Prozess erfolgreich bewältigt.

Aber sind passende Interpretation und tiefes Verstehen des ‚Warum' und des ‚Woher' identisch? „Ist der Mensch so simpel, dass er komplett dekodiert werden kann?". Den Ausdruck von Langeweile zu dekodieren ist etwas anderes, als empathisch zu verstehen, wie sie sich anfühlt, weitergehend, was die Bedeutung von Langeweile ist. Das menschliche Gehirnuniversum mit seinen rund 86 Milliarden Neuronen sortiert sich in jedem Individuum anders. Was einer als Langeweile empfindet, bedeutet seinem Nachbarn Kontemplation.

Allein an diesem kleinen Beispiel zeigt sich das anders Sein des menschlichen Verstehens und menschlicher Identität im Vergleich zu lernenden Technologien. Warum also nicht die emotional-angstbesetzte und scheinbar so sehr nach dem „Thron" des Menschen strebende Nomenklatur der künstlichen Intelligenz durch „kognitive Informatik" ersetzen? Wie es die Universität Bielefeld für einen Studiengang tut[28]. Informatik ist ein Abstraktum, eine Wissenschaft, die nicht in Konkurrenz zum fühlenden, sinnsuchenden Wesen Mensch steht. Im kognitiven Prozess können Mensch und Technik ihre jeweiligen Stärken für ein konstruktives Miteinander nutzen.

Vom Wert des Gestaltungswillens und des Lernens in digitalen Zeiten
Gemütslagen, Werte, Situationseinschätzungen spielen - heute mehr denn je - gerade im Unternehmenskontext eine große Rolle.

Auch wenn Wirtschaft sich gern nüchtern und rational gibt, den KPI zum Maßstab erhebt, so ist es doch der Wille, etwas zu gestalten (bspw. ein erfolgreiches Unternehmen), der unserem gesamten Tun und unserer Entwicklung zugrunde liegt. Dieser Gestaltungswille ist heute mehr denn je von großem Wert. Die heute fast jeder Entwicklung auch der E-Mobilität zugrundeliegende, digitale Transformation erzeugt Situationen, die im Verständnis des, vom walisischen Wissenschaftler Dave Snowden entwickelten, Cynefin-Modells[29] komplex bis chaotisch sind. Mit der Folge, dass innovative Lösungsansätze gefordert sind, die Vertrautes, Altgedachtes auf den Kopf stellen. Das „best practice" Zeitalter gehört (bis auf Einzelbereiche wirklich einfacher Fragestellungen) global gesehen definitiv der Vergangenheit an.

In der digitalen Zeitenwende sind es der Gestaltungswille und damit die Bereitschaft, sich auf noch Unbekanntes, Ungewisses einzulassen, die jeden Mitarbeiter im Unternehmen so wertvoll machen. Hierfür wiederum braucht es neue Strukturen und Prozesse, es braucht eine agile, eine lernende Organisation, in der Menschen sich entfalten können, eine Arbeitsumgebung, in der Lernen als Chance und nicht als lästige Pflicht begriffen wird. „Jeder ist ein Chef" titelte der „Tagesspiegel" – und meint damit nicht den „Chef" alter Prägung, der von oben nach unten im Pyramidensystem anordnet, sondern den Mitarbeiter, der in seinem Kompetenzgebiet autonom, mit hohem Verantwortungsbewusstsein arbeitet und weiß, wo seine eigenen Kompetenzen überschritten sind und wo es den Kollegen oder das kollegiale Team braucht. Um dann gemeinsam Lösungen (Abschn. 2.1) zu entdecken.

3.1 HOLACRACY: NEUES SOZIALES BETRIEBSSYSTEM FÜRS UNTERNEHMEN
Das „soziale Betriebssystem fürs Unternehmen" Holacracy (Holakratie) hat pionierhaft dieses neue Verständnis aus den USA in eu-

ropäische Unternehmen transportiert[30]. Das Denk- und Arbeitsmodell ist aus der Holon-Theorie des Philosophen und Schriftstellers Arthur Koestler (1905-1983) entstanden. Es ist der Gedanke eines Ganzen, das wiederum Teil eines anderen, umfassenderen Ganzen ist. So ist eine Zelle für sich ein Ganzes, zugleich Teil eines Organs, welches wiederum Element des Körpers ist. Jedes Ganze operiert in dem ihm möglichen Radius eigenständig, und ist zugleich in stetiger Interaktion, Vernetzung mit anderen Einheiten.

Auf Unternehmen übertragen bedeutet das eine hohe Mitarbeiterautonomie. In Arbeitshierarchien, von der strategischen über die funktionale (Rollen-definierende) bis zur operativen Ebene, arbeiten die Menschen in ihren jeweiligen Kompetenzgebieten autonom, in ihren Verantwortungsbereich redet ihnen kein Vorgesetzter hinein. Schon hier wird deutlich, dass Arbeit ohne, rein hierarchisch-funktional begründete, Disziplinarbefugnis schneller, konzentrierter und damit auch effizienter erfolgt.

Autokratie und Demokratie hinter sich lassen

Sobald andere Arbeitsbereiche von einer anstehenden Entscheidung betroffen sind, gibt es Kreise, in denen die Repräsentanten der betroffenen Bereiche gemeinsam an Lösungsfindungen arbeiten. Hier kommt das, für die Holakratie typische, „Konsent"-Prinzip zum Tragen, welches wiederum dem Soziokratie-Modell[31] entlehnt ist. Das Kunstwort „Konsent" wurzelt im Verständnis einer gemeinsam getroffenen Entscheidung, die nicht autokratisch (herkömmliches Chef-Prinzip) ist, aber auch nicht demokratisch im Sinne eines Konsenses. Der demokratische Konsens (in der Politik bestens zu besichtigen) bezieht sich immer auf eine mehrheitliche Entscheidungsfindung, ob sich in der Zukunft etwas bewähren wird: Wird uns das in fünf Jahren den Durchbruch bescheren? Hier besteht die Gefahr, dass solange diskutiert wird, bis externe Entwicklungen die Entscheidungsfindung überholt haben. Der „Konsent" fußt auf der Gegenwart.

Der „Konsent": Gibt es noch irgendwelche Einwände?

Im soziokratischen Verständnis ist für die Erhaltung einer sozialen Gemeinschaft (und nichts anderes ist ein Unternehmen) entscheidend, ob eine bestimmte Entscheidung jetzt, in diesem Zeitraum, eine konkrete Schädigung eines Interessenbereichs, eines Teils des Ganzen, bedeutet. Diese Wunde würde das gesamte soziale System in Mitleidenschaft ziehen. Im „Konsent"-Verfahren ist immer der Einwand entscheidend, das schadet meinem Bereich. Kann dieser Einwand nicht hinreichend (sachlich!) begründet werden, nehmen die Beteiligten das neue Vorhaben in Angriff. Hier wird ein weiteres grundlegendes Prinzip deutlich: Es geht ums Tätigwerden, ums rasche Handeln. Auch dies ein Moment der gern beschworenen Effizienz, der Relation von Erfordernis und damit verbundenem Aufwand. Zeigen sich später neue Erfordernisse, wird die nächste „Konsent"-Runde einberufen.

Fehlerkultur: Weg von der Sanktion, hin zur Chance

Und wenn nun ein wichtiger Einwand vergessen oder übersehen wurde? Hier zeigt sich ein neues Verständnis von Fehlerkultur. In diesem Fall ergeht kein Vorwurf an denjenigen, der etwas übersehen oder vergessen hat. Die in klassisch funktional-hierarchieorientierten Unternehmen vorherrschende, sanktionierende Fehlerkultur („Du warst nicht perfekt, das muss bestraft werden") erfährt eine Transformation zu einer chancenbetonten Kultur: Der Fehler wird entpersonalisiert und als Hinweis interpretiert, dass Strukturen und Prozesse einer weiteren Überarbeitung bedürfen, dass hier etwas intransparent oder inkonsistent ist, mit der Folge, dass ein Einwand übersehen wurde. Auf Basis dieser Einsicht ergibt sich für das Team die Chance einer neuerlichen Überprüfung und Optimierung.

3.2 WENN EIN TRADITIONSUNTERNEHMEN EINE STILLE REVOLUTION BEGINNT

Das soziale Betriebssystem Holacracy, gut kombinierbar mit den weiter oben vorgestellten Methoden agilen Arbeitens, findet in immer mehr Unternehmen Widerhall. Eine, von der Beratergruppe Neuwaldegg[32] im Herbst 2018 herausgegebene Dokumentation „Learning Journey" stellt etliche Unternehmen vor, die in diesem Verständnis arbeiten. Alle Unternehmen sind mit einer eher jüngeren Belegschaft tätig und in den meisten Fällen auch als Organisation noch jüngeren Datums; alle sind in Berlin ansässig.

Ein Unternehmen sticht bei den Porträts heraus: Die GUTMANN ALUMINIUM DRAHT (GAD) GmbH im mittelfränkischen Weißenburg ist ein Traditionsunternehmen, das bereits 2017 seinen 80. Geburtstag feierte. Seit Frühsommer 2015 arbeiten die Menschen hier mit dem System der lernenden Organisation[33]. Der damalige Geschäftsführer Paul Habbel (bis Mai 2018 bei der GAD) hatte in Anlehnung an die Definition der lernenden, sich selbst neu erfindenden Organisation nach Frederic Laloux[34] den Kulturwandel inspiriert, begleitet und weiterentwickelt. Habbels vorherrschendes Credo war das der Haltung, der entscheidenden inneren Einstellung zu einem Kulturwandel dieses Ausmaßes. Methoden mögen noch so ausgefeilt sein: Beruhen sie nicht auf einem tiefen Verständnis einer werteorientierten Kultur des miteinander Arbeitens, einer Kultur, die auch die Arbeit des Kollegen, egal in welcher Arbeitshierarchie, zu würdigen und zu respektieren weiß – dann versanden die Methoden, bleiben unlebendig.

Drei Säulen einer lernenden Organisation
Der Wert der inneren Haltung zeigt sich in den drei Säulen einer lernenden Organisation nach Laloux.

- Es geht um (Selbst-)Verantwortung (und damit die Fähigkeit zu autonomem Handeln) für die eigene Aufgabe, aber auch um das Empfinden für die Verantwortung gegenüber dem Kollektiv und der gemeinsamen Arbeit. Starke Individuen formen ein starkes Kollektiv.

- Es geht um die Potenziale und die Eigenheiten eines Menschen in seiner gesamten Persönlichkeit, die dieser ins Unternehmen einbringt. Aus dieser Komplexität einer Persönlichkeit erwächst Kreativität. Es ist dies ein gänzlich gewandeltes Bild eines Menschen im Arbeitsprozess. Ein Paradigmenwechsel vom (auch heute noch in so mancher Organisation internalisierten) tayloristischen Arbeitsprinzip, das den arbeitenden Menschen als funktionierendes und funktionales Getriebeteil definiert, bei dem eigenwillige Ideen nur störend sind.

- Das dritte Wesensmerkmal einer lernenden Organisation ist nach Laloux die Sinnfrage: Warum gibt es diese Organisation? Überwiegend beantworten Menschen diese Frage auch heute noch mit der Wirtschaftlichkeit, der Gewinnerwartung. Das allerdings ist „lediglich" ein Ziel. Ein absolut berechtigtes Ziel, denn ein Unternehmen, das sich am Markt nicht wirtschaftlich behaupten kann, muss über kurz oder lang die Tore schließen. Und dann gibt es hier auch keine lernende Organisation mehr. Sinn indes, in der vorwiegend anglo-amerikanisch geprägten Managementforschung gern auch als „Purpose" bezeichnet, ist so individuell wie das Unternehmen selbst. So wie jeder Organismus auf unserem Planeten ein unverkennbar-individuelles Gepräge hat, so zeichnet sich auch jedes Unternehmen durch spezifische Charakteristika aus. Es ist ein dem Prozess, sowie den diesen Prozess gestaltenden Menschen, innewohnendes Geschehen, den Sinn speziell dieser Organisation zu eruieren.

Bei GAD verstehen die Menschen den Sinn (Dokumentation zur Unternehmenskultur durch die Autorin dieses Beitrags[35], die das Unternehmen zwischen 2016 und 2018 als Kommunikationsberaterin begleitet hat) zum einen in eben diesem Miteinander von Autonomie und wechselseitigem Respekt, der sich bis ins Private hinein erstreckt. Zum Zweiten in einer verantwortungsvollen Rolle in der Region, indem bspw. Repräsentanten des Unternehmens aktiv an Aus-, Fort- und Weiterbildung junger Menschen in der Region mitwirken[36].

Wie sich entwickelt hat, was heute ist und sich weiter verändert
Bereits ab 2012 machten sich die Mitarbeiter mit Team- und Wertearbeit vertraut. Ab Mai 2015 wurden dann, bis auf die gesetzlich vorgeschriebenen Positionen wie die des Geschäftsführers, sämtliche disziplinarische Funktionen wie Produktionsleiter, Schichtführer und Vertriebschef durch Verantwortungsbereiche ersetzt. Jeder Mitarbeiter entwickelte für sich eigenverantwortlich und zugleich in stetiger Kommunikation mit den Kollegen neu konfigurierte Aufgabenkomplexe. Da ergaben sich oft sehr gewandelte Zuständigkeiten, zudem in viel stärkerer Vernetzung mit anderen Aufgabenbereichen als in der alten Hierarchiestruktur. Es war und ist ein Prozess, der – wie es einer lernenden Organisation geziemt – unaufhörlich ist. Mitarbeiter entwickelten in Dialogkreisen und stetig geübter Praxis eigene Strukturen und Prozesse, ein früherer Schichtführer etwa zeichnete verantwortlich für Einsatz- und Urlaubsplanungen, indem er seinen Kollegen die von ihm konzipierten Strukturen zur Verfügung stellte, die diese eigenverantwortlich füllen mussten. Der Prozess des kontinuierlichen Überprüfens, Anpassens, Verfeinerns von selbstgestalteten Strukturen und Prozessen ist ein unaufhörlicher.

Ein Geschehen kennzeichnet besonders deutlich den Wert der lernenden Organisation für die wirtschaftliche Positionierung des Unternehmens am Markt: Noch im „alten" System mit der klassischen Führungspyramide konnte die GAD bei einem regelmäßig stattfindenden europäischen Bieterwettbewerb nicht mithalten; genauer gesagt, es fehlten der unbedingte Wille im Hierarchiegefälle und die daraus resultierende detaillierte Anlagen-Analyse der möglichen Potenziale. Ende 2017, jetzt im System der lernenden Organisation, und beim nächsten Bieterwettbewerb, war der Ehrgeiz erwacht: Die 10.000 Tonnen-Marke für Lieferungen an weiterverarbeitende Kunden sollte geknackt werden, weitere 800 Tonnen wirtschaftliches Wachstum standen als Ziel am Zenit. Um das zu erreichen, war allen klar: Jetzt brauchen wir das gesamte verfügbare Wissen im Unternehmen. Ein Expertenkreis wurde zusammengerufen, in dem die Expertise der Produktionsmitarbeiter im Mittelpunkt stand. Und die Lösung zeigte sich: Die Maschinenkapazität bzw. die Geschwindigkeit der erforderlichen Anlage konnte durch eine Umprogrammierung erweitert werden. Jetzt war es möglich, den Preis des bislang stets unterbietenden Mitbewerbers (aus einem südeuropäischen Land) zu halten, ohne in der Gleichung Produktionsmenge / Zeitaufwand an Effizienz einzubüßen. GAD bekam den Zuschlag. Weiter gedacht hatte die GAD sich durch diesen Sieg neue Kunden und neue Märkte erschlossen.

**Von Mehrdeutigkeit
und dem Mut zu offenen Fragen**
Es darf nicht aus dem Blick geraten, dass dieses System der lernenden Organisation voller Spannungsfelder steckt, kein (wie oft fälschlich vermutet) Kuschelkurs und Freiheitseldorado ist. Einfache Eindeutigkeit weicht einer anspruchsvollen Mehrdeutigkeit. Es wird dem Einzelnen viel mehr abgefordert, es gibt bspw. bei Zwistigkeiten unter Kollegen keinen mittleren Chef mehr, an den das Problem delegiert werden kann: „Mach du mal Chef!" Es gilt, neue Rituale der Anerkennung zu definieren: Wurde früher ein Meister zum

Abteilungsleiter befördert, so gibt es diesen Automatismus heute nicht mehr: Und es ist ein stetiger Prozess von (Selbst-)Behauptung und wechselseitiger Akzeptanz. Wie kann es gelingen, Wissen und Kompetenz ohne das Fundament der funktionalen Hierarchien zu platzieren und querschießende Kollegen zu überzeugen? Die größte Herausforderung aber liegt in der Inklusion auch solcher Kollegen, die sich in einer klassischen Hierarchie besser zurechtfinden oder auch einfach wohlerfühlen. Intrinsische Motivation, wie sie diesem System eigen ist, ist nicht jedermanns Sache.

Gerade diese außerordentlich komplexen Herausforderungen sind es zugleich, die in tiefem Maße und Verständnis menschliche Fähigkeiten fordern, auch die Toleranz, dass es auf Fragen möglicherweise keine Antwort gibt. Für Menschen, die all' dies sehen und verstehen, im Hellen und im Dunklen, kann sich aus dieser Art des Arbeitens eine große Freude entwickeln. Ein Vertriebsmitarbeiter bei GAD formuliert es so: „Es ist viel mehr Arbeit, auch mehr Stress, aber es macht verdammt viel mehr Spaß."

Kooperationspartner Recherche:
Ralf Lemp, Berater, Coach, Dozent Digitale Transformation und Prozessoptimierung, Social-Media-Experte sowie Gesellschafter der Wissensvermittlungsagentur "Berlin-Training"

Hinweis: Alle Links sind geprüft und gültig im März 2022

LITERATUR

1 http://certifind.com/blog/pmi-certifications-consider-recognized-ones-around-globe/; https://www.pmi.org/certifications/types/agile-acp

2 https://www.axelos.com/best-practice-solutions/prince2-agile/what-is-prince2-agile

3 https://www.sipgate.de/hacking-work

4 http://www.faz.net/aktuell/beruf-chance/modernes-management-rugby-fuer-das-buero-15528340.html plus: https://www.die-weiter-denker.de/die-klugheit-des-chamaeleons-agiles-lernen-und-arbeiten-teil-1-rugby-fuers-buero/

5 https://t3n.de/magazin/praxisbericht-scrum-kanban-scrumbuts-agiles-232822/

6 Keese Christoph, Silicon Valley – was aus dem mächtigsten Tal der Welt auf uns zukommt", Penguin Verlag 2014

7 https://de.wikipedia.org/wiki/Lead_User

8 https://t3n.de/magazin/praxisbericht-scrum-kanban-scrumbuts-agiles-232822/

9 https://de.wikipedia.org/wiki/Design_Thinking plus : https://www.die-weiter-denker.de/die-klugheit-des-chamaeleons-agiles-lernen-und-arbeiten-teil-2-alles-fliesset/

10 https://de.statista.com/infografik/16855/anteil-der-deutschen-die-soziale-medien-taeglich-nutzen/

11 http://winfuture.de/news,104424.html;

12 Höller, Heinz-Peter, Wedde, Peter "Die Vermessung der Belegschaft", Hans-Böckler-Stiftung Mitbestimmungspraxis Nr. 10 Januar 2018: https://www.boeckler.de/pdf/p_mbf_praxis_2018_010.pdf

13 https://organizational-analytics.com/

14 Chief Human Resources Officer

15 „Was wird aus mir? Thyssen-Krupp, einer der größten deutschen Konzerne, verbindet technologischen Wandel mit dem Wandel der Unternehmenskultur" in Tagesspiegel, Nr. 22883, 18.9.2016

16 Aunkofer Benjamin, „Arbeit mit Kollege Computer", Tagesspiegel 18.8.2018

17 Kunstwort aus Development und Operations: https://de.wikipedia.org/wiki/DevOps

18 https://www.tagesspiegel.de/wirtschaft/weiterbildung-auf-dem-schirm/12710196.html

19 https://www.linkedin.com/in/gregor-schmitter-6974a568/

20 https://www.welt.de/wirtschaft/bilanz/article176165679/Reverse-Mentoring-Wenn-der-Azubi-ploetzlich-den-Chef-coacht.html

21 https://www.amazon.de/Mythos-Fachkr%C3%A4ftemangel-Deutschlands-Arbeitsmarkt-schiefl%C3%A4uft/dp/3527507698

22 https://www.amazon.de/%C3%A4lter-desto-besser-%C3%9Cberraschende-Hirnforschung/dp/3833818670

23 https://vbu-berater.de/angebote/blog/aeltere-mitarbeiter-fit-fuer-digitalisierte-prozesse

24 Hollmann Jens, Daniels Katharina, „Anders wirtschaften: Integrale Impulse für eine plurale Ökonomie", 2. Auflage, Springer Gabler Wiesbaden 2012, 2017

25 Burkhard, Oliver, Nach der Digitalisierung kommt die Humanisierung; in: Randstadt Deutschland (Hrsg.) „Wie wir in Zukunft arbeiten" (Whitepaper)

26 https://www.die-weiter-denker.de/alles-digital-teil-iv-ki-partner-diener-herrscher/

27 https://www.tagesspiegel.de/kultur/smartphones-und-digitalisierung-frank-schaetzing-du-musst-erkennen-wann-du-suechtig-bist/22978318.html

28 Wiedemann Carolin, „Sprechen Sie mit dem Roboter!" in: Frankfurter Allgemeine Quarterly Ausgabe 07, Sommer 2018 (Revolution im Kopf)

29 Staun Harald, „Denken Sie etwas deutlicher!" in: Frankfurter Allgemeine Quarterly Ausgabe 07, Sommer 2018 (Revolution im Kopf)

30 https://de.wikipedia.org/wiki/Cynefin-Framework

31 https://www.pressreader.com/germany/der-tagesspiegel/20180901/282711932901770

32 Wittrock, Dennis „Holacracy: Jenseits von Autokratie und der Tyrannei des Konsens': ein Paradigmenwechsel für Organisationen im 21. Jahrhundert", in Hollmann Jens, Daniels Katharina, „Anders wirtschaften: Integrale Impulse für eine plurale Ökonomie", 2. Auflage, Springer Gabler Wiesbaden 2012, 2017

33 https://de.wikipedia.org/wiki/Soziokratie

34 Beratergruppe Neuwaldegg GmbH, Wien, www.neuwaldegg.at

35 https://www.authentisch-anders.de/unsere_historie

36 http://www.reinventingorganizations.com/; https://www.amazon.de/Reinventing-Organizations-Gestaltung-sinnstiftender-Zusammenarbeit/dp/3800649136

ELEKTROMOBILITÄT, EIN MODERNER UND JUNGER STUDIENGANG AN DER BERLINER HOCHSCHULE FÜR TECHNIK

Georg Duschl-Graw, Studiengangsleitung Elektromobilität und Professor für Regenerative Energien und Elektrische Maschinen an der Berliner Hochschule für Technik

Der Begriff der Elektromobilität ist heute in aller Munde. Diese Art der elektrisch angetriebenen Fortbewegungsmittel gilt als ein wesentlicher Baustein für eine CO_2-freie Zukunft der Menschheit. Die Bandbreite der elektrischen Mobilität ist dabei recht groß. Das sind sowohl E-Bikes, E-Boards, E-Scooter, Elektro-PKWs, Elektrobusse, Bahnen, aber auch z. B. elektrisch betriebene Schiffe und Fähren und heute auch Flugzeuge und Seilbahnen. Schlicht also alle Fortbewegungsmittel, die sich mit einem elektrischen Antrieb antreiben lassen. Die zugehörige Energieversorgung kann dabei in Form von chemischen oder elektrochemischen Batteriespeichern im Fahrzeug verbaut sein, oder es kann dem Fahrzeug die Energie konduktiv durch z. B. Oberleitungen oder Stromschienen, aber auch induktiv, wie bei Magnetschwebebahnen, zugeführt werden.

All diesen Fortbewegungsmitteln ist der elektrische Antrieb mit elektromechanischen Energiewandlern gemein. Solche elektrischen Maschinen werden in Hochschulen und Universitäten hauptsächlich in den Studiengängen der Elektrotechnik tiefergehend behandelt. Man könnte also vermuten, dass die Elektromobilität in diesen Studiengängen gut aufgehoben sei, was aber nicht der Fall ist. Um den Elektromotor herum ranken sich hier neue Themen wie „Autonomes Fahren", „Ladeinfrastruktur", „Ganzheitliche Mobilitätskonzepte", „Regenerative Energiebereitstellung" u.ä.. Leicht erkennt man, dass diese speziellen Themenbereiche in einem typischen Bachelorstudiengang der Elektrotechnik auch in Form von Wahlfächern zumindest an einer Hochschule für angewandte Wissenschaften nicht unterzubringen sind. Die Hochschulen für angewandte Wissenschaften sind hierbei nichts anderes, als die allseits bekannten Fachhochschulen, die sich im Zuge ihrer Emanzipierung vor nunmehr mehr als 10 Jahren umbenannt haben. Die Hauptbestimmung dieser Hochschulen, nämlich die vorwiegend praxisorientierte Ausbildung von Studierenden in vorzugsweise den ingenieurwissenschaftlichen Disziplinen, hat sich dadurch nicht geändert. Die Wissensvermittlung findet dort sehr häufig in Form von sogenanntem „Seminaristischen Unterricht" (SU) in relativ kleinen Gruppen mit bis ca. 50 Studierenden statt. SU ist hierbei eine zumeist den Fachhochschulen eigene Lehrform, die dem bekannten Schulunterricht recht nahekommt. Die Lehrenden tragen den Stoff vor und im Gegensatz zu einer Universitätsvorlesung (VL) gibt es ausreichend Raum für auch tiefergehende Fragen der Studierenden. So können Verständnisprobleme schon in der Lehrveranstaltung gelöst werden. Dies ist auf der einen Seite ein Vorteil für Studierende, weil sie den Stoff schneller verstehen, aber es stellt gleichzeitig auch einen Nachteil dar. Statt sich aktiv das Wissen und Verständnis zu erarbeiten, sind die Lehrenden gefordert, die Dinge von mehreren Seiten so zu erklären, dass alle es verstehen. Dadurch wird insbesondere im Ingenieurbereich eine dem Lernen nicht zwingend dienliche Konsumentenhaltung erzeugt.

Möglich ist die Methode des SU natürlich nur, weil die Anfänger:innenzahlen in den Fachhochschulen selbst in den größten Studiengängen kaum über 120 Studierenden pro Semester liegen und man so ein Semester bei Bedarf leicht in zwei bis drei sogenannte Züge à ca. 40-50 Studierende aufteilen kann.

Es gibt in den verschiedenen Studiengängen für die Studierenden auch Wahlfächer, mit deren Hilfe Spezialisierungen ermöglicht werden. Die Wahlmöglichkeiten in den einzelnen Studiengängen sind dabei natürlich beschränkt, weil sonst die Auslastung in den verschiedenen Lehrmodulen zu gering wäre. Dies wiederum würde die Kosten für ein Studium erhöhen und die Auslastung der Hochschullehrer:innen verringern, weil viele Kurse dann entspannt nur mit 5-10 Studierenden belegt wären.

An Universitäten mit Jahrgangsstärken von 500 - 1000 Studierenden ist eine größere Spezialisierung deshalb verständlicherweise leichter umsetzbar, als an einer Hochschule für angewandte Wissenschaften, zu denen auch die im Jahr 2009 von Technische Fachhochschule Berlin in Beuth Hochschule Berlin und 2021 dann in Berliner Hochschule für Technik (BHT) umbenannte BHT gehört. Immerhin gehört aber die BHT aktuell zu den größten Fachhochschulen Deutschlands mit mehr als 13.000 Studierenden in mehr als 72 verschiedenen Studiengängen.

Die Kosten für ein Bachelorstudium an der Berliner Hochschule für Technik, an der seit Oktober 2018 der Studiengang Elektromobilität angeboten wird, sind dabei fast konkurrenzlos niedrig. Sie betrugen vor 5 Jahren ca. 6000,-€ pro Studierendem*Jahr)[1]. Fertig ausgebildete Ingenieur:innen sind hier also schon für unter 50.000,-€ zu haben (eine im Ingenieurbereich fast normale Abbrecherquote von 50% angenommen und eine etwas über der Regelstudienzeit von 7 Semestern liegende Studiendauer von 8 Semestern zugrunde gelegt) . Damit liegt unsere Hochschule bundesweit im Feld der fünf preiswertesten Einrichtungen für Ingenieur:innenausbildungen.

Im Vergleich dazu kostete die Ausbildung von Mechatroniker:innen schon im Jahr 2012 deutlich mehr. Im Schnitt wurden für die 4-jährige Ausbildung von den ausbildenden Unternehmen pro Ausbildungsjahr netto, d.h. nach Abzug des durch die Arbeitskraft der Lehrlinge erwirtschafteten Ertrags, ca. 17.300,-€ / (Jahr*Lehrling) investiert[2].

Ganz allgemein stellt sich da natürlich die Frage, ob ein zeitgemäßes Studium mit wirklich moderner Infrastruktur im Ingenieurbereich für 50.000,-€ machbar ist, oder ob eine qualitative hochwertige Ausbildung in Bereichen, die moderne wissenschaftliche Ausstattung benötigen, nicht auch gutes Geld kosten muss und darf.

DIE IDEE ZUM STUDIENGANG

Wie schon erwähnt, ist es an einer Fachhochschule aus Kostengründen schwer, in effizienter Form viele Wahlmodule in einem Studiengang unterzubringen. Gleichwohl war aber schon vor vielen Jahren erkennbar, dass die Belange der Elektromobilität mehr in Studiengänge einfließen müsse. So kam an der BHT zunächst vor 8 Jahren die Idee auf, einen Studienschwerpunkt Elektromobilität einzurichten. Schnell wurden Pläne entworfen und nötige inhaltliche Module definiert. Leider gelang es damals nicht, die maßgeblichen Gremien von der Sinnhaftigkeit eines solchen Schwerpunkts im Hauptstudium des Elektrotechnik- oder Maschinenbaustudiums zu überzeugen.

Insbesondere der Kollege Prof. Dr.-Ing Detlef Heinemann wollte sich damals allerdings nicht geschlagen geben und begann mit Begeisterung, die Idee für einen ganzen Bachelorstudiengang Elektromobilität zu entwickeln. War es doch auch ingenieurtechnisch höchst reizvoll, so unterschiedliche Bereiche wie Autonomes Fahren mit der Notwendigkeit entsprechender Sensorik und Künstlicher Intelligenz, Antriebstechnik, Batterietechnik, Ladeinfrastruktur, Regenerative Energiewandlung und Kontrolle des Mobilitätsflusses in einem neuen Studiengang zu integrieren. So wurden also viele Diskussionen geführt und Pläne ausgearbeitet und nach und nach wurde ein klares Bild des Studiengangs Elektromobilität an der BHT gezeichnet. Nun mussten die verschiedenen Gremien vom Nutzen des neuen Studiengangs überzeugt werden. Hier halfen dem Kollegen seine Erfahrung mit den Einrichtungen an der BHT und es war ihm klar, dass es wichtig war, das Heft möglichst lange selbst in der Hand zu halten. Zu Hilfe kam dem Kollegen Heinemann die parallel erfolgte Auslobung von Fördermitteln für die Einrichtung neuer und innovativer Studiengänge durch das damalige Präsidium, von der er jetzt profitieren konnte. Nach hartem Ringen mit Kolleg:innen, die diese Töpfe gern auch für sich ergattert hätten, konnten dann alle formalen Hürden überwunden werden und zum Wintersemester 2018 erfolgte der offizielle Start des Studiengangs.

WIE LÄUFT DAS STUDIUM AB?

Das Bachelorstudium der Elektromobilität an der BHT hat eine Vollzeit-Regelstudienzeit von 7 Semestern und endet mit dem Abschluss Bachelor of Engineering (B.Eng.). Studienbeginn ist immer zum Wintersemester und es gibt eine Zulassungsbeschränkung (NC). Dies bedeutet, dass wenn die Bewerber:innenzahl die Anzahl der Studienplätze überschreitet, u. a. anhand der Notendurchschnitte des Schulabschlusses ausgewählt wird. Die Unterrichtssprache ist Deutsch, wobei allerdings einzelne Lehrveranstaltungen auch auf Englisch angeboten werden können. Dies ist im Ingenieurbereich nicht unüblich, da dort moderne wissenschaftliche Themenstellungen international auf Englisch diskutiert werden und auch die meisten der zugehörigen Veröffentlichungen in englischer Sprache vorliegen.

Der Studiengang Elektrotechnik ist akkreditiert. Das bedeutet, dass die Qualität des Studiengangs durch externe Expert:innen überprüft und positiv bewertet wurde. Das Studium hat einen Umfang von insgesamt 210 Leistungspunkten (Credits) nach dem für internationale Vergleichbarkeit zwischen Hochschulen sorgenden ECTS (European Credit Transfer System). Dabei steht ein Leistungspunkt für einen studentischen Arbeitsaufwand von ca. 30 Stunden. Dies bedeutet also einen jährlichen Workload von ca. 1.800 Stunden für das Studium. Legt man eine 40-Stunden-Woche zugrunde, so erkennt man schnell, dass nur noch 7 Wochen für Urlaub, Feiertage und andere Aktivitäten bleiben, was vielen Menschen so nicht klar ist. Tatsächlich wurden in Deutschland viele Studiengänge durch die Einführung des Bachelor- und Master-Systems deutlich verdichtet. Stoff, der früher in 8 Semestern vermittelt wurde, muss nun in 6 oder 7 Semestern an die Frau bzw. den Mann „gebracht" werden. Da ist oft leider nichts übrig von dem lustigen Studierendenleben früherer Zeiten. Ob die angesprochene Verdichtung allerdings sinnvoll ist, ist insbesondere im Ingenieurbereich mit der notwendigen mathematischen und physikalischen Grundausbildung, fraglich.

Für eine Lehrveranstaltung mit 4 Semesterwochenstunden (SWS) werden zumeist 5 Credits angerechnet, das sind also 150 Stunden Arbeitsaufwand. Vorlesungsstunden hat man dabei allerdings nur ca. 4x17=68 Stunden à 45 Minuten. Der Rest ist für die Vor- und Nachbereitung und für die Klausurvorbereitung gedacht. Leider erliegen viele Studierende an unserer Hochschule heute dem Irrtum, mit dem Besuch der Lehrveranstaltung hätten sie ihren Beitrag geleistet. Es sei dann Aufgabe der Lehrenden, den Stoff in der Veranstaltung so rüberzubringen, dass alle Studierenden den verstehen. Und leider dauert es zumeist einige Semester, bis man es geschafft hat, den Studierenden klar zu machen, was studieren bedeutet: nämlich sich Wissen und Verstehen aus den verschiedensten Quellen zu erarbeiten.

WAS IST DRIN IM STUDIUM?

Wie in allen Ingenieurstudiengängen findet im ersten Studienjahr die mathematische Grundausbildung mit insgesamt 12 SWS Mathematikunterricht statt (Abbildung 1). Dazu kommen Grundlagen unter anderem in Elektrotechnik, Digitaltechnik und Programmierung. Aber auch Fächer wie z. B. Betriebswirtschaftslehre und beliebig zu wählende Fächer aus dem Studium Generale werden angeboten. In den höheren Semestern geht es um Energiespeichersysteme, Antriebstechnik, Autonomes Fahren, die Entwicklung von Steuergeräten und programmiertechnische Kompetenzen, denn Elektronik muss fast immer programmiert werden. Das gilt heute und mehr noch für die Zukunft. Wir versuchen deshalb, unsere Studierenden nach dem Motto „machen anstatt machen lassen" darauf praktisch vorzubereiten.

1. Semester

Modul	Modulname	SU SWS	Ü SWS	LP	P/WP	FB
B01	Mathematik I	5	1	5	P	II
B02	Grundlagen der Elektrotechnik IA (Netzwerke)	5		5	P	VII
B03	Grundlagen der Elektrotechnik IB (Felder)	5		5	P	VII
B04	Fahrzeug- und Mobilitätskonzepte	3	1	5	P	VIII
B05	Betriebswirtschaftslehre und Methoden in der Elektrotechnik	4		5	P	I/VII
B06	Studium Generale I	2		2,5	WP	I
B07	Studium Generale II	2		2,5	WP	I

2. Semester

Modul	Modulname	SU SWS	Ü SWS	LP	P/WP	FB
B08	Mathematik II	6		5	P	II
B09	Halbleiter und Bauelemente in der Automobilelektronik	3	1	5	P	VII
B10	Programmieren in C	2	1	5	P	VII
B11	Mikrocomputertechnik	2	2	5	P	VII
B12	Digitaltechnik	3	2	5	P	VII
B13	Realisierung digitaler Systeme	3	1	5	P	VII

3. Semester

Modul	Modulname	SU SWS	Ü SWS	LP	P/WP	FB
B14	Mathematik III	3		5	P	II
B15	Grundlagen der Elektrotechnik II	6		5	P	VII
B16	Mechanik und mechanische Konstruktion mit CAD	3	1	5	P	VII
B17	Automobile analoge Schaltungstechnik	2	1	5	P	VII
B18	Signale und Systeme	3	1	5	P	VII
B19	Interdisziplinäres Projektlabor	2	2	5	P	VII

SWS: Semesterwochenstunden, **SU:** Seminaristischer Unterricht, **Ü:** Übung, **P:** Pflichtmodul, **WP:** Wahlpflichtmodul, **Cr:** Credits, **LP:** Leistungspunkte, **FB:** für die Durchführung eines Moduls zuständiger Fachbereich

Abbildung 1 Ausschnitte aus dem Studienplan des Studiengangs Elektromobilität an der BHT

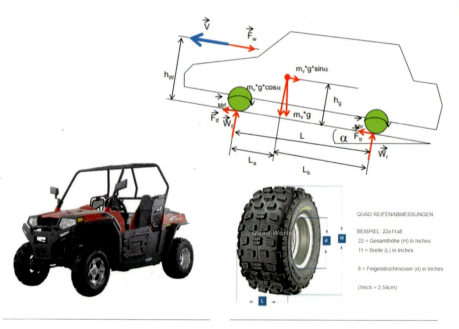

Abbildung 2 Das Buggy-Projekt

Abbildung 3 Berechnung der an einem Fahrzeug vorhandenen dynamischen Längskräfte und Drehmomente

Damit die Studierenden auch „machen" können, bestehen die meisten Lehrveranstaltungen nicht nur aus dem Seminaristischen Unterricht, sondern beinhalten zusätzliche praktische Übungen, in denen konkrete praktische Projekte, wie z. B. Autonomes Fahren oder die Elektrifizierung von Verbrennerfahrzeugen umgesetzt werden. Im Folgenden wird darauf näher eingegangen.

WODURCH LEBT DAS STUDIUM?

In den vorigen Abschnitten ist es schon deutlich geworden: Auch Elektromobilität ist ein Ingenieurstudium, welches den Studierenden viel Disziplin und Arbeitseinsatz abverlangt. Und nicht in allen theorielastigen Fächern kann man wirklich immer Spaß empfinden. Unser erfahrener Kollege Prof. Heinemann hat hier als Begründer des Studiengangs allerdings vorgesorgt. Wo immer es möglich ist, werden Lehrmodule (das sind die einzelnen Lehrveranstaltungen) in Form eines Projektstudiums durchgeführt. Zu Beginn eines Semesters erhalten die Studierenden hierfür in Gruppen ganz praktische Aufgabenstellungen, die sie im Lauf eines Semesters umsetzen sollen. Die notwendige Theorie wird dann angepasst und projektbegleitend vermittelt. So hatten z. B. Studierende im Studienfach „Antriebsdesign" im letzten Jahr die Aufgabe, einen innovativen elektrischen Antriebsstrang mit Allradantrieb für einen Buggy mit Antischlupfregelung und ABS zu entwickeln.

Hierbei mussten zunächst nach vorgegebener Spezifikation die nötige Leistung und das nötige Drehmoment für den Antriebsmotor berechnet werden (siehe Abbildung 3). Daraufhin mussten die verschiedenen Gruppen ihre Teilaufgaben wie z. B. Design einer hydraulischen Bremsanlage mit Bremskraftverstärker oder die Integration eines ABS-Systems in die Bremsanlage bearbeiten.

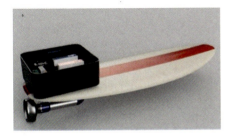
Abbildung 4 Design eines eSurfboards

Abbildung 6 Das eSurfboard der Studierenden des Studiengangs Elektromobilität an der BHT

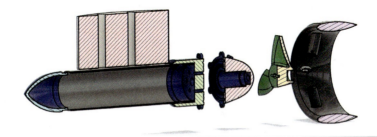
Abbildung 5 Design des Antriebs für ein eSurfboard

PROJEKT eSURFBOARD

Ein weiteres Beispiel für ein studentisches Projekt ist ein Elektro-Surfboard, dessen Design in Abbildung 4 und 5 zu sehen ist. Eine Studierendengruppe konstruierte hierfür einen Elektroantrieb.

Das ca. 25 km/h schnelle Ergebnis wurde dann bei etwas unkomfortabler Witterung auf der Havel getestet (Abbildung 6). Neben ingenieurtechnischem Wissen war hier auch eine gewisse Sportlichkeit gefragt, welche natürlich nicht Voraussetzung für einen erfolgreichen Abschluss des Bachelorstudiums ist.

WAS IST AM STUDIENGANG MODERN?

Das Studium der Elektromobilität ist ein Ingenieur:innenstudium. Die Inhalte wurden von einer Akkreditierungskommission, die der Qualitätsüberwachung dient, auch in Hinblick auf ihre ingenieurwissenschaftliche Tiefe geprüft. Es müssen bestimmte Kriterien erfüllt sein, bevor der Studiengang offiziell akkreditiert wird. Erst dann darf nach Bestehen aller Prüfungen an Studierende der akademische Grad B. Eng. (Bachelor of Engineering) verliehen werden.

Das Neue an dem Studium sind die vielen modernen Fachgebiete, die hier einbezogen werden und von denen es einige vor 20 Jahren noch gar nicht gab, so. z. B. „Autonomes Fahren", „Halbleiter und Bauelemente der Automobilindustrie", „Automotive Energiespeicher", „Ladeinfrastruktur und intelligente Stromversorgungsnetze" oder auch „Mobilitätskonzepte" und „Regenerative Energien". All diese Lehrgebiete sind aktuell einem dynamischen Wandel unterworfen und sie entwickeln sich mit hohem Tempo weiter.

Viele der im Unterricht behandelten Themen werden denn auch sehr breit in den verschiedenen Medien diskutiert und die

Studierenden erfahren hautnah die Aktualität ihres Studiengangs.

Aufgrund der weltweit forcierten Forschung und Entwicklung im Bereich Elektromobilität werden sich die Lehrinhalte des Studiengangs in nächsten Jahren mit einer Dynamik weiterentwickeln, wie in kaum einer anderen ingenieurwissenschaftlichen Disziplin.

DIE PANDEMIE!

Leider hatte die noch immer nicht endende Pandemie auch auf unseren jungen Studiengang erhebliche Auswirkungen. So konnte in den letzten 4 Semestern kaum noch normale Präsenzlehre an der Hochschule angeboten werden. Aufgrund der im Labor des Studiengangs dank der vorausschauenden Planung des Kollegen Heinemann vorhandenen Multimedia-Infrastruktur konnte nahtlos auf Online- und Hybrid-Kurse (hier ist ein Teil der Studierenden im Hörsaal, der Rest zu Hause) umgestellt werden. Hier ermöglichte Herr Heinemann auch allen Studierenden, notwendige Hardware und Messtechnik für die Durchführung von Projektlaboren teils für das ganze Semester von der Hochschule auszuleihen. Somit konnten die Studierenden praktische Versuche auch ohne Zugang zu den Laborräumen des Studiengangs durchzuführen. Mit diesen Home-Laboratories war es möglich, auch zwischen den Gruppen verzahnte Projekte durchzuführen.

Für den Bereich Regenerative Energien wurden zudem „Remote-Versuche" aufgebaut, mit deren Hilfe die Studierenden messtechnische Untersuchungen an Photovoltaik-Modulen, die im Labor aufgebaut sind, durchführen konnten. Von zu Hause aus per Remote-Zugriff konnten Studierende gleichzeitig als Gruppe von mehreren PCs aus mit Hilfe einer Labview-Bedienoberfläche auf den Labor-Versuchsaufbau zugreifen und Parameter manipulieren. So konnten Strom-Spannungskennlinien bei unterschiedlichen Temperaturen und Bestrahlungsstärken gemessen und untersucht werden.

Trotzdem war und ist die Situation insbesondere für die Studierenden sehr belastend und verlangt ihnen viel Selbstdisziplin ab. Niemand erinnert sie daran, dass sie morgens aufstehen und zur Hochschule müssen und so eine Online-Vorlesung lässt sich ja zur Not auch vom Bett aus verfolgen. Aber natürlich nicht wirklich sehr konzentriert. Wie alle im Home-Office Arbeitenden mussten auch unsere Studierenden lernen, zu Hause pünktlich an ihren Arbeitsplatz, sprich Schreibtisch, zu gehen.

Noch schlimmer war und ist allerdings für viele Studierende der fehlende Austausch mit Kommiliton:innen. Die Studienanfänger:innen aus dem Wintersemester 20/21 und 21/22 konnten bisher viele ihrer Kommiliton:innen noch gar nicht persönlich kennenlernen und auch die Studierendenprojekte konnten in den letzten Jahren nur in Kleingruppen unter Einhaltung der Hygienebestimmungen in erschwerter Form durchgeführt werden. Hier trifft die Pandemie unsere Studierenden aufgrund des fehlenden sozialen Austauschs fast so hart wie die Schüler:innen.

WAS FEHLT IN UNSEREM STUDIENGANG?

Leider ist die BHT Berlin keine mit Drittmitteln reich gesegnete Hochschule und auch die staatliche Grundfinanzierung der Hochschule erlaubt keinen großen Mitteleinsatz bei der Einrichtung eines neuen Studiengangs. Mit viel Mühe konnte aber vom Begründer des Studiengangs unter Mithilfe des Fachbereichsrats eine Gesamtinvestitionssumme von insgesamt mehr als 200.000,- € zusammengetragen werden, womit vorläufig eine für die Übungen und Projekte ausreichende Infrastruktur geschaffen werden konnte. Diese Infrastruktur ist natürlich bei weitem nicht mit z. B. der der Technischen Hochschule Ingolstadt (auch eine Hochschule für angewandte Wissenschaften) mit ihrem Forschungs- und Testzentrum CARISSMA mit einer 80 m langen Indoor – Versuchsstrecke für KFZ in einer fast 130m langen Halle zu vergleichen. Wir besitzen derzeit noch nicht einmal geeignete Räumlichkeiten für eine Kfz-Werkstatt mit dem erforderlichen Werkzeug, um die Studierenden Messungen und kleinere Wartungsarbeiten an Elektroautos durchführen lassen zu können oder um notwendige Sicherheitsunterweisungen durchführen zu können. Na ja, das zugehörige Elektroauto besitzen wir aus monetären Gründen ja auch nicht. Somit müssen sich unsere Studierenden aktuell mit E-Scootern, E-Bikes und ähnlichen Fortbewegungsmitteln begnügen. Wir arbeiten aber mit allen Mitteln daran, diese für einen Studiengang Elektromobilität eher unrühmliche Situation bald zu ändern.

Nun sind wir natürlich nicht der Meinung, dass wir auch Elektrolokomotiven oder Elektroschiffe für die Studierendenausbildung beschaffen wollen, obgleich auch dieser Bereich der Elektromobilität stark zunehmen wird. Z. B. sind in Deutschland viele Bahnstrecken in größeren Abschnitten nicht elektrifiziert und dort sind mit Traktionsbatterien ausgestattete Elektrolokomotiven sehr hilfreich. Wieder aufgeladen werden können die Akkus dann während der Fahrt in Streckenabschnitten mit Oberleitungen.

Auf vielen Binnenschifffahrtsstraßen ist für die nahe Zukunft sogar ein Verbot von Verbrenner-Antrieben zumindest für die Sportbootschifffahrt zu erwarten, wodurch sich auch hier ein breites Feld für Forschungs- und Entwicklungsaktivitäten (F&E) auftut. Der größte Teil der F&E spielt sich derzeit aber im Bereich der Elektro-PKW und Kleinbusse ab, weshalb sich das Studium der E-Mobility an der BHT auf diesen Bereich konzentriert.

FORSCHUNG IM BEREICH ELEKTROMOBILITÄT AN DER BHT

Im Moment findet in unserem Labor für Elektromobilität noch wenig Forschung statt. Dies liegt daran, dass wir alle sehr mit dem Aufbau des Studiengangs ausgelastet waren. Es laufen aber bei Prof. Heinemann Forschungsarbeiten und auch eine Promotion zum Thema Bestimmung des SOH (State Of Health) von Lithium-Akkus.

Der Autor selbst forscht zudem seit mehr als 12 Jahren im Bereich der induktiven Ladetechnologien für Elektrofahrzeuge. Diese Forschungsarbeiten führten zu einem dem Erfinder nach Freigabe durch die Hochschule fast weltweit erteilten Patent für ein dreiphasiges induktives Ladesystem für Elektrofahrzeuge (EP 2012723364, US 14005566, JP 20130558306 etc.), welches kontinuierlich weiterentwickelt wird. Die Abbildungen 7-9 zeigen Prototypen des Systems für vollautomatische Ladesysteme, mit denen nebeneinander parkende Fahrzeuge prioritätengesteuert nacheinander mit bis zu 20 kW Wirkleistung geladen werden können. Zusätzlich beschäftigt sich der Autor mit der Optimierung von Energie- und Lastmanagementsystemen zur effizienten Verwendung von regenerativ bereitgestellter Energie z. B. bei der Batterieladung.

DIE ERSTEN ABGÄNGER:INNEN

Aktuell haben die ersten Studierenden alle Lehrveranstaltungen des Studiengangs absolviert und arbeiten an ihren Bachelorarbeiten, so nennt man die Ingenieurarbeit, die den Abschluss des Studiums markiert. Die Bearbeitungsdauer für die Bachelorarbeit beträgt 12 Wochen. Viele unserer Studierenden haben sehr interessante Themenstellungen bei Firmen und insbesondere jungen Startups für ihre Abschlussarbeiten gefunden. So gibt es einen Studierenden, der in den USA an einem Passagierflugzeug

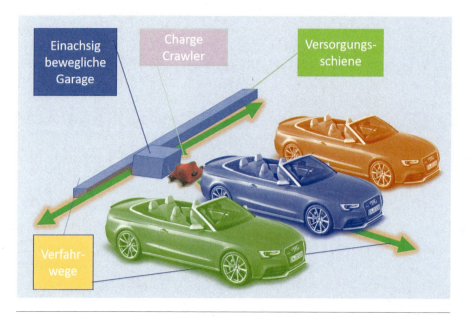

Abbildung 7 Der Charge Crawler

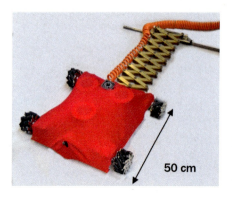

Abbildung 8 Der Charge Crawler im Detail

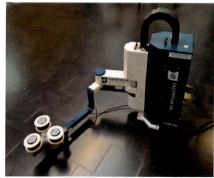

Abbildung 9 Der Charge Butler

mit Elektroantrieb und Brennstoffzellen mitentwickelt und andere, die bei Startups Elektroantriebe für PKWs konstruieren, aber auch welche, die bei weltweit führenden Engineering-Dienstleistenden der Automobilindustrie tätig sind. Erkennbar ist die hohe Motivation und der große Spaß, mit dem einige Studierende Aufgaben im Automotivbereich angehen, was auch die involvierten Unternehmen spüren. Diese unterbreiten unseren Studierenden deshalb oft gern direkt nach Beendigung der Abschlussarbeit ein Stellenangebot.

ZUSAMMENARBEIT MIT AUSSERUNIVERSITÄREN EINRICHTUNGEN

Die Zusammenarbeit mit außeruniversitären Einrichtungen bewegt sich momentan noch in einem sehr bescheidenen Rahmen. Aufgrund unserer beschränkten räumlichen und wissenschaftlichen Infrastruktur können wir Unternehmen im Vergleich zu anderen deutschen Hochschulen für praktisch orientierte F&E-Projekte kein sehr attraktives Umfeld bieten. Hier sind lediglich eine Mitgliedschaft im vom IBBF (Institut für Betriebliche Bildungsforschung) gemanagten Verbundprojekt Pooling des E-Mobilität-Lernens sowie eine mehrtägige Schulung für Studierende bei der KFZ-Innung Bernau zu erwähnen. Für die Zukunft ist aber angestrebt, Kontakte und Kooperationen, auch mit Hilfe des IBBF, auszuweiten.

BLICK IN DIE ZUKUNFT, WAS WÜNSCHEN WIR?

Zweifelsohne fehlt dem Studiengang ein Demonstrator in Form eines modernen Elektro-PKW inkl. leistungsfähiger Ladeinfrastruktur für die Ausbildung. Zusätzlich werden natürlich dringend mit geeigneten Messgeräten ausgestattete KFZ-Arbeitsplätze benötigt. Dieses Problem wird sich erst in einigen Jahren wirklich auflösen, wenn Teile der Hochschule zum neuen Standort TXL übersiedeln. Bis dahin wird mit Provisorien gearbeitet werden müssen, die die Attraktivität des Studiengangs an der BHT im Vergleich zu anderen Hochschulen der Republik deutlich mindern. So hart es klingt, aber man darf nur hoffen, dass die demografische Entwicklung mit der zu erwartenden Abnahme der Anzahl deutscher Studienanfänger:innen in anderen Studiengängen am Standort Platz schafft für unseren modernen und vergleichsweise gut nachgefragten Studiengang.

LITERATUR

1 Jenkner, P., Deuse, C., Dölle, F., Sanders, S., Winkelmann, G.: Ausstattungs-, Kosten- und Leistungsvergleich Fachhochschulen 2017, Forum Hochschule DZHW, 2019

2 Schönfeld, G., Jansen, A., Wenzelmann, F., Pfeifer. H.: Kosten und Nutzen der dualen Ausbildung aus Sicht der Betriebe, BIBB, 2016

ZIELE FÜR NACHHALTIGE ENTWICKLUNG UND DEREN KONFLIKTE IN DER LEHRE
FÜR DIE DIGITAL VERNETZTE MOBILITÄTSWENDE

Christoph Wolter,
Institut für Betriebliche Bildungsforschung

SIEGESZUG DES MENSCHEN

Dank zahlreicher technologischer Errungenschaften konnte der Wohlstand in einigen Ländern dieser Erde gerade im 20. Jahrhundert enorm gesteigert werden. Durch industrielle Revolutionen in Verbindung mit globalen Produktionsketten wurden Güter im globalen Norden immer erschwinglicher und machten das Leben bequemer. So stellte beispielsweise Hunger in der Geschichte der Menschheit stets eine große Bedrohung dar. Paradoxerweise ist es für die heute lebenden Menschen in diesem Teil der Erde wahrscheinlicher, an zu viel bzw. ungesunden Nahrungsmitteln zu sterben. Im Jahr 2010 fielen etwa eine Million Menschen dem Hunger zum Opfer, während drei Millionen an den Folgen der Überernährung starben. [1]

JAHRHUNDERT DER TRANSFORMATIONEN

Das vermeintlich grenzenlose Wachstum und dessen Vorzüge sorgten an anderen Stellen der Erde bzw. zu späteren Zeitpunkten für neue Herausforderungen der Menschheit. So treiben beispielsweise CO_2-Emissionen durch Produktion von Gütern, deren Transport, deren Nutzung und deren Entsorgung den Klimawandel voran und intensivieren daraus hervorgehende Problemstellungen. Um Herausforderungen des 21. Jahrhunderts zu bewältigen, verabredete die Weltgemeinschaft 2015 in Paris einen Zielkatalog mit 17 *Zielen für nachhaltige Entwicklung* (engl. Sustainable Development Goals – SDGs; Abbildung 1).

Ziele und Effekte der digitalen Energie- und Mobilitätswende nehmen dabei eine zentrale Rolle ein, da in den Themenfeldern diverse Schnittmengen mit SDGs zu finden

Abbildung 1 Ziele für nachhaltige Entwicklung (Bundesregierung, 2018)

sind. Doch auch hier muss genau betrachtet werden, welche Vor- und welche Nachteile sich aus bestimmten Technologien ergeben. Am Beispiel der Verbrennungsmotoren zeigt sich, welche Folgen unreflektierte Etablierung bestimmter technologischer Lösungen verursachen können. So wurde und wird das Mobilitätsbedürfnis von Menschen und deren Gütern gedeckt, wobei sich beispielsweise Luftqualität in Städten verschlechtert, Lärm entsteht und Klimawandel intensiviert wird.

ZIELKONFLIKTE IN DER DIGITAL VERNETZTEN MOBILITÄTSWENDE

Zielkonflikte entstehen da, wo mindestens zwei Ziele gesetzt werden, deren gleichzeitige, volle Erfüllung sich ausschließt. [2] So kann die Erreichung von SDGs bzw. deren Unterzielen dazu führen, dass andere (Unter-)Ziele nicht erreicht werden können.

Mit Blick auf die digital vernetzte Mobilitätswende verschmelzen die Themenbereiche Elektromobilität und *Informations- und Kommunikationstechnik* (IKT). Fahrzeuge können zu rollenden global vernetzten Datenerfassungs- und Verarbeitungsmaschinen werden. In Elektromobilität und IKT lassen sich heute zahlreiche Zielkonflikte innerhalb und zwischen SDGs identifizieren. Eine Auswahl davon soll beispielhaft dargestellt werden.

Die linke Seite von Abbildung 2 zeigt die Themenbereiche Elektromobilität (vertreten durch Elektroautomobil) und IKT (vertreten durch Smartphone) mit entsprechenden Zielen für nachhaltige Entwicklung, in denen die Zielerreichung vorangetrieben wird. Die rechte Seite zeigt Problemstellungen, welche durch Aspekte von Elektromobilität und IKT verursacht werden und die Erreichung von (Teil-) Zielen nachhaltiger Entwicklung hemmen.

ZIELKONFLIKTE IN ELEKTROMOBILITÄT

Menschen wurden im Laufe der Geschichte immer mobiler. Sie bewegten sich zunächst mit Pferden fort, welche dann von Fahrzeugen mit Verbrennungsmotoren abgelöst

Abbildung 2 Zielkonflikte Elektromobilität und Informations- und Kommunikationstechnik (IBBF, 2021)

wurden. Heute wissen wir, dass diese Art der Mobilität den Klimawandel und weitere Probleme – wie Luftbelastung oder Verunreinigungen des globalen Ökosystems – mit verursacht.

Zudem sind die geringen Wirkungsgrade von Verbrennungsmotoren auf dem heutigen Stand der Technik untragbar. Elektromotoren weisen hingegen einen sehr hohen Wirkungsgrad auf und erzeugen während ihres Betriebs keine Emissionen – sofern der benötigte Strom aus erneuerbaren Energiequellen gewonnen wird (SDG 9 – Industrie, Innovation und Infrastruktur).

Gerade in Städten kann Elektromobilität – hierzu zählen alle elektrisch betriebenen Fahrzeuge, auch E-Fahrräder oder Züge – in den Bereichen Luftqualität und Lärmbelastung zu großen Verbesserungen führen (SDG 11 – Nachhaltige Städte und Gemeinden). Global betrachtet muss die Mobilitätswende einen Beitrag zur Begrenzung der Klimakrise leisten (SDG 13 – Maßnahmen zum Klimaschutz).

Allerdings entstehen während Herstellung, Nutzung und Entsorgung von Fahrzeugen und Infrastruktur diverse Probleme: Unabhängig von der Antriebstechnologie sind beispielsweise für die Produktion von Automobilen große Rohstoffmengen notwendig. Stahl- und Eisenwerkstoffe, Aluminium und Kupfer machen zusammengenommen 70 bis 75 Prozent der in einem durchschnittlichen Pkw verarbeiteten Werkstoffe aus. [3] In E-Pkw entfällt im Vergleich zum Verbrenner zwar eine Vielzahl von Bauteilen (inklusive der dafür benötigten Rohstoffe), aber an anderen Stellen werden deutlich größere Mengen benötigt. In Automobilen mit Verbrennungsmotoren lassen sich einige kleine Elektromotoren finden, beispielsweise für Fensterheber. Im E-Pkw ersetzen leistungsstarke Elektromotoren allerdings zusätzlich den Verbrennungsmotor. Für die Produktion dieser Motoren werden unter anderem wachsende Mengen an Kupfer benötigt. Der Abbau dieses Rohstoffs verursacht ökologische, ökonomische und soziale Probleme.

Der noch deutlichere Unterschied zwischen den beiden Antriebskonzepten findet sich zwischen den jeweiligen Energieträgern. In Fahrzeugen mit Verbrennungsmotor werden raffinierte Formen von Rohöl verbrannt, um den Vortrieb zu erreichen. Elektromotoren hingegen benötigen Strom, um das Fahrzeug anzutreiben. Daher entfällt der klassische Kraftstofftank in E-Pkw, wobei große Batterie-Module zur Stromspeicherung verbaut werden. Aufgrund ihrer Eigenschaften haben sich – im Übrigen auch in IKT – Lithium-Ionen-Akkumulatoren etabliert.

Durch die schrittweise Abkehr von Pkw mit Verbrennungsmotoren und dem Umstieg auf E-Pkw wird ein starkes Wachstum des Lithium-Bedarfes prognostiziert: Die momentane jährliche Abbaumenge an Lithium könnte sich schon ab 2030 vervierfachen. [4] Dieser Abbau findet vornehmlich in Argentinien, Bolivien und Chile statt. Im sogenannten *Lithium-Dreieck* befinden sich 70 Prozent des globalen Lithiumvorkommens in hochgelegenen Salzseen. In diesen sehr trockenen Gebieten leben diverse indigene Gemeinden, die sich mit Landwirtschaft und Viehzucht versorgen. Um eine Tonne Lithium zu erhalten, werden aktuell etwa 20 Millionen Liter Wasser benötigt, welches in den trockenen Regionen ohnehin knapp ist und für landwirtschaftliche Nutzung dringend notwendig wäre [5] (SDG 15 – Leben an Land).

Neben den Lithium-Ionen-Akkumulatoren und starken Elektromotoren findet sich in (E-) Pkw zunehmend IKT in Form von zahlreichen Sensoren und immer leistungsstärkeren Recheneinheiten. Das wird mit Blick auf Fahrassistenzsysteme gesteigert.

Durch die wachsende Schnittmenge mit IKT ist ein exponentielles Wachstum der Problemstellungen um entsprechende Rohstoffe zu erwarten. Aus der bisherigen Produktion von Elektrofahrzeugen ergeben sich Probleme, die transparent dargestellt und diskutiert werden müssen.

Zudem wird der Strombedarf pro Person stark ansteigen, sollte der motorisierte Individualverkehr nicht zu Fuß- oder Radverkehr bzw. öffentlicher Verkehrsmittelnutzung werden. Hier wird deutlich, dass parallel zur Mobilitätswende auch die Energiewende vorangetrieben werden muss. Denn trotz des hohen Wirkungsgrades von Elektromotoren ist es notwendig, diese mit Strom aus erneuerbaren Energiequellen anzutreiben. Aktuell wird Energie auch noch aus fossilen Energieträgern gewonnen, was die Klimakrise intensiviert (SDG 13 – Maßnahmen zum Klimaschutz).

Abschließend sei erwähnt, dass der gesamte Lebenszyklus von Elektrofahrzeugen betrachtet werden muss. Für bestimmte Baugruppen, wie Akkumulatoren, braucht es Nachnutzungskonzepte und schlussendlich müssen verbaute Rohstoffe in Kreisläufen geführt werden. Dies stellt aktuell noch eine Herausforderung dar und sorgt für Zielkonflikte zwischen positiven Effekten von Elektrofahrzeugen (bspw. SDGs 11 und 13) und damit verbundenen negativen Auswirkungen (bspw. SDGs 8 und 15).

ZIELKONFLIKTE IN INFORMATIONS- UND KOMMUNIKATIONSTECHNIK

Im Themenfeld IKT lassen sich ebenfalls diverse Zielkonflikte identifizieren. Dank des Internets ist es möglich, auf weltweit generierte Informationen und somit auch auf unzählige Bildungsangebote zuzugreifen. In den Anfängen dieser vernetzten Welt musste zunächst eine entsprechende Infrastruktur mit Rechenzentren und Kabelleitungen aufgebaut werden. Zudem war es für die Nutzung des Internets notwendig, kostenintensive Desktop-Computer anzuschaffen. Daher war der Zugang vorerst nur einer geringen Zahl von Menschen vorbehalten – vornehmlich profitierten wenige Nutzende in wirtschaftlich starken und erschlossenen Gebieten.

Neben dem Ausbau der klassischen Internet-Infrastruktur für stationäre Computer wurde auch an der Möglichkeit gearbeitet, über Mobilfunkgeräte auf eine immer größer werdende Datenmenge im *World Wide Web* zugreifen zu können. Zunächst etablierten sich Smartphones mit mobiler Datenverbindung in wohlhabenderen Ländern, wie den USA oder Deutschland. Nach und nach stieg auch der prozentuale Anteil von Smartphone-Nutzenden in Schwellenländern – wie Kenia oder Indien – von 18 Prozent in 2013 auf 47 Prozent im Jahr 2018. [6] In 2018 wurden weltweit über 1,5 Milliarden Smartphones verkauft. [7]

Aus dieser Verbreitung resultieren Chancen für die Bildungslandschaft, auch in wirtschaftlich schwächeren Ländern (SDG 4 – Hochwertige Bildung). Um Zugang zum Internet zu erhalten ist es nicht mehr zwingend notwendig, tausende Kilometer Kabel zu verlegen und teure Desktop-Computer zu beschaffen. Über günstigere und energiesparendere Mobilgeräte mit entsprechender Datenverbindung können immer mehr Menschen auf ein immer breiter werdendes Bildungs- und Informationsangebot im Web zugreifen und sich vernetzen. Heute könnten beispielsweise Lernende im ländlichen Kenia per Live-Videoübertragung an einer Vorlesung zum unabhängigen Einsatz erneuerbarer Energien an einer Berliner Hochschule teilnehmen. Davon inspiriert könnten sie sich freies vertiefendes digitales Bildungsmaterial – sogenannte *Offene Bildungsressourcen* (Open Educational Resources – OER) – beschaffen und mit dem Aufbau einer kleinen Photovoltaik-Anlage zur unabhängigen Energieversorgung ihres Dorfes beginnen (SDG 9 – Industrie, Innovation Infrastruktur).

Dieses Beispiel verdeutlicht, welche Chancen sich durch IKT ergeben. Allerdings verursachen entsprechende Endgeräte und dafür benötigte Infrastruktur gleichzeitig auch eine Reihe von ökologischen, ökonomischen und sozialen Problemstellungen während Herstellung, Nutzung und Entsorgung: Allein der Abbau von seltenen Erden und Metallen zur Herstellung von IKT zerstört Ökosysteme, bringt Abbauende in Gesundheits- und Lebensgefahr und lässt destruktive Gruppierungen ökonomisch profitieren. [8] In den Megafabriken, in denen die Geräte gefertigt werden, herrschen meist menschenunwürdige Arbeitsbedingungen, die von Depressionen bis hin zu Suiziden führen können [9] (SDG 8 – Menschenwürdige Arbeit und Wirtschaftswachstum).

Die Nutzung der IKT selbst stellt zwar nicht das größte Problem dar, ist allerdings auch nicht unproblematisch. Für das Betreiben der zahlreichen Dienste sind riesige Rechenzentren notwendig, für deren Errichtung wiederum große Rohstoffmengen benötigt werden. Zudem verbrauchen sie enorme Energiemengen: Gerade für Übertragung von Videomaterial – dem sogenannten *Streaming* – werden täglich immer größere Datenmengen transportiert. So wurden im Jahr 2021 über 100.000 Gigabyte pro Sekunde durchgesetzt, was sich laut Prognosen noch steigern wird. [10] Dies führt zu einem starken Anstieg des Strombedarfs. Auch wenn der Anteil erneuerbarer Energien an der globalen Stromerzeugung wächst, wird der überwiegende Teil noch aus fossilen Energieträgern gewonnen. Hieraus resultieren massive ökologische Probleme bis hin zum Klimawandel und dessen Folgen (bspw. SDG 13 – Maßnahmen zum Klimaschutz).

Neben Herstellung und Nutzung von Informations- und Kommunikationstechnik stellt deren Entsorgung ein weiteres Problem dar. Am Beispiel des Smartphones ist zu erkennen, dass die Lebensdauer der Geräte oft nur 18 Monate beträgt. [11] Einige Gründe hierfür finden sich in der Konzeption der auf den Smartphones laufenden Betriebssysteme. [12] Vornehmlich lässt sich die geringe Lebenserwartung der Geräte allerdings durch deren Hardware begründen: Die Komponenten sind weitestgehend fest verlötet und die Baugruppen sind meist geklebt und nicht verschraubt. Diese Bauweise macht die Geräte leichter und dünner, erschwert allerdings den Austausch von defekten oder veralteten Baugruppen. Möchten die Nutzenden also beispielsweise eine defekte Hauptkamera austauschen, so ist dies sehr anspruchsvoll und wird seitens der Herstellenden nicht unterstützt. Wendet man sich an entsprechende Fachwerkstätten, ist eine Reparatur der Smartphones wirtschaftlich meist wenig sinnvoll.

Ähnlich verhält es sich mit Upgrades bestimmter Baugruppen. In vielen Fällen verwenden die Nutzenden ihr Smartphone als Kamera und erwerben neue Geräte für leistungsfähigere Hauptkameras. Wären hier einfache Aufrüstungen ihres aktuellen Smartphones möglich, würden Neuanschaffungen unwahrscheinlicher werden. Da diese herstellungsseitig nicht vorgesehen sind, sind Hardware-Upgrades nahezu unmöglich. In beiden Beispielen werden Nutzende eher neue Smartphones erwerben.

Doch was passiert mit den „alten" Geräten und den darin enthaltenen Rohstoffen? Falls das eigentlich noch nutzbare Smartphone nicht in der sprichwörtlichen Schublade zwischengelagert wird, könnte es in der Restmülltonne landen. Laut der Studie Recycling im Zeitalter der Digitalisierung wurden im Jahr 2017 140.000 Tonnen Kleingeräte über den Restmüll entsorgt. [13]

Das bedeutet, sie werden weitestgehend verbrannt und ihre Inhaltsstoffe nicht rückholbar in der (Atem-) Luft feinverteilt. Doch auch wenn Smartphone und Co getrennt gesammelt werden, wird im Durchschnitt gerade mal ein Prozent für weitere Nutzungszwecke aufgearbeitet. [14]

Mit Blick auf die hiesige Entsorgungspraxis ist festzustellen, dass diese bisher eher auf Massenmetalle – wie Kupfer – ausgerichtet ist. In Verbindung mit der Konstruktion der Geräte ist die Rückgewinnung seltener Erden und Metalle sehr aufwendig und verbesserungsbedürftig. In vielen Fällen wird europäischer Elektroschrott als Gebrauchtware deklariert und findet beispielsweise den Weg auf eine der weltweit größten Elektrohalden in Ghana. Unter freiem Himmel und ohne Schutzkleidung versuchen dort vorwiegend minderjährige Menschen mit Hilfe von Feuer Rohstoffe aus den Geräten zu extrahieren, um mit deren Verkauf Geld zu verdienen (bspw. SDG 8 Menschenwürdige Arbeit und Wirtschaftswachstum). [15]

Informations- und Kommunikationstechnik ermöglicht Menschen sich global zu vernetzen und gemeinsam zu lernen. Gleichzeitig sorgt deren Produktion, Nutzung und Entsorgung für diverse ökologische, ökonomische und soziale Problemstellungen. So kann die Lerngruppe in Kenia per Live-Videoübertragung an der Vorlesung an der deutschen Hochschule teilnehmen. Gleichzeitig werden die für die IKT notwendigen Rohstoffe in einem anderen afrikanischen Land – wie der Demokratischen Republik Kongo – abgebaut und landen schlussendlich auf der Elektroschrotthalde in Ghana. Die Bildungschancen in eben genannten Ländern stehen den beschriebenen Problemstellungen gegenüber. Das Beispiel des Smartphones sollte der Beleuchtung einiger Aspekte des Themenbereichs IKT dienen, welche sich auch auf Bestandteile vernetzter (E-)Fahrzeuge übertragen lassen.

HEMMNISSE DURCH ZIELKONFLIKTE

Diese kurzen Ausflüge in die Themenbereiche Elektromobilität und IKT sollten verdeutlichen, welche Zielkonflikte bereits darin vorkommen und welche absehbar sind. Zielkonflikte innerhalb und zwischen SDGs können sich zu Nachhaltigkeitsdilemmata verstetigen.

Ein klassisches Beispiel findet sich bei Windkraftanlagen, welche eine Säule der Energiewende darstellen. Zur Erreichung der SDG 7 (Bezahlbare und saubere Energie) und SDG 13 (Maßnahmen zum Klimaschutz) muss deren Ausbau vorangetrieben werden. Gleichzeitig können Windkraftanlagen mit ihren rotierenden Rotorblättern Vögel und deren Lebensräume gefährden (SDG 15 – Leben an Land). Naturschutzorganisationen sprechen sich demnach für ausführliche Prüfungsverfahren zur Standortwahl von Windkraftanlagen aus [16], was deren Ausbau verlangsamt oder sogar verhindert. Damit wird die Energiewende gehemmt und die Abhängigkeit von fossilen Energieträgern und deren Negativ-Auswirkungen bleiben bestehen.

Das Entstehen von Zielkonflikten innerhalb und zwischen SDGs ist kaum zu vermeiden. Damit diese sich nicht zu Nachhaltigkeitsdilemmata verhärten, müssen sie identifiziert, transparent dargestellt, diskutiert und entsprechende Lösungen gefunden werden. Dies stellt eine Bildungsaufgabe dar.

BILDUNG FÜR NACHHALTIGE ENTWICKLUNG

Ein entscheidender Hebel für dringend notwendige Transformationsprozesse ist Bildung. Bereits 1977 fand eine erste globale Konferenz für Umweltbildung in Georgien statt (Abbildung 3). Im weiteren Verlauf nahm das Thema an Relevanz zu und wurde 2015 als eigenständiges Ziel für nachhaltige Entwicklung definiert (SDG 4 – Hochwertige Bildung). Zudem stellt Bildung ein Querschnittsthema zu allen anderen SDGs dar.

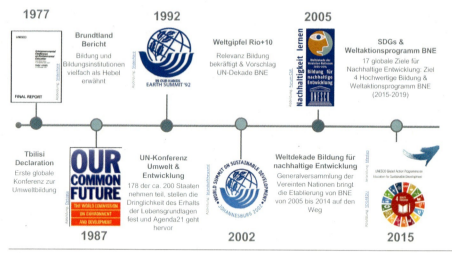

Abbildung 3 Meilensteine Bildung für nachhaltige Entwicklung (IBBF, 2022)

Folglich wurde das Unterziel 4.7 formuliert:

"Bis 2030 sicherstellen, dass alle Lernenden die notwendigen Kenntnisse und Qualifikationen zur Förderung nachhaltiger Entwicklung erwerben, unter anderem durch Bildung für nachhaltige Entwicklung und nachhaltige Lebensweisen, Menschenrechte, Geschlechtergleichstellung, eine Kultur des Friedens und der Gewaltlosigkeit, Weltbürgerschaft und die Wertschätzung kultureller Vielfalt und des Beitrags der Kultur zu nachhaltiger Entwicklung." [17].

Nachhaltige Entwicklung meint hierbei nach der bis heute verwendeten Definition der Brundtland-Kommission (Abbildung 3) eine „Entwicklung, die die Bedürfnisse der Gegenwart befriedigt, ohne zu riskieren, dass künftige Generationen ihre eigenen Bedürfnisse nicht befriedigen können." [18].

Der Bildungsbegriff wird durch Erziehungswissenschaftler Wolfgang Klafki als „Erschlossensein einer dinglichen und geistigen Welt [...]" [19] beschrieben. Bildungsforscher Shaul B. Robinson ergänzt um das Ziel der Handlungsfähigkeit in der erschlossenen Welt: „[...] jungen Menschen beim Hineinwachsen in ihre Umwelt behilflich zu sein, insbesondere bei dem Erwerb der Ausstattung, die ihnen zum Verhalten in der Welt vonnöten ist und die wir 'Bildung' zu nennen pflegen." [20].

Aus der Kombination dieses Bildungsbegriffs mit dem der nachhaltigen Entwicklung und unter Berücksichtigung der Dimensionen Zeit, Ort und Spezies wurde folgende eigene erweiterte Definition von Bildung für nachhaltige Entwicklung erarbeitet:

Bildung für nachhaltige Entwicklung befähigt Menschen dazu, sich die global vernetzte komplexe Welt zu erschließen, sich darin zu verorten und so zu verhalten, dass Bedürfnisse der Gegenwart befriedigt sind, ohne zu riskieren, dass Ökosysteme so beeinträchtigt werden, dass Lebewesen nachkommender Generationen und anderer Orte ihre eigenen Bedürfnisse nicht mehr befriedigen können.

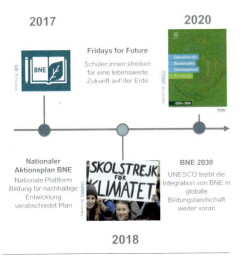

Inhalte aus den beruflichen Schulen direkt praktisch in den Ausbildungsbetrieben angewandt werden.

Auf deutscher Bundesebene werden die Ausbildungsinhalte für Ausbildungsbetriebe in den sogenannten Ausbildungsordnungen – konkreter in den darin enthaltenen Ausbildungsrahmenplänen – festgehalten. [21] Da die einzelnen Bundesländer in Deutschland überwiegend für Bildungsaufgaben zuständig sind, definieren diese auch Lehrinhalte für berufsbildende Schulen. Dennoch suchen die Länder Konsens, was eine Aufgabe der Ständigen Konferenz der Kultusminister der Länder ist. Somit sollen Mobilität gesichert, Gleichwertigkeit der Lebensverhältnisse in den Ländern gewährleistet und gemeinsame Interessen vertreten werden. [22] Demnach sind Ausbildungsordnungen und Rahmenlehrpläne aufeinander abgestimmt. [23]

BERUFLICHE BILDUNG FÜR DIE MOBILITÄTSWENDE

Zweifelsohne bedarf es Forschung und Entwicklung, welche die notwendigen Transformationen unserer Zeit vorantreibt. Dennoch darf deren praktische Umsetzung nicht vernachlässigt werden. So braucht es beispielsweise für das Gelingen der Mobilitätswende Fachkräfte, welche Ladeinfrastruktur oder Akkuwechselstationen aufbauen und warten sowie Fahrzeuge instand setzen können. Folglich wird entsprechend aus- und weitergebildetes Fachpersonal benötigt.

Im globalen Vergleich betrachtet verfügt die Bundesrepublik Deutschland mit dem sogenannten Dualen System über eine besondere und geachtete Basis der Berufsbildung. Es schließt im Regelfall an die schulische Laufbahn junger Menschen an und besteht aus dem praktischen Teil am Lernort Ausbildungsbetrieb und aus dem theoretischen Teil innerhalb der beruflichen Schulen. Dieses Zusammenspiel erfolgt in bestimmten Intervallen, wobei die Themen ineinandergreifen. Dadurch können theoretische

Doch auch dieses global geachtete System ist nicht perfekt. Hierzu muss erwähnt werden, dass die Ausbildungsordnungen bzw. Rahmenlehrpläne nicht endgültig formuliert sind. Die Welt ist im stetigen Wandel, welcher sich in den vergangenen Jahrzehnten beschleunigt hat. Vor 30 Jahren ließen sich beispielsweise in den meisten Automobilen simple Steuergeräte und Radios mit einzeiligen Displays finden. Heute verfügen Pkw über zahlreiche Sensoren, Steuergeräte und leistungsstarken Recheneinheiten. Das klassische Radio wurde zu einem mobilen Computer, welcher sich mit anderen Fahrzeugen, Geräten oder dem Internet verbinden kann. Um diesen Entwicklungen Rechnung zu tragen, werden Ausbildungsordnungen fortlaufend überarbeitet.

Die sogenannten *Neuordnungen* sind aufwändig: *Das Bundesinstitut für Berufsbildung* (BIBB) ist wissenschaftlicher Partner der Sozialpartner (Gewerkschaften und Arbeitgeberverbände) und der Bundes-regierung.

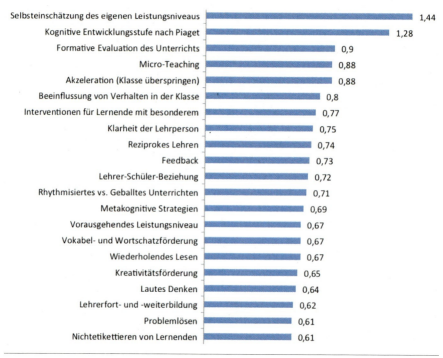

Abbildung 4 Einflussfaktoren Lernerfolg (Hattie, 2013)

Als Basis für den ersten Entwurf werden meist durch das BIBB entsprechende Forschungsprojekte durchgeführt. Daran anknüpfend nehmen die Sozialpartner Stellung zum Entwurf und der Hauptausschuss stimmt darüber ab. Dieses Konsensprinzip sorgt für die Einbeziehung von Erfahrungen aus der Praxis und soll die Akzeptanz neuer Ausbildungsordnungen stärken.

Die Schwäche dieses Vorgehens ist dessen Trägheit, welche dem heute hohen Innovationstempo und dringend notwendiger Transformationsprozesse kaum gerecht werden kann. Um eine gewisse Flexibilität für neue Entwicklungen zu gewährleisten sind zu erreichende Lernergebnisse technikoffen formuliert. [24]

Dieses Vorgehen wurde im Jahr 2016 von befragten Expert:innen (die teilweise selbst in Entwicklungen bzw. Novellierungen involviert waren) bestätigt und betont, dass bestimmte Formulierungen somit auf dem aktuellen Stand der Technik interpretiert werden können. So wurde beispielsweise bereits im Jahr 2003 die Zielstellung Mess- und Prüfarbeiten an alternativen Antrieben für den Ausbildungsberuf Kfz-Mechatroniker:in formuliert [25], was sich nicht auf eine bestimmte Antriebsart abseits der Verbrennungsmotoren bezieht und somit entsprechend der jeweiligen Antriebstechnik interpretiert werden kann.

DIE ROLLE DER LEHRENDEN IN DER BERUFLICHEN BILDUNG

Die Idee der Interpretationsoffenheit erscheint – gerade mit Blick auf die zeitaufwändigen Novellierungen der Ausbildungsordnungen – zielführend. Interpretationen können allerdings laut Definition nicht objektiv sein, woraus sich das Problem der fehlenden Vergleichbarkeit ergibt. Die Aktualität der Lehre ist demnach stark von den Lehrenden abhängig, welche die offenen und knappen Formulierungen mit Leben füllen müssen.

An der Stelle zeigt sich die zentrale Rolle der Lehrenden in beruflichen Schulen. Der generelle Einfluss der Lehrperson auf den Lernerfolg wurde in der Meta-Metastudie Visible Learning vom Bildungsforscher John Hattie unterstrichen. Basierend auf über 50.000 Einzelstudien mit Daten von ca. 250 Millionen Lernenden leitete er Einflussfaktoren und deren Effektstärke auf Lernerfolge ab. Im Ranking finden sich Einflussfaktoren mit Bezug zur Lehrperson auf vorderen Plätzen.

Lehrende an beruflichen Schulen tragen eine besondere Verantwortung, da sie nicht nur didaktisch gefordert sind, sondern auch fachlich auf dem aktuellen Stand der Technik lehren sollen. Dies stellt durch hohe Innovationsgeschwindigkeiten und stetige Verdichtung von zu vermittelnden Inhalten eine große Herausforderung dar.

BERUFLICHE BILDUNG FÜR NACHHALTIGE ENTWICKLUNG

In der heute global vernetzten Welt ergeben sich große Chancen aber auch Problemstellungen, wie bereits dargestellt wurde. Um eine nachhaltige Entwicklung voranzutreiben, müssen Bildungslandschaften so angepasst werden, dass Lernende zukunftsfähig handeln können. Für die berufliche Bildung gilt es, Inhalte von besonderer fachübergreifender Relevanz verbindlich zu verankern.

Um dieses Ziel zu erreichen, können sogenannte *Standardberufsbildpositionen* definiert werden, welche über die gesamte Ausbildungszeit mit fachspezifischen Kompetenzen verknüpft vermittelt werden und prüfungsrelevant sind.

So wurden in einer Kooperation vom *Bundesministerium für Bildung und Forschung*, dem *Bundeswirtschaftsministerium*, Arbeitnehmer- und Arbeitgeberverbänden, Ländervertretungen und dem *Bundesinstitut für Berufsbildung* die vier neuen Standardberufsbildpositionen *Umweltschutz und Nachhaltigkeit* (bspw. SDG 13 – Maßnahmen zum Klimaschutz), *Digitalisierte Arbeitswelt* (bspw. SDG 9 – Industrie, Innovation und Infrastruktur), *Organisation des Ausbildungsbetriebs, Berufsbildung sowie Arbeits- und Tarifrecht* (bspw. SDG 4 – Hochwertige Bildung) und *Sicherheit und Gesundheit bei der Arbeit* (bspw. SDG 3 – Gesundheit und Wohlergehen) erarbeitet. [26]

Standardberufsbildpositionen manifestieren die Relevanz der mit ihnen verbundenen Themenbereiche und den Anspruch, die dualen Ausbildungsberufe anzupassen. So gelten die neuen Standards für alle Ausbildungsordnungen, welche seit dem 01.08.2021 in Kraft treten. Zusätzlich soll eine Empfehlung an die Betriebe erfolgen, direkt nach den neuen Standards auszubilden und nicht auf die neuen Verordnungen zu warten. Außerdem waren bzw. sind verschiedene Qualifizierungsangebote für Ausbildende vorgesehen. [27]

Es ergeben sich allerdings mindestens zwei Fragen: Welche Verbindlichkeit lösen die Standartberufsbildpositionen bei den Ausbildenden aus und wo bzw. in welchem Maße werden diese mit den fachlichen Kompetenzen verknüpft? Warum werden Lehrende an beruflichen Schulen nicht ausdrücklich adressiert? Letzteres ist sehr wahrscheinlich mit der Zuständigkeit der Länder in Sachen Aus- und Weiterbildung der Lehrenden zu begründen. Lehrende an beruflichen Schulen dürfen nicht vergessen werden – immerhin wird über die Qualität des dualen

Ausbildungssystems an beiden Lernorten entschieden: Dem Ausbildungsbetrieb und der beruflichen Schule.

ZIELE FÜR NACHHALTIGE ENTWICKLUNG UND DEREN ZIELKONFLIKTE IN DER AUSBILDUNG VON LEHRENDEN AN BERUFLICHEN SCHULEN

Gerade mit Blick auf Klimawandel und dadurch bedingte Problemstellungen wird deutlich, dass die dringend notwendigen Transformationen so schnell wie möglich angeschoben werden müssen, um negative Auswirkungen einzudämmen. Demnach besteht auch in der Anpassung der beruflichen Bildungslandschaft sofortiger Handlungsbedarf. Standardberufsbildpositionen sind ein deutliches Signal, müssen aber mit Leben gefüllt werden und schnellstmöglich in die Lehre einfließen.

Lehrende an beruflichen Schulen haben dabei großen Einfluss auf das Gelingen einer beruflichen Bildung für nachhaltige Entwicklung. Es stellt sich die Frage, wie diese mit Zielen nachhaltiger Entwicklung und deren Zielkonflikten vertraut sind. An der Stelle setzte eine Untersuchung im Rahmen des Projektes *Circle21: Education for a Circular Sustainable Development in the 21st Century* an. Im Fokus standen (angehende) Lehrende an beruflichen Schulen für die bereits beschriebenen Kernbereiche Elektromobilität und IKT. Es sollte ermittelt werden, welche Rolle Ziele für nachhaltige Entwicklung und deren Zielkonflikte in der Ausbildung und der eigenen Lehre der (angehenden) Berufsschullehrenden spielen.

Hierfür wurde ein zweistufiges Verfahren durchgeführt. Im ersten Schritt fand eine Analyse von Modulbeschreibungen entsprechender Studiengänge in Berlin und Sachsen-Anhalt statt. Zunächst wurden die digital verfügbaren Modulhandbücher über die Suchfunktion des PDF-Leseprogramms automatisiert auf zwölf zuvor definierte Schlüsselbegriffe durchsucht. Es zeigte sich, dass das komplexe Themengebiet der Ziele für nachhaltige Entwicklung und deren Zielkonflikte über starr formulierte Begriffe nicht umfassend abgebildet werden konnte. Daher wurde die Kategorie Sonstiges hinzugefügt und die automatisierte mit der herkömmlichen händischen Inhaltsanalyse kombiniert.

Es wurden 16 Modulhandbücher auf 13 Suchbegriffe (inklusive Sonstiges) untersucht. Das entspricht 208 Feldern für summierte möglicher Treffer, welche mit Hilfe einer (teil-)automatisierten Inhaltsanalyse auf knapp 1500 Seiten ermittelt wurden.

Dabei war grundlegend festzustellen, dass Ziele für nachhaltige Entwicklung in der Ausbildung von Berufsschullehrenden in für Elektromobilität und IKT relevanten Ausbildungsberufen definitiv eine Rolle spielen. Diese konzentriert sich allerdings auf bestimmte Module, welche meist nicht verpflichtend sind und demnach nur diejenigen erreichen, die schon sensibilisiert sind. Die Adressierung von Zielkonflikten innerhalb und zwischen den Zielen für nachhaltige Entwicklung fanden sich nur an sehr wenigen Stellen wieder.

NACHHALTIGE ENTWICKLUNG AUS DREI PERSPEKTIVEN

Mithilfe der Voruntersuchung der Modulbeschreibungen konnte im ersten Schritt analysiert werden, welche Inhalte den angehenden Lehrenden während ihres Studiums vermittelt wurden. Allerdings handelt es sich hierbei lediglich um kurze theoretische Beschreibungen der Module. Was tatsächlich vermittelt wurde bzw. wird, war auf diese Weise nicht festzustellen. Daher sollten die vermittelten Inhalte und Kompetenzen im zweiten Schritt noch genauer betrachtet werden.

Zusätzlich wurde untersucht, wie (angehende) Lehrende selbst Ziele für nachhaltige Entwicklung und deren Zielkonflikte in ihre Lehre integrieren (wollen). Hierfür wurde die zuvor durchgeführte Analyse als Basis verwendet. Diese theoretische Betrachtung sollte mit der Praxis abgeglichen werden. Zu diesem Zweck wurden Leitfadeninterviews durchgeführt.

Bis Ende 2021 konnten trotz Pandemiesituation fünf ausführliche Interviews mit (angehenden) Lehrenden für Elektromobilität und IKT an beruflichen Schulen durchgeführt werden. Vier Teilnehmende waren dem Kernfach Elektrotechnik zuzuordnen, wobei sich die Zweitfächer von Sport über Mathematik bis hin zu Informationstechnik erstreckten. Eine Person hatte das Studium bereits abgeschlossen und lehrte mit Schwerpunkt Energietechnik. Vier Personen befanden sich kurz vor dem Ende ihres Studiums, wobei drei bereits lehrend tätig waren.

Der Themenkomplex der nachhaltigen Entwicklung erstreckt sich über diverse Bereiche des Lebens und eine Vielzahl von Aspekten darin. Dabei beschäftigen sich Menschen im privaten Bereich mit Themen der Nachhaltigkeit, welche mit ihren beruflichen Tätigkeiten nicht zwingend verknüpft sein müssen. Im Prozess der Erstellung des Interviewleitfadens wurde das Problem einer möglichen Vermischung von Perspektiven deutlich. Daher wurde entschieden, diese Herausforderung während der Interviews offen zu kommunizieren und die Hauptfragengruppe klar in die drei Rollen Privatperson, Studierende:r und Lehrende:r zu unterteilen.

Drei Fragen pro Fragengruppe wurden so formuliert, dass die Antworten aus den drei Perspektiven gegenübergestellt werden konnten. Die jeweils erste Frage sollte ermitteln, was die Befragten in den unterschiedlichen Rollen als nachhaltige Entwicklung definieren. In der Rolle der Privatperson konnten zwei Interviewteilnehmende für sich eine Definition für nachhaltige Entwicklung finden. Person C beschrieb sie als Genügsamkeit, bei der tatsächliche menschliche Bedürfnisse definiert werden. Person D verstand darunter den Abdruck, den Menschen auf der Erde hinterlassen, wobei dieser in Industrieländern kaum neutral sein könne.

Mobilität als Baustein der nachhaltigen Entwicklung wurde von jeweils zwei (Privat-) Personen und zwei Studierenden angesprochen, wobei ein guter ÖPNV und Fahrradfahren als Lösungsansatz genannt wurden. Das einzige Querschnittsthema aus allen drei Perspektiven war die Betrachtung von CO_2-Emissionen in Produktion, Energieerzeugung, Mobilität und Konsum.

Thematische Überschneidungen zwischen privater und studentischer Perspektive traten häufiger auf, wobei es seltener zu Schnittmengen mit der Perspektive (zukünftiger) Lehrpersonen kam. Studierende:r bzw. Person A erwähnte, dass Bildung immer deutlicher Bildung für nachhaltige Entwicklung wird und dass die Studierenden selbst ein Hebel für Lösungen wären. Diesen Hebel sahen drei der fünf Befragten aus Perspektive der Lehrperson auch bei den Lernenden an beruflichen Schulen.

"Ich bin mit meinem Unterrichtsgeschehen nicht nur für mich selbst verantwortlich, sondern eben auch maßgeblich für die Bildung von Schülerinnen und Schülern und da gewisse Impulse setzten kann, die ziemlich sicher in manchen Kreisen nicht einfach kommen." - **Person D**

Mit einer weiteren Frage für die Gegenüberstellung der drei Perspektiven wurde ermittelt, welche Ziele für nachhaltige Entwicklung den Interviewteilnehmenden privat/ studierend/lehrend begegneten. An der Stelle sei erwähnt, dass die Ziele für nachhaltige Entwicklung in einem Beiblatt vorab und im Einführungskapitel des Interviews

SDG	1	2	3	4	5	6	7	8	9
Privatpersonen	1	1	1	1	0	2	1	1	0
Studierende	1	0	2	2	1	1	2	1	2
Lehrende	0	0	2	2	1	1	4	1	1
Summen (∑)	2	1	5	5	2	4	7	3	3

Abbildung 5 Nennungen aus drei Perspektiven bezogen auf Ziele für nachhaltige Entwicklung (IBBF, 2022)

erläutert wurden und bis auf einen Fall bereits bekannt waren. Begründet mit der Vielzahl der Nennungen werden die Ergebnisse dieser Frage in Zahlenwerten innerhalb einer Matrix dargestellt (Abbildung 5).

Hierbei wurden die Nennungen pro Perspektive gezählt, deren Summen pro SDG und Perspektive ermittelt und relevante Werte grün hervorgehoben. Significante Werte sind pro SDG und Perspektive größer Zwei, da drei Nennungen bei fünf Befragten die Mehrheit darstellen. In den Summen der Ziele für nachhaltige Entwicklung sind maximal 15 Nennungen möglich, weshalb hier fünf Nennungen (ein Drittel) erwähnenswert sind.

Generell fanden fast alle Ziele für nachhaltige Entwicklung aus den jeweiligen Perspektiven heraus Erwähnung, wobei 26 Nennungen der Privatpersonen, 19 aus Perspektive der Studierenden und 17 in der Rolle der Lehrenden zu verzeichnen waren. Abnehmende Summen der SDG-Nennungen waren zu erwarten, da die Rollen themenspezifischer werden. So begegnete allen Befragten im privaten Bereich Ziel 12 (Nachhaltiger Konsum und Produktion), wobei dieses SDG aus Perspektive der Studierenden und Lehrenden nicht genannt wurde. Dennoch ergab sich für dieses Ziel eine Summe von einem Drittel der möglichen Nennungen über die drei Perspektiven.

Ein weiteres relevantes Ziel für nachhaltige Entwicklung im Privatbereich war SDG 11 (Nachhaltige Städte und Gemeinden), was in den Rollen der Studierenden und Lehrenden unterstrichen wurde und so zu einer Summe dieses Ziels von sechs Nennungen führte. Hierbei wurden Energie- und Mobilitätswende als Zielstellungen thematisiert.

Das Ziel, welches den Befragten in den drei Rollen am meisten begegnete, war SDG 13 (Maßnahmen zum Klimaschutz), mit insgesamt acht Nennungen. Vier davon wurden im privaten Bereich und jeweils zwei aus den Perspektiven der Studierenden und Lehrenden erfasst. Die Studierendenperspektiven von Person A und E brachten an der Stelle die allgemeine Klimabildung und die dringend notwendige Energiewende als relevante Themenkomplexe hervor.

ZIELKONFLIKTE INNERHALB UND ZWISCHEN ZIELEN FÜR NACHHALTIGE ENTWICKLUNG

In der letzten Frage für den Vergleich der Rollen der Interviewteilnehmenden sollten Zielkonflikte innerhalb und zwischen Zielen nachhaltiger Entwicklung dargestellt werden, die den Befragten privat/während ihres Studiums/in Ihrer Lehre begegnet sind. Zudem sollten sie beschreiben, wie sie mit diesen Zielkonflikten umgehen (wollen). Dabei wurde eine Vielzahl von Konflikten aus den drei Perspektiven heraus beleuchtet, welche den Rahmen dieser Zusammenfas-

10	11	12	13	14	15	16	17	Σ
1	3	5	4	2	2	0	1	26
1	2	0	2	1	1	0	0	19
0	1	0	2	1	0	1	0	17
2	6	5	8	4	3	1	1	62

sung deutlich übersteigen würden. Daher soll auf zwei besonders relevante Zielkonfliktbereiche eingegangen werden.

Wie im vorherigen Themenkomplex wurde auch an dieser Stelle das Ziel 13 (Maßnahmen zum Klimaschutz) am häufigsten genannt. Im Bereich der Privatpersonen wurde in drei Fällen auf das Beispiel des Reisens und damit verbundener CO_2-Emissionen eingegangen. Dabei dienten Reisen der Erholung (SDG 3) und der eigenen (interkulturellen) Bildung (SDG 4), verursachen aber gerade durch Flug- oder Schiffsreisen enorme CO_2-Emissionen, welche den Klimawandel vorantreiben. Die Befragten waren sich dieser Zielkonflikte bewusst, wobei die Aushandlung eines legitimen Maßes eine Herausforderung darstelle. So war es Hobbytaucher Person A nur schwer möglich, auf günstige Flüge in oft weit entfernte Tauchgebiete zu verzichten und Person E erreicht ihre Familie nur über den Luftweg. Beide gestatten sich in bestimmten Fällen Reisen mit dem Flugzeug, wobei sie sich selbst begrenzen. Hier stehen SDG 3 und 4 gegen SDG 13. Aus der Perspektive der Studierenden wurden CO_2-Emissionen thematisiert, welche durch die Produktion und den Transport für Elektromobilität und IKT notwendig seien. So beschrieb Person E die Herstellung von Solarzellen, wobei wieder CO_2-Emissionen entstehen und eingesetzte Chemikalien bzw. verdunstendes Wasser zur Erzeugung des Lithiumcarbonats für Akkumulatoren das Leben unter Wasser (SDG 14) und an Land (SDG 15) gefährden würden. Es stehen sich positive Effekte innerhalb der Ziele 7 (Bezahlbare und saubere Energie) und 13 (Maßnahmen zum Klimaschutz) und negative Effekte in SDGs 13, 14 und 15 gegenüber.

In der Rolle der Lehrenden wurde daran angeknüpft und von drei Personen Zielkonflikte in Energie- und Mobilitätswende dargestellt. So müsste nicht nur die Ökobilanz der Elektrofahrzeuge während der Nutzung, sondern auch inklusive der Produktion betrachtet werden. Gerade durch das Kernelement der Akkumulatoren entstünden Emissionen, welche über die Nutzungszeit im Vergleich zu Verbrennerfahrzeugen wieder ausgeglichen werden müssten. Hier stehen sich auf der Positivseite SDG 11 (Nachhaltige Städte und Gemeinden) und SDG 13 (Maßnahmen zum Klimaschutz) und SDG 13 und SDG 12 (Nachhaltiger Konsum und Produktion) gegenüber.

Der zweite zu beleuchtende Zielkonfliktbereich weist gerade durch Nennung aller Befragten ebenfalls eine besonders hohe Relevanz auf. Es handelt sich um Konflikte in Ziel 4 (Hochwertige Bildung), welches von den Interviewteilnehmenden gerade in den Rollen Studierende:r und Lehrende:r thematisiert wurde. Schon während des Studiums bestünde ein Problem darin, dass der Fokus auf der zu vermittelnden (elektrotechnischen) Theorie läge und ökologische

Betrachtungen maximal Randthemen seien. Zudem seien diese verbindlichen Inhalte generell sehr anspruchsvoll für die meisten Studierenden, wodurch kaum Platz für weitere Themen wäre. Hier stehen sich ein-zelne Aspekte innerhalb des SDG 4 gegenüber.

Ähnlich verhält es sich mit der Lehrendenperspektive, in der die Rolle der Lehrperson selbst den Zielkonflikt darstellt. So würden Lehrinhalte immer weiter komprimiert, wobei das Thema Bildung für nachhaltige Entwicklung noch hinzukommt. Da die Lehreinheiten zeitlich begrenzt sind, gehen berufsspezifische und prüfungsrelevante Inhalte vor. Dieses Dilemma sei nur schwer zu lösen.

Letztgenannter Zielkonflikt macht erneut auf das Problem der bereits erwähnten Belastung der Lehrpersonen aufmerksam. So sorge der Lehrendenmangel auch ohne zunehmend verdichtete Lehrinhalte für Überlastungen der Lehrenden und führe auch schon in der Vorbereitung zum Lehrdienst zu Frustrationen. Zudem müsse man auch als Lehrperson auf die eigene Gesundheit achten, was häufig vergessen würde. Im Sinne des SDG 4 ist es stets möglich, für die Vorbereitung der nächsten Lehreinheit noch mehr Zeit zu investieren und diese somit zu verbessern. Wenn dabei allerdings die eigene Ernährung, Bewegung oder Entspannung vernachlässigt würden, könne man langfristig nicht mehr angemessen lehren. Es stehen sich Aspekte der SDGs 4 und 3 (Gesundheit und Wohlergehen) gegenüber.

Die Thematisierung von Zielkonflikten in der eigenen Lehre sei generell schwierig, da man hier meist nur mit der eigenen Meinung argumentieren könne. Für eine angemessene Einbettung bräuchte es entsprechende Informationen, gute Vorbereitung und Selbstbewusstsein. Man müsse die Klassen für solche Diskussionen gut kennen und über eine gewisse Mediator:innenkompetenz verfügen. Daher würden Lehrende Konflikte eher scheuen. Mit der notwendigen Sicherheit in der Konzeptionierung könnten Zielkonflikte verknüpft mit Fachinhalten eingebaut werden. Zudem wurden verbindliche Anweisungen von der Leitungsebene zur entsprechenden Überarbeitung der Lehrpläne als einen Hebel gesehen.

ERKENNTNISSE AUS DEN INTERVIEWS

Durch die Interviews wurde die Vermutung bestätigt, dass sich die drei Rollen Privatperson, Studierende:r und Lehrende:r nicht immer klar trennen lassen und sich gegenseitig beeinflussen. Gelehrt wird nicht nur im Klassenzimmer und persönliche Einstellungen werden teilweise hereingetragen.

Grundsätzlich waren sich die fünf Interviewteilnehmenden als Privatpersonen der aktuellen globalen Problemstellungen und notwendigen Transformationen bewusst. Sie thematisierten unterschiedliche Ziele für nachhaltige Entwicklung insbesondere um die SDGs 11 (Nachhaltige Städte und Gemeinden), 12 (nachhaltiger Konsum und Produktion) und 13 (Maßnahmen zum Klimaschutz). Dabei wurden prominente Themen wie Vermeidung von Flugreisen, tierproduktarme Ernährung, Vermeidung von *Fast Fashion* und Abkehr von Verbrennungsmotoren angesprochen. Darüber hinaus wurde Ressourceneinsatz im Bau und in der IKT-Branche in Verbindung mit Produktlebenszyklen kritisiert und eine echte Kreislaufwirtschaft gefordert. Daran anknüpfend wurden unterschiedliche Zielkonflikte sichtbar gemacht, welche meist mit Negativeffekten in SDG 13 (Maßnahmen zum Klimaschutz) und 12 (Nachhaltiger Konsum und Produktion) in Verbindung standen.

In der Ausbildung der Lehrenden für Elektromobilität und IKT wurden überwiegend Ziele für nachhaltige Entwicklung beschrieben, welche eher mit den Universitäten selbst als mit den Lehrinhalten zu tun hatten.

Gerade dieser Fakt ist aufschlussreich und zeigt, dass Universitäten als Lernorte selbst eine Verantwortung haben und sich entsprechend der nachhaltigen Entwicklung ausrichten müssen. Angehende Lehrende und andere Studierende werden natürlich durch fachliche Inhalte innerhalb der Lehrveranstaltung sensibilisiert, können aber offensichtlich zusätzlich über bezahlbare nachhaltige Speisen in der Mensa, Lebensmittelrettungsaktionen oder Aktionen für Geschlechtergerechtigkeit erreicht werden.

Zudem kamen die Befragten vereinzelt auch mit fachlichen Inhalten in Berührung, welche sich vornehmlich im Bereich der Energiewende verorten ließen. Es wurde allerdings kritisiert, dass Ziele für nachhaltige Entwicklung und gerade damit verbundene Zielkonflikte meist nur in optionalen Modulen zu finden seien und vorrangig technische Betrachtungsweisen im Fokus stünden. Diese Aussagen lassen sich mit den Ergebnissen der Voruntersuchung der entsprechenden Modulbeschreibungen bestätigen. So würde es meist um technische Optimierungen gehen, und nicht um die eigentliche Ermittlung und Deckung der Bedürfnisse. Es wird nicht nach dem besten Mobilitätskonzept gefragt, sondern nach dem besten Automobil.

„Wir machen es, weil wir es können, aber ist das Grund genug?" - **Person C**

Ähnlich verhielt es sich laut den Befragten in ihrer Rolle als Lehrende. In ihren bisherigen Einsätzen als Lehrpersonen und den dazugehörigen Vorbereitungen läge der Fokus stets auf fachlichen Inhalten, welche zunehmend verdichtet würden. Dabei müsse an den Schulen gewichtet werden, was in der Praxis in den Unternehmen heute gebraucht wird und was den Lernenden für die Prüfungen vermittelt werden muss. Bildung für nachhaltige Entwicklung sei für viele Lehrende ein wichtiges Thema, konkurriere allerdings mit den fachlichen Inhalten.

„Und wenn man dann immer noch andere Themen mit reinnimmt, wie die Nachhaltigkeit und dazu Diskussionen, die ja nicht zum Stundenthema führen, sondern das Allgemeinwissen und die Reife der Persönlichkeit betrifft, die muss ja da auch irgendwo mit rein. Da wird ja die Zeit nicht angehalten. Das muss ja alles in die 90 Minuten mit rein. Wir würden gerne runder beschulen aber das passt irgendwie nicht richtig mit dem Konflikt der Zeit." - **Person A**

Hinzu komme die Überlastung der Lehrpersonen durch Lehrendenmangel und hohe Krankheitsraten. Man könne die eigene Vorbereitung zwar stets optimieren und versuchen, Bezüge zu Zielen nachhaltiger Entwicklung herzustellen, benötige dafür aber Zeit und dürfe sich selbst nicht überarbeiten. So zeigen die Ergebnisse der Interviews, dass Lehrende sich sogar mit Zielkonflikten innerhalb und zwischen Zielen für nachhaltige Entwicklung auseinandersetzten, aber ihnen fehle Zeit und fachliche Sicherheit für die Integration in die eigene Lehre.

Es bräuchte zudem klare Signale der Leitung für die Integration von Zielen für nachhaltige Entwicklung in alle Fächer, Raum für die Weiterbildung der Lehrenden in dem Bereich und Zeit für entsprechende Diskussionen in den Lehreinheiten. Ziele nachhaltiger Entwicklung und deren Zielkonflikte spielen in Ausbildung und Lehre von (angehenden) Lehrenden für Elektromobilität und Informations- und Kommunikationstechnik eine untergeordnete Rolle, was durch Zeitmangel und Überlastung intensiviert wird. Dies führt zu einer Vernachlässigung eines Leitbildes, welches über die überfachliche Standardberufsbildposition Umweltschutz und Nachhaltigkeit seit August 2021 an Verbindlichkeit zugenommen hat.

„Thema Nachhaltigkeit muss verpflichtend in jedem Unterricht stattfinden." - **Person B**

BERUFLICHE WEITERBILDUNG FÜR NACHHALTIGE ENTWICKLUNG

Es war festzustellen, dass Ziele für nachhaltige Entwicklung und deren Zielkonflikte in Ausbildung und Lehre von Lehrenden für Elektromobilität und Informations- und Kommunikationstechnik teilweise abgebildet, aber durch Verdichtung der fachlichen Inhalte und generellem Mangel an zeitlichen Ressourcen vor und während der Lehreinheiten nachrangig behandelt werden. Es zeigten sich generelle Problemstellungen, die von Forschenden aufgezeigt werden können, aber als gefestigte Strukturen nur schwer zu beeinflussen sind. Lehrinhalte an Universitäten hingegen können mit den entsprechenden Schlüsselpersonen diskutiert werden.

Ein weiterer möglicher Hebel offenbarte sich in Aussagen der Befragten zum Thema der Zielkonflikte aus Perspektive der Lehrenden. So sei Thematisierung von Zielkonflikten in der eigenen Lehre schwierig, da man hier meist nur mit eigener Meinung argumentieren könne. Daher würden Lehrende häufig Konflikte scheuen.

"Lehrerinnen und Lehrer bewegen sich zeitweise auf dünnem Eis, wenn sie sich auf solche Diskussionen einlassen. Gerade wenn sie nicht auch selber gut informiert sind."
- Person D

Zudem wurde in den Interviews erhoben, ob die Befragten zum damaligen Zeitpunkt bereits an Weiterbildungsangeboten zu Elektromobilität und IKT teilgenommen hatten und ob Ziele für nachhaltige Entwicklung und deren Zielkonflikte darin thematisiert worden sind. Lediglich eine Person hatte zum Zeitpunkt des Interviews an einem Weiterbildungsformat zu nachhaltiger Entwicklung teilgenommen, wobei dort die Schnittmenge mit Elektromobilität und IKT gering war. Weiterbildungsangebote zu Zielkonflikten in dem Themenbereich hatte keine der befragten Personen wahrgenommen bzw. auch keine Kenntnis von solchen Formaten. Diese Aussagen deckten sich mit den Rechercheergebnissen in Vorbereitung des Projektes Circle21.

BERUFLICHES WEITERBILDUNGSANGEBOT FÜR NACHHALTIGE ENTWICKLUNG

Bedarfe an Weiterbildungsangeboten zu Zielen nachhaltiger Entwicklung und deren Zielkonflikten in der digital vernetzten Elektromobilität wurden sowohl über Inhaltsanalyse der Modulbeschreibungen als auch die Interviews identifiziert. Folgerichtig wurden im Rahmen des Projektes Circle21 Weiterbildungsformate für (angehende) Lehrende an beruflichen Schulen entwickelt.

Hierfür wurde ein didaktisches Konzept entwickelt und getestet, welches aus einem eher theoretischen und einem praktischen Teil besteht. Zunächst werden Lehren aus der Historie von Elektromobilität und IKT gezogen und damit verbundene mögliche Vor- und Nachteile diskutiert. Elektromobilität wird über unterschiedliche Aspekte näher betrachtet und ein Vergleich zwischen Aufbau von Elektrofahrzeugen und Verbrennerfahrzeugen hergestellt. Dies führt zum Schwerpunktthema des Weiterbildungsangebots: Umgang mit Rohstoffen. Wie bereits benannt, entfallen in Elektrofahrzeugen bestimmte Baugruppen und somit Rohstoffbedarfe, wobei an anderen Stellen andere Rohstoffe in größeren Mengen benötigt werden. Durch das mögliche Verschmelzen der Fahrzeuge mit IKT können sich diese Verschiebungen intensivieren.

Deshalb werden *Smartphones* in dem Konzept als Beispiel für IKT genutzt. Sie verbinden nicht nur diverse Aspekte des Themenbereiches auf kompakte Weise, sondern sind sehr stark verbreitet und somit für Teilnehmende greifbar.

> *„Das Thema Smartphone und E-Mobilität wären vielleicht die besten Beispiele, um das Bewusstsein zu fördern."* - Person C

Anhand des Aufbaus von Smartphones werden Baugruppen und dafür benötigte Rohstoffe dargestellt, wozu neben Kunststoffen und Glas und Keramik auch (seltene) Metalle und seltene Erden zählen. Daran anknüpfend wurde beleuchtet, welche ökologischen, sozialen und ökonomischen Problemstellungen sich aus Rohstoffabbau und Produktion und Entsorgung der Geräte ergeben. Nach der Beschreibung von Problemen werden Ziele für nachhaltige Entwicklung als umfassender Lösungsansatz hergeleitet. Hierfür wird zunächst ein gemeinsames Verständnis für den Begriff der nachhaltigen Entwicklung hergestellt, wobei historische Meilensteine und Modelle zum Einsatz kommen. Auf dieser Basis werden Ziele für nachhaltige Entwicklung und speziell das SDG 4 (Hochwertige Bildung) beleuchtet.

Im Rahmen des Weiterbildungsangebots wird auch der Begriff des Zielkonflikts hergleitet. Hier sollen sich Teilnehmende über eigene Beispiele (auch aus privater Perspektive) annähern. Darauf folgt eine Übung, in der die Teilnehmenden gruppenweise Zielkonflikte in Elektromobilität und IKT identifizieren und beschreiben.

MODULARITÄT UND KREISLAUFFÄHIGKEIT

Zentrales Thema der Zielkonflikte der digital vernetzten Elektromobilität ist der Umgang mit dafür notwendigen Rohstoffen und damit verbundenen Problemstellungen. Der Abbau von seltenen Erden und Metallen und die Produktion und Entsorgung verursachen Negativauswirkungen auf Ökosysteme und deren Bewohnende.

Abbildung 6 Sprengbild Shiftphone
(Shift GmbH, 2020)

Als Lösungsansätze werden den Teilnehmenden Modularität und Kreislauffähigkeit vorgestellt. Modularität bezeichnet hierbei die Möglichkeit, bestimmte Baugruppen eines Produkts möglichst unkompliziert austauschen zu können. Anhand des Beispiels der Smartphones der *Shift GmbH* wird der Aufbau modularer IKT erläutert (Abbildung 6). Die sogenannten Shiftphones sind nach Reparaturstatistiken konzipiert, wodurch häufig defekte Module leicht ausgetauscht werden können. So ist der Akku des Geräts gänzlich ohne Werkzeug zu wechseln und für den Austausch der Displayeinheit benötigt man lediglich den mitgelieferten T3-Torx-Schraubendreher. Was bei den größeren Herstellern nicht möglich ist oder sogar aktiv verhindert wird, kann hier durch alle Nutzenden durchgeführt werden. Die Ersatzteilversorgung und Unterstützung bei schwierigen Fällen wird von der Shift GmbH gewährleistet. Auf diese Weise können Shiftphones deutlich länger als die bereits erwähnten 18 Monate genutzt werden. Zudem bietet das Unternehmen Upgrade-Optionen an.

Ist ein Gerät oder sind bestimmte Module nicht mehr zu reparieren, werden sie ge-

Abbildung 7 Technischer Kreislauf (Eigene Darstellung nach Cradle to Cradle e.V., 2018)

sammelt, Rohstoffe extrahiert und in die Produktion zurückgeführt. Voraussetzung dafür ist die Kreislauffähigkeit der Produkte. Der Ansatz muss bereits bei der Konzeption von Geräten berücksichtigt werden, damit Rohstoffe nach der Nutzung unkompliziert zurückgewonnen werden können.

Die Shift GmbH schafft an der Stelle über ein Rohstoffpfand Bewusstsein für den Wert der verbauten Ressourcen und zusätzlich einen Anreiz zur Rückgabe gänzlich defekter Geräte. Durch dieses Vorgehen wird der sogenannte *Technische Kreislauf* (Abbildung 7) geschlossen und es müssen keine bzw. nur sehr wenige Rohstoffe hinzugekauft werden.

Durch Kombination von Modularität und Kreislauffähigkeit wird den Teilnehmenden aufgezeigt, dass Zielkonflikte nie ganz vermeidbar, aber abbaubar sind, und dass Vorteile bestimmter Produkte mit so wenig Nachteilen wie möglich zu erreichen sind.

DIGITALE UNTERNEHMENSBESICHTIGUNG

Während des ersten Testlaufs des Weiterbildungsangebots im Sommersemester 2021 bestand eine Herausforderung in der pandemischen Lage und den daraus folgenden Kontaktbeschränkungen. Demnach musste die Unternehmensbesichtigung des Standortes der Shift GmbH im hessischen Falkenberg mit Hilfe eines Videokonferenz-Werkzeugs durchgeführt werden. Gründer und Geschäftsführer Samuel Waldeck nahm die angehenden Lehrenden mit auf einen Rundgang, wobei er selbst die Motivation und Entstehung der Shift GmbH beleuchtete.

Im zweiten Teil stellte der Leiter der Konstruktionsabteilung Daniel Rauh das Konzept *Design nach Reparaturstatistik* und die Vision *Universal Computing* (Smartphone als Recheneinheit für Tablet/Laptop) vor. Anschließend zeigte Ingenieur Roman Höpfner die Reparaturabteilung. Mikroelektronik-Experte Meyooki Suting demonstrierte darin die Displayreparatur und der Auszubildende Marwan Qasm Sleman Al-Ali führte eine Repa-

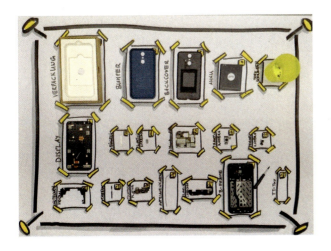

Abbildung 8 Module auf Tischunterlage (IBBF, 2021)

ratur am Display-Verbinder durch, welche für Nutzende selbst nicht einfach möglich wäre. Abschließend beantwortete das Shift Team Fragen der angehenden Lehrenden.

Durch die Einblicke und Antworten im Rahmen der digitalen Unternehmensbesichtigung sollte verdeutlicht werden, dass es sich bei Modularität und Kreislauffähigkeit nicht nur um theoretische Lösungsansätze handelt, sondern dass diese bereits verwirklicht werden. Ein Videomitschnitt der Besichtigung ist über die Projektwebseite Circle21 auf https://ibbf.berlin/projekte verfügbar.

REPARATURFÄHIGKEIT PRAKTISCH ERFAHREN

Um die Konzepte der Modularität und Kreislauffähigkeit noch unmittelbarer erfahrbar zu machen, wurden im Rahmen des Projektes zehn Shiftphones mit entsprechendem Werkzeug angeschafft. Innerhalb der Testläufe der Weiterbildungsformate konnten die Teilnehmenden daran in Gruppen Aufgaben durchführen und diese reflektieren.

Zunächst sollten die (angehenden) Lehrenden die Geräte schrittweise demontieren und wieder zusammensetzten. Hierfür wurde eine entsprechende (De-)Montageanleitung und eine Tischunterlage zur Unterstützung erstellt (Abbildung 8).

Darauf aufbauend sollten die Teilnehmenden mit Hilfe einer Checkliste unterschiedlich komplexe Fehler der Geräte identifizieren und beheben. Die zuvor installierten defekten Module reichten von tiefenentladenen Akkus über defekte Ohrhörer bis hin zu defekten Power-Buttons. Bestimmte Defekte stellten Herausforderungen dar, wobei sich alle Teilnehmenden trauten, Hand an die filigranen Geräte zu legen und schlussendlich waren fast alle Shiftphones wieder einsatzbereit.

KONZEPTIDEEN FÜR BERUFLICHE LEHRE

Durch die digitale Unternehmensbesichtigung und den *Hands-on-Teil* sollten die zuvor eher theoretischen Inhalte der Weiterbildungsformate verstetigt und praktisch erfahrbar gemacht werden.

Davon inspiriert entwickelten die Teilnehmenden selbst Ideen für den Umgang mit Zielen für nachhaltige Entwicklung und deren Zielkonflikten für ihre (zukünftige) Lehre an beruflichen Schulen. Diese wurden vorgestellt und diskutiert. Dabei entstanden Ideen um Rohstoffanalysen von Smartphones, Reparierbarkeit und Modularität von E-Scootern, und eine Gruppe entwarf einen Online-Selbstlernkurs um den gesamten Themenkomplex.

SCHLUSSFOLERUNGEN FÜR BERUFLICHE (WEITER-)BILDUNG FÜR NACHHALTIGE ENTWICKLUNG – B(W)BNE

Im Rahmen des Projektes Circle21 - Education for Circular Sustainable Development in the 21st Century wurden die Inhalte der Ausbildung von Lehrenden an beruflichen Schulen für digital vernetzte Elektromobilität untersucht. Dabei zeigte sich, dass Ziele für nachhaltige Entwicklung eher in optionalen Modulen abgebildet werden. Die Thematisierung von Zielkonflikten innerhalb und zwischen SDGs findet selten bis gar nicht statt.

Über Interviews mit (angehenden) Lehrenden konnte diese Erkenntnis bestätigt werden. Zudem wurde eine Diskrepanz zwischen den Perspektiven der Befragten als Privatpersonen und als Lehrpersonen deutlich. So waren sich die Interviewteilnehmenden der Relevanz von Zielen für nachhaltige Entwicklung bewusst und wollten entsprechende Inhalte vermitteln. Allerdings steht dieser Wunsch in zeitlicher Konkurrenz mit ohnehin stark verdichteten fachlichen Inhalten. An der Stelle bräuchte es eine höhere Verbindlichkeit des Themenkomplexes und klare Positionen der Leitungsebene.

Zielkonflikte innerhalb und zwischen SDGs zu adressieren, stelle laut den (angehenden) Lehrenden eine besondere Herausforderung dar. Die hohe Komplexität des Themas und schwer überschaubare Wirkungszusammenhänge sorgen für Unsicherheiten. Wenn Lehrende sich auf einem Gebiet nicht sicher genug fühlen, wird es meist nicht behandelt. Zudem fehle es an entsprechenden frei zugänglichen Bildungsmaterialen.

An der Stelle knüpft das Weiterbildungskonzept von Circle21 an, welches Problemstellungen aufzeigt und Lösungsansätze praktisch erfahrbar macht. Der erste Testlauf fand im Rahmen der vertiefenden Lehrveranstaltung *Energie- und Elektrotechnik* für angehende Lehrende im Sommersemester 2021 beim Projektpartner, der *Technischen Universität Berlin*, statt. Dies eröffnete die Möglichkeit, ein Format über 12 Termine ausführlich zu testen und Erkenntnisse zu gewinnen. Trotz der Herausforderungen der damaligen Pandemiesituation verlief die Lehrveranstaltung erfolgreich. Die angehenden Lehrenden nahmen bis auf wenige Ausnahmen sehr aktiv an den Diskussionen und Zwischenpräsentationen teil.

Besonders gute Rückmeldungen gab es für den Hands-on-Teil mit den Shiftphones, welcher in der Pandemie-Situation über ein Rotationsverfahren der Geräte zwischen den Gruppen realisiert wurde. Durch unterschiedlich ausgeprägte Vorerfahrungen mit Reparaturen von technischen Geräten kam es vereinzelt zu Zweifeln an den eigenen Fähigkeiten. Umso größer war schlussendlich die positive Erfahrung der Selbstwirksamkeit durch erfolgreiche (De-)Montage und Reparaturen. Darauf aufbauend konnten die Studierenden spannende eigene Umsetzungsideen für ihre künftige Lehre entwickeln.

Die umfassenden Erkenntnisse des ersten Testlaufs wurden dazu genutzt, das Weiterbildungsformat zu optimieren. Für einen zweiten Durchgang war ein kürzeres Format für internationale Teilnehmende vorgesehen. Dabei unterstützte ein Experte für berufliche Bildung aus *Litauen*, der ebenfalls dem Projektkonsortium angehörte. Durch die Pandemie-Situation und den Krieg in der Ukraine musste der für das Frühjahr geplante Transfer über eine Universität in Litauen, welche Lehrende an beruflichen Schulen ausbildet, auf den Sommer 2022 verschoben werden.

Durch den Besuch einer Delegation von Lehrenden und beruflichen Bildungsakteur:innen aus den *Palästinensischen Gebieten* kam es dennoch zu einem Testlauf mit internationalen Teilnehmenden. Dafür wurde das Weiterbildungsformat ins Englische übersetzt und auf zwei Tage mit insgesamt neun Stunden gekürzt. Durch regionale und kulturelle Unterschiede zu Deutschland war der Austausch zu Zielen nachhaltiger Entwicklung und Zielkonflikten für beide Seiten sehr erkenntnisreich. So ist Elektromobilität in den Palästinensischen Gebieten noch deutlich weniger verbreitet als in Deutschland, wobei Solarthermie als Baustein der Energiewende bereits seit Jahren etabliert ist.

Schlussendlich ist festzustellen, dass das Thema der Bildung für nachhaltige Entwicklung global und auch national an Fahrt aufnimmt. Berufliche Bildung muss darin aber auch generell mehr Bedeutung beigemessen werden, da es für die dringend notwendigen Transformationsprozesse Fachkräfte zur Umsetzung braucht. Die neuen Standardberufsbildpositionen sind dafür ein starkes Signal, aber nicht die Universallösung.

Lehrende an beruflichen Schulen stellen einen großen Hebel dar und müssen darin unterstützt werden, sich selbst und ihre Lehre weiterzuentwickeln. Hierfür leistet das von der *Deutschen Bundesstiftung Umwelt (DBU)* geförderte Projekt Circle21 einen ersten Beitrag. Das optimierte Weiterbildungsangebot zu Zielen für nachhaltige Entwicklung und deren Zielkonflikten in der digital vernetzten Elektromobilität wird über einen *Instrumentenkoffer* verstetigt. Dieser beinhaltet nicht nur frei nutzbare Folien zur Vorbereitung der Lehreinheiten, sondern auch zehn modulare und kreislauffähige Shiftphones mit entsprechenden Werkzeugen, defekten Modulen und (De-)Montageanleitungen. Der Koffer ist im *Institut für betriebliche Bildungsforschung (IBBF)* ausleihbar.

LITERATUR

1 Adams, Stephen (2012): Obesity killing three times as many as malnutrition. https://www.telegraph.co.uk/news/health/news/9742960/Obesity-killing-three-times-as-many-as-malnutrition.html, abgerufen am 23.02.2020.

2 Duden (2022): Zielkonflikt. https://www.duden.de/rechtschreibung/Zielkonflikt, abgerufen am 21.12.2021.

3 Kerkow, Uwe, et al. (2012): Vom Erz zum Auto, S. 12.

4 Brot für die Welt (2018): Lithium, das weiße Gold. https://info.brot-fuer-die-welt.de/blog/lithium-weisse-gold, online abgerufen am 02.03.2021.

5 Boddenberg, Sophia (2022): Lithiumabbau für E-Autos raubt Dörfern in Chile das Wasser. https://www.dw.com/de/zunehmender-lithium-abbau-verst%C3%A4rkt-wassermangel-in-chiles-atacama-w%C3%BCste/a-52039450, online abgerufen am 15.02.2022.

6 Silver, Laura; Taylor, Kyle (2019): Smartphone Ownership Is Growing Rapidly Around the Wort, but Not Always Equally, S. 9.

7 Statista (2019): Endkundenabsatz von Smartphones weltweit von 2007 bis 2018. https://de.statista.com/statistik/daten/studie/12856/umfrage/absatz-von-smartphones-weltweit-seit-2007/, abgerufen am 20.09.2021.

8 Verbraucherzentrale Nordrhein-Westphalen (2020): Rohstoffabbau schadet Umwelt und Menschen. https://www.verbraucherzentrale.nrw/wissen/umwelt-haushalt/nachhaltigkeit/rohstoffabbau-schadet-umwelt-und-menschen-11537, abgerufen am 09.05.2021.

9 Chan, Jenny (2011): iSlave. New Internationalist. https://newint.org/features/2011/04/01/islave-foxconn-suicides-workers/, abgerufen am 05.05.2021.

10 Höfner, Anja; Frick, Vivian (2019): Was Bits und Bäume verbindet, S. 32.

11 Baldé, Cornelis et al. (2017): The Global E-waste Monitor: Quantities, Flows, and Resources 2017, S. 20.

12 Höfner, Anja; Frick, Vivian (2019) Was Bits und Bäume verbindet, S. 24-28.

13 Handke, Volker (2019) Recycling im Zeitalter der Digitalisierung, S. 22.

14 Löhle, Stefan et al. (2018) Analyse der Datenerhebungen nach ElektroG u. UStatG über das Berichtsjahr 2015 zur Vorbereitung der EU-Berichtspflichten 2017. UBA Texte 43/2018.

15 Weigsamer, Florian; Krönes, Christian (2018): Welcome to Sodom.

16 Naturschutzbund Deutschland (NABU) e.V.

17 Vereinte Nationen (2015): Transformation unserer Welt: die Agenda 2030 für nachhaltige Entwicklung, S. 18.

18 Hauff, Volker (1987): Unsere Gemeinsame Zukunft. Der Brundtland-Bericht der Weltkommission für Umwelt und Entwicklung.

19 Klafki, Wolfgang (1975): Studien zur Bildungstheorie und Didaktik, S. 75.

20 Zimmer, Jürgen (2018): Mein Shaul Benjamin Robinson, S. 8. http://www.robinsohn-stiftung.de/.cm4all/iproc.php/Grundlagentexte/, abgerufen am 12.09.2021.

21 Bundesinstitut für Berufsbildung (2017): Ausbildungsordnungen und wie sie entstehen, S. 12.

22 Kultusministerkonferenz (2020): Aufgaben der Kultusministerkonferenz. https://www.kmk.org/kmk/aufgaben.html, abgerufen am 25.07.2021.

23 Bundesinstitut für Berufsbildung (2017): Ausbildungsordnungen und wie sie entstehen, S. 13.

24 Bundesinstitut für Berufsbildung (2017): Ausbildungsordnungen und wie sie entstehen, S. 24.

25 Wolter, Christoph (2016): Digitale Kompetenzen in Ausbildungsberufen der Elektromobilität, S. 26. https://ibbf.berlin/assets/images/Dokumente/BA%20Digitale%20Kompetenzen%20Wolter_final%20%28002%29.pdf, abgerufen am 11.04.2021.

26+27 Bundesministerium für Bildung und Forschung (2020): Karliczek: Digitalisierung und Nachhaltigkeit künftig Pflichtprogramm für Auszubildende. https://www.bmbf.de/de/karliczek-digitalisierung-und-nachhaltigkeit-kuenftig-pflichtprogramm-fuer-auszubildende-11049.html, abgerufen am 03.09.2021.

TRANSFORMIERENDES ARBEITEN UND LERNEN

Christine Schmidt,
Institut für Betriebliche Bildungsforschung IBBF

Dieser Artikel beschäftigt sich mit dem für die vernetzte Energie- und Mobilitätswende nötigen Systemwissen und dazugehörigen Kompetenzen. Zudem, widmet er sich den Fragen, warum das Anthropozän diese Art Wissen erfordert, welche Aspekte dazugehören und welche Ziele damit erreicht werden sollen. Außerdem beschreibt der Beitrag, wie Systemkompetenzen aufbaubar sind und gibt einen Ausblick darauf, wie diese in die berufliche Bildung integriert werden können.

1. ANTHROPOZÄN - DAS MENSCHENZEITALTER

Die gegenwärtige Erdepoche wird als s.g. Anthropozän (Menschenzeitalter) bezeichnet, um zu verdeutlich, dass Menschen die Erdsysteme und damit Lebensbedingungen maßgeblich beeinflussen. So zeigen sich heute vielfältige Erfolge gewollter menschengemachter Veränderungen, wie eine im Durchschnitt deutlich bessere Bildung, Gesundheit und Lebensqualität aber zunehmend auch unbedachte und fahrlässig ignorierte, existenziell bedrohliche Konsequenzen unseres Tuns.[1]

Mit dem wissenschaftlichen Modell der Planetaren Grenzen (siehe Abb. 1) wird vereinfacht dargestellt, dass mehrere Erdsysteme bereits gefährdet sind (gelb) oder sich sogar außerhalb der planetaren Belastungsgrenze befinden (orange). Die eingezogenen Linien markieren Messwerte, welche sogenannte Kipppunkte markieren, an denen die Gefahr besteht, dass neue Zustände entstehen und eine Rückkehr zu den vorherigen unmöglich werden. Davon sind Bio- und Geosphäre betroffen, jedoch verschieden intensiv.[2]

So übersteigt inzwischen die von Menschen gebaute Technosphäre die globale Masse

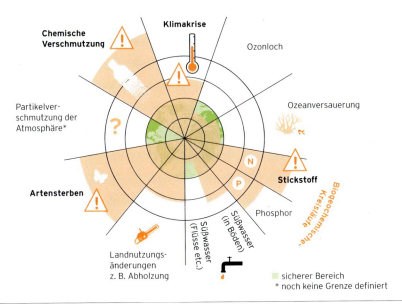

Abbildung 1 Planetare Grenzen (Eigene Darstellung basiert auf Persson et al., 2022; Steffen et al., 2015)

der Biosphäre. Der fruchtbare Boden wird durch industrielle Landwirtschaft degradiert, erodiert und wird überbaut. Es wurde nachgewiesen, dass chemische Verschmutzung nicht rückholbar alles Leben durchdringt, die Stickstoffkreisläufe und Integrität der Biosphäre so massiv gestört sind, dass dafür errechnete planetare Grenzen überschritten wurden.[3]

Bekanntere und deshalb öffentlich auch bereits intensiver diskutierte Krisen wie die des Klimas, Kriege und Pandemien bedrohen und beenden menschliches und anderes Leben in der Biosphäre ebenso. Allerdings scheint es für das Überleben der Arten wie der Menschheit als Ganzes, in diesen Zusammenhängen und nach aktuellem Kenntnisstand noch Adaptions-, Lösungs- und weitere Reaktionsmöglichkeiten zu geben, wenn auch mit schrumpfenden Zeitfenstern.[4]

Mit den anstehenden Transformationen muss es uns also gleichzeitig gelingen vorhandene Existenzgrundlagen zu verstehen, und unsere Wirtschaftstätigkeiten anzupassen. Hierbei ist wichtig, dass die Veränderungsprozesse effektiv ausgerichtet werden, indem besser als nur ressourcenerhaltend gewirtschaftet wird. Dieses Vorgehen wird zwar zu den Zielen nachhaltiger Entwicklung beitragen, die sich die Vereinten Nationen für das Jahr 2030 gegeben haben. Doch damit würden wir weit hinter unseren Möglichkeiten bleiben. Bei den derzeitigen Bildungs-, Forschungs- und Entwicklungsmöglichkeiten können wir unseren Nachfahren die Erde in besserem Zustand übergeben als denjenigen, den die bisherige Wirtschaftsweise verursachte.

Wir können und müssen Wirtschaftsweisen etablieren, die den Erdsystemen zuträglich sind, menschliche Bedürfnisse befriedigen und negativen Folgen bisherigen Wirtschaftens begleichen. Wir müssen diesen Anspruch jedoch so positiv und umfassend wie möglich formulieren, um unsere heute vorhandenen Möglichkeiten der Einflussnahme darauf auszurichten.

2. GELINGENSBEDINGUNGEN FÜR BESSERE, ZUKÜNFTIGE ENTWICKLUNGEN

Die erste Bedingung für solch positive Transformationen ist, passende Ziele zu formulieren. Die 2015 von den Vereinten Nationen für das Jahr 2030 gefassten Nachhaltigkeitsziele Sustainable Development Goals (SDG)s sind zwar wichtig aber als politischer Konsens nicht ausreichend, um unsere Lebensgrundlagen zu erhalten. Einige Details sind dazu im vorhergehenden Artikel von Christoph Wolter enthalten (siehe Seiten 200 - 222).

Zweite Gelingensbedingung für die oben beschriebenen multiplen Anpassungsaufgaben ist, anzuerkennen, dass wir konstruktive Paradigmen brauchen und destruktive der Geschichte überlassen müssen. Effizienz ist ein Paradigma, das in die Sackgasse linear organisierter Wertstoffvernichtung führte, zur Bedrohung der Erdsysteme und unserer Existenz beigetragen hat und noch weiter beiträgt. Damit zusammenhängende Reboundeffekte sind wissenschaftlich verstanden und beschrieben. In der Praxis werden sie jedoch nicht ausreichend berücksichtigt.[5]

Passende Ziele und Paradigmen berichten und diskutieren u.a. seit dem Jahr 2014 die Teilnehmenden der jährlich stattfindenden Cradle-to-Cradle-Konferenzen unter dem Motto „Love your Footprint!". Diese Aufforderung, positiv zu den Erdsystemen beitragen zu wollen, ist nach Einschätzung der Autorin ein geeignetes Leitbild und -motiv.[6]

Die Dritte Bedingung um nötige Veränderungen passend zu gestalten ist, Abhängigkeiten der menschengemachten Systeme von den Erdsystemen zu klären:

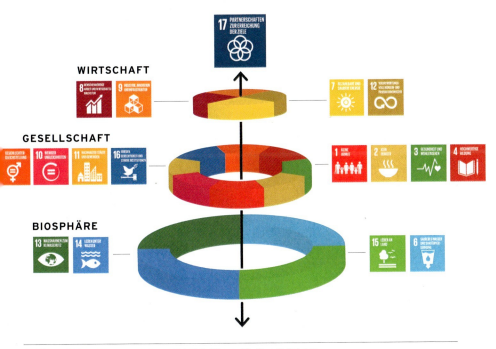

Abbildung 2 Beziehungsmodell der UN-Ziele für nachhaltige Entwicklung (Eigene Abbildung nach Jerker Lokrant/Azote, 2016)

Die Wirtschaft braucht für ihre Tätigkeit, inklusive der Umsetzung ihrer Nachhaltigkeitsziele sowohl Menschen, als auch soziale Gesellschaftsstrukturen und alle Erdsysteme. Menschliche Gesellschaften sind ebenso vollständig abhängig von allen Erdsystemen. Gleichzeitig sind die Gesellschaften heute in der Lage und verpflichtet die Rahmenbedingungen für angemessene Wirtschaftsweisen zu gestalten.

Viertens ist zirkuläres Wirtschaften nach Cradle-to-Cradle-Produkt-Design-Standard (C2C) erforderlich. Das Modell dazu wurde in den 1990-er Jahren entworfen und wird ständig weiterentwickelt. Es beschreibt ökologisch-soziale Prinzipien von zirkulären Produktdesigns. C2C wird heute in nahezu allen Branchen angewendet. Mehr als 700 sehr verschiedene Produkte werden danach produziert und auch zertifiziert: Baumaterialien, Gebäude, Grundstoffe, Möbel, Reinigungsmittel, Textilien, u. v. a. m. Den Produkten ist gemein, kreislauffähig zu sein und in ihrer „Lebenszeit" (Herstellung, Nutzung, Rückholung, Wiederverwendung) nur solche positiven Effekte zu bewirken, die geplant waren.[7]

Fünftens müssen sich die Transformationen auf die ganze Gesellschaft erstrecken. In der Europäischen Union wurde die Circular Economy politisch und rechtlich gefasst. Doch nur eine Circular Society kann zirkuläres Wirtschaften auch effektiv umsetzen[8]. **Die Gesellschaft muss grundlegende Veränderungen bei den Infrastrukturen (-Planungen) und dem Verwaltungshandeln bewirken, was von allen Beteiligten Bereitschaft, Bewusstsein, Kenntnisse und den Aufbau von neuen Kompetenzen erfordert.**

Im Folgenden wird betrachtet,
- wie berufliche Bildung zu Transformationen beiträgt,

- was beruflichen / betrieblichen Lehrpersonen fehlt,
- wie Förderungen die Qualifizierungen unterstützen,
- welche Rolle Modellprojekte dabei spielen und
- womit Fachkräfte und Nachwuchs gewonnen werden.

3. BERUFLICHE BILDUNG FÜR EINE ZIRKULÄRE WIRTSCHAFTSWEISE

Die hier im Buch versammelten Beiträge aus der aktuellen Forschungslandschaft zeigen vielfältige Ansatzpunkte der Energie- und Mobilitätswende: Von Solarstrombedarfen und -lösungen, passenden Energiespeichersystemen und Rechtsregeln, bis zur Wahrnehmung ökologisch-sozialer Verantwortung bei Rohstoffliefernden, datensouveränem und kreislauffähigem Produktdesign sowie ebensolchen Mobilitätskonzepten und den zur Stromnetzstabilität beitragenden Akkuwechseltechnologie erstrecken sich die Vorschläge zur Energie- und Mobilitätswende. Solche Forschungs- und Entwicklungsarbeiten werden von der Gesellschaft finanziert und tragen zu den Grundlagen des Wirtschaftens innerhalb planetarer Grenzen bei. Mit Hilfe dieser neuen Designs, Konzepte, Methoden, Normen und Technologielösungen kann es gelingen, die oben genannten Zusammenhänge in die tägliche Praxis von beruflichen Entscheidungen und Handlungen zu integrieren.

Katharina Daniels führt in Ihrem Beitrag aus, wie heute Neuerungen in die berufliche Praxis eingebunden werden. Sie zeigt, dass intensive Auseinandersetzungen mit den Unternehmenszielen und -werten die Unternehmenskultur neu formen. Freude an der Zusammenarbeit, auch mit neuen Geschäftsbeteiligten, Klarheit, Vertrauen und mehr Zuversicht in die gemeinsame Zukunft würde gewonnen. (siehe Seiten 174 - 189)

Die Umsetzungen der im Buch beschriebenen Forschungs- und Entwicklungsergebnisse in die Unternehmenspraxis brauchen diesen Kulturwandel der Wirtschaft ebenso, wie auch die berufliche Bildung als eine gemeinsame Basis. Vier neue sogenannte Standardberufsbildpositionen sind für neue berufliche Ausbildungen in Kraft getreten, um u.a. Nachhaltigkeit und betrieblichen Umweltschutz in berufliche Ausbildungen zu integrieren.

Auf diesem Wege können direkte Bezüge zu den Maßnahmen des EU Green Deals hergestellt werden (die in der deutschen Berufsbildungspraxis ansonsten fehlen würden). Denn Europa will der erste klimaneutrale Kontinent und auch resilienter werden. Das soll mittels Circular Economy Action Plan (CEAP) gelingen und durch Abkopplungen des Wirtschaftswachstums vom Rohstoffeinsatz. Die Aktionspläne des Green Deal sind rechtsverbindlich. Innovationen für Wertschöpfungskreisläufe werden sich deshalb in absehbarer Zeit auch als kollaborative Geschäftsmodelle und -Prozesse in den Unternehmen abbilden.

Vor diesem Hintergrund sind Qualifikationen und die neuen Standardberufsbildpositionen, die sich auf Nachhaltigkeit des EU Green Deal beziehen eine Mammutaufgabe. Sie haben aber auch das Potenzial berufliche Bildung, die mit den Transformationen verbundenen Berufe und ihre Tätigkeiten attraktiver machen.

Der Zulauf von Heranwachsenden zu Green Peace, Fridays for Future oder Extinction Rebellion zeigen wachsendes Interesse an Nachhaltigkeitsthemen. Noch finden sich zu wenige Jugendliche mit ihren Anliegen in der beruflichen Ausbildung ein. Aber die Zeitenwende ist auch eine große Chance: Für Jugendliche auf sinnstiftende Tätigkeiten, für die Gesellschaft auf Fachkräftegewinn an entscheidender Stelle, für die

Berufsbildung auf Erneuerung und für Lehrende auf Erleichterungen ihrer Arbeit. Diese Nutzen entstehen, wenn die Kopplungen von allgemeiner mit beruflicher und akademischer Bildung besser gelingen; wenn sie aufgabenteilig-kollaborativ zusammenwirken, um Lernbedarfen und -interessen individuell entsprechen zu können. Das Bildungssystems ist durchlässig geworden und lässt es inzwischen zu. Doch dies ist noch zu wenig (bekannt).

„Es muss ein Verständnis für ein Bildungssystem entstehen, dass allgemeine und berufliche Bildung zusammen denkt und damit flexible Lernwege ermöglicht." Vogel 2017[9]

Im Institut für Betriebliche Bildungsforschung (IBBF) stehen Qualifizierungsbedarfe der Energie- und Mobilitätswende seit zehn Jahren im Fokus der Arbeiten. Der Energiewende widmete sich u. a. das Modellprojekt WEITERBILDUNGSSYSTEM ENERGIETECHNIK. Gemeinsam mit weiteren Bildungs- und Wirtschaftsakteur:innen wurde ein Standard für Weiterbildungen entwickelt, erprobt und umgesetzt[10].

Mit Elektromobilität befassten sich u.a. das Modell- und Schaufensterprojekt LERNWELT E-MOBILITÄT und auch Digitale Kompetenzen für die Energie-, Mobilitäts- und Wärmewende. In jährlich wiederkehrenden, wie projektbasierten Untersuchungen werden Kompetenzbedarfe der Beschäftigten in Unternehmen zur Energie- und Mobilitätswende erhoben. Die empirischen Untersuchungen zu Bildungsangeboten und -bedarfen der E-Mobilität wurden bspw. 2019 in der Hauptstadtregion durchgeführt. Bildungsinstitutionen und Unternehmen wurden zu ihren technischen Kapazitäten, Ressourcen und Kompetenzen des Lehrpersonals befragt.[11]

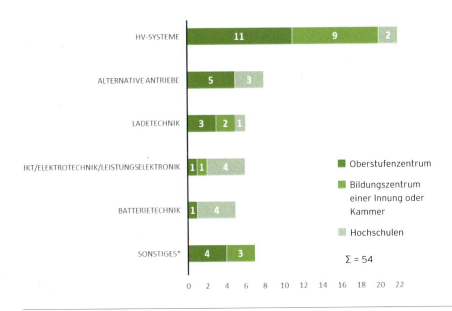

Abbildung 3 E-Mobilitäts-Lernangebote nach Bildungsinstitutionen (IBBF, 2020)

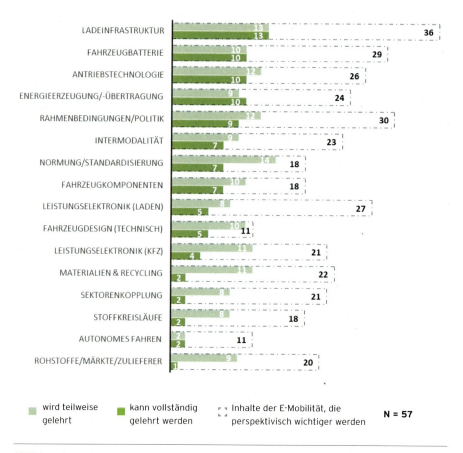

Abbildung 4 E-Mobilitätsthemen in Unternehmen mit künftiger Bedeutung (IBBF, 2020)

Ergebnisse aus der Befragung unter Projektpartnern des Modellprojektes Pooling des E-Mobilität-Lernens zeigen, dass die beteiligten Institutionen 54 Lehrangebote zum Thema Elektromobilität bereitstellten. Die Angebote thematisierten mehrheitlich Hochvoltsysteme und auch alternative Antriebsysteme. Wenige Bildungsangebote gab es zu Batterietechnik, IKT (in Fahrzeugen) oder Systemverständnis. Ein anderes Bild zeichneten die Ergebnisse einer Befragung von Lehrenden in Unternehmen. Die Diskrepanz zwischen heute gelehrten Inhalten und perspektivisch noch bedeutenderen Themen ist groß und den Lehrpersonen bewusst (vgl. Abb. 4).

4. LEHRPERSONEN IN TRANSFORMATIONEN

Berufliche und betriebliche Bildung sind als entscheidende Voraussetzung für gesellschaftliche und wirtschaftliche Transformationen identifiziert. Doch noch ist die Mehrheit der Lehrpersonen sich ihrer Wirkmacht nicht ausreichend (genau) bewusst, um diese auch entsprechend zu nutzen. Wie den Lehrenden selbst, fehlen den Leitungspersonen von Bildungsorganisationen, zur Anregung und auch Unterstützung geeigneter Arbeits- und Lernkulturen die Voraussetzungen in Form eigener Weiterbildungen und Budgets.[12]

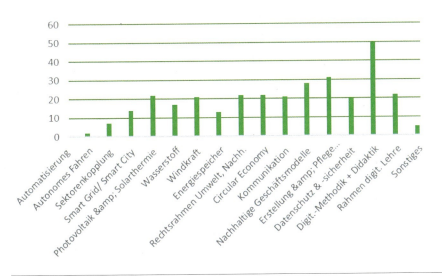

Abbildung 5 Themen beruflicher Bildung, an denen bes. Interesse besteht (IBBF, 2021)

Es mangelt ihnen dabei keineswegs an Lernbereitschaft. Denn viele Lehrende sind bereit sich weiterzubilden und wünschen sich Unterstützung bei der Entwicklung neuer Lehrmaterialien, wie eine aktuelle Untersuchung in Berliner Oberstufenzentren zeigte. 75 Lehrende aus 25 Oberstufenzentren Berlins haben an der Erhebung teilgenommen. Ihre Interessen sind breit und entsprechen derzeitigen Bedarfen und Entwicklungen (vgl. Abbildung 5).[13]

Woran es Lehrpersonen seit Langem zu ihrer Weiterbildung mangelt, sind im Arbeitsalltag reservierte Zeitfenster und personengebundene Zeitkontingente sowie Finanzbudgets. Aber auch geeignete Formate für regelmäßigen Austausch mit Kolleg:innen, Evaluationen und FuE-Transfer fehlen.

Um ihre berufliche Position für anstehende Veränderungen nutzen zu können, sich als Schlüssel und Begleitpersonen Heranwachsender zu verstehen, fehlt vielen noch das Selbstverständnis und auch ein deutlicher Rückhalt in der Gesellschaft. Dieser wäre auch zu stärken, indem die Aus- und Weiterbildungen für Lehrpersonen qualitativ verbessert und besser an ihre Bedarfe angepasst werden.

Denn nur etwas mehr als die Hälfte (56%) der befragten Lehrpersonen fühlten sich bislang „eher gut" bis „gut" auf ihre aktuellen Bildungsaufgaben im Bereich E-Mobilität vorbereitet. 38 % betrachten sich als weniger gut qualifiziert und sehen Nachholbedarf. Ihre Qualifizierungsbedarfe sehen sie in den Themenbereichen des Batteriemanagement und der Batterietechnologie, bei Umgang und Reparatur von Hochvoltbatterien sowie der Ladetechnik. Nach Angabe der Befragten war ihnen eine Qualifizierung bisher noch nicht möglich, da aktuelle Literatur, Schulungen bzw. auch die Angebote für Weiterbildungen fehlten.

Keine Bildungsorganisation kann heute – unabhängig vom Bildungsbereich ihre gegenwärtigen und perspektivischen Bildungsbedarfe selbst decken. Das Bildungspersonal wird auf aktuelle und perspektivische Anforderungen bei weitem nicht entsprechend vorbereitet, wie Christoph Wolter mit seiner

Abbildung 6 Selbsteinschätzung der eigenen Qualifikation (IBBF, 2020)

Masterarbeit und vorstehenden Beitrag nachweisen konnte. Vielmehr stützen sich Lehrpersonen eher auf das, in öffentlich Medien multiplizierte Wissen. Damit werden sie ihrer Rolle nicht gerecht, da sie nur ein unzureichendes Bild, anstelle von Gestaltungskompetenzen vermitteln. Was in der Aus- und Weiterbildung von Lehrpersonal neben Fachdidaktik fehlt, sind transdisziplinäre Diskurse zu den Transformationen und daraus resultierenden Konsequenzen für Bildungsprozesse. (siehe Seiten 200 - 222).

Noch viel mehr gelten diese Feststellungen für betriebliches (Aus-)Bildungspersonal. Die Mindestanforderungen an diese Lehrpersonen sind im Berufsbildungsgesetz (BBiG) und in der sogenannten Ausbildereignungsverordnung (AEVO) festgelegt. In den Leitgedanken werden veränderte betriebliche Bedingungen genannt:

„*Das wirtschaftliche Handeln der Betriebe vollzieht sich in einem komplexen, dynamischen und globalisierten Umfeld, welches gekennzeichnet ist durch kurze technologische Innovationszyklen, veränderte Formen der Arbeitsorganisation, mehr Kundennähe und eine stärkere Kundenbindung, ein gestiegenes Qualitätsbewusstsein sowie ein*

ausgeprägteres Bewusstsein für nachhaltige Wirkungen im Umweltschutz." [14]

Wie kann das (Aus-)Bildungspersonal zum betrieblichen Umweltschutz und Nachhaltigkeit beitragen, seiner Vorbildfunktion gerecht werden und Vorreiter sein?

Zum Aufbau weiterer, neuer Kompetenzen brauchen besonders kleine und mittlere Unternehmen KMU die Inhalte als angepasste Impulse und Unterstützungen, um ihre Bildungspersonen weiterzubilden.

Dazu gehören:
- Analysen betrieblicher Prozesse auf Lernhaltigkeit
- Best Practice Beispielpräsentationen aus der Branche
- Entwickelte und getestete Weiterbildungsformate und Inhalte - Weiterbildende mit Fachexpertise und Sozialkompetenzen
- Unterstützungsstrukturen für die Prozessbegleitung.

Öffentlich geförderte Forschungs- und Entwicklungs-, sowie Modell- und Pilotprojekte eignen sich gut dafür, die Bildungspersonen in KMU, die in der Regel in das Alltagsgeschäft eingebunden sind, für Weiterbildungen herauslösen zu können.

5. FÖRDERUNG FÜR QUALIFIZIERUNGEN

Folgerichtig sind Qualifizierungen von Bildungspersonen, und besonders ihre gemeinsamen, transdisziplinären Grundlagen im Fokus von Förderinitiativen, -programmen und Innovationswettbewerben. Dazu gehören u.a. Digitale Plattform berufliche Weiterbildung INVITE (Bundesministerium für Bildung und Forschung BMBF), KI-Leuchttürme für Umwelt, Klima, Natur und Ressourcen (Bundesministerium für Umweltschutz BMU) sowie Förderung von Qualifizierungsmaßnahmen für die Batteriezellfertigung (Bundesministerium für Wirtschaft und Klimaschutz BMWK).

Circular-Economy-Schwerpunkte sind im Aufruf Regionale Kompetenzzentren der Arbeitsforschung (BMBF) abgebildet. Auch wenn hier explizit die akademische Lehre angesprochen ist, sollten FuE-Ergebnisse auch für berufliche Bildung aufbereitet werden, da diese wahrscheinlich bald zur Umsetzung in die Pflicht genommen wird.

Beispiel Batterie: Erwartbar ist, dass bspw. Batteriedesigns, -materialien und Lieferketten, durch Rohstoffverknappung einerseits und stark anwachsende Bedarfe für E-Mobilität andererseits, zirkulär werden. In der Folge werden sich nicht nur die Fertigung und deren Kompetenzen anpassen müssen. Darüber hinaus bieten Lithium-Ionen-Batterien in der Nutzungsphase als Battery-as-a-Service, Potenziale für neue Geschäftsmodelle. Akkuwechselstationen werden als Stromnetzpuffer in Berliner Reallaboren erprobt. Es bestehen große Chancen, dass diese Akkuwechselsysteme zum Industriestandard werden. Betreibende der Wechselstationen könnten mit dem Tankstellennetz auf bestehende Infrastrukturen zurückgreifen. Auch als dezentrale Energiespeicher für Solarstrom bieten sich weitere Möglichkeiten der Wertschöpfung nach der Nutzung in Elektrofahrzeugen. Regionale Dienstleistungsunternehmen für Elektroinstallationen sind hierzu gefragt.

Auch werden technische Rohstoffkreisläufe inkl. Peripherie bis spätestens 2030 gebraucht. Dort werden die in Batterien enthaltenen Materialien wie Metalle, Lösungsmittel und Kunststoffe zurückgewonnen. Auch wenn die bisherigen Verfahren zum stofflichen Recycling bekannt und in einzelnen Pilotanlagen vorhanden sind, existiert noch kein solches System in Deutschland. Es muss im nationalen Maßstab neu errichtet werden. Die Wiederverwendung funktionsfähiger Materialien besitzt nicht nur hohes Werterhaltungspotential. Sie kann zudem zu klimapositiven Entwicklungen beitragen, bspw. durch Verfahren zur Rückgewinnung von Kohlendioxid aus der Atmosphäre und deren Nutzung in industriellen Produktionsprozessen.

Neben Massensegmenten für Batterien in Haushaltgeräten, Computern, E-Autos und E-Bikes werden Anwendungen in elektrisch angetriebenen Flugzeugen, Förderfahrzeugen, landwirtschaftlichen und anderen Nutzfahrzeugen, Schiffen und Zügen entwickelt. Die Standardisierungs-AG Batterien (siehe Beitrag Seite 50 - 61) arbeitet an kreislauffähigen Grundlagen. Mit den Technologiestandards zur Zirkularität ändern sich für die Beschäftigten nicht nur die Aufgaben und Tätigkeitsinhalte, sondern auch dafür geltende Regeln.

Dieser Umfang an Veränderungen erfordert zumindest für KMU finanzierte Weiterbildungen in passenden Formaten, als verfügbare Lernangebote kompetenter Lernbegleiter. Das Bundesministerium für Wirtschaft und Klimaschutz (BMWK) fördert deshalb Qualifizierungen für die Batteriezellfertigung und hat Batterien als eine der Schlüsseltechnologien der Energiewende identifiziert.

Es werden der demografische und ökologische Wandel zur E-Mobilität als Herausforderungen gesehen. **Insgesamt sollen Unternehmen gefördert und ihre Beschäftigten dabei unterstützen werden, komplexer werdende Prozesse mit passenden Qualifizierungen zu begegnen und neue Kompetenzen auszubauen.**[15]

6. LERNWELT ELEKTROMOBILITÄT

Große Veränderungen gelingen nur durch Kollaborationen. Eine intensive Vernetzung und Zusammenarbeit regionaler Bildungsakteure wurde erfolgreich auf dem Rütlicampus in Berlin umgesetzt. Ausgehend davon, dass dieses Prinzip über die Allgemeinbildung hinaus auch auf die berufliche Bildung anwendbar ist, werden im Modell-

Abbildung 7 Screenshot https://lernwelt-emobilitaet.de/ (IBBF, 2022)

projekt Pooling des E-Mobilität-Lernens Umsetzungsformate erprobt.

Anlass dazu war das Berliner Mobilitätsgesetz, mit dem die Verkehrssysteme derart verändert werden, dass der Umweltverbund aus öffentlichem Personennahverkehr (ÖPNV), Fuß- und Radverkehr grundsätzlich den Vorrang erhalten. Zudem werden neben dem ÖPNV, auch die Wirtschafts- und motorisierten Individualverkehre elektrisch fahren (müssen). Diese komplexen Innovationen sind in ihrer technologischen Vielfalt und Dynamik an effektive und zügige Verbreitung von Wissen und Fähigkeiten gebunden.

Mit dem Hintergrund arbeiten in dem, von der Senatsverwaltung für Integration, Arbeit und Soziales, geförderten Modellprojekt akademische mit Berufsbildungsakteur:innen zusammen, um einander ihre Kompetenzen und Lehr-/ Lernmittel zur Verfügung zu stellen. Die empirischen Erhebungen zu Beginn des Projektes erfassten neben den Lerninhalten, die Ausstattung mit Lehr-/Lernmaterialien und deren Auslastung, sowie die der Lehrpersonen (vgl. Abb. 3-6).

Bei allen Projektpartnern, der Hochschule für Technik und Wirtschaft (HTW) Berlin, der Berliner Hochschule für Technik (BHT), dem Bildungszentrum der Handwerkskammer (HWK) Berlin, der Elektroinnung Berlin, der Kfz-Innung Berlin, sowie dem Oberstufenzentrum für Kraftfahrzeugtechnik (Osz Kfz) Berlin, waren Lehrpersonen voll aus-, bzw. überlastet, da z.T. nicht ausreichend Personen zur Verfügung stehen. Hingegen ist die zur Verfügung stehende Ausstattung weniger ausgelastet (vgl. Abb. 8). Deshalb wurde vereinbart, die Ausstattung den Lerngruppen der Beteiligten zur Verfügung zu stellen. Dazu waren auch bereits Absprachen und Vorbereitungen getroffen worden, bevor die Pandemie einsetzte.

Beinahe alle Partner mussten auf Onlinelehre umstellen. Im Projekt wurde, anstelle des geplanten Poolings, bei dem die Lernenden die unterschiedlichen Lernorte in Berlin, mit den Ausstattungen hätten nutzen sollen, entschieden, Online-Alternativen zu konzipieren, zu entwickeln und zu testen. Dazu gehören

- die Lehrenden-Weiterbildung zu Batteriethemen
- die Lernplattform LERWNELT EMOBILITÄT
- der Onlineorientierungskurs Work4Future mit den entsprechenden Materialien.

Eine der wichtigen Onlineaktivitäten war Kompetenzaufbau bei den Lehrpersonen der Partner zur Batteriethematik. Als Reihe

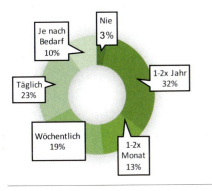

Abbildung 8 Nutzung E-Mobilitäts-Ausstattung bei Bildungsakteur:innen (IBBF, 2020)

mit vier Teilen entstand eine Zusatzqualifizierung Batterietechnik in Form eines Interviewformates mit Lernmaterialien zu folgenden Schwerpunkten:

I. Lade-/ Entladecharakteristik von Batterien auf Zellebene

II. Funktion von Batteriemanagementsystemen (BMS)

III. Aufbau eines Batteriemanagementsystems (BMS)

IV. Umsetzungskonzepte für die Lehre.[16]

Als Online-Lernplattform wurde LERNWELT E-MOBILITÄT entwickelt (vgl. Abb. 7). Hier werden neue Entwicklungen und Lösungen abgebildet, Lehr-/Lernmaterialien allen Beteiligten zugänglich gemacht und wird der Nachwuchs erreicht.

Im Pandemieverlauf des Jahres 2020 waren Bewerbungen um Ausbildungs- und Studienplätze zurückgegangen. Deshalb sahen die Projektbeteiligten und die Senatsverwaltung Bedarf für einen Online-Berufs- und Studienorientierungskurs. Der entwickelte Onlinekurs Work4Future – ist ein Angebot, das für Lernende allgemeinbildender Schulen im Methodenmix entwickelt wurde. Darin orientieren sich die Lernenden in Gruppen auf der LERNWELT-E-MOBILITAET Plattform. Gemeinsam ordnen sie Personas passende Berufe zu und gleichen Erfahrungen „echter" Menschen damit ab.

Dieses Angebot wurde 2021 dreimal getestet und mit den Hinweisen der Lernenden weiter verbessert. Der Kurs steht nunmehr online abrufbar allen Lernenden zur Verfügung.[17]

Das Modellprojekt wurde begleitend evaluiert. Bereits zu Beginn des Vorhabens äußerten beteiligte Partner, dass für sie das Konzept nur dann attraktiv ist, wenn ihre Beteiligung – bspw. durch das Teilen von Ressourcen – keine unverhältnismäßigen Mehrbelastungen entstehen. Zu Jahresbeginn 2022 wurden die Projektpartner erneut befragt. In den freien Kommentaren fand sich u.a. folgende Aussage:

„Engagement ist vielfach von Einzelpersonen abhängig: Wie kann hier eine organisationale Verantwortung der Einrichtungen gestärkt werden?"[18]

Das Zitat beschreibt die Situation vieler Modell- und Pilotprojekte, sowie den daraus ableitbaren Auftrag für die Transformation der akademischen, wie beruflichen Bildung: **Es ist an der Zeit, von der Arbeit in Einzelprojekten zu effektiven, in zusammengebrachten Bildungsstrukturen verankerten Prozessen zu kommen, die Strukturen zu transformieren und dafür geeignete Voraussetzungen zu schaffen.**

7. FACHKRÄFTE, FRAUEN, NACHWUCHS BINDEN

Das meiste Forschen und Entwickeln bliebe folgen- und damit sinnlos, würden die Ergebnisse nicht umgesetzt. Zur Umsetzung werden Menschen gebraucht, die dazu fähig, in der Lage und willens sind. Diese müssen während der Umsetzung von Transformationsprozessen, wie der Energie- und

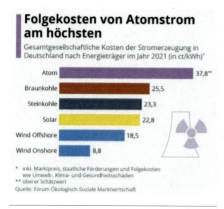

Abbildung 9 Rückbau und Hinterlassenschaften binden Arbeitskräfte und Geld (Statista, 2022)[19]

Mobilitätswende – von Christoph Wolter für nachhaltige Entwicklung weiter vorn im Buch ausgeführt – mit den Zielkonflikten berechtigter Entwicklungsziele umgehen lernen.

Zu den Erfordernissen aus neuen FuE-Erkenntnissen zu lernen, wächst die Einsicht weit mehr Menschen für zirkulär gestaltetes Wirtschaften zu benötigen, als bisher in der linearen rohstoffverbrauchenden Wirtschaftsweise. Die Ursachen liegen zum Teil in der Parallelität beider Wirtschaftsweisen. Gerade die geschaffenen Pfadabhängigkeiten zwingen uns Ewigkeitsaufgaben - bspw. in Bezug auf [atomaren] Abfall, Abraum und Altlasten - zu erfüllen und sie an kommende Generationen weiterzugeben (vgl. auch Abb. 9).

Gleichzeitig sind neue Lieferbeziehungen, Unternehmen/ Abteilungen und Infrastrukturen für zirkuläres Wirtschaften aufzubauen, wo dies bislang noch vernachlässigt wurde. Deshalb werden zur Umsetzung der Energie- und Mobilitätswende über 10 % zusätzliche Arbeitskräfte in der Hauptstadtregion gebraucht.[20]

Als mögliche Zielgruppen kommen dafür Menschen in Betracht, die bislang noch nicht, oder in anderen Bereichen oder Ländern arbeiteten (meist Frauen, Jugendliche, Zuwandernde). Die Ansprache und Gewinnung dieser Menschen gewinnt an Bedeutung und ist deshalb Gegenstand zahlreicher Publikationen. Es wäre jedoch fatal, sie nur als zusätzliche Arbeitskräfte zu betrachten, denn sie bringen eigene Ansätze, Haltungen und Kompetenzen mit, die mehr als nur beitragen. Sie werden selbst den Kulturwandel gestalten. Durch Kriterien nach denen sie Unternehmen und Ausbildungen wählen, wie sie täglich entscheiden und handeln; werden sie die Energie- und Mobilitätswende und sogar die Wirtschaftsweise entscheidend prägen.

„Berufsorientierung entfaltet dann ihr Potenzial, wenn sie als gendersensibler ganzheitlicher Prozess verstanden wird, in dem die einschlägigen Maßnahmen stärker miteinander vernetzt und von Beginn an an Berufslaufbahnkonzepten orientiert werden."[21]

FAZIT

Allgemeine, akademische und berufliche Bildung kann und muss zu einem zentralen Element bei der Bewältigung globaler Krisen werden. In der beruflichen Bildung und dort insbesondere durch Aus- und Weiterbildungen Lehrender sowie der Leitungspersonen lassen sich existenzielle Grundlagen sichern, die bisher gefährdet sind.

Berufliche (Weiter-)Bildung trägt dann dazu bei, neue Wirtschaftsweisen zu etablieren, die den Erdsystemen zuträglich sind, unsere menschlichen Bedürfnisse befriedigen und negative Folgen bisherigen Wirtschaftens begleichen. Der Anspruch ist so positiv und umfassend wie möglich zu formulieren, um die heute vorhandenen Möglichkeiten der Einflussnahme darauf auszurichten.

Die Gesellschaft muss zirkulär werden, strukturelle Veränderungen bei den Infrastrukturen (-Planungen) und dem Verwaltungshandeln bewirken. Dies erfordert von den Beteiligten Bereitschaft, Bewusstsein und Lernaktivitäten, um neue Kompetenzen aufzubauen.

Die Diskrepanzen zwischen den gelehrten Inhalten und den perspektivisch noch bedeutenderen Themen sind groß und den Lehrpersonen bewusst. Diese Diskrepanzen müssen aufgelöst werden.

Entwicklungs-, Modell- und Pilotprojekte eignen sich gut dafür, die Bildungspersonen in KMU, die in der Regel in das Alltagsgeschäft eingebunden sind, für Weiterbildungen herauslösen zu können.

Förderprogramme können Unternehmen und Beschäftigte dabei unterstützen, komplexer werdenden Prozessen, mit den passenden Qualifizierungen zu begegnen und neue Kompetenzen auszubauen.

Gegenwärtig ist die Zeit, vom Engagement in Einzelprojekten zu Kollaborationen in zusammengedachten Bildungsstrukturen verankerten Prozessen zu kommen, die Strukturen selbst zu transformieren und dafür mit dem Lernen geeignete Voraussetzungen zu schaffen.

Insgesamt kann ein an planetaren Kreisläufen orientiertes Systemverständnis als Basis zirkulären Wirtschaftens dienen und zur Bewältigung krisenhafter Herausforderungen beitragen.

LITERATUR

1 P. J. Crutzen. 2002. Geology of mankind. https://doi.org/10.1038/415023a

2 J.Rockström, W. Steffen, K. Noone, Å. Persson, et.al. 2009. Planetary boundaries:exploring the safe operating space for humanity. Ecology and Society 14(2): 32

3 L. Persson, B. M. Carney Almroth, C. D. Collins, S. Cornell, C. A. de Wit,*M. L. Diamond, P.Fantke, M. Hassellöv, Matthew MacLeod, M. W. Ryberg, P. Søgaard Jørgensen, P. Villarrubia-Gómez, Z.n Wang, M. Zwicky Hauschild. 2022. Outside the Safe Operating Space of the Planetary Boundary for Novel Entities. https://pubs.acs.org/action/showCitFormats?doi=10.1021/acs.est.1c04158&ref=pdf

4 https://www.ipcc.ch/report/ar6/wg2/downloads/report/IPCC_AR6_WGII_FinalDraft_FullReport.pdf

5 J. Olliges, A. Barckhausen, A. Ulmer. 2020.: Rebound-Effekte in Unternehmen. Kenntnisstand und Informationsbedarfe in der politischen Verwaltung in Deutschland. Berlin. https://www.adelphi.de/de/publikation/rebound-effekte-unternehmen

6 https://www.c2c-congress.org/

7 https://www.c2ccertified.org/

8 R. Boch, J.Gallen, N. Hempel. 2020. Wege zu einer Circular Society. Potenziale des Social Design für gesellschaftliche Transformation. Positionspapier zum Themenschwerpunkt „Circular Society" des social design lab der Hans Sauer Stiftung. München

9 C. Vogel 2017. Durchlässigkeit im Bildungssystem. Möglichkeiten zur Gestaltung individueller Bildungswege. Bundesinstitut für Berufsbildung. S.51. https://www.bibb.de/dienst/veroeffentlichungen/de/publication/download/8426

10 IBBF (Hrsg.). 2015. WEITERBILDUNGSSYSTEM ENERGIETECHNIK: Grundlinien, Standards und Beispiele für Weiterbildungsbausteine. https://ibbf.berlin/assets/images/Dokumente/Grundlinien_web.pdf

11 IBBF (Hrsg.). 2020. Ergebnisse der Experten-, Lehrenden- und Unternehmensbefragung – Zusammenfassung. https://ibbf.berlin/assets/ima-

ges/Dokumente/200204%20Fachbeitrag_Zusammenfassung.pdf

12 J. Hattie, K. Zierer. 2017. Kenne deinen Einfluss! Visible Learning für die Unterrichtspraxis. Schneider Verlag Hohengehren.

13 N.Hubel. 2022. Klimakompetezen für Zukunftsberufe. Ergebnisse einer Onlinebefragung an Berliner Oberstufenzentren. https://ibbf.berlin/assets/images/Dokumente/Ergebnisbericht%20Erhebung%20KlimaCamps%20f%C3%BCr%20Zukunftsberufe.pdf S. 8-9

14 Bundesministerium für Bildung und Forschung BMBF. 2009. Ausbildereignungsverordnung (AEVO). http://www.gesetze-im-internet.de/bbig_2005/

15 Bundesministerium für Wirtschaft und Energie. 2021. Bekanntmachung der Richtlinie zur Förderung von Qualifizierungsmaßnahmen für die Batteriezellfertigung. https://www.bmwi.de/Redaktion/DE/Downloads/B/bekanntmachung-der-richtlinie-zur-foerderung-von-qualifizierungsmassnahmen-fur-die-batteriezellfertigung-2021-07-08.html

16 D. Heinemann. 2021. Videoreihe Batterietechnik. im Auftrag des IBBF. https://lernwelt-emobilitaet.de/text/batteriespeicher/6

17 IBBF (Hrsg.). 2021. Work4Future. Online-Berufsorientierung-Kurs. https://lernwelt-emobilitaet.de/text/work4future/45

18 F. Schröder, N. Brünies. 2022. Pooling-E-Mobilität-Lernen. Ergebnispräsentation der Abschlussbefragung. Im Auftrag des IBBF. https://ibbf.berlin/projekte/aktuelle-projekte/pooling.html

19 M. Jansson. 2022. Folgekosten von Atomstrom am höchsten. Statista Infografik. https://de.statista.com/infografik/27231/kosten-der-stromerzeugung-in-deutschland-nach-energietraeger/

20 McKinsey. 2022. Future of work. Labor Market Development job growth 2018-30, https://www.mckinsey.com/featured-insights/future-of-work/explore-the-future-of-work-in-europe?page=/map/employment/intro

21 BIBB (Hrsg.). 2022. Zukunftsfähig bleiben! 9 + 1 Thesen für eine bessere Berufsbildung. Seite 9. https://www.bibb.de/dokumente/pdf/Zukunftsf%c3%a4hig_bleiben_Kurzfassung_barrierefrei.pdf

Zukunft in Berlin

Energie- und Mobilitätswende gelingt nur mit Aus- und Weiterbildung zu Nachhaltigkeit und Technik

52%
Emissionen durch Energie und Verkehr
Der Verkehrssektor ist noch für ca. 22% der Treibhausgasemissionen verantwortlich, der Energiesektor für weitere 30%

100%
regenerative Energie nötig und möglich
Die Umstellung auf erneuerbare Energien ist kostengünstiger als das derzeitige System

>1 Mio
zusätzlicher Arbeitskräftebedarf 2025
Berufliche Tätigkeiten werden nachhaltiger. Dadurch steigt sektorenübergreifend der Arbeitskräftebedarf

< 1,5°C
Ziel Pariser Abkommen
Deutschland ist dem Ziel verpflichtet, die Erderwärmung ggü. der vorindustriellen Zeit auf 1,5 °C zu beschränken. Dazu dienen vielfältige Maßnahmen.

100%
Weiterbildungsbedarf Nachhaltigkeit + Technik
In allen Berufen werden dazu neue Kompetenzen gebraucht. Berufsorientierung, Ausbildung, und Weiterbildungen müssen intensiviert werden.

Quellen: +1,5° vgl. UBA 2020: Übereinkommen von Paris; 52% vgl. Hentschel 2020: Handbuch Klimaschutz S.31; 100% vgl. Hentschel 2020: Handbuch Klimaschutz S. 33; Quaschning et. al. 2015: Dezentrale Solarstromspeicher für die Energiewende; > 1 Mio. vgl. M-Five et altera 2020: Synthese und Handlungsempfehlungen zu Beschäftigungseffekten nachhaltiger Mobilität; 100% vgl. NPM 2020: Zwischenbericht zur strategischen Personalplanung und -Entwicklung im Mobilitätssektor, Schmidt 2019: Arbeiten in und Lernen für Systemtransformationen, in IBBF Systemwissen für die vernetzte Energie- und Mobilitätswende, S. 226 ff.; BMBF 2020: Nationale Weiterbildungsstrategie ; Das Factsheet vom Institut für Betriebliche Bildungsforschung steht unter Creative Commons Namensnennung 4.0 International Lizenz

Erarbeitet im Modellprojekt

Gefördert durch

KLIMASCHUTZ

Die Grafiken in diesem Buch stammen von Esther Gonstalla. Sie ist als freie Infografikerinn und Autorin von Umweltbüchern bekannt, in denen sie dem Leser schwierige wissenschaftliche Themen anhand von Grafiken veranschaulicht.

Die nachfolgende Grafik stammt aus ihrem Werk »Das Klimabuch« (oekom verlag, 2019)

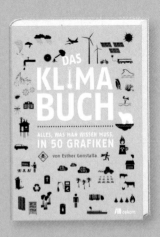

In 10 Punkten zu mehr Klimaschutz

Nahrungsmittelsicherheit ❶

Weltweit sind rund 800 Millionen Menschen chronisch unterernährt. Die Klimakrise verschärft diese Situation. In den ärmsten Regionen der Welt sind ca. 500 Millionen Kleinstfarmen für 80 % der Lebensmittelproduktion zuständig. Ihnen muss finanziell geholfen werden, um die Nahrungsmittelsicherheit zu verbessern.

Staatenübergreifende Kooperationen intensivieren

z. B. nach COP21 und Kyoto-Protokoll Handlungsgruppen bilden

Trinkwassersicherheit ❷

Neben Nahrungsmitteln sollte gewährleistet sein, dass jeder Mensch auf der Welt genügend sauberes Trinkwasser zur Verfügung hat. Die Klimakrise verschärft den Trinkwassermangel in ca. 20 Staaten extrem.

Schutz vor Wetterextremen ❸

Ein weiterer sozialer Aspekt ist der Schutz vor Überflutungen, besonders in den ärmsten Ländern: Durch Starkregen und Meeresspiegelanstieg wächst in Zukunft die Klimaflucht.

Waldaufforstung und -schutz ❹

Ein sofortiger weltweiter Stopp von Waldrodungen würde einen schnellen und enormen Effekt auf die CO_2-Bilanz von Ländern haben: Indem die Bäume anthropogenes CO_2 aufnehmen, fungieren sie als Klimaschützer.

Infografik von Esther Gonstalla aus »Das Klimabuch« (Bai et al., 2018, Gitz et al., 2016, Scherer & Tänzler, 2018)

10 Persönlicher Wandel

...werde auch du ein Klimaheld!

9 Mobilitätswende

Regulation von Frachtflügen: Obst, Gemüse und Fleisch werden mit verheerenden Emissionen für die Reichen um die Welt geflogen. Stattdessen ist ein stadtnaher Ausbau des Nahverkehrs durch Züge, Elektrobusse und Radwege unbedingt notwendig.

8 Agrarwende

Weg von Pestiziden, Nahrungsmittelverschwendung, Biodiversitätsverlust und industrieller Monokultur, zurück zur biologischen Landwirtschaft, vielen kleinen Permakulturhöfen und gesunden Böden, die als CO_2-Speicher dienen.

Aufklärungs-arbeit vernetzen und ausweiten

z. B. Onlineplattformen, Klimawochen, Bildung, Medien, TV, Bücher

7 Wirtschaftswende

Das Ende des Wachstums einleiten: In Zukunft sollten Nachhaltigkeit, Recycling, grüne Produktion und Ressourcenschonung oberste Priorät haben. An die Stelle von Expansion und Ausbeutung rückt »Grüne Effizienz«.

6 Energie- und Politikwende

Der Ausbau der Solarenergie und eine effiziente Speicherung müssen in den Fokus der Subventionen rücken, Kohle- und Gaskraftwerke sollten dagegen CO_2-Abgaben leisten, statt Subventionen zu erhalten.

5 Smarte Städte

Mehr als die Hälfte der Weltbevölkerung lebt in Städten, in denen 75 % der weltweiten Energieemissionen produziert werden. Nachhaltiger grüner Umbau der Infrastruktur, Energieproduktion und Hausisolierung sollten hier oberste Klimaziele sein.

„Was wir heute tun, entscheidet darüber, wie die Welt morgen aussieht."

Marie von Ebner-Eschenbach